海洋改变世界丛书 / 陈晓律　主编

海洋与资本主义

陈日华　兰子奇　著

海洋出版社

2023年·北京

图书在版编目（CIP）数据

海洋与资本主义 / 陈日华, 兰子奇著. -- 北京：
海洋出版社, 2023.8
（海洋改变世界 / 陈晓律主编）
ISBN 978-7-5210-0692-6

Ⅰ.①海… Ⅱ.①陈… ②兰… Ⅲ.①资本主义国家
—海洋战略—研究 Ⅳ.①P74

中国版本图书馆CIP数据核字(2020)第249042号

《海洋与资本主义》

责任编辑：高朝君
责任印制：安　森
海洋出版社出版发行
http://www.oceanpress.com.cn
北京市海淀区大慧寺路 8 号　　邮编：100081
鸿博昊天科技有限公司印刷
2023 年 8 月第 1 版　　2023 年 8 月北京第 1 次印刷
开本：710mm×1000mm　　1 / 16　　印张：27.75
字数：410 千字　　定价：158.00 元
发行部：010-62100090　　总编室：010-62100034
海洋版图书印、装错误可随时退换

总　序

人类生活的地球2/3是蓝色的海洋，地球在某种程度上，应该被称为"水球"。然而，我们过去对地图上标注为海洋的地带，关注得实在太少了。不知不觉中，我们已经跨入了新世纪，而21世纪是世界公认的"海洋的世纪"。历史的经验告诉我们：向海则兴、背海则衰。无视这样一种趋势，难免会给中华民族的发展带来意想不到的阻碍。

所幸，在新的时代，我们终于开始全方位地关注这个地球上的蓝色区域了。党的十八大报告在第八部分"大力推进生态文明建设"中明确提出，我国应"提高海洋资源开发能力，发展海洋经济，保护海洋生态环境，坚决维护国家海洋权益，建设海洋强国"。中共中央政治局在2013年7月30日就建设海洋强国研究进行第八次集体学习，习近平总书记在主持学习时强调，建设海洋强国对于推动经济持续健康发展，对维护国家主权、安全、发展利益，对实现全面建成小康社会目标、进而实现中华民族伟大复兴都具有重大而深远的意义。

这是一个令人振奋的信号。在几千年的中华文明发展过程中，我们的大国政府不再是在禁海与开海之间来回折腾，而是要主动出击，把号召人民向海洋进军作为一个基本国策。就此而言，这是中华民族发展史上一个极为重大的转变，也是21世纪实现中华民族伟大复兴的一个标志性事件。

党的二十大指出：中国式现代化，是物质文明和精神文明相协调的现代化。我们要坚持高水平对外开放，加快构建以国内大循环为主体、国内国际双循环相互促进的新发展格局。为此，我们建设了世界最大的高速公路网，以及机场、港口、水利、能源、信息等基础设施，还要加强海南自贸区的建设，坚持"一带一路"建设，与相关国家合作共赢。要牢牢把握关键行业产业链，着力提升产业链供应链韧性和安全水平。要完成这一既定任务，我们必须从全产业链的角度把握交通运输的主要环节，尤其是海洋的运输环节。

华夏文明并不是一个完全封闭的内陆文明，而是傍江濒海的文明，靠山吃山，靠海吃海。应该说我们的祖先对海洋并不陌生，除去一些类似《山海经》的传说，秦皇汉武均有对海的探索，东汉初年的伏波将军马援还曾率领当时十分先进的楼船部队远征交趾。这说明我们的祖先与其他地区的人们一样，对大海拥有浓厚的兴趣。公元47年，在东西方航海者的共同努力下，双方还开辟了海上丝绸之路，也是今天"一带一路"的雏型。然而，我们依然不可否认，与这些零星的、断续式的海上活动相比，我们祖先关注的重点，大多是以土地为主的生存资源。这在很大程度上，是由中国的地理环境决定的。中国是一个临海的国家，但同时也是一个海洋地理相对不利国家。中国周边的海域，都被一些岛屿阻隔，无法直接顺畅地进入大洋。日本学者将南海区域称为"东方的地中海"，法国学者弗朗索瓦·吉普鲁（François Gipouloux）在其影响广泛的著作中，更是直接将从东亚到东南亚的这一片广阔区域，称为"亚洲的地中海"[1]，这些比喻应该说是十分形象的。因此，这样的一种位置，要充分发展海洋经济并用以立国，显然面临种种困难。再加上中国大陆腹地的广袤，还有北方游牧民族的不时南侵，使得我们的先祖将生存的主要关注点集中在陆地上，这应该是一种自然的选择。中国人在几千年的历史中，创造了璀璨的文明，并在严酷的环境中存活并延续了下来，在某种程度上证明了这种选择的合理性。

当然，世界上没有亘古不变的事物。古人选择的合理性并不表明今天做出同样的选择依旧是合理的。可以说，在1500年以前，尽管世界各个区域的文明发展各有短长，但尚未产生质的差距。然而，随着哥伦布发现新大陆并开启了西方的大航海时代，这种质的差距终于出现了。

欧洲率先拥抱了大航海的机遇，海洋自此成为通达全球的"高速公路"。欧洲人则成了这个高速公路的使用者和管理者，制定了海洋游戏的

1　[法] 弗朗索瓦·吉普鲁：《亚洲的地中海：13—21世纪中国、日本、东南亚商埠与贸易圈》，龚华燕、龙雪飞译，广州：新世出版社，2014年。

规则，获取了巨大的利益，并且反过来推动了欧洲的制度变革。工业革命在英国爆发，进一步扩大了东西方文明的差距，并使得以海制陆成为可能。于是，对海洋的认识、如何利用海洋来进行发展已经不是一个可以轻松探讨的纯学术问题，而是涉及一个民族是否能在这样一种彻底变化了的世界中生存的问题了。

当然，中国是幸运的，老祖宗给我们留下了丰厚的遗产，我们有足够广袤的国土，有足够巨大的人口规模，有成为海洋大国或海洋强国的体量，也有成为现代化大国的各个行业和科技发展的基础，更有成为这类大国的需求和信心——新中国的统一和强大已经成为一个无可争议的事实。因此，我们如何在错失几百年机遇后重新确立我国在世界海洋中的地位、维护我国的海洋权益，是21世纪的中国人必须面对和解决的重大课题。

海洋利益显然是中国国家利益极为重要的组成部分，中国海洋战略的核心是捍卫自己的海洋主权。中国海洋战略的一个重要特征是加强海洋管理与开发机制，发展海洋科技，提高全民的海洋意识。在这一方面，中国无论是从基础教育还是从管理机制来看，都处于起步阶段。因此，必须加大科技投入，加大海洋、海军方面的科学研究，既要建设一支用高科技武装的海军，又要以高科技为先导，为和平利用海洋资源进行技术储备，加强国际合作；其次要加强海洋管理，出台各种海洋法律，坚决维护海洋主权，坚守我国海洋权益不受侵犯；最后要努力提高全民海洋意识，让大家充分认识到海洋的重要性，并为建设海洋强国贡献力量。

需要强调的是，在中华民族几千年的历史中，正是海洋意识的淡漠，使我们丧失了很多机遇，也使中华民族在现代的发展中历经了波折。郑和的多次航海活动，船队技术先进，海上的饮食合理，甚至到了东非海岸，却未能使我们与世界上的其他国家建立起友好合作的经贸关系。台湾在清朝被中央政府收复之后，迟迟未能进行建省管理。而当刚开始建省管理后，却在很短的时间内被割让给了日本。这样的失误固然有很多历史的因素，但从上到下海洋意识的缺乏，毫无疑问是一个导致决策失误的至关重要的原因。至今还未解决的图们江出海口问题，也带给我们很多遗憾。中国在历史上毕竟也是东方大国，如果有足够的海洋意识和清晰的海洋战略，很多关键的利益是可以维护的。值得欣慰的是，现在人们已经开始意识到，这些丧失的权益，对我们建设海洋强国是多么的宝贵。

为增进我国民众的海洋意识，使历史悲剧不再重演，我们组织有关学者，撰写了这套"海洋改变世界丛书"，旨在科学梳理、分析、总结海洋的价值，认识海洋对社会、文明、经济、文化生活、科学技术等诸方面的重要推动作用，在思想上、理论上引导人们认识海洋、热爱海洋、自觉开发利用和保护海洋，以便真正意识到海洋对中华民族至关重要的作用，从而培养起稳定的、长久的民族海洋意识。为达此目标，我们从七个方面对海洋的有关知识进行了系统的、历史的梳理，并使每一分册都在所涉及的领域有较为深入的探讨，以使我们获得的海洋知识具有相当的科学性，海洋意识具有前瞻性。下面简要谈谈这套丛书的主要特点。

《海洋与文明》主要系统地论述海洋与人类文明产生与发展之间的关系。常言道，积土为山，积水为海。陆地和海洋是人类文明赖以生存的根基。海洋的面积大约占到地球总面积的70%，海洋生物占到地球生物总数的80%以上，可以说海洋是地球馈赠给人类最为丰富的资源。对海洋的利用水平，能够在很大程度上展示出人类文明的发展水平。因而，人类历史既是一部吸取周围的水资源创造文明的历史，也是一部更大范围内探索与开发海洋、与海洋不懈斗争的历史。在当今世界，随着世界工业机器的加速运转，陆地资源的逐步枯竭，人们对海洋的需求日益迫切，这也预示着，海洋将成为左右人类未来命运的关键。

现今人类能有今天的发展成就，离不开人类在海洋领域创造的物质和精神成果，即所谓的"海洋文明"。对于海洋文明，当然会有各类解释，但我认为最重要的是海洋环境对人类文明形态的塑造。那就是，与海洋有关的文明很难封闭发展，即便当地的政治权力试图封闭发展，也很难做到。所以，海洋文明往往是开放的、包容的。其次，海洋对文明形态的另一个影响，则是规则意识往往强于内陆地区。因为在茫茫大海上，不按规则科学行事，很可能会遭受灭顶之灾。第三，海洋文明鼓励具有冒险和进取精神的民族发展。海洋的疆域难于固定，想要奋斗一下就可以安然无事的想法是行不通的，创新永远是硬道理。这似乎证明，自远古时代，封闭就意味着自断其路，只有开放，只有不断进取、不断开拓，才能勇立历史潮头。实际上，当今世界上最发达的区域，往往正是各国的沿海地区，所以关于海洋对人类文明的影响，我想读者朋友仔细思考便会明白其中的真谛。

浩渺无边的海洋既给人类文明提供着丰富的资源，也在无形中塑造着人类社会。《海洋与社会》一书从衣食住行的角度阐述了海洋对各个区域文明不同程度的影响，海洋使得各个不同区域的文明具有了不同的物种和生活方式，给全人类的发展带来了难得的多样性。同时，东方的水稻，西亚的小麦，美洲的番薯、辣椒、玉米等既提供了各地人类生存的基础，又通过海洋运输到世界各地，改变了全人类的饮食结构，也影响了各个地区的人口数量。一些消费品，比如茶叶、咖啡和烟叶，其传播的结果甚至改变了很多地区人类社会的生活方式。不过，这种跨越海洋的物质交流是与人类能够克服大海阻碍的能力联系在一起的。所以，进一步地探索海洋，就会使我们逐步进入人类科技与海洋世界的关系层面——只有借助科技的力量，人类在狂暴的大海面前才不会无能为力。

《海洋与科技》一书专门探讨了这一问题。科学技术是人类认知并改造世界的能力体现，它的第一个作用是给人类征服海洋提供了最基本的工具。没有指南针，没有对风力的科学应用，没有对远航船只的结构力学的了解，人类在大海面前连最起码的生存都是问题，更不用说去利用海洋的潜能了。

其次，海洋科技的发展使人类的生活更加标准化、精细化。从大航海时代开始，对于长时期的海上生存，人类遇到了若干前所未有的挑战。为防患坏血病而发现了维生素C，并进一步了解了人类基本生存的必要物质，乃至最终对现代人一天所需的能量确定了一个基本的标准。而一支船队在海上的自持力，与人员数量和所需物质两方面的科学计算息息相关，它们需要有一个可靠的量化指标。反过来，它又要求生产者必须按照标准化的流程和规范提供商品。这些，都是海洋对人类科技无形中产生的重大影响。

而大海上的定位问题，更是对人类文明的影响巨大。在陆地上定位有各种参照物，一般没有很大的问题。在大海中定位，古代有指南针就可以基本应对，但在现代，航船过多，航线拥挤，一不小心就会发生事故。所以，海上定位问题越来越重要，最终促使了卫星导航系统的诞生。这一最初因航海需要而产生的系统，它的应用范围已经逐步超越了单纯的海洋领域，上升到服务于维护现代国家主权的高度。我国北斗卫星导航系统的成功应用，已经充分地表明了海洋科技与我们极为重要的关系。

此外，海洋科技往往具有某种陆地不可替代的性质——那就是极为严酷的理性与现实。因为在喜怒无常的大海上，任何权威人物的指令都必须符合大自然与科学的规律，否则就会船毁人亡。也正是由于这一点，科技在海洋层面上的推广比在陆地容易得多——人们更容易遵从科学的规律。从另一个角度也可以说，海洋科技的发展往往代表着一个社会或国家的最高科技水平。

李斯特（Liszt）认为，自由、智力与教化在国家力量上的影响，也就是在国家生产力与财富上的影响。就这一点来说，航海事业体现得最为清楚，再没有别的事业能比得上它。在一切事业的经营中最需要活动力、个人勇敢精神、进取心和忍耐精神的就是航海事业，而这些条件只有在自由的气氛下才能滋长。无知、迷信、偏私、怠惰、怯懦、软弱，这些缺点在任何事业中都会产生不利后果，尤其是航海事业。在航海事业中，自信心的重要性是其他事业无法企及的。因此，被奴役的人们在航海事业中占有更加卓越的地位。换言之，科技的力量需要人类相应制度的配合，方能彰显其独特的优势。从人类的历史经验看，奴隶制度和封建制度都未能使人类应有的科技潜力发挥出来，最终将这一任务留给了近代初期的西欧地区——尤其是英吉利海峡两边的国家。正是这一地区的资本主义要素，给人类的科技提供了一个新的发展平台。

《海洋与资本主义》一书讲述海洋与资本主义之间辩证且密切的关系。海洋文明孕育了资本的流动性与扩张性，资本主义则借助海洋逐渐形成并迅速扩张；资本主义的发展又使得海洋不再是人类文明交往与经济交流的阻碍，而成为交流的通途。

中世纪后期，随着意大利城邦的兴起，以威尼斯和热那亚为代表的海上商业资本兴起，连接着东方奢侈品与西方消费，欧洲南部出现了资本主义萌芽，因此早期资本主义的形成与海洋密不可分。1453年随着君士坦丁堡的陷落，奥斯曼土耳其封锁了西方通向东方的通道，欧洲资本急需开辟新的贸易路线，这导致了新航路的开辟。在走向近代的过程中，西班牙、葡萄牙和荷兰等国家与地区凭借着海上霸权而相继称霸欧洲：西班牙跨越大西洋殖民美洲；葡萄牙跨越太平洋殖民亚洲；荷兰人则成为"海上马车夫"。这些殖民活动体现的是早期资本主义的残酷性与掠夺性。这些国家与地区也许是由于本质上是大陆国家，或是由于地缘的限制，未能让人类的科技文明得以充分地发展，而终归让位于崛起的英国。

英国之所以产生了世界性的影响，关键在于它制度性地推动了科技革命，并随之引领了工业革命的潮流。《海洋与工业革命》正是对这一现象的详细解读。1500年以来，伴随着新航路的开辟，世界的中心开始向大西洋沿岸倾斜。面对美洲黄金白银源源不断地流入，作为岛国的英国蠢蠢欲动，开始了最初的海盗式劫掠。受女王伊丽莎白一世支持的德雷克正是这一时期的代表。

1588年，欧洲岛国英国一举战胜了前来挑衅的欧洲陆上强国——西班牙，西班牙"无敌舰队"损失惨重。此后，英国开始了从欧洲小国向世界大国迈进的步伐。17世纪中期，英国颁布《航海条例》，英荷战争随之爆发。最终，英国取得胜利。为进一步掠夺更多的财富，英国走上了海外殖民的道路，开始了原始资本的积累。由于英国人对商品化财富的无限追求，工业革命悄然启动。工业革命所需的资金积累和市场需求主要由海洋构筑的世界通道为其提供最基本的流动性，也可以说，没有世界性的海洋通道，就不可能有工业革命。

工业革命后，英国已成为世界的贸易中心。世界各地的船只在大海上航行，五大洲的港口变得日益繁忙。人类的经济中心逐步向沿海地区转移，世界开始真正连成一个整体。正是由于工业革命，海洋最终改变了世界。

不过，这种改变，对19世纪40年代的中国而言十分不幸，因为它意味着西方坚船利炮的到来。所以，《海洋与安全》自然成为我们下一个关注的主题，没有人会否认海洋与安全的紧密联系。事实上，人类海洋安全意识的兴起经历了较为漫长的历史过程。在人类文明早期，欧洲人称大西洋为"死亡绿海"，这种恐惧主要来自大海无常的伟力，但另一方面，海洋也是一堵天然的屏障，既阻断了交流也抵御了外敌。20世纪中后期以来，人们对海洋安全的关注，不再停留在军事层面，经济、环境、生态和资源等非传统安全领域也成为人们的新焦点。当今世界经济最繁荣的地区，几乎全部在沿海地带，因此海上安全对沿海繁荣地带显然是极为重要的。这是从区域文明向全球化转变的必然结果，反过来，这些非传统安全因素又强化了全球化的观念。在当今世界，尽管民族国家仍然是维护海洋安全的基本单位，区域文明间的关系也是涉及海洋安全最频繁的实践层面，但毋庸置疑，海洋安全必须是全球协作的事业。从经济层面来讲，跨国公司的出现、全球性的人口迁移（如果把人看成经济中最活跃的因素的话）是不可逆转的趋势。海盗（非官方与半官方）是个传统议题，在过去它常常处于灰色地带，甚至得到官方的授权，成为掠夺敌手的一种辅助手段。但今天的海盗更多地表现为海上恐怖主义的形式，它对国际航运业造成了严重的经济损失，也对迁移人口有着巨大阻碍，因此对这种恐怖主义的打击需要全球通力合作，这已是共识。从环境、生态和资源的角度来看，全球化的性质直接通过海洋本身的属性表现出来。全球的海洋水域都是连为一体的，而且海洋是全人类共有的家园和财富，更不用提海平面上升直接威胁到某些岛国的生存。另外，新出现的北极海疆也是一个涉及各个层面的全球性问题，如何妥善处理，将会是一个复杂而重要的议题。

当然，在论述人类与海洋的种种交互渗透的历程中，中华民族的活动也值得关注。1405年，明成祖朱棣命郑和率领240多艘船、27 400名船员组成的庞大船队远航，其宝船的载重量据说可达1500吨以上。郑和首次出海所率领的船队、装备、人员、资源等各方面远胜哥伦布，这足以证明，中国并非没有征服海洋的能力，相反，在哥伦布远航前中国的航海技术就已远远超越了欧洲的航海技术，达到了当时世界的领先水平。然而，却是西方的哥伦布发现了美洲，拉开了开辟新航路、殖民掠夺大量财富的帷幕。

　　为什么在世界海洋上曾经谱写了郑和下西洋这样伟大航海史诗的中国，反而在19世纪遭到了英国坚船利炮的轰炸，继而沦落为半殖民地半封建社会？有着征服海洋能力的中国未在真正意义上征服这片海洋，统治者始终未将海洋战略纳入国策，中国在航海史上的壮举也未曾为中国带来任何实质上的创新进步。这一切都不得不使我们在喟然长叹之际，希望站到一个历史的高度来重新审视前人的足迹。

　　《郑和下西洋与中国人的海洋意识》一书就是在这样的思路下创作出来的，它在学术严谨的基础上，力求以史为线，以专题的形式、趣味的语言重新呈现当时郑和下西洋的故事，并试图引发读者关于中国人海洋意识的思考。

　　郑和的多次远洋航行不仅都达到了预期目的，而且次次安全返回。但是大幅影响了东南亚社会的伟大航行却并未使得当时的中国社会有任何实质上的进步，反而增添了当时人们的抱怨。明朝兵部官员刘大夏认为下西洋工程过于耗费民脂民膏，无益于国计民生，故而私自销毁郑和下西洋时积累的海图、天象、地理等全部资料，以阻止后人效仿。世人和明清史官们都盛赞刘大夏此举是忠君爱民，但当中国历史为此付出了惨痛代价时，已是追悔莫及。古代中国的航海壮举就如同昙花一现，徒有先进技术，却未曾将目光投射到海洋中，仅仅将海洋视如洪水猛兽。古人所谓的"天下"，乃是陆地；所谓"称霸天下"指的同样也是陆地。在当时中国人的观念中，海洋不属于"天下"范畴。他们的世界观中没有海洋的存在，亦无法深刻意识到海洋在这个世界的价值。因此，此书对于我们重新在观念上彻底认识海洋，避免在历史的重要关头再次失误，应该是极为重要的。我国既是陆地大国，也是海洋大国，拥有广泛的海洋战略利益。近代史上鸦片战争的耻辱、甲午海战的悲歌，深刻印证这样一个铁律：面向海洋则兴、放弃海洋则衰；国强则海权强、国弱则海权弱。坚决维护海洋权益和海洋安全，是建设海洋强国的题中应有之义。

　　2019年4月23日，习近平主席在青岛会见应邀出席中国人民解放军海军成立70周年多国海军活动的外方代表团团长。他提出集思广益、增进共识，努力为推动构建海洋命运共同体贡献智慧。海洋命运共同体重要理念，彰显了深邃的历史眼光、深刻的哲学思想、深广的天下情怀，为全球海洋治理指明了路径和方向，进一步丰富和发展了人类命运共同体理念，它是人类命运共同体理念在海洋领域的具体实践。海洋治理新秩序的核心是重建海洋的共有性，即共同生存、共同资源、共同责任。不谋全局者，不足谋一域；不谋万世者，不足谋一时。建设海洋强国是习近平总书记的信念，也是在磨难中不断成长奋起的中华民族的世代夙愿。而今，处在"两个一百年"奋斗目标历史交汇点的中国巨轮再次扬帆，向着深蓝色的海洋起航，也向着中华民族伟大复兴的中国梦进发。

"The Sea is History"，这是西方的近代理念，而英国人在此基础上，进一步提出"谁控制了海洋，谁就控制了世界"[1]。英国人用这样一句简短的概括表明了他们心中的海洋意识。站起来的中国人尽管不赞成西方这种霸权式的思维，但应该深入了解西方世界这样的意识——我们当然不会去控制别人，但也决不允许其他国家随意侵犯我们的海洋权益。我们需要用自己的力量，为构建一个相互平等合作交流的海洋世界而努力。在一个新的时代，也是中华民族逐步重新进入世界舞台中心位置的时代，我们的民族应该具有海洋的眼光——当然也是世界的眼光。希望这套丛书的出版，能够为实现这样的目标尽到一份绵薄之力。

陈晓律

2023年6月于古都金陵

---

1 [英] 布赖恩·莱弗里：《海洋帝国：英国海军如何改变现代世界》，施诚、张珉璐译，北京：中信出版社，2016年。

前　言

　　在文明的早期，大海是天堑、是迷途，充满着危险与神秘，人类对海洋怀着敬畏之心。但人们仍驾船驶向远方，这是因为对金钱的渴望以及对探险的憧憬。

　　在追逐财富的航行中，早期的商业精神开始萌发，腓尼基人就是杰出的代表。作为最早的"海上民族"，腓尼基人的海洋贸易促进了区域间商业与文明的交流。在腓尼基人之后，古希腊人登上了海洋的大舞台，独特的自然环境是古代希腊海洋文明的基础。这一海洋文明孕育了西方文明中创新、逐利以及冒险的精神。雅典的兴衰历程也向我们展示了对海洋有着高度依赖的国家独特的发展轨迹。而古希腊诸城邦对海洋的经略与军事征服，也为后来的资本主义文明奠定了坚实的基础。到了罗马帝国时期，以地中海为中心，形成了地中海文化圈与商业圈，且罗马帝国时期还有一项意义深远的海洋活动，即罗马与东方的贸易。然而，随着帝国解体，地中海的商业文明逐渐衰落，"我们的海"成为"破碎之海"。

　　"破碎之海"的贸易交流总体上是下行的，它之所以得以勉强维持，还得归功于拜占庭帝国。然而，随着公元7世纪阿拉伯帝国的兴起，地中海被阿拉伯人统治着，再加上海盗的猖獗，西欧的远途海洋贸易几乎绝迹，这改变着西欧社会的发展模式。黑暗孕育着新的曙光。随着时间的推移、社会的稳定与经济的发展，贸易注定要延续并繁荣着。亚得里亚海的威尼斯人为了生存，除了走向大海从事贸易，别无选择。在威尼斯人的早期历史中，他们的生活方式与生产模式就已经与大海和海洋紧密地联系在一起了。为了资本，威尼斯人既与拜占庭人交易，又与阿拉伯人贸易，生动地体现了资本的逐利本质。漫步于威尼斯老城的街道，看着穿梭而过的小船，那些曾经金碧辉煌的大宅似乎诉说着这座城市昔日的辉煌与残酷。

15、16世纪时，欧洲西海岸的人们开始将目光投向了波涛汹涌的大西洋，世界历史步入"大航海时代"。葡萄牙与西班牙互不相让，航海英雄纷纷出世。哥伦布没有到达东方，却发现了新的美洲大陆，并影响了以后人类历史的发展历程；达·伽马到达了印度；麦哲伦首次完成了环球航行。17世纪则属于荷兰人，在他们争取独立的同时，已经开始了海外贸易扩张的事业。但是，新的秩序需要新的理论支撑，1609年格劳秀斯出版了《论海洋自由》，宣扬公海自由贸易。17世纪上半叶，荷兰人开始四处出击，夺取并巩固贸易据点。借助于特许公司，荷兰人在世界各地殖民扩张，贸易风靡世界，成为"海上马车夫"。

18、19世纪是英国人的海洋世纪。在率先建立民族国家之后，这个西北欧边陲的岛国开始发力。凭借着悠久的海洋传统以及那么一点点运气，英国人打败了"无敌舰队"，并开始与荷兰和法国争霸。当约翰·伊夫林（John Evelyn）写作《森林志》时，历史其实就开始选择不列颠了，那些早期栽种的橡树，成为英国海军争霸战中不可或缺的木料。英国人对海洋的认识从时人的论述中可见一斑。正是海军造就了新的"日不落帝国"，并一直延续到20世纪中叶。伴随着英国海军身影的是，古老的亚洲帝国不断遭受殖民与侵略。大清帝国不仅无法对抗英国的舰队，就是在遭遇日本海军时，也以失败告终。

20世纪是太平洋的时代，随着美国在两次世界大战中的崛起，美国的海军也出现在世界的各个角落。而纵观从文明早期到20世纪的海洋历史，可以窥见它作为重要的可供交通、贸易、征服、制度输出的空间途径，是如何极大地推动了资本主义文明的演进的。几乎所有曾在历史上决定性地执过牛耳的资本主义强国，都是海洋强国，都与海洋建立过不容小觑的联系。海洋为它们提供了经济贸易和资本流通的平台，铺就了扩张争霸的空间，孕育了它们的财富，滋养了它们的阴暗面，全面地塑造了它们的存在。

接下来，就让我们到书中，去了解海洋是如何造就了资本主义文明的。

目　录

第一章

海洋与早期商业

无光之海：古人对大海的探求

在人类文明的初期，海洋是充满着危险与未知的天然阻碍，是昏暗得令人望而却步的"无光之海"。彼时的人类，生活受到自然力量的巨大影响，他们对汹涌暴怒的海洋充满着敬畏之心，同时，远洋航行技术的落后也禁锢了人们的活动范围，进一步加剧了海洋在人们心目中的未知性。暴虐的风浪阻挠着舟船的漂流、无常的天气黯淡了引航的星辰、硕大无朋的海上巨兽横亘于通往传说中金银之岛的航线上，这都令面对着海洋的古人望而生畏，观海叹息。

在地中海的怀抱中繁衍生息的古希腊人，认为地中海的海面承载着他们所居住的陆地，同时认为他们所知道的大海地区即为世界的全境。柏拉图在《裴洞篇》里借助苏格拉底之口如是描述："我相信大地是很大的，我们在赫拉克勒斯之柱和帕息河之间，生活于海滨一隅之地。"[1] 从中可知，在早期古希腊人的视野里，直布罗陀的巨岩和黑海东岸意味着已知世界的尽头。当古希腊航海者告别安宁清澈的地中海，跨过赫拉克勒斯之柱，向着阿特拉斯肩膀撑起的地平线远航而去，迎接他们的将是汹涌暴怒、充满危险的大西洋。古凯尔特人通过他们的神话道出了大西洋的危险

---

1 ［古希腊］柏拉图：《裴洞篇》，王太庆译，北京：商务印书馆，2013年，第74页。

性。凯尔特神话认为，大西洋是安放着死者灵魂的阴间，死去的人在通往极乐之地以前，都在大西洋上停歇游荡，而大西洋则成为魂灵终抵伊甸之前所必须经过的苦修之地[1]。若是向东航行进入黑海，航海者将要面对比地中海更深的昏暗海水和更为频繁的风暴与浓雾。黑海古称"攸克星海"，很有可能是古希腊人从一个表示"黑暗"之义的伊朗词语中演变而出[2]，这直接体现了古希腊人对这片海域的观感。但是，这些外部海域的危险并不能反衬出地中海作为文明摇篮的绝对安全。地中海的北岸拥有曲折的海岸线和星罗棋布的岛屿，在这一海域航行的船只一直无法避免触礁的危险。《荷马史诗》中的塞壬女妖就潜伏于墨西拿海峡，用迷人的歌声蛊惑路过的水手，最终令船只偏离航向并触礁沉没。

▲ 约翰·沃特豪斯画作《奥德修斯与塞壬女妖》（1891年）

在早期的人海关系中，人类出于对海洋的敬畏，多将海洋具体化为神怪的形象。在欧洲，这一神化的常见形式是赋予海洋神性，最典型的例子即为古希腊神话体系之中的波塞冬。古希腊诗人赫西俄德在他的《神谱》中，提到波塞冬是"大地的浮载者和震撼者"[3]，一方面佐证了古

1　［美］保罗·布特尔：《大西洋史》，刘明周译，上海：东方出版中心，2011年，第8页。

2　［美］查尔斯·金：《黑海史》，苏圣捷译，上海：东方出版中心，2011年，第12页。

3　［古希腊］赫西俄德：《工作与时日·神谱》，张竹明、蒋平译，北京：商务印书馆，1991年，第26页。

希腊人认知中大海承载陆地的观念，另一方面也折射出古希腊人对海洋所蕴含力量的承认。波塞冬的形象是一名手持三叉戟、留着大胡子的强壮中年男性，他性格易怒、好战，野心勃勃，曾觊觎宙斯的王位但未得逞。同时，波塞冬还是凡人行动的破坏者，在《荷马史诗》中，他就设下重重障碍，阻挠奥德修斯回归故国。波塞冬的种种特征都和难以被驯服的大海相似。另一种常见的神化形式是将海洋中存在的危险神化为海妖的形象。例如，在墨西拿海峡的两岸，分别是女妖斯库拉和卡律布狄斯的领地，前者吞食水手，后者则用漩涡将路过的船只吸入深渊。在传说中，路过海峡的水手往往会为了躲避其中一个女妖的魔掌而不慎落入另一个女妖的陷阱中。这两个海妖与塞壬一道，被认为是墨西拿海峡险恶航行条件的象征，其中涉及的危险有诸如航道狭窄、激流漩涡和礁石众多等。在古希腊神话之外，也有众多海怪意象被用来象征海洋的危险性，例如北欧神话中的巨大海蛇耶蒙加德以及圣经中的海怪利维坦等。这些传说中巨兽的共同特点，就是体型庞大且具有摧枯拉朽的毁灭能力，它们代表着浩瀚大洋所蕴含的无限力量。

▲ 绘有波塞冬形象的科林斯饰板（约公元前6世纪）

▲ 亨利·富塞利画作《雷神对决海蛇》

但是，尽管海洋如此危险，也无法阻挡人类对其进行探索的欲望。塞壬女妖的美妙歌声能令水手驾船撞上礁石，但这一歌声的蛊惑也象征着人类难以抑制的感官冲动与心灵渴求。人中豪杰奥德修斯就冒着被诱惑的危险，将自己绑在桅杆上，只为一闻这能置人于死地的曼妙之音。早期人类与海洋的关系亦是如此，纵然大海充满未知和危险，仍有前赴后继的先驱者离开近海的安乐乡，向着未知的远海大洋投身而去。这些早期远洋航行固然是充满勇气的行为，但其动机并不适合用诸如探险欲或征服欲来做简单解释。驱使着航海者驶向远方的动力更多的是对经济利益的渴望，其中一些人也许只是通过海上掠夺来获取财富。早至公元前2500年，地中海地区便开始出现零星的远洋航行尝试，到了公元前10世纪左右，较为明显的远洋贸易活动在地中海、黑海和北大西洋陆续出现。在这些追逐财富的远洋航行之中，早期的商业进取精神也开始萌生。

较早从事大范围航海和海上商业贸易事业的是腓尼基人，他们扬着方形帆、乘着艏部漆着眼睛的海船，载着货物穿梭于海洋上。在商贸事业之外，腓尼基人也不可避免的同时从事一些劫掠的勾当。

腓尼基人是起源于地中海东岸的航海民族，他们并没有构建起统一的国家，而是建立了一个以城邦结构为基础的海洋商业联合体，这一联合体是具有经济整体性的。法国历史学家费尔南·布罗代尔认为，西方资本主义根源于拥有自我经济体系与内部交流模式的"经济世界"，而拥有辽阔海外领地的腓尼基人便是"经济世界的雏形"[1]。

在大约公元前3200年，腓尼基人就在新月沃土的西海岸港口地区集聚起来，并随后建立比布鲁斯、提尔、西顿等城市，其活跃区域大约位于如今的叙利亚和黎巴嫩。在腓尼基人的贸易货物中，既有木材、布料等基本货品，也有玻璃、象牙、宝石等罕见的奢侈品，他们甚至还从事奴隶贸易。但是，在所有的腓尼基贸易品之中，最为著名的当属一种紫红色的染料。腓尼基人在海中捕捞骨螺并收集它们的外壳，从中提取可以用于紫红

---

1 ［法］费尔南·布罗代尔：《15至18世纪的物质文明、经济和资本主义》（第三卷），顾良、施康强译，北京：生活·读书·新知三联书店，2002年，第5页。

色浆染的成分并制成染料，这一产品深受古希腊世界的青睐，在很长一段时间里都充当了上层社会的服饰品味象征，地中海东部海域的骨螺甚至因过度捕捞而灭绝。而"腓尼基"之名在古希腊语中正是有着"紫红色"之意，这一染料贸易在当时的影响力可见一斑。

腓尼基人不仅是早期的航海商人，他们还是最早的航海殖民者之一。早在公元前10世纪，腓尼基人就在塞浦路斯岛建立殖民据点。随后，他们的殖民路线一路西移，将马耳他、西西里、撒丁尼亚等岛屿的沿海地区纳入殖民范围。公元前814年，腓尼基殖民者建立迦太基城，这也成为他们在北非海岸的重要殖民地。随后，腓尼基人继续西进，殖民于今阿尔及利亚海岸的诸多据点和伊比利亚的伊维萨岛，并冲出直布罗陀海峡，远抵如今西班牙的卡迪兹。让人惊异的是，据研究，腓尼基人的活动范围曾远达大西洋怒涛中的马德拉群岛和不列颠的康沃尔[1]。生活在公元前5世纪的希罗多德在他的《历史》中，记载了腓尼基人环航非洲大陆的令人惊叹的事迹：

▲ 刻在古石棺上的腓尼基海船

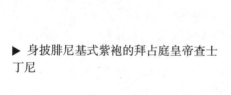

▶ 身披腓尼基式紫袍的拜占庭皇帝查士丁尼

1　［美］保罗·布特尔：《大西洋史》，刘明周译，上海：东方出版中心，2011年，第10–11页。

当他（埃及国王科涅斯）把从尼罗河到阿拉伯湾的运河挖掘完毕时，他便派遣腓尼基人乘船出发，命令他们在回航的时候要通过海拉克列斯柱[1]，最后进入北海，再回到埃及。于是腓尼基人便从红海出发而航行到南海上面去……而在两年之后到第三年的时候，他们便绕过了海拉克列斯柱而回到了埃及。[2]

在公元前8世纪后，腓尼基人的势力逐渐衰落，但他们留下的遗产引人注目。腓尼基人作为最早的"海上民族"，通过海洋贸易对大海实施了最早的征服，他们的海上活动促进了地区间的商业与文化交流。有学者甚至直截了当地认为，随着商品市场日益复杂，"当腓尼基人航行得越来越远时，某种无拘无束的海洋资本主义也随之扎根萌芽"[3]。

更重要的是，这些海上事业还反射出了西方文明早期形式的进取精神。事实上，腓尼基人的后代就实在地践行了这一精神。公元前5世纪，迦太基人汉诺为了复兴业已衰败的腓尼基海洋商贸，组织了一次著名的远航活动，这次远航很有可能进入了几内亚湾，抵达过如今的喀麦隆沿海，并与一些非洲海岸人群建立起了贸易联系。古希腊史学家阿里安在他的《亚历山大远征记》中提到了这一远航：

利比亚人韩诺[4]还曾从迦太基出发，通过赫丘力士石柱[5]驶入大洋，一路上利比亚在他左舷，他继续向东航行，一共走了三十五天。但当他最后转而向南时，就遇上各式各样的困难：缺水、炎热、沸腾的溪流注入海中等等……[6]

1　海拉克列斯柱，引文如此，正文统一译为"赫拉克勒斯之柱"（编者注）。
2　［古希腊］希罗多德：《历史》，王以铸译，北京：商务印书馆，1959年，第281页。
3　Karl Moore, David Charles Lewis, The Origins of Globalization, New York: Routledge, 2009, p.89.
4　韩诺，引文如此，正文统一译为"汉诺"（编者注）。
5　赫丘力士石柱，引文如此，正文统一译为"赫拉克勒斯之柱"（编者注）。
6　［古希腊］阿里安：《亚历山大远征记》，李活译，北京：商务印书馆，1979年，第339页。

而在希罗多德的记载中,汉诺的船队还和非洲原住民进行了贸易,双方所采取的交换方式也极为坦诚:

> (迦太基人)沿着海岸把货物陈列停妥之后,便登上了船,点起了有烟的火。当地的人民看到了烟便到海边来,他们放下了换取货物的黄金,然后从停货的地方退开。于是迦太基人便下船检查黄金……据说在这件事上双方是互不欺骗的,迦太基人直到黄金和他们的货物价值相等时才去取黄金,而那里的人也只有在船上的人取走了黄金的时候才去动货物。[1]

汉诺的远航事迹必然掺杂着很多传说的成分。此外,其远航的成果也未能挽救业已破败的腓尼基贸易,而随着未来几个世纪里地中海的频频战火,迦太基城以及诸多腓尼基海运线路也尽归于毁灭。这一远航是腓尼基人海洋精神的绝唱,象征着早期人类面对海洋时的无畏与进取,以及通过海洋来追求财富的强烈愿望,正因如此,它也得以在日后很多西方传说故事之中出现。随着人类天文观测能力的发展,这一远航精神的征途也指向了星海——月面东南部边缘的一个环形山,它被冠以航海家汉诺之名。

城邦之海:古希腊的海洋商业与海权

在腓尼基人走向衰落的同时,古希腊文明开始走向巅峰。对于古希腊来说,海洋的影响无法被剥离。希腊半岛与伯罗奔尼撒半岛之间仅由狭窄的科林斯地峡连接,曲折的海岸线和数量繁多的岛屿则令这一地区拥有诸多港口,且密布的山脉也阻隔了地区之间的陆上往来。岛屿的密集分布和陆上交通的不便,共同赋予了古希腊鲜明的海洋性特征。古希腊人对自己与海洋的紧密联系深信不疑,正如柏拉图在《裴洞篇》中所言:"我们好

---

1 [古希腊]希罗多德:《历史》,王以铸译,北京:商务印书馆,1959年,第341页。

像蚂蚁和蛙类生活于池畔。"[1]

爱琴海地区最早的海洋文明是克里特文明。早在公元前2000年，克里特岛就已成为地中海东部地区的贸易中转枢纽。得益于春夏季节里爱琴海的海风，船只可在5天内从克里特抵达埃及，克里特因此与埃及地区建立了较为频繁的海上贸易联系。据研究表明，克里特人曾从事一种香料贸易，这一香料来源于生长在爱琴海低地地区的番红花植物，经过加工后可充当香水或入药。此外，克里特岛从事的活动还包括铜矿、锡矿和陶瓷等贸易。但是，和商业活动相比，克里特文明在海洋意识方面有另一项更为引人瞩目的进步：其国王米诺斯也许是爱琴海地区最早意识到海上军事力量重要性的人之一。古希腊史学家修昔底德在他的《伯罗奔尼撒战争史》中，就曾对此有过回溯：

> 根据传说，米诺斯是第一个组织海军的人。他控制了现在希腊海的大部分……在这些大部分的岛屿上，他建立了最早的殖民地……米诺斯组织海军后，海上交通改进了；他派遣殖民团到大部分的岛屿上，驱逐著名的海盗；结果沿海居民现在才开始获得财富，过着比较安定的生活了。[2]

▲ 描绘米诺斯定居点与海船的壁画

---

1 ［古希腊］柏拉图：《裴洞篇》，王太庆译，北京：商务印书馆，2013年，第74页。

2 ［古希腊］修昔底德：《伯罗奔尼撒战争史》，谢德风译，北京：商务印书馆，1960年，第4页。

在克里特文明灭亡之后，迈锡尼文明继承了克里特文明的贸易并扩展了其范围。在地中海的西部，迈锡尼贸易的影响触及亚得里亚海地区，在撒丁岛、塔兰托、那不勒斯等地，都发现了迈锡尼贸易活动的遗存。在地中海的东部，迈锡尼的海路贸易与埃及联系紧密，同时根据近年的一些研究，其海上商业活动曾远抵安纳托利亚和利凡特地区，甚至和两河流域文明也有所往来。有历史学家依据相关考古成果而力陈道："在希腊地区出土的东方泥板与在埃及和近东地区出土的迈锡尼陶片，都是对那曾经繁荣的商业来往的有力佐证"，"在爱琴海地区、埃及和地中海东岸所发现的壁画都提醒我们注意到迈锡尼文明与迦南人、加喜特人、米坦尼人、塞浦路斯人、亚述人，甚至和赫梯人都存在直接或间接的商业与文化往来"[1]。

在经历了从迈锡尼文明的消亡到公元前9世纪的一段转型期后，随着城邦在爱琴诸岛、希腊半岛和小亚细亚地区的陆续出现，地中海东部的海洋也被注入了新的商业生机。

早期希腊城邦对海洋加以利用的方式主要以海上贸易扩张与移民相结合。科林斯是早期希腊强大的海洋城邦之一，坐拥狭窄险要的科林斯地峡，拥有着面向爱琴海与伊奥尼亚海的港口，同时也可从海上取道科林斯湾进入亚得里亚海，由此它得以控制希腊地区至地中海西部的海上航路。约公元前700年，科林斯贵为中希腊与伯罗奔尼撒之间的货运枢纽，其陶器不仅横渡爱琴海远销至东希腊和叙利亚，还远销于黑海殖民地、巴勒斯坦与埃及。[2]在商业之外，科林斯人还是狂热的海上殖民者，他们在公元前664年的一次海战中击败科西拉，将其变成殖民地，这次海战也是古希腊历史中首次有所记载的海军对决。此外，科林斯的殖民范围还曾远抵如今的阿尔巴尼亚和西西里地区，他们在那里建立了伊壁丹努和锡拉库扎等殖民城邦。以重装陆军力量闻名的斯巴达，也曾加入海洋移民的浪潮，他们的殖

1 Eric H. Cline, Rethinking Mycenaean International Trade with Egypt and the Near East, Rethinking Mycenaean Palaces II, Cotsen Institute of Archaeology, University of California, 2007, p. 200.

2 ［英］N. G. L. 哈蒙德：《希腊史：迄至公元前322年》，朱龙华译，北京：商务印书馆，2016年，第191页。

民据点竟远达意大利的塔兰托。

在地中海东部，米利都的海洋活动进入了黑海地区，它不仅控制了博斯普鲁斯海峡的交通，还在黑海的南、北海岸建立了诸如锡诺佩和奥尔比亚等殖民地。其中，坐落在黑海北岸的奥尔比亚成为联结希腊世界与北部草原西徐亚游牧民族的商业与文化中介点。

位于安纳托利亚西部的吕底亚是希腊诸邦重要的航海贸易对象。公元前7世纪，它在国王克洛伊索斯统治下达到了财富的顶峰。据希罗多德所言，吕底亚人是"最初铸造和使用金银货币的人，又是最初经营零售商业的人"[1]，他们用财富建立了名列世界七大奇迹之一的月亮女神庙，并将吕底亚首都萨尔迪斯建设成为富庶的小亚细亚明珠。值得一提的是，中国有一传统成语"富埒陶白"，而在英语之中，亦有一个在词义与结构上与其相类似的俗语"比克洛伊索斯还富有（Richer than Croesus）"，这一俗语用以形容钱财富裕之人，而其典故正是来自腰缠万贯的吕底亚国王。

▲ 吕底亚的克洛伊索斯金币

上述城邦的海洋开拓事业，加速了地中海和黑海地区内部的贸易往来，也扩展了希腊文明的影响范围。但是，不论是从海洋经济层面还是从海洋军事层面来看，这些城邦所抵达的高度无一能与雅典相媲美。雅典对海洋的利用与掌控为日后的欧洲资本主义国家树立了可资溯源的明确传统。

在经济层面上，雅典依靠海洋成为希腊世界中最具有掌控力的商业霸主。色诺芬就曾骄傲地说，雅典"是一个最好的和最能生利的贸易地……拥有各种船只的最优良和最安全的港口"[2]。此言不虚，位于雅典城近邻的比雷埃夫斯港正是整个地中海上最为繁华的海港，它的繁华随着公元前5世

1 ［古希腊］希罗多德：《历史》，王以铸译，北京：商务印书馆，1959年，第49页。
2 ［古希腊］色诺芬：《经济论 雅典的收入》，张伯健、陆大年译，北京：商务印书馆，1961年，第68页。

纪末期希波战争的胜利而达到顶峰。琳琅满目的商品经比雷埃夫斯中转：希腊的陶器由此装船运往西北非，西亚的香料则在此卸货；此外，还有马其顿的葡萄酒、提洛的铜器和橄榄、优卑亚的毛皮、纳索斯的大理石、开俄斯的船缆绳、埃及的奴隶、赫勒斯滂沿岸的谷物、色雷斯的木材等。而从这些贸易之中汲取财富的，毫无疑问是不远之外的雅典城。

　　在经济繁荣的催动下，一些旧时未曾见过的经济新模式以最原始的形态在雅典萌生。例如，雅典对商业支付手段进行了改良。彼时的诸多希腊城邦仅允许本邦货币在城内进行有限流通，跨越城邦进行贸易的商人往往仅能用以物易物的手段进行交易。而雅典免除了这一麻烦，因为"如果商人不愿意物物交易，他们还可以运走我们的白银，作为最好的货载；因为他们无论在什么地方卖掉这些银子，他们所得总比它们原来所值为多"[1]。又例如，进出雅典的海运商人可以将自己的货物和船队作为抵押，从雅典城的放债者处获取进行下一次航行与买卖的盘缠。借方应在买卖完成后归还本利，贷方则自负风险，即若是船队失事毁灭，贷方则不再过问所借款项。双方的这一借贷关系通过签署白纸黑字的正式契约而确立。在繁华的海运贸易与先进商业手段的助力下，雅典成为整个希腊文明圈中最为富饶的城邦。

▲ 威廉·冯·考尔巴赫以夸张的浪漫手法绘制的《萨拉米海战》

---

1 ［古希腊］色诺芬：《经济论 雅典的收入》，张伯健、陆大年译，北京：商务印书馆，1961年，第69页。

雅典在海上的强大不仅体现在经济贸易上，还鲜明地彰显于其军事霸权之中。公元前480年，以雅典舰队为主力的古希腊联军舰队在雅典指挥官泰米斯托克利的统率下，于萨拉米海湾大败入侵的波斯舰队。这场海上战役彻底扭转了希波战争的胜负天平，促成了波斯帝国的最终战败，同时也令雅典成为整个古希腊世界的海上领军者。在雅典的牵头筹划下，提洛同盟于公元前477年形成。同盟的组建初衷在于促成爱琴海诸邦联合以继续对波斯军队作战，但彼时的波斯军队已经难以为继，因此雅典最终掌控了同盟的最高话语权，同盟自此不再充当对抗外敌的联合体，而是成为雅典掌握爱琴海霸权的工具，同时被雅典掌控的还有各盟邦的军事力量和财富。提洛同盟大约拥有300艘三列桨战舰，其中的一部分本应由各盟邦提供，但这些城邦都采取了缴纳金钱委托雅典代为提供战舰的方法，这样一来，这些战舰的实际归属也不言自明了，而缴纳的金钱也累积为一笔巨款，先是被存放于提洛岛金库，之后干脆被直接移入了雅典城。

雅典海军的早期发展

在希波战争爆发以前，雅典的海军力量平淡无奇。甚至在公元前490年波斯帝国第一次入侵希腊期间，雅典海军也仅仅是一支防御性的辅助力量而已。但是雅典海军发展与壮大的过程是极为迅猛的，它凭借城邦的励精图治，在十多年的发展后一跃成为爱琴海地区最为强大的海上强权力量，同时漂亮地击败了波斯入侵者。在这一历程中，有一个不容忽视的重要人物：泰米斯托克利。泰米斯托克利于公元前493年当选为雅典的执政官，他一直力主雅典大力发展海军，修昔底德对此给予了高度评价："真的，他是第一个敢于对雅典人说他们的将来是在海上的。"[1]泰米斯托克利上任伊始，就下令雅典人在比雷埃夫斯

1　[古希腊]修昔底德：《伯罗奔尼撒战争史》，谢德风译，北京：商务印书馆，1960年，第66页。

建设新的港口，以取代设施有限的旧港。随后，当富足的新白银矿脉于公元前483年被发现于雅典附近时，泰米斯托克利立即热情地在雅典城奔走呼号，力主利用这些天赐的财富为雅典舰队建造200艘三列桨战舰。而他的政敌们则大唱反调，认为这些白银应该分发给雅典公民，用于促进民众福利。面对受到眼下财富诱惑的民众，泰米斯托克利向他们力陈海军的重要意义，最终，不仅他的海军设想得到了推行，而且建成的三列桨战舰数量远超预期。

此外，在器物层面，拥有了三列桨战舰的雅典人结合这种新型军舰速度快、敏捷性强、冲撞猛烈的特点，整合出一套攻势凌厉的海战战术。

最终，所有的努力都收到了回报。在公元前480年的萨拉米海战中，泰米斯托克利率领以雅典海军为骨干的古希腊联军舰队，以一场史诗般的大捷击溃了浩浩荡荡的波斯海军。凭借这一场胜利，也凭借十多年里对海军力量发展的重视，雅典走上了称霸爱琴海的王者之路。

▲ 1987年根据史学考证而重建的三列桨战舰"奥林匹亚"号，如今仍服役于希腊海军

提洛同盟为雅典带来了爱琴海地区的无上霸权和源源不断的贸易收入，雅典从中获取的收入被用来维持海军的造船计划和缴纳昂贵的维护费用。同时，雅典海上霸权的存在也确保其拥有安全的海上贸易航线，这保障了各种造舰原材料从产地安全地运至雅典。从这一体系之中受益颇丰的雅典海军，又反过来成为同盟的维护者和威慑力量。由此，雅典的海上帝国建成了，而且帝国看上去似乎在一种良性循环中运转。

但是，撑起帝国的支柱实际上是摇摇欲坠的。"雅典帝国"更多的是一个以雅典霸权作为向心力量的同盟体，雅典可以从这一同盟中随心所欲地攫取利益，但它并没有真正接管其中任何一个盟邦的命运。这样一来，不仅雅典会处在极易受到别邦挑战的地位上，而且任何会对雅典实力造成削弱的事件，都有可能引起连锁反应，令雅典帝国在顷刻间坍塌。公元前431年爆发的伯罗奔尼撒战争就祸起于以斯巴达为首的伯罗奔尼撒同盟对雅典帝国的不满，而正是这次战争最终剥夺了雅典的海洋王冠。公元前415年，雅典发动西西里远征，阵势浩大的雅典舰队意欲渡海攻打西西里的伯罗奔尼撒同盟成员锡拉库扎，但最终全军覆没。此役雅典几乎损失了所有的海军力量。虽然在装备层面上，雅典的恢复能力是惊人的：西西里惨败的第二年，雅典就又在伊奥尼亚海域部署了129艘战舰，在阿吉纽西则部署了150艘，这还没算上雅典在埃戈斯波塔墨俘获的180艘伯罗奔尼撒同盟战舰[1]。但是，西西里远征之所以成为伯罗奔尼撒战争的转折点，并非因其给雅典造成的装备损失，而是因为它令雅典士气大挫，同时也向雅典帝国的直接与潜在反对者们发出了清晰的进攻信号，这立刻令雅典成为众矢之的，而这样的局势对于结构脆弱的提洛同盟而言无疑是致命的。

雅典在公元前5世纪上半叶依靠希波战争和提洛同盟成为爱琴海上的最强力量，而后又在公元前5世纪下半叶的伯罗奔尼撒战争中受到重创，几乎立刻失去了希腊海洋霸主的地位。虽然它在公元前4世纪的科林斯战争后回光返照、建立第二次雅典海上同盟，但再也无法真正地重新回到爱琴海

1　John F. Charles, The Anatomy of Athenian Sea Power, The Classical Journal, Vol. 42, No. 2(Nov., 1946), p. 90.

王座之上。雅典在海洋上的兴衰历程，向我们鲜明地展示了一个对海洋有着高度依赖的国家势力与大海相互联系的发展轨迹。而不论是雅典还是其他诸多希腊城邦，它们对海洋的经济开拓与军事征服，都为日后的欧洲资本主义文明构建了宝贵的传统。这些初萌的传统将在千年后长出繁茂的枝叶，并结出果实。

"我们的海"：古罗马的海权与海洋商业

不论是在共和时期还是帝国时期，罗马都不是一个纯粹的海洋势力。罗马的霸权是同时建立在陆上和海上的，罗马人在地中海沿岸登峰造极的陆上征服事业最终令其攫取了难以撼动的海权，而罗马人对制海权的重视也反过来对其征服事业助益良多，这一全方位的霸权扩张模式最终令罗马人得以建立一个广袤的庞大帝国。

罗马人对地中海的征服历程始于公元前3世纪起针对海洋强国迦太基的三次布匿战争。迦太基人是海洋民族腓尼基人的殖民后裔，在公元前3世纪时，迦太基坐拥北非和伊比利亚南部的广大沿海领土，同时还占据着西部地中海的科西嘉、撒丁尼亚、西西里和巴利阿里群岛等岛屿，是彼时西地中海的霸主。罗马人在征服亚平宁半岛后，意欲继续征服西西里进而征服西地中海，于是与迦太基人爆发了战争。在接下来的一百多年里，罗马军队三次击败迦太基，期间罗马舰队牢牢掌控了西地中海的制海权，同时在伊比利亚东部的塔拉戈纳等地建立军港，直接威胁迦太基名将汉尼拔率领的陆军进攻意大利的行军路线和补给线。最终在公元前2世纪中叶，罗马人将迦太基城夷为平地，完全夺取了地中海西部的霸权。

在地中海东部，罗马人在公元前215年至公元前168年，通过三次马其顿战争和对塞琉古王朝的叙利亚战争，击溃亚历山大大帝后人建立的马其顿和塞琉古王朝，征服了爱琴海和伊奥尼亚海域，夺取了战败者的舰队，并将其所在地划分为罗马行省。公元前1世纪，罗马又与米特拉达梯六世的本都王国爆发三次米特拉达梯战争。经过数十年互有胜负的拉锯战，罗马军队最终于公元前63年在格涅乌斯·庞培的率领下击败本都王国，占领小亚细亚并取得黑海南部海岸控制权。在此期间，庞培还率领舰队在三个月内肃清了地中海东部海域的海盗并予以安置，这一功业为地中海带来了前所未有且持续数百年的海上安全。

▲ 加布里埃尔·德·圣奥宾笔下第一次布匿战争中的埃克诺穆斯角海战

在公元前1世纪下半叶的罗马共和国内战中，庞培之子绥克斯图·庞培为反对屋大维、安东尼和雷必达的"后三头同盟"，转而联合西西里海盗对地中海的罗马海运商路进行劫掠，这股扰乱海路安全的势力在公元前36年被屋大维的舰队剿灭。数年后雷必达失势，安东尼联合埃及的托勒密王朝与屋大维对抗，双方于公元前31年在亚克兴海角展开海上对决。这场海战以屋大维的全胜落幕，埃及也随之失去了实际的抵抗能力。随着屋大维将埃及纳入罗马的行省版图，地中海海岸线的最后缺失部分也终被罗马收入囊中，罗马至此将地中海全境海域变为自己的"内湖"，成为罗马人口中的"我们的海"。无可置疑的地中海霸权最终在帝国的晨曦时代得以建立起来，"罗马治下的和平"开始了。

罗马武力征服地中海的过程亦是罗马人拓展海洋贸易的过程，其中一个值得注意的现象是，罗马共和国时期的地中海商业活动密度甚至更胜于一统地中海的帝国时期。这一结论是通过对地中海区域船难资料的考察得出的。根据统计显示，在罗马共和国的最后200年里，地中海上有比罗马其他各历史阶段更多的商船往来，而若是把公元3世纪前的帝国阶段历史纳入考察范围，那么在从公元前200年至公元200年之间的4个世纪之中，地中海上的海洋交通活动比未来1000年里的任何阶段都要频繁，其中又以共和国时期的200年为最[1]。这一现象或许是可以理解的，因为帝国时期的地中海贸易性质是行省间贸易，帝国内行省道路的完善使得陆上贸易分担了一部分海运贸易量，但对于版图尚未达到顶峰的罗马共和国而言，地中海的航路就成了比陆路更为便捷的商业贸易渠道。

▲ 劳雷斯·卡斯特罗于1672年绘制的《亚克兴海战》

　　1　Keith Hopkins, Taxes and Trade in the Roman Empire (200 B.C–A.D.400), The Journal of Roman Studies, Vol. 70, 1980, p.106.

　　罗马共和国的地中海商业以意大利为中心，商品的消费中心毫无疑问是罗马城。商业货物的类别也以必需品为主，诸如木材、谷物、亚麻、油、羊毛等，在商业货品之外，也不可避免地存在频繁的奴隶贸易。共和国时期重要的意大利港口是位于那不勒斯海湾的波佐利，同时，亚平宁沿岸的安提阿姆、安科纳、他林敦、布林迪西等亦是商品输入的次要港口[1]。迦太基的战败使得这一往日的西地中海商业王者所拥有的商业资源尽皆归属于罗马之手，其昔日的领土西西里成为罗马在意大利的地中海商业前哨，撒丁尼亚和科西嘉则成为罗马的粮仓，用以保障罗马城的日常粮食需求。北非的比塞大、雷普提斯·玛格纳、乌提卡、哈德拉姆敦等迦太基旧港口和伊比利亚的巴利阿里群岛也相继被纳入罗马的海路贸易网中。在这一时期，意大利本土的工业生产得到了初步发展，其中，产业部门有诸如卡普阿和卡拉里斯的五金业及制陶业，他林敦的毛织业和银器业，亚雷提恩的红色釉陶业等[2]，这些工业部门的产品亦成为海洋贸易的一部分。

　　与此同时，罗马社会中逐渐兴起了一个势力可观的商人阶层，这些商人的事业一开始来自意大利本土的不动产经营，随后他们从罗马的对外战争中获利，在战争结束后又将所获财富借贷给罗马新征服的地区，进而控制那里的税收和商业利益。随着罗马疆域的扩展，很多商人也随之通过海路迁往其他行省，其中一些人到地中海东岸地区发财致富后，又回到意大利进行资本投资。总之，罗马共和国的地中海贸易已经十分频繁，贸易路线亦不断扩展。虽然商品类别仍多以必需品为主，但随着源源不断的海运商品输入意大利，罗马文明核心地带的社会生活方式亦逐渐开始转变。

　　罗马帝国史中"罗马治下的和平"时期一般指自公元前27年屋大维加冕为"奥古斯都"至公元180年皇帝马可·奥勒留去世的两百多年。在这段时期里，风平浪静的地中海几无战事，帝国首次在地中海有了常备的巡逻舰

1　[美]汤普逊：《中世纪经济社会史》（上册），耿淡如译，北京：商务印书馆，1997年，第7页。

2　[美]M. 罗斯托夫采夫：《罗马帝国社会经济史》（上册），马雍、厉以宁译，北京：商务印书馆，2009年，第61页。

队，这更为这片罗马人之海提供了庇护。奥古斯都征服的埃及成了帝国的新粮仓，从亚历山大里亚等埃及港口驶出的运粮船穿梭在地中海上，将粮食运往帝国各省。在地中海之外，帝国的航海贸易也在成熟稳步地拓展。公元1世纪罗马对不列颠完成征服，至不列颠的海运航路也随之建立。输入不列颠的物品多是为了供应军需，其海运航线是以伊比利亚南部的贝提卡为起点，沿大西洋东岸北上至不列颠。这一航线的主要运输品是油，在布列塔尼和诺曼底沿海地区出土的众多盛油双耳陶瓶诉说着这一海路昔日的繁盛。[1]

罗马与摩洛哥的贸易则聚焦于摩加多尔海港。这一港口由航海家汉诺于公元前5世纪设立，公元1世纪左右的柏柏尔国王朱巴二世在此地重振了昔日腓尼基人的紫红染料业，这一染料令罗马城为之疯狂，通过海路输入帝国的染料为罗马人的托袈长袍染上了尊贵的颜色。

在克劳狄王朝晚期，罗马帝国与斯堪的纳维亚半岛建立了贸易联系，从高卢北部港口绕航日德兰半岛的海路开始运转，在日耳曼人占据第聂伯河流域之前，从黑海沿岸的希腊城市取道第聂伯河水系，并最终进入波罗的海的航路亦有罗马商业流通。[2] 在弗拉维王朝和安敦尼王朝时期，黑海沿岸的希腊港口成为小亚细亚罗马军队的补给品运输点，阿非利加行省的野兽则被从海上运至各大帝国城市的斗兽场供民众享乐。

帝国的海运贸易除了促进商品流通，还催生了一些新的商业运作形式。奥古斯都征服托勒密王朝后，埃及的巨大财富流入意大利，这些财富迅速加入地中海范围内的经济流通。这一方面导致了一定程度的通货膨胀，但同时也降低了商人的借款成本。[3] 商人通过借贷资金为自己的创业提供便利，并从中获取大量的财富，而这些财富的一部分又被进一步用于放债和不动产投资，商业富人阶层由此切实地出现了。

1　［美］保罗·布特尔：《大西洋史》，刘明周译，上海：东方出版中心，2011年，第18页。

2　［古希腊］M. 罗斯托夫采夫：《罗马帝国社会经济史》（上册），马雍、厉以宁译，北京：商务印书馆，2009年，第148页。

3　Raoul McLaughlin, Rome and the Distant East Trade Routes to the Ancient Lands of Arabia, India and China, New York: Continuum US, 2010, p. 29.

▲ 于印度布杜戈代出土的罗马奥古斯都金币

　　罗马帝国时期不容忽视的一项海洋活动是罗马与东方的贸易，这一系列的贸易在帝国的前两个世纪内曾远抵远东地区。罗马帝国对埃及的征服获得了红海沿岸的诸多港口，在这些港口之中，对东方航线意义最为重要的当属贝伦尼切和米奥斯·霍尔莫斯两港。根据当时某埃及商人撰写的《厄立特里亚海周航志》（*Periplus Maris Erythraei*）所记录的内容，驶向印度的海船应在7月乘着强劲的北风从上述红海港口启程南下，这样可于8月驶出曼德海峡到达亚丁湾。此时，有的船队会选择沿着阿拉伯半岛海岸直接驶至卡纳港，进而沿着海岸一路向东，这些船队多数在近海行驶，它们的目的地是印度半岛的西北部。有的船队则会在瓜达富伊角以内的索马里北岸停留数周，在当地的市场进行交换，交换而得的商品既可用于与印度的贸易，也可在日后运回地中海。短暂停留后，船队将用近三个月的时间横跨汹涌的印度洋，最终到达印度半岛南部。若是船队想要回程，则需等待南亚地区11、12月的东风刮起，才能顺风返回亚丁湾。根据《厄立特里亚海周航志》记载，罗马商人运至印度的货物除了带饰衣物等日常用品，更有地中海地区的奢侈品，诸如橄榄石、药剂、玻璃器皿和银器，以及令印度人大感新奇的地中海珊瑚等。印度人对这些货物的物质交换则是诸如甘松香、木香、芳香树胶等各种植物香料，以及可入药的枸杞和可用于浆染的靛蓝染料。航向北部印度的罗马商人，还将得到来自"丝绸之路"的丝绸和毛皮制品，以及各种珍奇宝石[1]。《后汉书》就曾对罗马与印度的贸易关系有所记载：

> 天竺国一名身毒，在月氏之东南数千里。……土出象、犀、玳瑁、金、银、铜、铁、铅、锡，西与大秦通，有大秦珍物。又有细布、好氍毹、诸香、石蜜、胡椒、姜、黑盐。[2]

类似主题的记载还曾见于《晋书》：

> 大秦国一名犁鞬，在西海之西，其地东西南北各数千里。…… 安息、天竺人与之交市于海中，其利百倍。[3]

其中的"大秦"即指罗马帝国，需要加以注意的是，考虑到当时中国历史记载者的视角限制，他们笔下的大秦也许是指以安条克和亚历山大里亚为中心的罗马帝国东部各省。罗马海上商人曾继续向东航行，与马来半岛诸国有所接触，并在事实上开拓了通往中国的海运路线，最终在公元166年，罗马人与中国首次建立了直接联系。对这一事件，《后汉书》中有相关记载：

> 至桓帝延熹九年，大秦王安敦遣使自日南徼外献象牙、犀角、玳瑁，始乃一通焉。其所表贡，并无珍异，疑传者过焉。[4]

这一记载有不少存疑的细节。首先，"大秦王安敦"很有可能为公元161年即位的皇帝马可·奥勒留·安敦尼努斯，但也有说法认为这是指公元

1　Raoul McLaughlin, Rome and the Distant East Trade Routes to the Ancient Lands of Arabia, India and China, New York: Continuum US, 2010, p. 43.

2　（南朝宋）范晔：《后汉书》，北京：中华书局，2013年，第2921页。

3　（唐）房玄龄等：《晋书》，北京：中华书局，1974年，第2544页。

4　同2，第2920页。

161年去世的皇帝安敦尼·庇护。其次，也有人质疑这些使臣的身份，认为他们并非官方使者，而仅为意欲通过使节之名为贸易创造便利的商人，象牙、犀角、玳瑁等贡品本就为安南国物产，有可能是他们与当地人交换而得，那么"其所表贡，并无珍异"的评价也说得通了。但与此同时，这一记载又反映出一些实质信息。首先，来访者是由中南半岛的日南而来，那么几乎可以肯定的是，他们取道海路来到东方，这与罗马帝国向东步步开拓航路的过程吻合。其次，考虑到此前罗马在印度洋地区引人注目的贸易力度，此次汉朝与罗马的首次直接握手本有可能开启贸易史上新的篇章。可遗憾的是，这一可能的盛况最终并未出现。公元2世纪末，罗马帝国陷入瘟疫之中，人口密集且流动频繁的港口城市受到重创，东方贸易开始陷于衰微，而当历史进入公元3世纪，罗马帝国也逐渐步入风雨飘摇的危机年代，航向远东的贸易再未得到重振。

▲ 明书籍《三才图会》中所绘大秦使者[1]

罗马帝国的东方贸易极大地改变了罗马人的物质生活。与共和国时期的必需品贸易相比，帝国时期的各区域贸易具有更明显的奢侈品贸易特征，而这一点又在东方贸易中体现得最为鲜明。随着东方商品的不断流入，丝绸织物成为罗马上流社会的衣着新风尚，胡椒等调料被摆上罗马人的餐桌，东方的药材原料也开始与罗马医药相结合，各种香料则被制成香水和香粉，供罗马人装点自己以及用作仪式庆典等场合的焚香原料等。苏维托尼乌斯写于公元2世纪的《罗马十二帝王

---

1 （明）王圻、王思义：《三才图会》，上海：上海古籍出版社，1988年，第862页。

传》里，就记载了一桩韦伯芗（也译为"韦斯巴芗"）皇帝的轶事，折射出香料产品彼时的广泛应用和它对军队风气的影响，以及皇帝对此的态度：

> 他不放过整顿军队的任何机会。一个青年人浑身散发香水气味前来感谢皇帝对他的任命，韦伯芗轻蔑地转过头，严肃地责备道："你最好散发大蒜味！"于是，他取消了任命。[1]

从经济角度来看，东方贸易也令参与其中的航海商人日益富有。克劳狄王朝的皇帝摒弃了托勒密埃及时期对进口商品的限制政策，因而从东方归来的商人得以相对自由地将商品运至帝国各处高价售卖。东方贸易的繁盛还催生了一些新的商业管理手段，在最为繁荣的红海贸易港口米奥斯·霍尔莫斯和贝伦尼切，很多从事东方贸易的商人结成公司化的组织，抑或是在港口设立全权代理人，以求对他们的商业事务施行有效的管理。

总体来看，罗马帝国的东方贸易是繁盛且影响深远的，它不仅折射出彼时帝国强大的国力，而且还为早期东西方交通史写下了重要的一笔。令人惋惜的是，这繁盛贸易的命运是与罗马帝国的国运紧密相连的，当帝国陷入危机，包括东方贸易在内的所有帝国贸易都从财富的顶峰訇然跌下。公元2世纪末的"安敦尼瘟疫"令埃及诸港口破败萧条，随着罗马国运衰微，曼德海峡再难目睹那些船艏雕着伊西斯女神的商船千帆竞发东去的盛景，而在印度地区发掘出的公元3世纪的古钱币里，罗马钱币的踪影也已经难以寻觅了。

从公元3世纪起，罗马帝国开始进入衰落期，其中又以地中海西部地区为甚。其间，尽管有诸如戴克里先和君士坦丁等皇帝施行改革措施力图挽救，但最终未能避免帝国的东西分裂和西部帝国的最终衰亡。罗马帝国衰亡的原因是繁多且复杂的，诸多历史学者都曾提出各种见解，然而，正

---

1 ［古罗马］苏维托尼乌斯：《罗马十二帝王传》，张竹明、王乃新、蒋平等译，北京：商务印书馆，1995年，第308页。

如历史学者在徒劳的追寻后最终所感叹的：对于历史上两个最大的问题，即罗马怎样兴起和它怎样灭亡，从来不曾有过，也许也永远不会有一个完满的答案。但在这其中，有的东西又是浅显易见且可以加以肯定的，即罗马在衰亡的过程中逐渐丧失了对大海的控制，曾经繁盛的海洋贸易归于破落，海洋再次变得危机四伏。

罗马帝国商业贸易活动的一个显著特点，是其与统治阶层政治活动的紧密相关性。安敦尼王朝诸帝多数具有治国才能，而他们的继任者则不然，这对商业贸易的负面影响是不言自明的。从安敦尼王朝后期起，罗马皇帝开始陷入穷兵黩武的泥淖中，帝国军费居高不下，逐渐超出了原有经济贸易体系所能承受的范围，而在公元2世纪末瘟疫所造成的人口削减尚未得到缓和的背景下，这一经济负担就显得更加致命。囿于昂贵的军费，帝国开始对经济产业进行掠夺性的榨取，一些原有的专业性生产部门因不能满足帝国的现实需求而消失。帝国对经济贸易饮鸩止渴的压榨不仅未能缓解军费的短缺，而且进一步削弱了帝国经济的生产能力，诸如瘟疫和旱灾等灾祸更是令业已脆弱的经济形势雪上加霜。

▲ 北非地区的罗马港口

公元3世纪末期，皇帝戴克里先推行了币制改革和限价法令，但并未有效地扭转帝国的颓势，美国史学家詹姆斯·汤普逊对此直接指出："戴克里先时代的繁荣与其说是由于经济建设，不如说是由于行政改革和强硬统治。"[1]戴克里先用强硬手段尚无法对经济形势予以挽救，恰恰说明了罗马帝国已经积重难返。公元4世纪后，西部帝国的凋敝已经不可避免，人口减少了，贸易没有了从业者和消费者，港口的繁荣一去不复返，地中海时隔数个世纪后再次变成海盗横行的灾难之海，与其相关联的大西洋和红海航路亦不复存在。而在帝国东部，哥特人早在公元3世纪时就在黑海组建了劫掠舰队，掠夺博斯普鲁斯海峡两侧海岸的罗马省份，罗马海军在面对海盗和哥特人时根本无从抵抗。公元5世纪，地中海不再是罗马人的海，它正成为供罗马敌人往来横行的便捷通路。公元476年，西罗马帝国灭亡了，留下的是欧洲的一片废墟和支离破碎的地中海。东部的帝国则占据着黑海南岸和博斯普鲁斯海峡，它还将在抵御外敌的胜败和国土的增减得失之中继续屹立千年。

▲ 托马斯·科尔的画作《帝国之路：毁灭》描绘了西哥特人于公元410年取道水路劫掠罗马城的景象

1　［美］汤普逊：《中世纪经济社会史》（上册），耿淡如译，北京：商务印书馆，1997年，第51页。

在用不大的篇幅略述了欧洲古典文明与海洋的交织发展后，有几个问题是需要提出和思辨的。

首先，罗马是一个典型的海洋国家吗？海权是不是罗马共和国和罗马帝国的立国之本呢？这一问题的答案是值得争论的。1890年，美国海军战略家阿尔弗雷德·塞耶·马汉（也有译作艾尔弗雷德·塞耶·马汉）上校的划时代著作《海权对历史的影响》出版，通过分析历史上利用海洋获得强大地位的国家的发展历程，凸显出海权控制对一个国家的重要意义。这部著作一经出版就震动了西方世界，马汉由此被奉为"海权论"之父，时至今日仍有为数众多的信徒以马汉之观点为准绳。在著作的绪论部分，马汉通过布匿战争的例子来佐证制海权在国家战争里所能起到的重要作用。马汉认为，罗马在布匿战争中获胜的根本原因在于掌握了西部地中海的制海权，马汉总结道：

> 当时的罗马海上力量控制了北部从西班牙的塔拉戈纳到西西里两端的利利巴厄姆，由此绕过该岛北端经墨西拿海峡，向南到叙拉古，再到亚得里亚海的布林迪西的广大海域……这种控制确实阻止了汉尼拔所急需的那种持续可靠的交通线。[1]

因此，马汉认定，罗马的兴起具有海洋特征，它在西地中海的霸权是自拥有制海权开始的，通过控制大海击败了迦太基，开始了对地中海周边地区的征服。

但是，马汉的理论并非没有反对者。美国密歇根大学的古典历史学家切斯特·斯塔尔在他的《海权对古代历史的影响》一书中提出了与马汉的理论针锋相对的观点。斯塔尔认为，罗马时期的古代社会终究是一个农业社会，是以陆上经济为根基的，海权的支撑力量最终还是来自陆上的政治军事行为。海洋贸易的存在并非为了给国家带来力量和繁荣，而仅是为了满足富人对奢侈品的欲求。对于马汉关于布匿战争的理论，斯塔尔也是步

---

[1] ［美］A. T. 马汉：《海权对历史的影响》，安常容、成忠勤译，北京：解放军出版社，2014年，第22页。

步逼问，他认为汉尼拔之所以从陆路进攻意大利，并非因为海路被罗马人封锁，而是因为汉尼拔远征军之中的骑兵和战象部队无法通过海路进行有效的运输，同时随着高卢部分地区被迦太基人征服，汉尼拔也得以利用这些地区作为行军的前进基地。[1]上述争论的焦点在于：罗马的霸权建立过程，是陆权带动海权还是海权推动陆权。这一问题也许不会有一个不容置疑的确切答案，但是可以确定的是，罗马建立起的霸权是全方位的，是陆权和海权的结合体，霸权的成果在于罗马人给地中海首次完全赋予文明的特性，同时还开拓了前所未有的广阔海洋贸易体系，而这些正是帝国海权特征的体现。即使是激烈反对马汉的切斯特·斯塔尔，或许也不会对此提出太多异议，正如他在自己著作末尾所陈述的："罗马帝国建立了极为明确且结构有序的海洋力量，这一力量拱卫着那个被后人奉为'人类史上最为快乐'的时代。"[2]

其次，古典时期海洋进取精神的发展，是毫无阻碍地一步到位的吗？这一问题的答案是否定的。实际上，纵观古希腊、古罗马时期的诸多与海洋有关的思想演变历程，可以看到在海洋精神的早期萌发过程中，它从未摆脱那些因惧怕海洋而陷于保守的思想的牵制。意大利著名古代史学家莫米利亚诺对此有过精妙的总结，他认为古典时期政治思想中反海权倾向的根源在于一种"反功利和反民主的偏见，同时还受到某种仅在陆战中才会展现出来的史诗化个人德性的影响"[3]，其具体体现在于认为"陆权彰显并养育美德，而海权则是对道德的颠覆：它造就不公、懒惰、违法、贪婪和欲望，等同于僭政"[4]。在诸多古希腊和古罗马著作之中，我们能很明显地看到当时人们对陆地的依恋和对海洋的排斥。赫西俄德在《工作与时日》中就写道：

1　Chester G. Starr, The Influence of Sea Power on Ancient History, New York & Oxford: Oxford University Press, 1989, p. 58.

2　同1，第84页。

3　Arnaldo Momigliano, Sea-Power in Greek Thought, The Classical Review, Vol. 58, No. 1(May, 1944), p. 7.

4　同3，第4页。

（城邦的人们）源源不断地拥有许多好东西，他们不需要驾船出海，因为丰产的土地为他们出产果实。[1]

无独有偶，哲学巨人柏拉图在《法律篇》中也有类似的陈词，而且更为激烈：

大海使陆地上到处在进行零趸和批发的买卖，在一个人的灵魂里培植起卑劣和欺诈的习惯，使市民们变得彼此不可信任和怀有敌意，这种情况不仅存在于他们自己内部，而且存在于他们与外部世界的交往中。虽然如此，但对这些不利的情况来说，土地出产每样东西这一事实具有某种调剂作用。[2]

而在罗马时期，类似的观念也绝没有消逝。且看西塞罗对海洋贸易港口风气的痛斥：

沿海城市还会遭受某种确定的腐败以及道德的败坏，因为它们会接受多种陌生语言与风俗习惯的混合……迦太基和科林斯，虽然它们早已长期摇摇欲坠，但导致它们最后沦陷的，最大的影响莫过于其公民四处离散。对贸易与航海的欲求，使得他们抛弃了农业和对军力的追求。[3]

历史学家阿庇安则在他的《罗马史》中借助执政官孙索里那斯对迦太基人的演讲，道出了当时人们那种对海洋的抵制心态：

---

1 ［古希腊］赫西俄德：《工作与时日·神谱》，张竹明、蒋平译，北京：商务印书馆，1991年，第8页。

2 ［古希腊］柏拉图：《法律篇》，张智仁、何勤华译，上海：上海人民出版社，2001年，第108页。

3 ［古希腊］西塞罗：《国家篇　法律篇》，沈叔平、苏力译，北京：商务印书馆，1999年，第59页。

　　海洋使你们不能忘记你们过去曾经利用它获得了很大的领土和势力。它促使你们作恶，这样使你们堕入灾祸中……正是因为海洋提供了图利的便利，所以它总是使人产生贪多的欲望。由于这个缘故，雅典人当他们成为海洋民族的时候，大大地发展起来了！但也同样地突然崩溃了。海上的势力正好象商人的赚钱一样——今日获得厚利，明天全部丧失。[1]

罗马共和国末期的诗人卢克莱修，则在他的诗行中直白地表达出安居陆上的心安理得：

　　当狂风在大海里卷起波浪的时候，
　　自己却从陆地上看别人在远处拼命挣扎，
　　这该是如何的一件乐事。[2]

　　以上林林总总的古典作品选段，鲜明地折射出一个事实，即在古希腊、古罗马时期，对海洋抱以消极态度者绝不在少数。但是，前文叙写的诸多希腊人和罗马人征服海洋与利用海洋的史实，又同时在彰显着海洋精神的萌发和演进。从这一看似矛盾的论题中可以得出的结论是，西方海洋精神的演进过程并不是一步到位的，在其早期的发展历程中，时刻被社会舆论中的负面态度所环绕；而那些向大海出征之人的动机则往往是出于诸如逐利和迁居等极为实际的考量，其中还伴随着对海洋隐藏的未知危险的恐惧，所以这些动机并不能用理想化的征服挑战欲来解释。这一问题的存在并没有否定古典时期海洋活动的繁盛与可贵，它只是提醒后人不应忽视当时社会的整体状况。相反，海洋精神能从社会负面舆论的缠绕中破茧而出并持续影响西方历史的发展，这恰恰是其珍贵性的体现。

　　第三个问题也是最为重要的核心问题：古典时期有资本主义吗？一般

1　［古罗马］阿庇安：《罗马史》（上卷），谢德风译，北京：商务印书馆，1979年，第259页。
2　［古罗马］卢克莱修：《物性论》，方书春译，北京：商务印书馆，1981年，第61页。

而言，欧洲资本主义的萌芽期被认为是在中世纪晚期和近代早期，即14—15世纪，但并非所有学者都同意这一结论。20世纪初的俄裔美籍历史学家米哈伊尔·罗斯托夫采夫，就是以资本主义模式看待罗马经济的代表。在罗斯托夫采夫于1926年出版的著作《罗马帝国社会经济史》之中，他就提出罗马共和国和罗马帝国的经济是一种资本主义经济。在他看来，共和国的资本主义与希腊化时期以前和希腊化期间存在于地中海东岸的资本主义几乎完全属于同一类型。[1] 而在帝国时期，随着罗马帝国境内城市化进程的加快和商业的发展，在帝国社会中催生了一批拥有财富与地位的城市资产阶级。在罗斯托夫采夫看来，罗马帝国所取得的各方面成就都是城市资产阶级愿望的体现和其联合皇帝并付诸努力的成果。而罗马帝国的衰亡，也是来自城市化过程中不可避免的阶级划分带来的阶级斗争，是旧式地主和底层阶级针对城市资产阶级重新取得优势的过程，是工商业凋敝和公元"1世纪末乡村里的科学的、资本主义的农业经济所遭受危机"[2]的结果。

罗斯托夫采夫的这一系列理论在20世纪初的西方史学界产生了很大影响，但其理论是否反映了历史的真实情况呢？这是值得怀疑的，因为罗斯托夫采夫自己就在同一部著作里提出，在罗马帝国诸行省的社会生活中，农业依旧是占据主导地位的行业，乡村居民也在帝国社会结构中占据重要地位[3]，这与他在著作其他部分所力陈的观点很明显地自相矛盾。英国著名经济史学家波斯坦点出了罗斯托夫采夫理论的命门，波斯坦认为罗氏理论的问题在于"当他谈论罗马的阶级冲突时，他都将这些阶级等同于当今社会的相应阶级"[4]，但是罗马时期的所谓资产阶级与现代意义的资产阶级实际上是不一样的，因此罗斯托夫采夫得出的结论是极具误导性的。所以，罗斯托夫采夫的理论更多的是体现了他自己身为俄国资产阶级家庭后代的固有观念，以及20世纪初西方资产阶级的一种希望将自身阶级起源与古代

1　[美] M. 罗斯托夫采夫：《罗马帝国社会经济史》（上册），马雍、厉以宁译，北京：商务印书馆，2009年，第60页。

2　同1，第286页。

3　同1，第490–493页。

4　M. M. Postan, Review, Economica, No. 20(Jun., 1927), p. 240.

历史相联系起来的溯源心态，而非体现了历史的实际情况。尽管在罗马帝国及其之前的历史时期里存在繁荣的海洋贸易，其中的一些贸易品和商业手段确实具有资本主义经济的特征，国家之间对海权的争夺也将是日后资本主义世界的一个主旋律，但总的来说，古典时期的欧洲并没有真正意义上的资产阶级与资本主义。

上述诸问题与结论，并没有否认希腊文明与罗马文明为尚未诞生的资本主义欧洲留下的宝贵遗产。在这一阶段的历史之中，有无畏的航海家向着未知的暴虐之海破浪而去，有勇敢的商人载着财富之船穿梭于繁忙港口之间，亦有睥睨波涛的海军将领助国家建立起对不驯海洋的统治。他们的功业将海洋纳入人类文明之中，也让人类明白，海洋并非只有未知和危险，海洋是可以为人类带来财富，甚至是可以被人类征服的。只是，这些遗产所埋下的种子要等到很久以后才能真正地结出丰硕的果实。西罗马帝国灭亡后的地中海陷入战乱，这里的人民眺望海洋的目光也被兵荒马乱的阴霾所遮蔽了，海洋又一次成了人类活动的障碍。人们关于地中海以外海洋的记忆也渐渐消逝，正如生活在公元6世纪的拜占庭史学家约达尼斯所言：

> 那离我们最为遥远、无法逾越的大洋，不仅还没有被描述过，甚至还从未被游历过，因为人们知道，由于海草的阻力过大和风力极度缺乏，世界上没有任何船只能够渡过它。[1]

破碎之海：中世纪早期的海上贸易

罗马帝国曾给西欧和北非地区带来过有力的中央管理体系，而随着西罗马帝国的灭亡，帝国昔日的西部诸省也失去了向心力，相继落入各不相同的蛮族势力手中。东罗马帝国皇帝查士丁尼曾于公元6世纪发起征服战争，拜占庭军队在大将贝利撒留的统率下出征北非击溃汪达尔人，重新将昔日阿非利加行省的大部分海岸线纳入帝国版图。随着东部帝国重新夺回

1　［拜占庭］约达尼斯：《哥特史》，罗三洋译，北京：商务印书馆，2012年，第16页。

西西里、撒丁尼亚和科西嘉等地中海重要岛屿，贝利撒留在非洲战役尚未完结的情况下取道亚平宁南部，进攻意大利半岛的东哥特人，并最终将其彻底击垮，东罗马帝国由此开始以拉文纳为中心在意大利重新建立统治。通过北非战争和哥特战争，东罗马皇帝几乎光复了昔日的西部帝国沿海领土。

但是战争的代价是巨大的，北非地区并未因征服而获得安宁，东罗马征服者无法与摩洛哥的柏柏尔人消弭冲突。而在地中海北岸，罗马城在过去一个世纪中遭到多次战乱荼毒，不再复有昔日的繁华。意大利的地区秩序从未真正得到重建，同时又因伦巴人的入侵而雪上加霜，进一步陷入四分五裂。在拜占庭军队出征地中海的同时，高卢地区的法兰克人亦在扩张。法兰克墨洛温王朝的国王克洛维在公元6世纪初期征服高卢全境，并将西哥特人逐出高卢，同时军队向东推过莱茵河，征服诸多日耳曼人群落，将其势力扩展至图林根地区。虽然墨洛温王朝没有真正击垮勃艮第人和西哥特人，但这并无碍于它成为后罗马帝国时期西欧地区的首个强权力量。

在这段群雄纷争的时期里，地中海不再统一，因此也不再安全，但是，这并不代表地中海的海上商业文明此时真的崩溃了。20世纪初的比利时历史学家亨利·皮雷纳（也有译作亨利·皮朗）就认为，公元6—8世纪的地中海虽是蛮族的海，但它仍旧延续着昔日"帝国之海"的风采。诸蛮族对西罗马帝国百般侵蚀，其最终目的并非将帝国击垮，而是获取更好的生活，而温暖的地中海沿岸就是他们想要到达的理想之地。西罗马帝国在政权形态上灭亡了，但其深层的文化力量仍然在影响着地中海，且日耳曼人并未对其强行施加影响。皮雷纳对此做出概括，认为虽然帝国文明在入侵之中有所衰退，但在这种衰退之中，仍旧保留了鲜明的罗马面貌，日耳曼人不可能也不想摒弃帝国的文明，他们确实使帝国的文明粗俗化了，但并未有意识地将其日耳曼化。[1]詹姆斯·汤普逊也认为日耳曼人征服高卢立刻使商业归于破毁的结论是错误的，罗马帝国的物质文明在这几世纪里并

---

1 ［比利时］亨利·皮雷纳：《中世纪的城市》，陈国樑译，北京：商务印书馆，2006年，第5页。

◀ 东地中海卫士：拜占庭海军的"德洛艨"（Dromon）战舰

（图片来源：John H. Pryor）

未突然崩溃，而是逐渐衰落。[1]

　　因此，此时的地中海仍旧存在着较为明显的海洋贸易交流，虽然贸易的整体发展态势是下行的，但它至少在总体上维持着存在。皮雷纳对这一情况的概括令人莞尔：君士坦丁大帝以后的地中海贸易是个什么样子，那么在公元5—8世纪，从大的轮廓来看，地中海贸易还是那个样子。拜占庭帝国此时占据着北非和地中海诸大岛，虽然在其统治内部隐藏着不稳定的种子，但至少其舰队尚能维持对地中海的控制。墨洛温王朝的法兰克人并未割断与东方的贸易往来，随着法兰克人从哥特人手中夺取普罗旺斯，南部法兰克地区的马赛、纳尔榜等城市随之成了法兰克人的大港口，这些港口与尼斯等次级规模港口一道，承担着东西方商品交换的职责。法兰克的海运出口物包括布料和木材，进口物则有香料、葡萄酒、橄榄油、米、椰枣、无花果、原书纸、毛皮和丝等[2]，同时，来自欧洲战乱中的俘虏也被

1　［美］汤普逊：《中世纪经济社会史》（上册），耿淡如译，北京：商务印书馆，1997年，第263页。

2　［英］M. M. 波斯坦、爱德华·米勒：《剑桥欧洲经济史（第二卷）中世纪的贸易和工业》，钟和等译，北京：经济科学出版社，2004年，第268页。

当作奴隶出口至东方。这一时期的地中海贸易具有一个重要的特征，即东罗马帝国货币索里达在地中海地区得到了广泛运用，同类货币作为流通媒介对贸易整体性的意义是不言而喻的。从这一角度上来看，公元6—8世纪的地中海之所以还能维持着罗马化的贸易状态，很大程度上要归功于拜占庭。总之，虽然地中海曾在帝国末年战乱频仍，但西罗马遗留给地中海的文明传统并未遭到毁坏，而且看上去也没有不延续下去的理由。

但此时，在大海彼端，强大而无情的力量已经升腾起来，这些力量即将改变这一切。

公元7世纪，阿拉伯帝国兴起于阿拉伯半岛，其对外扩张迅疾而骇人。第一任哈里发阿布·伯克尔先是平定了诸伊斯兰部族的叛乱，随后向伊拉克和叙利亚进攻。他的继任者欧麦尔出兵波斯，灭亡萨珊王朝，同时在叙利亚地区完全击溃拜占庭军队，夺取耶路撒冷，占领地中海东岸。在亚洲战役稳步推进的同时，阿拉伯军队开始剑指拜占庭占据的北非，欧麦尔于公元642年征服埃及，拜占庭帝国由此失去了重要的粮仓和海军基地。在随后的公元7世纪末，阿拉伯帝国征服迦太基，之后又征服摩洛哥并将当地的柏柏尔人纳为伊斯兰教信众。在此期间，阿拉伯人还在与拜占庭帝国的战争中占领了罗德岛和塞浦路斯等东部地中海的重要岛屿，并以北非为基地进攻西西里。皈依伊斯兰教的柏柏尔人成为阿拉伯帝国的强力军队，他们被用来充当阿拉伯帝国进攻西哥特西班牙的主力。阿拉伯军队于公元715年征服伊比利亚大部，并建都于科尔多巴。

在持续多年的推进后，阿拉伯人在地中海沿岸的扩张于公元8世纪中叶趋于停止，他们先是于公元718年从海上围攻君士坦丁堡，最终却被拜占庭皇帝利奥三世的秘密武器"希腊火"[1]击溃，之后又于公元732年在法兰克的图尔地区被墨洛温王朝宫相查理率领的欧洲军队击败。尽管如此，阿拉伯帝国也已经占有了地中海的东、西、南岸，北非沿岸和巴利阿里群岛，并作为阿拉伯海军的基地，地中海北岸的港口和地中海上的商路成了他们侵袭的目标，而欧洲人此时根本无力扭转这一局面。

1　希腊火，一种可以在水上燃烧的液态燃烧剂，主要应用于海战中（编者注）。

◀ 出土于奥斯堡的维京长船，现陈列于挪威奥斯陆的维京博物馆

地中海被阿拉伯海军封锁，尚且不是西欧人海洋梦魇的终结。从公元8世纪开始，来自斯堪的纳维亚地区的北欧人成群结队地驾船南下，在大西洋东岸的欧洲地区烧杀抢掠。如果说阿拉伯人对欧洲的封锁是出于帝国式扩张和征服的动机，那么北欧海盗跨海远征的驱动力量则纯粹是掺杂着逐利心态与冒险精神的强盗欲望，至少在他们远征的初期阶段是如此。北欧人是杰出的水手，挪威的铁矿和斯堪的纳维亚丰富的森林资源为北欧人的造船业提供了上等的原材料。利用这些材料，他们得以建造出轻便而坚固的维京长船，这些船具有高度的适航性，既能助北欧人深入西欧河道进行沿岸劫掠，也可载着北欧水手迎着北大西洋的波涛远抵格陵兰岛甚至北美东岸。北欧海盗船的船艏一般都有着弯曲的龙首或其他传说中猛兽的形象，这些载着恐怖船艏的船队一次次在英格兰东部、法兰克西北部和弗里西亚沿岸及河道地带刺破水面的薄雾，出现在当地人的视线之中，带来毁灭的命运，成为这些地区人们心中的海上梦魇。

在不列颠地区，北欧人沿着泰晤士河及其支流到达雷丁，沿着乌斯河抵达约克，在一些河道若是无法使用风帆和桨橹来行船，他们就用纤来拉。[1]在低地地区和法兰克，北欧人的侵袭也凶猛无比：公元835年杜尔斯特

1　［法］马克·布洛赫：《封建社会》，张绪山译，北京：商务印书馆，2004年，第59页。

德化为灰烬，公元836年安特卫普遭受同样命运，巴黎则在公元845年和公元857年两次被劫掠，许多法兰克沿海或沿河城市诸如亚眠、鲁昂、南特、图尔、沙特尔、波尔多等都遭受过北欧人的凌虐，就连地中海沿岸的纳尔榜和马赛亦是如此。[1]西欧人的地中海已被阿拉伯人关闭，而今他们的大西洋甚至各条河流也成了北欧人来去自如的杀戮场。公元909年，兰斯省主教们在特洛斯利聚会时就曾发出哀叹：

> 你们看，上帝降怒了……城镇渺无人烟，寺院或被夷为平地，或被付之一炬，土地荒芜，一切都荡然无存矣……到处是强者凌弱，人如海中之鱼疯狂地相互吞噬。[2]

在这样的背景下，那些遭受侵袭地区的统治者并非没有作出抵抗的尝试。不列颠的威塞克斯国王阿尔弗雷德被认为是最早组织海军部队的英国国王，根据《盎格鲁-撒克逊编年史》记载，阿尔弗雷德曾于公元882年率船只出海，进攻来犯的4艘北欧舰船，俘获2艘并最终令另外2艘投降；类似地，在公元885年，阿尔弗雷德派遣一支舰队进入东盎格利亚，舰队在一次与16艘北欧海盗船的遭遇战中得胜，又在返航途中遭遇更为强大的另一支北欧舰队并战败。[3]在加洛林朝的法兰克地区，查理曼曾创立海防制度，路易一世则到公元838年还曾恢复海峡舰队。而在地中海方面，阿拔斯王朝时期的阿拉伯人于公元838年征服克里特岛，拜占庭皇帝狄奥菲洛斯曾向"虔诚者"路易求援，而路易的回应则是派出舰队进攻阿拉伯人治下的埃及和叙利亚。但是，总的看来，这些抵抗力量并未扭转任何局势：拜占庭的塞萨洛尼卡于公元904年在一场灾难性的溃败中被阿拉伯海军攻陷，而在不列颠，国王也只能依靠征收赎金"丹麦金"[4]来向北欧人换取和平。

---

1 ［美］汤普逊：《中世纪经济社会史》（上册），耿淡如译，北京：商务印书馆，1997年，第346页。

2 ［法］马克·布洛赫：《封建社会》，张绪山译，北京：商务印书馆，2004年，第37页。

3 《盎格鲁-撒克逊编年史》，寿纪瑜译，北京：商务印书馆，2000年，第83—84页。

4 丹麦金，指中世纪英国为筹措向丹麦人缴纳的赎金而征收的一种土地税（编者注）。

　　阿拉伯人和北欧人在海上对西欧地区的封锁与进攻对欧洲历史发展进程具有深远的影响。这些入侵为西欧大地带来了破坏和混乱，但更重要的是，它将西欧地区与海洋的旧有联系割裂了。

▲ 阿拉伯舰队于838年出征克里特岛

　　首先，阿拉伯人的海上封锁令法兰克人的加洛林王国成为内陆国，昔日墨洛温王朝与地中海之间的联系不复存在。亨利·皮雷纳指出，阿拉伯人关闭地中海和加洛林王朝登上历史舞台这两个历史事件能同时发生绝非巧合。西部欧洲地区曾靠地中海过活，墨洛温时代的地中海仍旧保持着其在千年历史中的重要性，墨洛温时期的高卢地区仍然具有浓重的航海氛围。但是这一重要性在加洛林时代则完全消失了，查理曼的帝国成为一个封闭的内陆帝国，西欧地区从罗马时期开始就一直得以维系的文明在公元9世纪彻底断裂。[1]詹姆斯·汤普逊也认为，阿拉伯人的海上封锁令加洛林王朝成了一个由地主贵族统治的农业经济国家，墨洛温时代在某种程度上还保留着古代罗马的商业和贸易习惯，但这些习惯在加洛林王朝时都消逝了。[2]

　　随着海洋封锁带来的贫困与混乱，西欧迈上了与之前截然不同的发展轨道。在经济方面，失去了大部分海洋贸易的西欧经济退化为陆上农业经济，而战乱则让旧时的城市和港口萎缩，商品流通量减少，地区之间的联系阻碍增加。在社会方面，战火的频仍和地区封闭性的增加，促使人们组

　　1　［比利时］亨利·皮雷纳：《中世纪的城市》，陈国樑译，北京：商务印书馆，2006年，第17-19页。

　　2　［美］汤普逊：《中世纪经济社会史》（上册），耿淡如译，北京：商务印书馆，1997年，第274页。

织新的生活模式来应对这些变化。一方面，当权者和贵族需要攫取经济和
人力资源来应付战争，地位低下的平民则渴望寻求人身庇护；另一方面，
农业生产模式下生产原料的缺乏也促使更为集中的生产方式诞生。在这些
因素的共同作用下，以封建人身依附关系和庄园农业生产模式为核心的封
建社会在西欧土地上形成了。

其次，西欧的远途海洋贸易也几乎绝迹了，其中又以地中海西部海域为
甚。法兰克南部昔日的大港口马赛成为杂草丛生的荒废之地，在接下来的两
个世纪里都默默无闻。[1]大西洋沿岸的杜尔斯特德原是墨洛温王朝与不列颠和
日德兰半岛等地通商的重要港口，可当它于公元835年被北欧人付之一炬后，
彻底沦落为一个小渔村。不仅海岸上的港口普遍破败，海上航行也变得危险
无比，阿拉伯人占有北非和西班牙海岸以及诸个重要海岛，阿拉伯海军由此
得以完全控制西部地中海的制海权。虽然在地中海东部地区的海面上，拜占
庭帝国的海军仍是一支令阿拉伯海军忌惮不已的力量，但是由于阿拉伯人占
据了西西里，从而得以将拜占庭海军隔离在西部地中海以外，随之一并被割
裂的，还有昔日拜占庭通过货币和贸易向整个地中海所施加的影响。对这一
情况最为直观的反映是，昔日流通于地中海沿岸的索里达金币在西欧几乎绝
迹了。根据皮雷纳的研究，东方黄金向西欧的输入随着阿拉伯人封锁地中海
而停止，公元8世纪时的墨洛温王朝金币已经是掺杂着白银的金币，而随着时
间的推移，金币中的白银含量也日渐增多，到了丕平三世和查理曼时代，加
洛林法兰克仅能铸造银币，黄金则因数量匮乏而无法再被用来充当货币了。[2]

在如此艰难的时世之下，西欧人的多数远洋贸易航线都不复存在了。在
加洛林地区，商业贸易的通路转移到了陆地上，昔日地中海的地位如今被阿
尔卑斯山的关隘和德意志地区的道路所代替。但是，在地中海东部，仍有一
方海域一直存在着海上商业活动，这就是拜占庭帝国尚能维持自身影响的巴

---

1 ［美］汤普逊：《中世纪经济社会史》（上册），耿淡如译，北京：商务印书馆，1997年，
第274页。

2 ［比利时］亨利·皮朗：《穆罕默德和查理曼》，王晋新译，上海：上海三联书店，2011
年，第177页。

尔干半岛两侧海域，包括伊奥尼亚海和亚得里亚海等。这一海域之所以能够幸免于阿拉伯人的海上威胁，完全得益于拜占庭帝国强大的海军舰队，虽然帝国舰队此时已经无力驰援多灾多难的西部地中海了，但至少在地中海东北海域，拜占庭舰队依旧是难以被逾越的防御力量。公元840年，阿拉伯海军占领亚平宁半岛东南角的巴里，亚得里亚海由此遭到封锁，于是拜占庭皇帝巴西尔一世于公元870年派出拥有400艘战舰的庞大舰队收复巴里，将亚得里亚海从封锁之中解放出来[1]，而从这次军事行动中获利的则是威尼斯人。

威尼斯人令人惊异地发迹于阿拉伯人对地中海的封锁之中，达尔马提亚海岸是他们的重要航路和商业市场，他们在这一区域从事斯拉夫奴隶的贩卖贸易。此外，威尼斯人还沿着希腊半岛的海岸航路来往于君士坦丁堡和利凡特地区，其航线成为连接帝国首都和地中海西部仅剩的贸易脉搏，而随后由于马扎尔人在陆地上对巴尔干半岛和下多瑙河流域的侵袭，利凡特商品的陆上贸易通路遭到了阻断，于是威尼斯人进一步确立了其在欧洲利凡特贸易中的垄断地位，尽管这类贸易商品最终抵达西欧的绝对数量并不多。值得一提的是，威尼斯人拥有着利益至上的商业精神，他们不仅和基督教世界做生意，还不顾谴责地和伊斯兰世界有生意往来，亚历山大里亚城的港口就曾出现过他们的身影。他们的故事值得用更大的篇幅去述说。

阿拉伯人此时国运强盛，自然掌控着更为广大的海洋贸易范围。他们最初也惧怕海洋，哈里发欧麦尔曾向征服埃及的帝国大将阿穆尔·伊本·埃斯询问对海洋的看法，阿穆尔表示哈里发应力劝阿拉伯人避免航海，且应惩罚私自航海的人，因为海洋"是一头巨兽，在它背上航行的弱小生灵就好比木板上蠕动的蝼蚁"[2]。

但这一恐惧很快被战胜了，到了倭马亚王朝早期，阿拉伯人就习惯了航海，并最终征服了海洋。在他们占领的地中海上，伊斯兰地区之间的商

1　［比利时］亨利·皮朗：《穆罕默德和查理曼》，王晋新译，上海：上海三联书店，2011年，第177页。

2　Gene William Heck, Charlemagne, Muhammad, and the Arab Roots of Capitalism, Berlin: Walter de Gruyter, 2006, p. 89.

船往来络绎不绝。同时，在黑海的诸多港口，阿拉伯商人也建立起贸易航线，他们甚至通过罗斯地区的河流深入到波罗的海进行海上贸易。西亚和印度地区的伊斯兰商人还曾跨越印度洋，将商贸航线扩展至远东地区。那么，既然中世纪的伊斯兰地区拥有着如此广大的贸易资源和出色的航海技术，为什么资本主义模式的商业没有在伊斯兰土地上萌生呢？

这是一个难以得到完满解释的问题。一个可资参考的解读是，伊斯兰国家里没有政治势力可观的商人群体，这是这些国度与日后繁盛的意大利城邦的显著区别。同时，伊斯兰商业不甚重视产品生产，而过多地将商业贸易的重点放置于差价投机之上，伊斯兰社会的当权阶层也更乐意从商业贸易之中获得用于生活享受和权力炫耀的奢侈品，而不是将贸易所得视为可用于再生产的资源。[1]此外，一些学者还提出，伊斯兰世界之所以未能发展出真正意义上的市场经济，是因为身处其中的任何经济体系都处于没有自由的危险中，且赚取利润的理念还与其宗教信条有所冲突，这一特征在政治、文化、经济和宗教等诸多领域都别无二致，因此不受约束的经济理性并不受伊斯兰文明欢迎。[2]

与阿拉伯世界的繁华形成鲜明对比的是，此时的西欧似乎已经沉沦于外族侵袭和内部冲突带来的凋敝里。但在这其中蕴含着新的历史发展方向。封建社会从某种程度上说是西欧在灾难时期里的一种应激产物，它产生于动荡的年岁之中，却最终为西欧的历史演变打上了无法磨灭的烙印。给西欧海岸带来灾祸的北欧人，也随着时间的推移，从破坏者变为居留者，最终成了建设者。他们在封建欧洲的土地上安顿下来，他们的后裔即将在英格兰和西西里建立起中世纪最为强盛的王朝。而意大利半岛的诸城邦则在积蓄财富和力量，它们将在接下来的几个世纪里夺回地中海，并在大海上建立起足以催生新经济形式的商业霸权。

1　[英]M. M. 波斯坦、爱德华·米勒：《剑桥欧洲经济史（第二卷）中世纪的贸易和工业》，钟和等译，北京：经济科学出版社，2004年，第338–340页。

2　[美]维克托·戴维斯·汉森：《杀戮与文化：强权兴起的决定性战役》，傅翀、吴昕欣译，北京：社会科学文献出版社，2016年，第389–390页。

第二章

丰饶之海：中世纪地中海的
资本主义起源

亚得里亚海子民：威尼斯的兴起

荡漾在亚平宁半岛和巴尔干半岛之间的亚得里亚海，继承了地中海南北两岸沿海地形迥然不同的特性：它位于亚平宁半岛一侧的西海岸遍布着沙滩与沼湖，不仅无法充当船只的港湾，而且在面对登陆的入侵者时易攻难守；位于巴尔干半岛一侧的东海岸则具有曲折的地形走向，石灰岩在自然力量的指引下垒成陡峭的石壁和错综复杂的礁石，便于航船的避风和停靠，也便于舰队的休养与躲藏。不仅如此，与直布罗陀海峡之于地中海的关系相似，奥特朗托海峡就是亚得里亚海的直布罗陀，狭窄的奥特朗托海峡由科孚岛和萨兰蒂纳半岛相互拱卫，战略地位举足轻重，这一狭窄的出入口不仅为亚得里亚海提供了保护，也为外来海上力量轻易封锁亚得里亚海提供了便利。

亚得里亚海是两个世界的分割线，西侧亚平宁半岛是西罗马帝国的龙兴之地，是天主教和拉丁文化的重镇，而东侧巴尔干半岛则被东罗马帝国视为势力范围，希腊文化长久地浸淫和繁衍于其上。因此，不论是从两侧海岸的显著区别角度来看，还是从海域本身的战略区位来看，甚至是从对不同文明领域的跨度范围来看，作为地中海一个重要组成部分的亚得里亚海，其本身就具有与地中海极为相似的特性。

威尼斯人正是生息于这一片海域里，他们兴起于亚得里亚海尽头那礁石环绕、沼气氤氲的浅水潟湖中，终其世代地出入于奥特朗托海峡，在整个地中海世界留下迅疾的帆影。他们与地中海岸上芥蒂分明的东西方势力都有着紧密的往来，但他们又绝不属于其中任何一方，他们坚守着自己的生存准则，长久地周旋于两个世界之间，由此获得了无尽的财富，也由此最终将自己引向了不可避免的没落。

最早的潟湖定居者，是那些在西罗马帝国遭到外族入侵时流散而来的居民，但由于史料的缺少，他们的早期生活仍是晦暗不明的。关于威尼斯人生活方式的较早记载，来自公元6世纪的拜占庭官员卡西奥多鲁斯，他在一封信件里勾画出早期潟湖居民的生存环境与生活方式：

> 你们的家园如基克拉迪群岛一般，零星分布在水上，你们则如海鸟一般生活着。你们的房舍仅由柳枝和篱笆将它们固定在土地上，你们却毫不犹豫地甘于将这些脆弱的庇所暴露在狂怒的海洋面前。你们的人民拥有一项财富——足以满足他们需求的渔业资源……你们所有的精力都被用于盐田的劳作，因为那是你们的繁盛所在，是令你们得以购得稀缺物产的财源。因为也许有人不怎么需要金币，但没人能离得开盐。
>
> 所以，好好修补你们的船吧，它们如同你拴在门前的马匹，当需要时，就立刻乘着它出发。[1]

从卡西奥多鲁斯的信件中，可以瞥见威尼斯从存在伊始就无法再被剥离掉的特性。他们生活在潟湖之中的环礁上，这里不是陆地，故没有可用于发展农业耕作的现实条件，这里也不算是海洋，在环绕潟湖的礁石的内侧，逾200平方英里[2]的浅水盐沼地的不少区域水深仅及人的腰部。海洋对于

---

1 John Julius Norwich, A History of Venice, New York: Vintage Books, 1982, pp.6–7.

2 平方英里，英制面积单位，1平方英里约等于2.59平方千米。

威尼斯人而言绝不友好，每年自北非吹来的南风带来不祥的气压，闷热的天气过后就是强烈的风暴，亚得里亚海的海水自南向北翻滚，将潟湖内部的人类家园摧残殆尽。但威尼斯人所处的潟湖毫无可供农业活动开展的空间，因此，威尼斯人赖以生存的手段必须也只能是从事贸易并驶向大海，这是他们的家园所赋予他们的特性，他们别无选择。

在威尼斯历史的早年岁月里，威尼斯人就已经将生产活动和生存手段与河流、海洋紧密地交织在一起。早在公元6世纪中叶，威尼斯人的平底货船就已经穿梭于意大利中部和北部的河流航道之中，进行贸易活动。同时，威尼斯人也建立起一定规模的海洋军事力量，尽管这尚且谈不上是真正意义上的舰队。公元539年，东罗马查士丁尼皇帝意欲收复帝国的意大利旧土，大将贝利撒留率军围攻拉文纳，威尼斯人的战船就响应东哥特统治者的召唤，加入对拉文纳城的防御之中。而当意大利再次被查士丁尼纳入帝国版图后，威尼斯人也随即与君士坦丁堡建立了良好的海路联系。亚得里亚海的海水自南向北涌动，当遇到陆地的阻隔后调转方向，向奥特朗托海峡回流而去，这一流向为威尼斯航船进出亚得里亚海提供了便利。公元6世纪晚期，威尼斯人的海军船队已经作为帝国的援助力量出现在君士坦丁堡的海面上，而相应地，拜占庭官员也代表帝国官方来到潟湖进行访问。官员到来受到威尼斯人的热忱欢迎，访问的成果则是威尼斯与拜占庭帝国达成了协定，威尼斯向帝国保证臣服的义务，而帝国方面则为威尼斯人提供军事庇护，以及更重要的特权——帝国境内贸易权。

公元8—11世纪，是威尼斯历史之中的重要发展阶段。在这数百年间，威尼斯于潟湖礁石之上建立起共和国，通过对内部政治的整肃和对宗教认同的确立站稳了脚跟。到了10世纪初期，威尼斯已经成为亚得里亚海北部最为强大的海上势力。但在亚得里亚海中部海域东岸的达尔马提亚地区，迷宫般的海岸线与岛礁之后隐藏的是悍勇的斯拉夫居民纳伦塔人，他们以复杂的海岸线为掩护，神出鬼没地对亚得里亚海航线进行侵袭。到了11世纪时，纳伦塔人的舰队实力已经和威尼斯人不相上下了，这加剧了威尼斯人的危机感，他们知道必须要采取对策。公元991年即位的总督皮埃特罗二

世·奥西奥罗最终助威尼斯完成了这一功业。在极富象征意义的1000年5月
9日——公元纪年第一个千禧年的耶稣升天节，奥西奥罗在盛大的欢送仪式
后率领舰队从潟湖出航，从帕伦佐沿着亚得里亚海东岸一路南下，粉碎了
海盗势力。由此，威尼斯终于在11世纪初取得了亚得里亚海大部分海域的
制海权。当然，危机一直存在，随后威尼斯舰队作为拜占庭海军的辅助力
量，与阿拉伯萨拉森人争夺西西里和阿普利亚，但没有取得积极的成果，
萨拉森人甚至不时穿越奥特朗托海峡逼近潟湖，此时的地中海依旧是萨拉
森人的海。

在公元8—11世纪期间，威尼斯人的水上贸易得到了显著发展。在这几
个世纪之间，威尼斯从一个倚靠意大利半岛河道贸易的港口壮大为地中海
上最为引人注目的海运商埠。在公元9世纪之前，亚平宁半岛的内河贸易依
旧是威尼斯商业的重要组成部分。此时的利凡特贸易，尚是由叙利亚和希
腊商人来承担，他们多数取道陆路进入欧洲，是潟湖地区东方商品的主要
来源，而潟湖商人则主要是将这些奢侈品通过波河等河流运至伦巴第地区
售卖。之后，一方面随着威尼斯在政治争端中构建起高度的独立性，以及
由此而来的拜占庭帝国对威尼斯的商业依赖，另一方面也因为马扎尔人在
东欧地区的侵袭切断了利凡特贸易的原有商业路径，还由于坐落在波河河
口的科马奇奥在持续垄断拜占庭海上贸易商路多年后，于公元9世纪归于衰
落，这些因素都促成威尼斯开始真正将商贸事业转向了大海。

在威尼斯于这一时期的海上贸易中，最为主要的贸易出口物有三类，
即木材、奢侈品和奴隶。而传统的渔业水产和制盐业，则被用来与附近地
区进行基本的生活必需品交换。地中海沿岸地区是人类文明的早期摇篮，
人们持续的繁衍与开拓使得森林减少，木材资源随之捉襟见肘。而威尼斯
所坐落的地区恰是当时所剩不多的高森林覆盖率区域，这里有着丰富的橡
木、松木、杉木等可用于充当建材的林业资源[1]，在地中海沿岸诸地区有着
极大的需求量。同时，对木材资源的占有也大大有利于威尼斯的造船业。

1　Frederic Chapin Lane, Venice, A Maritime Republic, Baltimore: Johns Hopkins University Press, 1973, p. 8.

　　威尼斯与拜占庭帝国的紧密联系无须多言，君士坦丁堡是威尼斯最为主要的商业目的地之一，公元9世纪时期的利凡特贸易就已经尽皆归于威尼斯名下，由此威尼斯为君士坦丁堡的奢侈品市场提供了大量的东方珍奇商品。而彼时的君士坦丁堡是欧洲地区丝绸贸易的独占者[1]，威尼斯商人也借此获得了大量丝绸。公元992年，巴西尔二世皇帝将威尼斯在帝国境内的特权进一步确定下来，这令威尼斯进一步垄断了君士坦丁堡与小亚细亚地区的奢侈品商业，且威尼斯商人团体得以在君士坦丁堡建立聚居区，享受特别优惠的港口税率[2]，这些都彰显了拜占庭对威尼斯日益增强的依赖性。

　　威尼斯也参与达尔马提亚地区斯拉夫奴隶的贩卖行为，威尼斯城本身没有明显的奴隶阶层存在，但奴隶贸易绝不缺乏大主顾，拜占庭帝国和阿拉伯帝国都乐于充当这类贸易的消费者。这些奴隶的来源，多数是当时日耳曼人与斯拉夫人持续战乱中的战俘，这些战俘被集中至威尼斯，然后被卖往帝国宫廷，充当仆从或卫兵。值得一提的是，这类奴隶贸易似乎在一些时候并非威尼斯的官方意愿，因为在公元876年，威尼斯总督就曾下令禁止此类充满罪行的交易[3]，罗马教皇也曾对此类贸易加以谴责，但最终都毫无成效。在这种自发性的奴隶贸易中，威尼斯人无视既有法则的逐利心态得到了显著的体现。

　　最能将威尼斯人在利益面前的无差别贸易精神体现得淋漓尽致的，是他们与阿拉伯世界的持续海上贸易往来。北非地区的穆斯林与欧洲基督教毫无疑问是处于敌对状态的，但这对爱好财富的威尼斯人而言压根不是问题。早在公元814—820年，拜占庭皇帝就已经对威尼斯与萨拉森人的贸易行为提出禁令，但威尼斯人对此置若罔闻，他们甚至一边与这些所谓的异教徒打仗一边做买卖。[3]威尼斯在公元9世纪时就与埃及构建了稳固的商业往来联系，埃及地区缺乏金属矿藏和木材，而威尼斯人手头拥有的资源恰

1　[美]汤普逊：《中世纪经济社会史》（上册），耿淡如译，北京：商务印书馆，1997年，第401页。

2　同1，第402页。

3　[比利时]亨利·皮朗：《穆罕默德和查理曼》，王晋新译，上海：上海三联书店，2011年，第183页。

好弥补了这一短缺，于是他们先是将亚得里亚海沿岸的铁矿和木材运至埃及售卖，同时返程将阿拉伯世界的香料、珍玩等奢侈品出售至君士坦丁堡，商船在亚历山大港和君士坦丁堡之间的一趟来回，有时可获取多达12倍的利润。[1] 而地中海沿岸的穆斯林哈里发对奴隶也具有很大需求，他们需要奴隶来充当仆从和卫队，提供奴隶的卖家则毫无疑问是威尼斯人。被贩卖的奴隶主要是巴尔干半岛的斯拉夫人，例如10世纪时伊比利亚半岛科尔多瓦哈里发的军团中，就有一队被贩卖而来的匈牙利奴隶卫兵。[2] 但威尼斯人的勾当不仅如此，他们同样贩卖信仰基督教的奴隶，这一贸易的利润如此巨大，以至于在教皇的强烈反对下威尼斯人也丝毫没有放弃的意思。

此时的威尼斯拥有着它可以拥有的全部优势，身处地中海两大宗教世界的交接处，与其中任何一方打交道时它都显得如鱼得水并获利颇丰。独立的政治地位赋予它强大的活力，对拜占庭帝国名义上的依靠也给予它在政治纲常上的合法性。此时，亚得里亚海的大部分已被它驯服，在此片海域范围内，威尼斯建起了一方商业霸权。其商业活动中折射出来的资本主义式逐利欲望，也令它在当时被农业社会模式所统治的欧洲土地上显得如此卓尔不群。这绝不是威尼斯海洋之路的终点，奥特朗托海峡之外有着更为广阔的大海，虽然眼下那里尚处在另一信仰的统治下，但威尼斯人认定那里才是他们的真正财富所在。他们在等待着一个引领他们越过海峡的契机，不出一个世纪，这一契机就要到来。

欧洲的苏醒：重夺地中海

美国著名中世纪史学家詹姆斯·汤普逊将中世纪封建文明概括为一个具有建设性、创造性和伟大性的文明，这一文明的萌生与演变并非如旧有

---

1 ［美］汤普逊：《中世纪经济社会史》（上册），耿淡如译，北京：商务印书馆，1997年，第404页。

2 同1，第401页。

观念所坚持的那样是一个社会腐烂的过程，正相反，它是一个社会进步的过程。[1]在这一结论的引导下，11世纪时欧洲力量得以开始在海上对占据地中海的阿拉伯势力发起初步反击的原因也就不难理解了。公元8世纪后的西部欧洲在阿拉伯人对地中海的封锁与北欧人跨海而来的侵袭中失去了与海洋的联系，在整体上陷入了封建化的农业生产模式之中。但是封建社会蕴含着复苏的力量，它在数世纪的蛰伏之中废弃了旧时代社会中盛行的那种专横的个人主义，同时建立起了根植于法律和秩序的契约化社会结构。基于此，失去了大海的西欧在疗伤之后慢慢苏醒，缓慢开始了向海洋重新探求和征伐的历程。这一历程是漫长的，欧洲文明与伊斯兰文明在海上的纠葛纷争将要延续好几百年。这一历程更是野蛮的，它交织着血与火，充斥着狭隘的偏见、可耻的背叛与骇人的杀戮。但是，这一历程最终是向前的，它在冲突的背后隐藏着不容忽视的逐利动机，这最终促进了新的经济社会要素的萌发。

当奥西奥罗率领威尼斯舰队于亚得里亚海海面耀武扬威时，在亚平宁靴形半岛另一侧的利古里亚海岸，热那亚城兴起了。利古里亚海和与它相连的第勒尼安海是一整片开放的海域，它们没有亚得里亚海那样相对封闭的地势走向，这使得它们在面临外来侵袭时缺少防御屏障。不仅如此，位于这片海域的诸个大岛屿，诸如西西里和科西嘉，都曾盘踞着萨拉森人的势力，在这样的条件下，热那亚一直是萨拉森海上侵袭的重点目标。在10世纪中，萨拉森海军就数次劫掠利古里亚和亚平宁西岸，第勒尼安海岸托斯卡纳地区的比萨城也多次遭到袭击，它甚至在11世纪的早期几年里数度易手于基督徒与穆斯林之间。1015年，伊比利亚半岛的萨拉森海军出征撒丁尼亚，期望完全夺取这一第勒尼安海最大的岛屿。撒丁尼亚自查士丁尼在位时期就属于拜占庭帝国治下地区，只是随着地中海局势的紧张，帝国已经在实际上放弃了对撒丁尼亚的管辖。随着萨拉森海军的逼近，饱受侵袭的意大利人决定反击，初创不久的热那亚海军与比萨海军组成联合舰

1　［美］汤普逊：《中世纪经济社会史》（下册），耿淡如译，北京：商务印书馆，1997年，第326页。

队，在教皇本笃七世的支持下重创了来犯的萨拉森人。在这一系列战役中拥有深厚家底的比萨是更为积极的一方，它也因此在对撒丁尼亚的占有权问题上挤压了热那亚，而随着11世纪中叶萨拉森力量在第勒尼安海域的最终衰落，野心更大的热那亚也逐渐与比萨陷入了势不两立的冲突中。它们的冲突是全方位的，不论是在政治、军事还是在商业贸易方面，它们都互不相容。

阿拉伯海上力量在地中海西部的危机不止这些，更为沉重的打击还在后头。西西里岛地处地中海极为重要的咽喉之位，它是地中海的十字路口，分隔着地中海的东部和西部海域，对不同宗教信仰下的意大利半岛和北非起到相似的钳制作用。正是因为这一岛屿举足轻重的战略位置，西西里的占有者才能以它为跳板对信仰之敌发起最为直接和持续的海上威胁，令对方如芒在背。阿拉伯帝国军队于公元9世纪时开始进攻拜占庭帝国治下的西西里，经过近一个世纪的拉锯战后终于占领了西西里大部地区。拜占庭帝国对西西里的重要性心知肚明，曾发起数次海上远征意欲将其夺回，但由于阿拔斯王朝自亚洲地区向君士坦丁堡施加的压力以及阿拉伯治下克里特岛的海上牵制，使得拜占庭对西西里的牵挂最终流于有心无力的徒劳。在穆斯林的治下，西西里成了他们进攻南部意大利的绝佳前哨。

但挑战者出现了，对西西里的阿拉伯人打出致命一击的是来自北欧的诺曼人。他们是公元9世纪南下入侵法兰克的北欧海盗的后裔，他们不远万里穿越大海来到南意大利的初衷，其中一部分人是为了朝圣，但更多的人在一开始也仅仅是为了充当雇佣兵并发财而已。1061年，诺曼人击败萨拉森守军夺取墨西拿，在随后的两年里他们又深入西西里中部，获得节节胜利。1072年，巴勒莫城在经过一场持续围攻战后落入诺曼人手中，至此萨拉森势力大部分已被驱逐出西西里岛，地中海枢纽占有权的易手已成定局。在西西里战役的同时，诺曼人还在教皇格里高利七世的暗中支持下进攻拜占庭治下的南部意大利。1071—1076年，诺曼人接连夺取巴里和萨莱诺，这令拜占庭皇帝亚历克修斯一世大为光火。但由于君士坦丁堡此时受到亚细亚地区塞尔柱人的牵制，无法腾出太多力量来顾及地中海事务，于是亚历克修斯一世皇帝将打击诺曼人的任务交给了此时的亚得里亚海之王——威尼斯人。

威尼斯人热烈而急切地接受了皇帝的命令，他们比皇帝更想打诺曼人，因为诺曼人的推进给威尼斯造成的利益危机远比他们给拜占庭的威胁更为紧迫和现实。一方面，诺曼人已经占有了意大利半岛东岸的巴里和布林迪西，即将向巴尔干海岸的杜拉佐和科孚岛进军。要是该计划得以完成，亚得里亚海就会被诺曼人完全封锁，威尼斯将被困在其中无法逃脱，潟湖与君士坦丁堡之间流转量巨大的海上贸易也将不复存在。另一方面，威尼斯人也急需一个引领他们真正冲出奥特朗托海峡、挣脱亚得里亚海束缚的契机，而这一契机很有可能就在眼前。因此，威尼斯人选择出征，他们在1081—1084年与诺曼人对杜拉佐展开了争夺，但最终却惨败而归。强悍的诺曼人夺取杜拉佐后，已经开始美滋滋地盘算起跨越巴尔干半岛进攻君士坦丁堡的大业了。但局势突变，随着支持他们的教皇在教俗纷争中垮台以及诺曼人领导者的相继去世，他们的进攻戛然而止。

11世纪这一系列围绕意大利半岛的海上争端具有两个不容忽视的后果。第一，威尼斯人再一次成为最大的赢家。虽然威尼斯在与诺曼人的海洋角逐中互有胜负，也承受过很大损失，但拜占庭皇帝对威尼斯人提供的协助甚是满意。1082年，帝国向威尼斯颁发《金玺诏书》，准许威尼斯在拜占庭帝国范围内进行完全自由的贸易，并对其免除关税，几乎所有重要的海港和商站都将向威尼斯人开放。这是威尼斯人的重大商业胜利。而在杜拉佐失陷后，当诺曼人进攻君士坦丁堡的计划如同阴云一般令亚历克修斯一世焦虑不已时，威尼斯适时将一支规模可观的舰队遣往君士坦丁堡增强防卫，这更令拜占庭皇帝充满感激，于是他将君士坦丁堡港口区域的大片店铺和房屋赠给威尼斯人，令成群的威尼斯商人涌向君士坦丁堡，完全接管了那里的东方贸易；同时还向潟湖的圣马可教堂献上赠礼，向威尼斯的竞争对手阿马尔菲征收税款，这更是令威尼斯人心花怒放。此外，威尼斯还掌控了拜占庭帝国的海上防务，拜占庭则也安于这一现状，这使得帝国在海洋安全方面对威尼斯海军产生了前所未有的依赖。在名义上，拜占庭帝国依旧是威尼斯潟湖的管辖者，但在实际上，帝国财富和制海权被威尼斯架空的趋势已经逐渐显露出来。威尼斯人由此最终得以将自己的海上势力从亚得里亚海扩展而出，去地中海寻求更大的财富，他们顺利抓住了契机。

第二，在三个世纪的封锁后，阿拉伯人失去了地中海西部的制海权。11世纪晚期，地中海西部的西西里、撒丁尼亚、科西嘉，以及诸如那不勒斯等沿海港口，都被欧洲人从萨拉森人的手中夺回。其中，诺曼人征服西西里的意义尤为巨大，这令欧洲人掌控了地中海商业贸易运转的轴心，直接摧毁了萨拉森人在地中海的旧有商业霸权。诺曼人对西西里和南部意大利的征服还有另外一层意义：原先那些互相敌对的意大利南部港口，诸如阿马尔菲、萨莱诺、巴里、塔兰托、巴勒莫等，而今被收纳于同一政权之下，经济贸易的力量得到了积聚。这些基督教政权长久处于互相争吵的状态，诸如热那亚和比萨就处处对立，日后热那亚还将和威尼斯爆发更为激烈的冲突，且西部天主教世界与希腊教会下的拜占庭之间裂痕也日渐明显，这些都与在总体上更为团结的穆罕默德信徒的诸帝国形成了反面对比。但是，历史的吊诡之处在于，优势与劣势之间的藩篱远比人们惯常想象的要易于跨越，新的秩序有时恰恰就诞生在混乱与冲突之中。一场大戏的帷幕正在拉开，而11世纪的这些海洋局部战争则是它的序曲。

骑士与商人：十字军东征中的海洋城邦

这一场大幕拉起的戏剧，就是发生于11世纪末至13世纪末的十字军东征。十字军东征是地中海世界中绵延近千年的基督教与伊斯兰教之间冲突的一段高潮，也是各方势力针对地中海地区进行整体争夺的开端。它并非单纯的军事事件，而是一次经济与社会的扩张行动。汤普逊认为，十字军东征的意义在于它是欧洲国家第一次向欧洲境外的扩张，是欧洲人最早的一次向外殖民试验，也是一次庞大复杂的商业冒险，是日后欧洲更大规模海外殖民扩张的源头。

十字军东征的最终胜者是谁，耐人寻味。入侵的封建西欧军队最终败退而归，他们在军事上一无所得；自卫的穆斯林赢得了战争，但安拉的土地上生灵涂炭；厕身其间的拜占庭帝国更是受到致命一击，一蹶不振。十字军东征的胜者是那些海洋商业城市的水手和商人，他们周旋于冲突的各方之间，依靠商业贸易与阴谋掠夺获取了大量财富。而最终的胜者是大海，在这以圣战之名点燃的200年争锋战火之中，经历了数世纪分崩离析时光的地中海再次沸腾，自公元8世纪后它终于又成为一个东西方脉络相交搏动的完整躯体。

1096年，第一批十字军出征东方。在接下来近30年的征伐中，得益于东方各自为政的穆斯林势力之间合力的缺乏，第一次十字军东征不仅达成了夺取耶路撒冷的目标，建立耶路撒冷王国，而且十字军通过在地中海东岸地区建立的诸多据点站稳了脚跟。它们以耶路撒冷王国为倚靠，像楔子一样嵌入叙利亚和巴勒斯坦地区的海岸与山地。这些十字军国家的一大共同特点是都濒临地中海，这使得威尼斯、热那亚、比萨等意大利沿海城市也得以在商业贸易与政治、军事等方面与十字军国家的发展历程纠葛在一起，但更多的是，这些海运商业城市逐渐融入了十字军国家的日常生活里。

十字军东征为意大利港口城市带来的经济利益是巨大的。一方面，欧洲的十字军战士很多都选择从海上前往东方，这就使得他们必须向承担运输任务的威尼斯或热那亚船只支付高额的旅费；另一方面，意大利城市的贸易事业也随着十字军国家的建立而在东方扎根。意大利城邦的商人在几乎所有的当地港口城市中都获得了各种被王国赋予的优惠条件，包括特许经营权、自由贸易权或封建义务赦免权等。例如，在1097—1099年十字军围攻安条克和耶路撒冷期间，热那亚曾为十字军提供了雪中送炭的援助，同时它也获得贸易特权作为回报。比萨与安条克公国建立了紧密的合作关系，它曾派出舰队协助公国的海上作战，公国则在授予比萨贸易特权的同时，给予他们安条克城内的一条街道及新近征服的拉塔基亚的一片住宅区，用于商业活动与居住。[1]威尼斯则在1100年加入十字军，它的舰队对耶路撒冷王国的征伐事业助益良多，同时它也顺带捞走了诸多战利品，并收下王国赋予的贸易特权。

◀ 1135年的十字军国家：爱德萨伯国、安条克公国、的黎波里伯国、耶路撒冷王国

　　这些海上商人一种主要的贸易组织方式，是在诸东方港口建立商站。商站是十字军在征服过程中授予商人的居住区与街道等，在大体上可被视为一种早期形式的殖民租界。商站区域多数被围墙与其他城区隔离开来，这一区域往往被商人母国的官员所管辖，其内部的商人与居民亦多数享有特权。例如某个商站的一项条文规定，凡本地人与外人间的诉讼案件，概归外人法院并按外人法律审理。[2]依靠这种治外法权性质的殖民式特权，意大利商人得以垄断东方地区的海上贸易与商业。

1　Steven Runciman, A History of the Crusades, Vol 2, New York: Cambridge University Press, 1951, p.54.

2　［美］汤普逊：《中世纪经济社会史》（上册），耿淡如译，北京：商务印书馆，1997年，第499页。

▲ 取道海路前往东方的十字军

　　商站还承担了意大利城市在地中海东岸办事机构的职责，通过这种组织形式，地中海西部与东部得以联结，而很多新式的经济手段也萌生于这一体系之中。例如，为了满足东征的日常需求，从欧洲登船渡海的十字军战士往往要随身携带大量的金钱，而危险丛生的旅途则令他们的随身财产安全充满变数。为了解决这一困难，在那些为十字军提供海上运输的沿海城市与它们这些腰缠万贯前往圣地的顾客之间，开始使用早期形式的汇票来规避风险。东征的贵族在上船前用金钱向当地金融机构换取票据，到达东方后则凭票据向当地代理人兑取相应金钱，在这样的经济往来形式中，不仅个人的财产安全得到了保障，而且早期形式的支票制度和信用制度也在其中得到了萌生。

　　在海上贸易方面，随着十字军国家的建立，机警的意大利商人也随之建起供东方商品流通的海上商路。早在十字军东征之前，威尼斯、热那亚以及阿马尔菲等意大利城市已经与诸多阿拉伯港口确立了稳固的海上贸易联系，其中以亚历山大港为最主要的贸易港，即使是在十字军征服了诸多利凡特港口城市后，这类不同信仰之间的贸易往来也未完全断绝。例如，在威尼斯城内关于12世纪贸易的记载材料中，亚历山大港所被提及的次数依旧比阿克港要多。[1]又如，为了能获取海上贸易收益与北非所缺乏的造船木材，埃及领袖萨拉丁还曾于1173年允许比萨人在亚历山大港组建商业区。[2]但是，从总体上来看，十字军对阿拉伯沿海城市的征服必定对这类旧有贸易有所影响，埃及人终归不愿意与敌人做生意，特别是在威尼斯、热那亚、比萨都对十字军提供了如此明显的军事协助的情况下。

因此在12世纪期间，意大利海上商人的贸易重点多数转向了叙利亚与巴勒斯坦地区的十字军国家。连接地中海东西部的海洋商路上穿梭着意大利城市的商船，船上承载着各类受到西欧人欢迎的东方商品。这些商品中不仅有诸如叙利亚的橄榄与无花果，提尔的糖，阿克与安条克的肥皂等日常食品与用品，更有诸如提尔的玻璃与金属器皿、陶器、珐琅制品，安条克的锦缎，以及来自远东的香料、宝石、象牙等奢侈品。这些商品在海船的运输下抵达西欧，为欧洲人带来了更为精致的生活方式。可封建制度下的欧洲能在这类贸易中用于交换的，则仅有诸如谷物、奴隶、羊毛、皮革等有限的产品，于是欧洲人必须使用金银来抵消贸易上的差额。正因如此，在12世纪西欧的封建社会中对现款的巨大需求得到了激发，相应地刺激了贵金属的流通。这样一来，封建欧洲的自然经济开始受到挑战，它的地位开始被货币经济所取代，于是在这些由意大利城市所建立起的海上商路的西端，经济革命开始了。[3]

依靠十字军国家获得利益的海上势力并非仅限于意大利城市。1117年，鲍德温二世允许马赛人在耶路撒冷城中拥有一片居住区；而在1152年，鲍德温三世则赐予马赛商人在各巴勒斯坦港口的商业特权。由此，马赛这一在数世纪前饱受阿拉伯海军侵袭的南法港口终于开始恢复生命力。

耶路撒冷王国还曾与遥远的挪威建立联系。1107年，在鲍德温一世围

1　Steven Runciman, A History of the Crusades, Vol 1, New York: Cambridge University Press, 1951, p. 355.

2　Thomas Asbridge, The Crusades: The Authoritative History of the War for the Holy Land, New York: Harper Collins, 2010, p. 183.

3　［美］汤普逊：《中世纪经济社会史》（上册），耿淡如译，北京：商务印书馆，1997年，第501–502页。

攻西顿之前，挪威国王西古德率领的舰队自卑尔根出发，经北海与直布罗陀后穿越地中海，最终驶抵阿克港[1]，昔日在阿拉伯人封锁下的地中海航路，如今再次得以通达。挪威国王作为第一位莅临十字军国家的西方君主，受到鲍德温一世的款待，他的舰队最终也与威尼斯舰队一道，协助耶路撒冷国王攻陷了西顿。

对于威尼斯人来说，他们对十字军东征及其连带的贸易活动的参与，亦是给潟湖城邦建设事业的一针强心剂。在威尼斯从耶路撒冷国王的赐予中获得阿克的商业特权后，为了最大限度地参与东方贸易，同时也为了对抗热那亚和比萨的海上竞争，威尼斯在之后的10年内造出了300多艘船只[2]，这些船只被同时用于海上贸易与海军作战，造船业从此成为威尼斯城具有举国体制色彩的重要产业。日后名震地中海的威尼斯兵工厂，也在这一阶段中确立了选址并得到初步建设，这座被视为"全世界最早出现的大规模工业企业"[3]的武器工厂很快就成为地中海世界里最强大的海军武备生产基地。这一建在水上的军备巢穴在战备的集聚生产方式上具有高度的前瞻性，在大海上拥有极高的声望，因此其古意大利文名称"Arzanale"最终被英文引入，成为用于指代所有兵工厂的单词"Arsenal"，直至今日。

但是，在十字军构建的东方政权与社会之中同样隐含着诸多危机。一是，十字军国家在建立期间得到了意大利城市的大量海上支援，而在这些国家建立后，其商业贸易也严重依靠这些海上商人，港口的特权亦被大量地赐予，这导致十字军国家的经济命运完全依赖于意大利城市。而在这些以威尼斯、热那亚、比萨为首的海洋城市力量之间又纷争四起：1135年，比萨将阿马尔菲完全击垮，随后与热那亚在西西里爆发冲突；1155年，热那亚人和比萨人又于君士坦丁堡爆发冲突；而几年后，威尼斯、热那亚与比萨又在阿克爆发战争。耶路撒冷王国内部的统治阶层在这些混乱事件里

1　Steven Runciman, A History of the Crusades, Vol 2, New York: Cambridge University Press, 1951, p. 92.

2　John Julius Norwich, A History of Venice, New York: Vintage Books, 1982, p. 84.

3　［美］龙多·卡梅伦、拉里·尼尔：《世界经济简史：从旧石器时代到20世纪末》，潘宁译，上海：上海译文出版社，2009年，第163页。

又各有支持对象，这使得王国的政治分崩离析。但这些纷争的更大负面影响在于，这些海洋力量的争斗令地中海的海权四分五裂，它们甚至还在进行商业贸易活动的同时参与地中海东部的海盗活动，最终夹杂在其间的十字军国家成了最大的受害者。二是，诸个十字军国家是这些初来乍到的征服者按照西欧的封建模式建立的，它们继承了分权式封建制度缺乏合力的缺陷，无法真正联合起来巩固实力。而随着穆斯林势力的日益团结，十字军封建国家的命运也开始风雨飘摇。这一祸患的最终结果是1187年耶路撒冷在萨拉丁大军猛攻下的陷落，耶路撒冷王国至此只能依靠一片狭窄的沿海地带苟延残喘了。西欧作出的回应是第二、第三次十字军东征，但除了夺取阿克港以外没有取得多少进展。而阿克港再次被十字军征服折射出了十字军东征的一个变化，即十字军对东方的进攻已不再针对耶路撒冷，而是针对那些意大利海上城市所殷切需要的港口，威尼斯、热那亚和比萨的商业利益与竞争成了左右局势的最高力量。[1]

◀ 1191年，第三次东征的十字军从海上围攻阿克港（戴王冠者为法国国王腓力二世）

---

1 ［美］汤普逊：《中世纪经济社会史》（上册），耿淡如译，北京：商务印书馆，1997年，第511页。

在12世纪的数次十字军东征期间，拜占庭帝国日益陷入危机。一方面，帝国作为中世纪早期地中海东部的守护者，如今失去了对大海的控制。帝国海军建设在整个12世纪期间死气沉沉，直到1160年后，由于曼努埃尔一世推行激进的对外政策，意欲对意大利、埃及和安纳托利亚发起征讨，拜占庭舰队才再一次变得壮大。[1]但是，在1169年的一次针对达米埃塔的灾难性远征中，拥有超过200艘战舰的拜占庭舰队在一场风暴中灰飞烟灭，这令初有起色的拜占庭海军一蹶不振。另一方面，拜占庭帝国与意大利诸海洋城市之间的关系产生了致命裂痕，其中尤以与威尼斯之间的冲突为甚。1118年，皇帝约翰二世突然下令将威尼斯人在君士坦丁堡的特权收回。1171年，曼努埃尔一世又下令劫掠城中的威尼斯住宅区并引发了帝国与威尼斯之间最严重的一次外交危机。这些冲突最终酿成了大祸。

作为对这些冲突的回应，威尼斯导演了一场令人瞠目的阴谋。1202年，曾在1171年外交危机中受辱的威尼斯总督恩里克·丹多洛对前来潟湖寻求海上运兵的十字军们施以手腕，成功将十字军东征的矛头转向君士坦丁堡。在1203—1204年，这个从未被异教外敌攻破的拜占庭都城，两次被威尼斯领导的基督教军队攻克。皇帝亚历克修斯五世死里逃生，但城中军民就没有那么幸运了，他们成了破城者们凌虐的对象。

在三天惨绝人寰的屠戮与劫掠后，分赃与建立新秩序的时刻到来了，入侵者在君士坦丁堡的废墟上建立起拉丁帝国。威尼斯则再次成了最大的赢家，它获得了帝国3/8的土地，其中包括了位于金角湾和黑海沿岸的诸多良港，同时更包括诸如伊庇鲁斯、伯罗奔尼撒、优卑亚、科孚岛、亚得里亚堡等岛屿与沿海地区，以及数年后征服克里特岛所应获得的产权，而这些地区的贸易特权肯定不会允许热那亚和比萨染指；同时，帝国主教职位成功被威尼斯占有，这使得拉丁帝国皇帝极易被威尼斯的意志所左右。拉丁帝国是一个怪胎，但它的真正性质是威尼斯人的殖民地，它的确立使威

1　John H. Pryor, Elizabeth M. Jeffreys, The Age of the Dromons: The Byzantine Navy 500–1204, Leiden: Koninklijke Brill NV, 2006, p. 112.

▲ 十字军于1204年进攻君士坦丁堡，由16世纪威尼斯画家帕尔玛·乔瓦尼所绘

尼斯成了近代意义上第一个殖民帝国。[1]

在拉丁帝国建立后，威尼斯几乎垄断了地中海东部的海洋贸易。自建城以来，这一海洋城邦的实际领土几乎未曾扩展到潟湖环礁之外，但它的贸易网络与殖民地则一直在稳步扩大，从10世纪时的亚得里亚海一直扩展到了13世纪的地中海东部与黑海地区。在已于实质意义上被纳为殖民地的君士坦丁堡，威尼斯允许热那亚和比萨建立商站和居民区，但它们的地界都被严格地置于威尼斯的监控之下，它们的商业所得也按照全城的固有比例向威尼斯上缴3/8。1209年，威尼斯征服了克里特岛，爱琴海地区的商贸网络得以稳固地建立。而在黑海地区，威尼斯的海洋贸易事业也有所推

1　[美]汤普逊：《中世纪经济社会史》（上册），耿淡如译，北京：商务印书馆，1997年，第518页。

进。到1223年时，威尼斯人已在克里米亚半岛上建立了商站，同时在顿河河口的塔纳也建立了殖民地，这一古老的城市在近千年前遭到哥特人毁坏后，如今终于在威尼斯手中重振生机，成为面向亚洲的主要商埠。

在潟湖地区，威尼斯城在神圣罗马帝国霍亨斯陶芬王朝皇帝腓特烈二世与教皇的争端中再次幸存，城邦的商业氛围也随着海外扩张的顺利而升腾起来。威尼斯人民的团结不仅多次体现在面对外来入侵的危机事件中，更是体现在潟湖环礁间的日常人际事务之中。威尼斯城的商贾贵族都彼此熟识，他们之间存在着基于成熟基础的信任精神，而这种精神在别的商业城市里很难于家庭圈子以外看到。这一信任令威尼斯人在日常的商业事务处理过程中效率惊人，小至两个商人间的简单合作协定，大至需要出动船队或商队的大宗生意，不论是多么具有时间成本与潜在风险的商贸计划，威尼斯人都能够在数小时内将它们敲定并付诸实施。这一根植于信用的生意模式，也使得威尼斯城全民参与到商业中来，不论是谁，只要在贸易中有所投入，就能在事后获得相应的利润。随着参与者的增多，这一共享利润与风险的商业形式所承载的资本也逐年增加。正是在这一时期，出没于威尼斯城的犹太商人也增多了，他们加速了威尼斯城商贸的运转。

值得一提的是，在后来的资本主义发展史中起到重要作用的经济组织——银行，也正是萌生于中世纪盛期的威尼斯城。

12世纪中叶，寻求海上扩张的威尼斯在各种战事里花费甚巨，城邦的积蓄日益见底。在这一背景下，威尼斯向城中商人们发起了一次强制的借债，以便筹措资金用于城邦扩张，而借债的回报，则是债主们可以每年拿到占出资额4%的利息。为了管理这些筹措而来的借款，威尼斯于1157年成立了名为"借债议会"（Chamber of Loans）的机构，把控款项的走向，并统筹利息的支付。[1]

1　Richard Hildreth, The History of Banks: To which is Added, a Demonstration of the Advantages and Necessity of Free Competition in the Business of Banking, Boston: Hillard, Gray & Company, 1837, pp. 5–7.

　　这一机构的形式与架构，尚且与日后的"银行"有着不小差别。但是，它的核心职能已经具备了银行职能的雏形。比如，拥有了款项的借债议会，开始进行各种投资，维持自身拥有的资本，同时也能以商务文书为依据，向现金流出现困难的商人们提供贷款；又比如，随着借债议会的规模壮大，商人们也越来越愿意把金钱交给它保管。这样一来，威尼斯借债议会兼具了借贷、储蓄等金融职能，它也因此被视为整个欧洲最早的国立银行之一。

　　与此同时，在大海上，国际惯例式的习惯法体系也在这一时期得到了初步建立。早在1095年，阿马尔菲就已采用一种海商法汇集，即《阿马尔菲表》，它的权威随后逐渐被意大利诸个城市共和国承认。[1]威尼斯则于1255年颁布《航海条例》，对远航商船上的人员构成与职责赏罚做了界定。而这一时期中最为完备的海商法体系由地中海西岸的加泰罗尼亚人构建，巴塞罗那的《海事法典》综合了旧时的惯例与意大利城市的法律汇编，成为被地中海诸商业中心所共同接受的支配性海上法律规范。

　　但是，在逐渐升腾而起的威尼斯商业盛景之下，仍然隐藏着危机，威尼斯在抵达其势力的巅峰之前，还需经历一个世纪的惨淡经营。首先，拉丁帝国这一暴虐与劣行的扭曲产物仅仅存在了57年就归于尘土，拜占庭流亡皇族于1261年反攻君士坦丁堡，城防空虚的拉丁帝国毫无悬念地覆灭了。威尼斯虽然失去了作为殖民地的拉丁帝国，但情况并不像看上去那么糟。重新归位的拜占庭帝国已经元气大伤，它无力再向外进击以收复失地，只能在博斯普鲁斯海峡之畔苟且自保了，因此威尼斯在希腊与爱琴海的占领区域并未受到大的影响。不过更大的打击在后头，因为十字军的东征事业也在基督教诸国的离心离德中走向了穷途末路。欧洲十字军在1204年后发起的诸次东征都归于失败，强大的埃及马穆鲁克王朝对叙利亚与巴勒斯坦地区的十字军要塞发起了无情的总攻。1268年，安条克陷落了，1289年，的黎波里陷落，而在随后的1291年，仅存的十字军据点阿克也被

---

　　1 ［美］伯尔曼：《法律与革命（第一卷）西方法律传统的形成》，贺卫方等译，北京：法律出版社，2008年，第334页。

埃及人占领，十字军在东方的所有领地至此尽皆失陷。这不是纷争的终结，两方信仰的碰撞仍将在未来的地中海掀起波澜，但至少在眼下，历时近两个世纪的东征浪潮以十字军的完全失败而告一段落。在阿克毫无希望的负隅顽抗期间，城中的意大利商人各自奔逃，他们依靠十字军而建立起来的海洋贸易事业已经难以为继，他们要另辟蹊径来继续争夺大海了。

▲ 的黎波里伯国在埃及大军的海陆攻势下于1289年陷落

海上帝国：威尼斯与热那亚的商业争雄

可是，最令威尼斯深感如芒在背的，还是那些来自其他海洋城邦的竞争，其中尤以热那亚为甚，这两大繁荣城邦的明争暗斗将是地中海舞台接下来的主旋律。热那亚与威尼斯在城邦特质上具有显著的区别。威尼斯人生存于遗世独立的潟湖环礁上，城邦是他们萦绕于心的永恒牵挂，城市的正常运转对他们具有极为重大的意义，因此为了避免给城邦带来风险，威尼斯人在商业活动里倾向于团结起来，他们的决策也往往谨慎而暗中致命。而热那亚则不同，他们不喜欢考虑城邦集体的安危，而更倾向于私营企业性质的商业组织模式，这使得他们能够毫无负担地勇于创新。例如，他们首次组建了能发行股票、分配利润与分担风险的海上商业股份公司，首次成立了现代化银行，就连簿记法和航海图等新商业贸易工具，热那亚人对它们的掌握也比威尼斯更早。

十字军东征期间，热那亚对威尼斯在东部地中海的统治权毫不在意，不仅比威尼斯先一步加入十字军，与十字军国家建立了稳固的贸易联系，而且也通过在爱琴海等地的海盗活动持续为自己攫取财富。对于利益的争夺是这些商业城市间不变的话语基调，而热那亚的竞争心态随着威尼斯攻陷君士坦丁堡而被大大地刺激了，这令十字军港口商人群体之间的关系日益剑拔弩张，并最终引燃了战火。1256年，阿克港的热那亚人与威尼斯人因地界问题爆发冲突，这一冲突迅速蔓延为一场令阿克的十字军诸势力选边站队的战争。热那亚先是击沉了一些威尼斯商船，随后又遭到威尼斯人反击，比萨人则在冲突之中周旋于两者之间。1258年，热那亚舰队被威尼斯人完全摧毁在阿克港内，他们在阿克的居住区也被威尼斯和比萨瓜分，这令热那亚人恨得怒火中烧。这一场冲突改变了热那亚与威尼斯斗争的性质，如果说之前的竞争是商业上的，那么自此以后，两者之间的纷争则同时被嵌入了势不两立的狂热爱国主义。

▲ 俄罗斯画家康斯坦丁·布盖维斯基绘于1927年的《费奥多西亚旧城》，藏于莫斯科特列季亚科夫美术馆（费奥多西亚即为史上的热那亚黑海殖民地卡法）

　　但是，被暂时赶出阿克的热那亚人没有满盘皆输，他们在黑海之滨有力地扳回一城。早在拉丁帝国时期，热那亚就已经与拜占庭流亡皇室建立了紧密联系，双方的合作令它得以迅速抢在威尼斯之前掌控黑海地区的商业霸权。而随着拜占庭皇室的复辟，这一商业合作也延续了下来，热那亚商人得以进驻君士坦丁堡，获得了威尼斯之前所享受的特权和居住区。他们还顺手将城中的威尼斯城区护墙一拆了之，将拆下的石头得意扬扬地当作战利品运回热那亚。[1]在黑海沿岸，热那亚掌控了比威尼斯更为广阔和关键的区域，他们占据了重要的克里米亚，同时从金帐汗国手中购得卡法作为设立领事馆的殖民地。这一城市被热那亚人完善为黑海地区最具决定意义的商品集散枢纽，这里有皮毛货物市场，还出售波斯的丝织品与途经阿斯特拉罕运输而来的印度商品。同时，热那亚还在黑海东岸的锡诺佩、特

1　［美］汤普逊：《中世纪经济社会史》（上册），耿淡如译，北京：商务印书馆，1997年，第522页。

拉比松、塞瓦斯托波利斯、多瑙河口的列克斯托默和莫罗卡斯特罗、德涅斯特都设立常驻的领事馆。[1]在诸多黑海港口中的热那亚商人的驱动下，这一片古时被斥为荒芜之海的大海沸腾了，整片海域渐渐成为商贸往来频繁的丰饶之海。

热那亚人的商贸事业在黑海排挤了威尼斯人的同时，也为自己积蓄了可观的力量，他们认为出拳的时刻到了。1282年，热那亚封锁托斯卡纳的阿诺河口，将比萨拖入战争，随后在1284年的梅洛里亚海战中完全摧毁了比萨舰队，干净利落地将这个第勒尼安海上的恼人邻居永远打击出局。比萨没落后，地中海完全成了威尼斯与热那亚的决斗场。1256年那场阿克冲突导致了持续十多年的战争，最终以双方咬牙切齿的10年休战结尾，而随着阿克于1291年陷落，休战也无法持续下去了。热那亚与威尼斯一边加紧备战，一边互相侵扰对方的海上商路与港口；热那亚刚一把火烧了克里特的干尼亚，威尼斯就劫掠了克里米亚的卡法，诸如此类的破坏性冲突持续了三年。

1298年9月，箭在弦上的双方终于打算对决，威尼斯舰队与热那亚舰队在达尔马提亚海岸的库尔佐拉展开了厮杀。前者的统帅是海军上将安德烈亚·丹多洛，他是当年君士坦丁堡征服者的后人；而后者的领袖则是拉姆巴·多利亚，这一英豪辈出的姓氏将持续统领热那亚的海军。热那亚舰队在多利亚的统率下痛击了威尼斯舰队，丹多洛不堪被俘受辱而自尽，但库尔佐拉海战没有决定性地改变双方力量对比的天平。威尼斯的威望虽大受打击，但很快重新组建了100艘船的舰队，热那亚则杀敌一千自损八百，它无法乘胜进击威尼斯潟湖，舰队返航时城中也没有欢呼。疲惫的双方于1299年签署和约，理不尽的纷争只能待来日再战去解决。不过，库尔佐拉海战注定要有其历史意义。因为在这场海战中，一名富有的威尼斯人被俘，在他被关押于热那亚的数月间，他在一名书写者的协助下，将自己那令人难以置信的数十年游历见闻以文字形式记录了下来。这位威尼斯俘虏

1　［美］查尔斯·金：《黑海史》，苏圣捷译，上海：东方出版中心，2011年，第87页。

名叫马可·波罗，他的游记将在欧洲人心中荡漾起满载憧憬的涟漪，引他们航向更遥远富足的大海。

◀ 身着东方服饰的意大利商人马可·波罗，他在库尔佐拉海战中被俘。在被关押期间，他依据在中国的17年见闻，在一名书写者的帮助下，完成《马可·波罗游记》，向整个欧洲打开了神秘的东方大门

　　和约的签订带来的只是暂时的和平，黑海地区的明争暗斗还在继续。此时的黑海是亚欧世界的商业汇集地，蒙古人的金帐汗国和伊尔汗国分立于黑海的南北两侧，政治力量的平衡为黑海带来了一段时期的和平。陷于沉寂的拜占庭帝国几乎没有了海外远途贸易，君士坦丁堡仅作为一个意大利城市进出黑海的商业中转站而存在，它已不复当年的繁华。威尼斯人被允许在承认热那亚特权的前提下返回君士坦丁堡建立商业区，昔日皇都如今对他们而言只是一个相对划算的进货点罢了，因为从这里购买商品比在热那亚那些黑海殖民地要便宜，而且金角湾的通行较为方便。[1]顿河三角洲的塔纳和克里米亚半岛的卡法分别是威尼斯和热那亚在黑海沿岸地区最

1　［英］M. M. 波斯坦、爱德华·米勒：《剑桥欧洲经济史（第二卷）中世纪的贸易和工业》，钟和等译，北京：经济科学出版社，2004年，第127页。

为繁华的殖民城市，它们之间的商业发展态势似乎同样被注入了威尼斯与热那亚间互不相让的竞争动力，彼此在繁荣程度上互相追赶，一并充当亚洲商品与欧洲商品的海运集散地。此外，在蒙古帝国势力范围下的黑海区域，必不可少的贸易类型就是奴隶贸易，对此绝不陌生的意大利商人也再次参与其中。这一"蒙古和平"使得商业与其他接触行为得以兴盛，为欧洲商业的起飞搭好了舞台，也激起了欧洲探险家寻找通往中国的海上路线的热情。[1] 自古希腊以来，大海与草原首次连在了一起。

但是好景不长，蒙古帝国内部松散性带来的政治动荡令这一和平时期很快消逝，而更为致命的是，大海不仅能带来财富，也能传递灾祸。1343年，威尼斯人在塔纳城因争端杀死一名当地官员，而热那亚人毫无新意地从中作梗令事态失去控制。金帐汗国可汗扎尼别怒而洗劫塔纳，幸存的威尼斯人逃到卡法城，热那亚罕见地与威尼斯联合起来固守卡法，抵挡可汗的大军。1347年，扎尼别围攻卡法，正准备应付长期围城的热那亚人不久后发现可汗的军队陷入疾病，他们将这看作是上帝的显圣。虽然扎尼别的围城难以继续，但他下令把军中染病的尸体装入投石机，向卡法城中投射，病毒由此在城中扎根。从君士坦丁堡驶向卡法的运粮船在返航时将病毒一并带回，大海开始播撒死亡，先是君士坦丁堡，之后是意大利，随后是北非与欧洲，这一能令皮肤与腺体在暗色中腐化并迅速夺人性命的瘟疫以海洋为媒介蔓延，令欧洲2000万人口凋零，一名低地天文观测者将这一前所未有的灾难形容为"黑色的死亡"[2]。黑死病后的欧洲社会被重构了，劳工与农民开始争取权利。而死里逃生的海洋商人如遭梦魇，因为威尼斯在1348年的春夏季节里，曾在一天中死去600人[3]，热那亚城在黑死病的凌虐中亦有40 000人死去。他们充满了危机感，开始谨慎地思索如何在财富的获取过程中规避风险。

黑死病没有停止威尼斯与热那亚对黑海的争夺，早在瘟疫完全平息

1　[美]查尔斯·金：《黑海史》，苏圣捷译，上海：东方出版中心，2011年，第94页。

2　Joseph Patrick Byrne, The Black Death, Westport: Greenwood Publishing Group, 2004, p. 1.

3　John Julius Norwich, A History of Venice, New York: Vintage Books, 1982, p. 215.

前，两个城邦就开始了最终的海上对决，磨刀霍霍的双方需要一次胜者为王的了断。黑海商业竞争带来的是双方无尽的敌视，1350年，威尼斯人在内格罗蓬特摧毁一支热那亚舰队，热那亚人立刻施以报复，劫掠并占领了内格罗蓬特。战争已不可避免，而出于对热那亚海上扩张的忧虑，伊比利亚阿拉贡国王彼得与拜占庭皇帝约翰二世也一并加入威尼斯一方，这些力量联合到一起，于1352年在博斯普鲁斯海峡与热那亚舰队杀成一团。战斗平息后，无力再战的拜占庭退出战争，热那亚人获得了代价惨重的胜利。但威尼斯人很快还以颜色，他们于1353年在撒丁尼亚附近大败热那亚舰队，这直接促成了热那亚转向米兰公爵寻求支援。拥有了米兰财政支持的热那亚舰队重拳出击，于1354年在萨皮恩扎将毫无防备的威尼斯主力舰队一网打尽，威尼斯的海上精锐力量由此几乎被摧毁了。在海上失利的同时，威尼斯也面临殖民地骚动的问题。克里特岛爆发了声势浩大的叛乱，焦头烂额的威尼斯花了5年时间才将暴动完全镇压，随后在塞浦路斯，威尼斯也受到了热那亚的排挤。虽然威尼斯于1378年在安齐奥击败热那亚人，但在近30年的战乱中，它确实是且战且退，而今甚至要固守亚得里亚海了。随着1379年威尼斯在波拉的再度战败，热那亚人已经可以毫无阻碍地进逼至潟湖，并于8月在皮埃特罗·多利亚的率领下占领了控制潟湖南部出口的基奥贾。

威尼斯城历史上还未曾有过如现在这般危急的时刻。如果多利亚此时直接进攻威尼斯城，那么威尼斯则必定覆灭，但令人费解的是他没有直接进攻。多利亚在基奥贾和利多岛设立起封锁线，切断了威尼斯潟湖与外界的联系，他想用饥饿将威尼斯榨干。没有等来热那亚进攻的威尼斯人获得了喘息之机，他们趁夜色用沉船封住了基奥贾水道，由此，作为封锁者的热那亚军队反而遭到了封锁。劳师远征的多利亚部队没能与援军联系上，他们在基奥贾度过了饥寒交迫的冬天与春天。1380年，热那亚向威尼斯投降，双方于1381年签订《都灵条约》，恢复了地中海上的和平贸易。

纷争暂时分出了胜负。从13世纪中叶起，热那亚就是地中海上更为主动的一方，威尼斯在近百年间被打得节节败退。[1]但战局竟在最后一刻发生大逆转，获胜的是威尼斯。基奥贾战败令热那亚内政陷入动荡，被贵族派系分割的政治体制如今开始显露出致命弱点，因此热那亚很快就被法国所统治。热那亚商人并没有出局，他们只是无力再与威尼斯将睚眦必报的纷争维系下去，他们开始转向崛起的大西洋沿岸去寻求财富与机会，任由威尼斯在地中海建立它的海上帝国了。

取得胜利的威尼斯终于开始了海上称霸之路。其实自1204年征服君士坦丁堡开始，威尼斯就已经初步确立了海洋商业帝国的雏形，但与当时不同的是，眼下的威尼斯几乎没有了竞争者。在15世纪的前几年，威尼斯通过政治外交和商业手腕，在意大利半岛获得了可观的领土。虽然如此，但它的力量之源终究来自海洋势力范围的扩张。1383年，威尼斯占领了科孚岛，这一次是真正彻底的占领，两侧的匈牙利王国和那不勒斯王国忙于内部事务而无法对威尼斯形成压力，威尼斯由此完全统治了亚得里亚海。在东部地中海，威尼斯将叙利亚和埃及等地的贸易整合起来，充分利用爱琴海上的殖民地作为商品的中转地与市场，通过灵活的外交手段与埃及和叙利亚的当权者维持着微妙的关系。由于14世纪塞浦路斯岛上的热那亚势力依旧强大，于是威尼斯在东部海域的贸易暂时避开了法玛古斯塔，直接从的黎波里、贝鲁特和亚历山大港将贸易物运回，直至1489年威尼斯占领塞浦路斯为止。

威尼斯是殖民地管理的先驱者。它最为重要的殖民地区是克里特岛以及君士坦丁堡之中的一块专属区域，在这些地方的殖民长官手下，层层递进的有力体制管辖着数量繁多的殖民市镇与岛屿。威尼斯在各殖民地建立了集中而有效的行政管理机制，殖民官员的权责分立且明确，管理机器赏罚分明，同时受到威尼斯城的严格监控，而潟湖里的权力核心则坚持不懈地与殖民地可能出现的贪腐、渎职和叛国行为作斗争。威尼斯的海洋贸易所惠及的并不仅仅是意大利海岸，它的影响也深入到内陆之中，为诸如佛

1　［法］费尔南·布罗代尔：《15至18世纪的物质文明、经济和资本主义》（第三卷），顾良、施康强译，北京：生活·读书·新知三联书店，2002年，第108页。

罗伦萨这样的繁荣产业城市提供商品的进出口途径。意大利北部在此类商贸的刺激下，经济大大地发展起来，银行业和诸多金融行业都随之勃兴而起。

15世纪的威尼斯城是地中海最为热闹的城市。它是海陆贸易的枢纽，哈尔茨山的木材、波西米亚的矿产、印度的香料与小亚细亚的棉花，以及在欧洲愈发供不应求的糖，都在这里汇集与分流。[1]从利多岛之畔进出潟湖的商船络绎不绝，它们在港口卸下令人眼花缭乱的商品。此时的威尼斯潟湖岛屿间已经建立起桥梁，潟湖的"心脏"里亚尔托如今已是布满鳞次栉比房屋的经济核心。这里汇集着掌控地中海世界经济脉搏的商行、证券交易所和银行，这里的从业者在倏忽之间的谈判与交易中就能决定某项远达波罗的海或横跨欧亚草原的贸易内容与命运。德意志商人在里亚尔托拥有一块聚居区，他们是威尼斯繁盛的直接受益者，因为威尼斯的商业辐射范围可远达南部德意志的城市联盟。

海洋帝国需要海上力量作为保障。在15世纪伊始，威尼斯就已拥有

◀ 威尼斯画派代表人物维托雷·卡帕齐奥画作《十字架显圣于里亚尔托桥》，从中可窥见15世纪末期威尼斯的繁华

1　John Julius Norwich, A History of Venice, New York: Vintage Books, 1982, p. 270.

3300艘各式船只与36 000名水手[1]，威尼斯兵工厂此时已经呈现出宏大的规模和富于效率的生产方式。威尼斯的当权者还规定所有船只都归国家所有，且都应统一由兵工厂建造，这也促使兵工厂的生产能力大大提升。威尼斯的海上贸易并不局限于地中海与黑海，它也有组织得当的大西洋贸易。例如，威尼斯每年都组织"佛兰德斯大舰队"，舰队驶出潟湖后，穿越直布罗陀海峡前往葡萄牙、低地国家与不列颠[2]，在进行种类繁杂但井井有条的商品交易后满载而归。15世纪的威尼斯城是丰饶财富与精致生活的汇集地，到访者无不为它的风华而折服惊叹。一名在15世纪末来到威尼斯的法兰西外交官写道："这是我所见过的最令人欢欣鼓舞的城市，它用无上的智慧管理着自己，对所有外交官与陌生人都礼敬备至。"[3]

▲ 海神之城：意大利画家雅各布·巴尔巴里于1500年制成的巨幅威尼斯版画地图的一部分。手执三叉戟的海神位于画作中央，象征着威尼斯的威望巅峰

　　可威尼斯的海上帝国并非完美无缺的，它最终的没落之因恰恰就隐藏在那些使它走上巅峰的力量之中。首先，威尼斯的海洋势力范围是依靠数

1　John Julius Norwich, A History of Venice, New York: Vintage Books, 1982, p. 269.

2　［美］詹姆斯·W. 汤普逊：《中世纪晚期欧洲经济社会史》，徐家玲等译，北京：商务印书馆，1996年，第333页。

3　Frederic Chapin Lane, Venice, A Maritime Republic, Baltimore: Johns Hopkins University Press, 1973, p. 237.

量繁多的海外领地所界定的，这种"贸易据点"式的殖民体系缺乏持续存在的有力根基，在外来的打击下尤为脆弱。其次，也是最为重要的一点，纵观威尼斯海洋商业的发展历程，不难看出，威尼斯之所以能历经数世纪从一方泥淖升腾出一片帝国，与它持续对东部地中海世界特别是拜占庭帝国的倚靠息息相关。威尼斯虽然地处意大利，但它努力将自己同西欧隔绝开来，它的历史是和拜占庭帝国的合作史与纷争史，是与利凡特地区的商业史。因此，助威尼斯安身立命的关键财富，几乎都来自东方，而若是东方局势突变，那么撑起海上帝国的柱石也将遭受摇撼。

地中海沸腾：十字架决战星月旗

正当威尼斯尚在品尝海洋带来的繁荣与威望时，强敌如升起的新月一般崛起于欧亚之交。

自11世纪时起源于安纳托利亚的奥斯曼土耳其人发展迅猛，至14世纪下半叶时，奥斯曼王国已经在小亚细亚站稳脚跟，同时将领土扩展至东南欧，定都于亚得里亚堡。拜占庭帝国在欧洲与亚洲的领土至此尽皆沦陷，君士坦丁堡彻底被孤立，求援无门的拜占庭皇帝靠向土耳其人俯首称臣来自保。奥斯曼王国在15世纪初曾受到帖木儿的草原帝国的打击，此时的欧洲虽已注意到奥斯曼土耳其的威胁，但欧洲诸势力的离心离德使它们失去了扼杀敌手的绝好机会。不仅如此，当帖木儿在亚洲的征服逼得土耳其人纷纷逃往巴尔干时，见利忘义的热那亚人甚至还通过出动舰只将土耳其人送过海峡而大赚了一笔[1]，土耳其人由此在巴尔干地区再次站稳了脚跟。这些土耳其人兼具着精密有序的团结和舍生忘死的狂热，迅速建立起令人可怖的军队。在15世纪早期，土耳其人已经拥有了海军，他们在加里波利建起兵工厂，收编爱琴海的航海者为他们建造船只，这很快威胁到了意大利

1　[英]斯蒂文·朗西曼：《1453——君士坦丁堡的陷落》，马千译，北京：时代华文书局，2014年，第37页。

城市在爱琴海的利益。[1]他们还于博斯普鲁斯海峡建起堡垒，掐断了君士坦丁堡的海上咽喉，并时常出航劫掠内格罗蓬特等威尼斯属地。同时，土耳其人组建了炮兵部队，铸造了令欧洲人胆寒的巨型火炮，誓要将君士坦丁堡那令人望而生畏的城墙化为齑粉。土耳其苏丹穆罕默德二世最终在1453年向君士坦丁堡发起了暴风骤雨般的进攻，挺立千年的东罗马拜占庭文明走进了坟墓。拜占庭的君士坦丁堡从地图上被抹去了，它被奥斯曼的伊斯坦布尔所取代。

◀ 在1453年围攻君士坦丁堡期间，奥斯曼帝国通过穿越加拉塔的陆路将战舰偷运至金角湾（意大利画家法斯托·宗纳罗绘）

威尼斯对于拜占庭帝国的灭亡有着不可推卸的责任。从表面上看，威尼斯支援舰队没能及时抵达，但实际上，自从1204年那场由威尼斯一手导演的浩劫后，对于横遭劫难的拜占庭帝国来说灭亡就只是时间问题。在土耳其人得胜后，威尼斯的第一反应是与之合作。一名威尼斯使节代表共和国前去向穆罕默德二世讨还昔日的商业特权以及被俘的威尼斯船只，苏丹只同意了后者，威尼斯的殖民地与船只都被归还，但商业特权不复存在了。

威尼斯尚能勉强维持它的黑海贸易，在黑海仍有不少底子的热那亚亦是如此，只是它们的好日子很快到头了。因为与13世纪的蒙古帝国相比，如今

---

1 ［美］查尔斯·金：《黑海史》，苏圣捷译，上海：东方出版中心，2011年，第105页。

掌控黑海的奥斯曼帝国对黑海商业的管控更为严格。在奥斯曼帝国治下，黑海地区的贸易形式从原本寻求利益的个体商人行为转变为受奥斯曼帝国规章制度约束并缴税的集体行为[1]，奥斯曼帝国对马尔马拉海的严密封锁也令黑海与地中海的海上联络日渐困难。热那亚被允许保留卡法，但这一城市的贸易在奥斯曼帝国的高压政策下很快萧条了，而威尼斯在黑海的状况只会更糟。到了15世纪末，黑海的海上贸易已经完全被奥斯曼帝国接管，其中很大一部分是奴隶贸易。拜占庭的灭亡令欧洲失去了唇齿相依的千年屏障，虽然威尼斯出于商人的本能而希望与奥斯曼土耳其人寻求合作与共存，但志得意满的苏丹不需要这样的合作。苏丹经常以"双海之主"自称，"双海"指的就是黑海与爱琴海，而这远不能令他满足。土耳其人将地中海称为"白海"，不仅是为了将它与黑海区别开来，也是因为这片比黑海更为广阔的大海有着令人神往的白色浪花。奥斯曼苏丹想要的，并非仅是有来有往的商业联系，而是对"白海"的彻底占有，是欧洲对他的臣服。

早在君士坦丁堡陷落以前，土耳其人就已经与威尼斯人有所冲突。1430年，苏丹穆拉德二世就已经攻取威尼斯人守卫的塞萨洛尼基城，只是此城名义上属于拜占庭。随着穆罕默德二世征服拜占庭，奥斯曼帝国腾出手来，开始对付爱琴海上的威尼斯人。1456年，土耳其军队占领雅典，随后苏丹的大军又于1463年占领了伯罗奔尼撒半岛的摩里亚大部。1470年，威尼斯的重要殖民地内格罗蓬特失陷，穆罕默德二世的巨炮将城市炸为一摊瓦砾。1479年，威尼斯无奈承认战败，除了放弃内格罗蓬特，它还必须每年为贸易权向苏丹进贡10 000杜卡特。[2]得胜的穆罕默德二世志得意满，但却于1481年去世。松了一口气的威尼斯人与教皇都未意识到这只是一个世纪战乱的开始。

威尼斯在经过近一个世纪的辉煌后，开始油尽灯枯，更大的打击随之而来。1499年，庞大的奥斯曼舰队誓要夺取达尔马提亚与伊奥尼亚海。仓

1　［美］查尔斯·金：《黑海史》，苏圣捷译，上海：东方出版中心，2011年，第115页。

2　Frederic Chapin Lane, Venice, A Maritime Republic, Baltimore: Johns Hopkins University Press, 1973, p. 236.

促成军的威尼斯舰队在伯罗奔尼撒半岛的宗其奥与奥斯曼舰队遭遇，在前后持续十多天的四次遭遇战中，规模上逊于土耳其的威尼斯舰队遭受灭顶之灾：在这一系列首次引入火炮的海战里，威尼斯兵工厂傲然服役的三艘新式大帆船被起火的奥斯曼战舰意外引燃，在令威尼斯人触目惊心的巨大火焰中灰飞烟灭。奥斯曼海军在占领勒班陀后乘胜追击，于1500年先后占领伯罗奔尼撒的莫顿与克罗恩。这两个被称为"共和国双眼"的重要港口失陷，海洋帝国从此失去了注视伊奥尼亚海的"双眼"。

▲ 1499年宗其奥海战，威尼斯是役大败

威尼斯在这一系列致命的大败中迈入16世纪，而这些只是未来10年间潟湖阴云的开头。无法再向东方寻求倚靠的海洋帝国开始向西方的陆上王国谋求协作，但此时的欧洲早已不是中世纪时支离破碎的封建社会了。界限分明的国家与大权在握的国王令海洋之城的陆上外交如履薄冰，威尼斯也最终为它不甚拿手的西欧外交付出了代价：教皇尤利乌斯二世于1508年发动欧洲列强组建反对威尼斯的康布雷同盟，威尼斯瞬间成为众矢之的。它在1509年的阿尼亚德洛战役中大败于法国，潟湖危在旦夕。马基雅维利对此直截了当地说威尼斯人"在一日之间把八百年来历尽困苦所取得

的一切都丧失了"[1]。虽然它在两年后奇迹般脱身，但在同盟战争期间对抗全欧洲的威尼斯实则经历了比1379年热那亚兵临潟湖更为惊险的危机。可是，纵然这些战败与外交冲突已令威尼斯疲于应付，仍有另一则更为令人不安的讯息使得世纪之交的威尼斯人真正品尝了无可比拟的苦涩：几乎就在1499年宗其奥海战的败绩传回潟湖后不久，大海为威尼斯商人从伊比利亚半岛带回了更为不祥的消息，令其陷入茫然与绝望。

　　在威尼斯苦苦挣扎的同时，地中海的局势脉搏也在奥斯曼帝国的迅猛进击下风云变幻地搏动着。从数个世纪的纷争中浴血而出的地中海，此时已经成为一片完整的海，任何一个角落的冲突都将带来牵一发而动全身的后果。威尼斯曾独自承担着抗击土耳其人的重任，而当历史进入16世纪，随着野心勃勃的君主们登上王座，基督教与伊斯兰教对地中海的争夺也逐渐演变成一场全面战争，消逝已久的圣战之魂似乎就要重新被激起。在地中海的西边，法王弗朗索瓦一世于1515年登基，西班牙则于1516年迎来国王卡洛斯一世，他随后又于1519年继承哈布斯堡家族大业，加冕为神圣罗马帝国皇帝查理五世。而在地中海东边，土耳其苏丹"冷酷者"塞利姆一世于1516年灭亡埃及的马穆鲁克王朝，随后他又于1517年控制了伊斯兰圣地麦加和麦地那，将奥斯曼帝国变为伊斯兰世界的保护者。1520年，塞利姆之子苏莱曼即位，这位被称为"大帝"的土耳其苏丹有着不可阻挡的雄心壮志，他渴望征服西方。与团结一致又咄咄逼人的奥斯曼帝国相比，西欧诸国仍旧处在毫无新意的钩心斗角之中，查理五世以基督教的守护者自居，希望组建十字军对抗奥斯曼威胁，但最终却在意大利陷入与法国国王胶着的战争。

　　此时处在这两大宗教势力争夺大海的前线上的，是两拨强悍无畏的海洋猛士，当然在敌对者的眼中，他们都被斥为海盗。盘踞于罗德岛的圣约翰骑士团初建于第一次十字军东征后的圣地，他们最初是耶路撒冷圣约翰医院的成员，为朝圣者与病人提供看护，后于1113年作为修会组织获得教

1　［意］尼科洛·马基雅维里：《君主论》，潘汉典译，北京：商务印书馆，1985年，第61页。

皇承认。[1] 在十字军国家覆灭后，他们于1309年撤退至罗德岛，并很快建起坚固的堡垒，成为地中海东部的贸易者和劫掠者，而今又成为欧洲对抗土耳其的先锋。奥斯曼苏丹视骑士团为眼中钉，1522年，苏莱曼一世决心拔除这根肉中之刺。在历时半年的罗德岛围攻战后，医院骑士团获得了体面的投降机会，他们在苏丹的允诺下乘船离开，并在7年后登上马耳他岛。

　　而另一拨海上骁勇所掀起的波澜则更为剧烈，他们在欧洲海岸散布恐惧，直至很久以后仍令闻者战栗。随着15世纪伊比利亚半岛再征服运动的推进，大批穆斯林被迫逃回北非，其中很大一部分成为巴巴里海岸地区的海盗。在这些海盗中，最为令人闻风丧胆的是奥鲁奇·雷斯和希兹尔·雷斯两兄弟，他们从16世纪伊始就大肆劫掠海上的西班牙与热那亚船只，用获得的财富武装起一支规模可观的海陆军队占据突尼斯，并于1515年向奥斯曼苏丹称臣。海盗们持续的劫掠行为激怒了热那亚与西班牙，热那亚杰出海军将领安德烈·多利亚于1516年率领舰队施以反击。随后西班牙舰队又于1517年增防北非，并在一次陆上包围战中诛杀奥鲁奇·雷斯。雷斯兄弟此前已经占领阿尔及尔，若是西班牙军队长驱直入，那么必能将它攻克，但西班牙军队无所作为地令机会溜走了。希兹尔·雷斯接管大权后的第一件事，就是将阿尔及尔献给奥斯曼苏丹，收获大礼的塞利姆一世乐不可支地任命他为阿尔及利亚总督，而随后即位的苏莱曼一世则赐予他神圣封号"伊斯兰之善"——海雷丁。这位"伊斯兰之善"在欧洲人眼里是令闻者色变的恶魔，欧洲人称呼海雷丁为"巴巴罗萨"（红胡子），因为传说他的胡子被杀戮的鲜血染红了。海雷丁开始率领海盗大军劫掠意大利海岸，并于1533年前往伊斯坦布尔，成为奥斯曼帝国的海军上将。苏莱曼一世需要海雷丁为其率领海军征服地中海，而征服大业的首要目标，正是没落中的海洋帝国威尼斯。

　　威尼斯从康布雷同盟战争带来的动荡中复原后，很快收复了一部分失地，但它再也找不回昔日助它纵横大海的力量了。西欧的国际关系令威尼

1　Thomas Asbridge, The Crusades: The Authoritative History of the War for the Holy Land, New York: Harper Collins, 2010, p.169.

斯难以自如应付，而对奥斯曼帝国的屡战屡败也使得威尼斯难以再维持昔日占地广大的贸易据点，在风雨飘摇的16世纪里，海洋帝国已经日薄西山。但苏莱曼大帝要将威尼斯彻底打垮。1535年，神圣罗马帝国皇帝查理五世对法国与奥斯曼的同时敌对促使弗朗索瓦一世与苏莱曼大帝暗中联合，他们达成了夹攻查理五世的协议。在协议中，法王同意在佛兰德斯烧起战火以牵制皇帝的军队，同时苏丹应占领匈牙利，双方组建由海雷丁统领的联合舰队攻打那不勒斯王国。[1]与此同时，苏莱曼一世派出船只持续地对大海上的威尼斯商船进行袭扰，并将这些商船的反击作为威尼斯挑起战祸的把柄。最终，威尼斯与奥斯曼帝国再次开战。

1537年，奥斯曼舰队开始围攻科孚岛，科孚岛的坚固防御令它在土耳其人的猛击中得以保全，但其他令威尼斯鞭长莫及的岛屿就没那么幸运了。海雷丁亲率舰队攻

▲ 被奥斯曼苏丹赐予"伊斯兰之善"封号的海雷丁，却被欧洲人称为"红胡子"海盗

击了威尼斯位于伊奥尼亚海的诸多岛屿与港口，其中的大岛被迫向苏丹称臣纳贡，小岛则被勒令为海雷丁提供苦力。[2]

在这样的背景下，教皇保罗三世与皇帝查理五世于1538年共同牵头建立了一支十字军舰队。已经在马耳他落脚的医院骑士团派出海军参加，威尼斯与热那亚也都加入，这几乎就注定了这支舰队不会团结。1538年9月，

1　John Julius Norwich, A History of Venice, New York: Vintage Books, 1982, p.451.

2　［英］约翰·朱利叶斯·诺威奇：《地中海史》（上册），殷亚平等译，上海：东方出版中心，2011年，第319–320页。

钩心斗角又争吵不休的联合舰队在普雷韦扎海域与海雷丁的土耳其舰队遭遇，舰队中的威尼斯重型帆船因风被山脉阻挡而失去动力，遭到土耳其桨帆船的围攻。以一当十的威尼斯重型帆船急切等待着主力舰队的支援。但安德烈·多利亚再次用实际行动表明了热那亚人对仇恨的铭记——当威尼斯人深陷以少敌多的苦战时，占据上风向的多利亚却手握庞大舰队袖手旁观，而当土耳其人最终消灭威尼斯舰队后，多利亚率领舰队撤出战场。在普雷韦扎海战中，联合舰队的大部分战舰毫发无损，威尼斯是仅有的失败者，这次战败对它的打击是毁灭性的。在1540年的和谈中，苏莱曼一世提出了极为无情的条件，恳求无果的威尼斯除了接受以外别无选择。条约规定，奥斯曼帝国获得威尼斯在伯罗奔尼撒半岛的最后港口纳夫普利亚和马尔维萨，威尼斯不能收回已经丧失的任何贸易据点，同时应付给苏丹30万杜卡特赔款；此外，在没有得到苏丹允许的情况下，任何威尼斯船只都不能进出土耳其港口。

这一条约是对威尼斯的沉重一击。如果说在此之前威尼斯的海上帝国尚且残留着名存实亡的幻影，那么现在，这个海洋殖民帝国已经不复存在了。威尼斯在与奥斯曼帝国的对抗中完败，虽然它尚且还能占有塞浦路斯和克里特，但已经失去了昔日的大多数贸易据点。威尼斯潟湖里的城市机关债台高筑，城邦财政状况深陷泥潭，政府也处在破产的边缘，官员的惰政贪腐现象也越来越频繁地出现。曾经的财富之城开始松懈与堕落。

对此感到开心的是热那亚人。威尼斯曾于1379年将宿敌热那亚击败，热那亚人无奈之下转向西方，他们利用自己的商业才能很快和缺钱的西欧君主建立起贸易与债务关系。热那亚城虽然政局不稳，但它逐渐挣回了自己的财富，至15世纪末，这个利古里亚商业之都已经复苏。1528年，热那亚在安德烈·多利亚的实际领导下摆脱了法王的控制，同时与查理五世合作，将共和国的统治权从四分五裂的家族阵营手中收回，并设立相对集中的帝国派贵族对城邦进行管辖。在多利亚的改革下，热那亚恢复了昔日的活力，他不仅是热那亚的实际独裁者，更是率领舰队逐浪于海之人。安德烈·多利亚是那个时代最为出色的海军将领，是欧洲仅有的能与海雷丁一

▲ 15世纪末的热那亚城

决高下的统帅。他在普雷韦扎海战中的那次惹人争议的冷眼旁观将威尼斯推向深渊，为热那亚完成了复仇。

威尼斯走向了衰落，但它还没有死亡。它仍旧是地中海世界的一分子，最重要的是，奥斯曼帝国对它的索取并没有到头。16世纪上半叶，地中海之争的主角海雷丁、弗朗索瓦一世、查理五世相继走进了坟墓，1560年，安德烈·多利亚也死去。查理五世之子菲利普二世即位为西班牙国王。苏莱曼大帝虽已苍老，但他的征服野心仍在。

苏丹的下一个目标是马耳他岛的医院骑士团。不仅是因为这些海盗骑士在苏丹的"白海"上兴风作浪，更是因为马耳他是地中海战略要地，是进攻西欧必须要夺取的海上前哨，若能夺取马耳他，西地中海将一片坦途。而对于医院骑士团来说，马耳他岛优质而丰富的石材令他们得以建造堡垒。1565年，庞大的奥斯曼舰队开抵马耳他岛，开始了志在必得的围攻，而医院骑士团也在大团长拉·瓦莱特的率领下，在马耳他筑起层层坚垒誓死防御。血流成河的攻防战持续了三个月，土耳其人虽能用代价巨大的伤亡来换取阵地的缓慢推进，但骑士团的防御从未被完全击垮。同年8月，围攻的奥斯曼军队在地中海夏日的酷暑与久战引发的疾病中撤退了，已成一片废墟的马耳他仍被守军握在手里，西地中海奇迹般地脱险了。一年之后，年老的拉·瓦莱特在废墟里的希贝拉斯海岬为新建的堡垒筑下第一块基石，这一新城以他命名，日后成了马耳他首都。

在同一年里，苏莱曼大帝去世，他的继位者塞利姆二世对威尼斯统治的塞浦路斯很感兴趣。奥斯曼帝国的大军于1570年7月登陆塞浦路斯，苦苦寻求欧洲援军的威尼斯人获得了教皇庇护五世和西班牙国王菲利普二世的支持。西班牙派出一支规模可观的舰队加入威尼斯向塞浦路斯的远征，它由安德烈的侄孙乔瓦尼·多利亚指挥，这一姓氏对威尼斯人来说是"拒绝合作"的同义词。果然，这一远征计划在舰队还没驶离科孚岛时就泡汤了，而几乎与此同时，奥斯曼大军攻陷了塞浦路斯的都城尼科西亚，并在烧杀抢掠后开始进攻法玛古斯塔。法玛古斯塔的守军在高傲的领导者布拉加丁的指挥下，于殊死抵抗之中熬过了11个月。他们没有等来援军，最终在绝望之中向土耳其投降。这一投降是一出惨剧：桀骜的布拉加丁在受降仪式上惹怒了土耳其人，城中基督徒由此遭到屠杀，而布拉加丁自己则惨遭凌迟，残躯被塞满干草，拴在牛背上游街示众。

▲ 1565年马耳他大围攻（伊格纳齐奥·丹提绘，藏于梵蒂冈博物馆）

尼科西亚和法玛古斯塔的陷落是注定的。因为塞浦路斯离潟湖实在太远，威尼斯再也难以为其提供保护。同时，教皇庇护五世早知道威尼斯是基督教世界意义重大的边境，应对它予以协助，他希望组建起联合基督教力量的十字军，但最大的障碍是谨慎的菲利普二世。他曾写信给这位行动迟缓的西班牙国王，说"威尼斯的堡垒是西班牙国王要塞的天然防御工事"，对菲利普二世而言，缔结联盟就是"拥有威尼斯各邦、他们的人力、武器和舰队为他服务"[1]，这换来了菲利普二世对结盟问题的原则性同意。1571年5月，在教皇的积极奔走下，教廷与西班牙和威尼斯以及诸多意大利邦国签署盟约，组建对抗奥斯曼帝国和北非穆斯林的神圣同盟。盟约计划在地中海中部地区发动针对土耳其的海上攻势，组建同盟舰队，并指派菲利普二世同父异母的弟弟——奥地利的唐·胡安为舰队指挥官。

唐·胡安是查理五世的私生子，时年24岁。他渴望建功立业，有着想率军推进到塞浦路斯甚至更远，并通过希腊群岛直抵达尼尔的远大野心。[2]谨慎保守的菲利普二世将王国辛苦组建的桨帆船舰队交到唐·胡安手中，但他怕这位血气方刚的弟弟会将舰队莽撞地挥霍，便命令唐·胡安绝对不能贸然出战。年轻气盛的唐·胡安毫不在乎地跨越了菲利普二世为他设立的权限藩篱，当他在9月底获悉由阿里帕夏率领的奥斯曼舰队已经越过伯罗奔尼撒西部并在科孚岛海域实施劫掠时，立刻率领神圣同盟舰队出击。

在晴朗的10月7日，两支舰队于狭长的勒班陀海湾中相遇了。这场持续4小时的大战令大海成为一片修罗场。位于奥斯曼舰队左翼的巴巴里海盗通过穿插航行对乔瓦尼·多利亚的右翼舰队实施了绞杀，但威尼斯战舰领导的同盟舰队左翼顶住了压力。唐·胡安战前制定的抵近开火战术也令神圣同盟舰队的炮火爆发出毁天灭地的威力，这最终助他击杀阿里帕夏并摘取胜利的果实。当日薄西山之时，海面上到处是损毁的船只与伤亡的士兵，

1　［法］费尔南·布罗代尔：《菲利普二世时代的地中海和地中海世界（珍藏本）》（下册），曾培秋、唐家龙、吴模信译，北京：商务印书馆，2009年，第693页。

2　同1，第741页。

海水都被鲜血染红。奥斯曼帝国在这场战役中损失了近200艘舰船与3万人，还有15 000名基督徒奴隶被释放。而欧洲联合舰队虽然遭受了沉重的人员伤亡，但他们的舰船损失甚至不到奥斯曼人的十分之一。

　　在勒班陀海战中，神圣同盟取得了决定性的胜利。正因法玛古斯塔的惨剧而阴霾密布的威尼斯潟湖，在迎来报告喜讯的船只后爆发出令人动容的欢乐，圣马可广场陷入狂欢，城中的债务人监狱被庆祝的人群打开，囚禁者得到了释放。[1]欧洲似乎已从奥斯曼的日夜威胁中解脱出来，就要进入反攻，威尼斯也似乎将在击败土耳其后重建海洋帝国，一切看起来都在好转。

▲ 勒班陀海战

　　但这些美好愿景最终并没有发生。神圣同盟在第二年就四分五裂了，教皇庇护五世的去世令同盟失去了最后的向心力量。菲利普二世不想再理会奥斯曼人，他忧心忡忡地将目光聚焦在法国与佛兰德斯。土耳其人在一年之内就重新组建起规模相当的舰队，继续着对塞浦路斯的征伐，并随时会将目标转向克里特岛。威尼斯再次战败了，为了与苏丹停战，不得不再

1　John Julius Norwich, A History of Venice, New York: Vintage Books, 1982, p. 486.

次接受屈辱的条款。1573年，威尼斯在条约中承诺三年内向苏丹支付30万杜卡特，同时终止对塞浦路斯的要求。[1]勒班陀海战的胜利为最大的希望敞开了大门，但却没有产生具有战略意义的后果。[2] 这一次，教皇的十字军就像扔入泥淖中的石块，惊动了水面，却没有激起多少波澜。

但是，必须要看到的是，若是唐·胡安真如菲利普二世所担心的那样，在勒班陀海战之中将舰队完全葬送，那么奥斯曼苏丹的大军必将毫无阻碍地从海上征服欧洲。作为欧洲与奥斯曼帝国斗争重要节点的勒班陀海战是欧洲的一次成功防御，它为身处困境的地中海西方世界争取了时间。[3]西方世界由此得以从奥斯曼入侵的威胁中喘息，并依靠海洋贸易和市场来构建起真正具有资本主义色彩的体系，旧时古典政治体系下的团结模式也将由此走向终结。此外，勒班陀的胜利对欧洲人来说，就好像是一场灾难的结束、基督教世界的一种真正自卑感的结束和一种同样真实的土耳其霸权的结束[4]，它带来的满足感与胜利感是基督教徒自1453年君士坦丁堡陷落后所一直渴求的。西班牙士兵米格尔·塞万提斯在海战中顶着高烧作战，他身中两弹并且永远失去了左手。他在自己的巨著《堂吉诃德》中借助一名在小酒馆里追忆行伍生涯的战俘之口，道出了勒班陀海战的意义：

> 我终于参加了那一光辉的战役……对基督教世界来说，那一天真是个大喜的日子，所有的人和国家全都从以为土耳其人是不可战胜的海上霸王的悖谬中猛醒过来；就在那一天，奥斯曼帝国的傲慢和骄横被一扫而光。[5]

1　［英］约翰·朱利叶斯·诺威奇：《地中海史》（上册），殷亚平等译，上海：东方出版中心，2011年，第359页。

2　［法］费尔南·布罗代尔：《菲利普二世时代的地中海和地中海世界（珍藏本）》（下册），曾培秋、唐家龙、吴模信译，北京：商务印书馆，2009年，第744页。

3　［美］维克托·戴维斯·汉森：《杀戮与文化：强权兴起的决定性战役》，傅翀、吴昕欣译，北京：社会科学文献出版社，2016年，第389–390页。

4　同2，第745页。

5　［西班牙］塞万提斯：《堂吉诃德》，张广森译，上海：上海译文出版社，2006年，第284页。

科孚岛：地中海历史的隐秘锁匙

在地中海充当西方文明重心的近两千年历史之中，看似不起眼的科孚岛是多个关键历史节点的主角。科孚岛扼守着亚得里亚海的咽喉，有着举足轻重的战略地位，又由于其恰好处在地中海几大势力相互斗争的交界点，由此成为兵家必争之地，并有意无意地在数个转折时刻左右了地中海的历史走向。

在古希腊时期，科孚岛尚被称为"科西拉"。这一名字来源于传说中名为"科西拉"的少女。在传说中，海神波塞冬爱上了河神阿斯波斯之女科西拉，于是将她掳掠至无人岛上，并用其名字为这一岛屿命名。不过，在这一令人遐想的芳名背后，燃烧着的乃是撕裂古希腊文明的战火。公元前665年，科西拉的舰队与科林斯舰队爆发了一场海上决战，这场战斗被视为见诸于古希腊史册的首次海上对决，地中海的千年海洋战火由此而始。公元前435年，科西拉再次与科林斯爆发针锋相对的争端，希腊世界诸城邦之间的宿怨很快就以此为诱因而陆续沸腾。随后，两大巨头雅典与斯巴达率领各自的盟友城邦刀兵相见，伯罗奔尼撒战争由此爆发。这场大战令曾经辉煌的古希腊文明沦为一片废墟，而这一切皆由科西拉所陷入的争端开始。

到了中世纪时期，占地险要的科孚岛理所当然地成为逐鹿地中海的诸个势力所必须要争夺的岛屿。从公元4世纪开始，科孚岛就处在东罗马帝国的统治下。在随后与阿拉伯人的海上作战中，科孚岛是帝国的重要海军基地，亚得里亚海正是因其拱卫而在阿拉伯海军的进攻下得到保全。随后，在11—13世纪，科孚岛被诺曼人占领，野心勃勃的诺曼君王曾数次盘算着由科孚岛横跨巴尔干进攻君士坦丁堡的大计，这一岛屿的枢纽地位由此展露无遗。1384年，科孚岛在数次易手后终被威尼斯所攻占，这一胜利被视为威尼斯建立起海洋帝国的决定性步骤。在欧洲与奥斯曼帝国决战地中海期间，科孚岛凭借固若金汤的防务，成为威尼斯和西方文明所共同倚仗的重要防线：在1537年、1571年和1716年间，它先后三次抵御了奥斯曼帝国的猛烈进攻。惊叹于科孚岛在中世纪里坚不可摧的战绩，后世的欧洲人将其称赞为"基督教诸国的前哨堡垒和防御支柱"[1]。

随着地中海历史重要性的日益式微，科孚岛也在两千年弄潮后沉寂下来。如今，它更多的是凭借自己作为茜茜公主所挚爱的度假胜地，抑或是英国菲利普亲王的故乡等原因而为世人所耳闻。而对于千百年前那一页页风起云涌的篇章，也只有旅游者中的有心之人才能从岛上沉默的遗迹中稍加瞥见与追忆了。

光辉的遗产：地中海的资本主义与海洋精神

地中海舞台的千年戏剧，至此已经演完了它的高潮。这并非意味着它将归于沉寂，人类在这一海洋上还将继续书写扣人心弦的篇章，但此时的地中海已不复之前的重要性了。

这片大海是西方文明的摇篮，也是资本主义文明的摇篮。中世纪的资料证明早在12世纪时，资本主义就已存在[2]，远洋贸易的复兴为它的萌发打下了基础，而资本主义的商业模式也反过来促进了海上贸易的进一步繁盛。最早出现资本主义制度与资本主义社会的，正是意大利半岛地区。意大利的城市占据着得天独厚的地理优势，在中世纪欧洲陆路充满危险的情况下，意大利人通过海路掌控了利凡特贸易，大海虽然同样凶险，但它终究更为便利。而与此同时，教皇所拥有的收取税赋权力也令意大利半岛在

1　Archibald Constable and Company, The Scots Magazine and Edinburgh Literary Miscellany: Bring A General Repository of Literature, History, and Politics, for 1809, Volume LXXI, Edinburgh: J. Ruthven And Sons, 1809, p. 916.

2　［比利时］亨利·皮朗：《中世纪欧洲经济社会史》，乐文译，上海：上海人民出版社，2001年，第154页。

中世纪早中期成为欧洲财富的集散地。这些因素都令意大利半岛在阿拉伯海上力量于11世纪失去对地中海的控制后，成为最早的商业复兴地区。

▲ 1493年史籍《纽伦堡编年史》中的热那亚

早期的商人资本家往往一贫如洗又胆大妄为，他们除了充沛的精力与冒险的嗜好以外一无所有，他们趁着商业复兴的浪潮，从海上收获了巨额财富。对这些海上商人来说，地中海是他们的贸易通路，同时也是意义重大的市场，地中海区域的联系由支离破碎走向完整的过程，也是一个商业贸易和市场不断集聚和扩展的过程，且地中海上的战火与冲突，最终起到的效果也几乎都是为旧有的经济局势带来了改良或重塑。在亚平宁半岛地区，当商业的复兴达到一定程度，诸多近代化的经济活动手段与管理机构都被相应地催生，于是，在海洋的承载下，一整套资本主义文明所应具有的要素都先后萌发了。

但是，大可不必为"资本主义"这一概念设立太过森严的界限。首先，中世纪欧洲的资本主义并不是在短期内迅速出现的，它是诸多影响因素长期作用下缓慢演变的必然结果。其次对于中世纪到底是否存在资本主义问题的争论，也更多的是一种语义学而非经济学上的争论。中世纪地中海与黑海地区的远途海洋贸易，虽然绝对数量算不上巨大，但这些商业活动恰恰是更大规模商业变革的诱引剂。在这些海洋商业活动得到坚定推行的过程中，货币与实物资本得到了积累，信贷手段得以出现并不断被运用，资本拥有者、劳动者和管理者被分化开来，商业的技巧提高了，竞争更加剧烈，商业利益也在国家事务中被提升至重要地位，而最关键的是，商业活动中的赢利欲望成了压倒一切的动机。[1]而这些恰是资本主义发展的表征。

威尼斯的兴衰历程贯穿了古典时期以后的地中海世界变迁史。它是中古欧洲最早出现的海洋从商者，很早就构建起独立自主的政治地位和富有活力的海洋商业，并很快依靠其在利凡特贸易中的优势而成为地中海上令人欣羡的富裕邦国。10世纪后萨拉森人在地中海上的溃退和11—13世纪的十字军东征为它拓展了海上活动的界限与贸易殖民的范围，而随着在与热那亚的海上争雄中胜出，它也得以建立起富有近现代特征的海洋帝国。热那亚与威尼斯两者之间具有迥然相异又互为补充的特质。威尼斯人拥有有力的管理机制与齐心协力的团结精神，这令他们在混乱的年景中走向强大，但威尼斯的强大换来的却是谨慎与故步自封。热那亚则正好相反，它欠缺稳定的政治环境与安宁的海洋环境，地处公海之畔的城邦频频成为战火劫掠的对象，这与相对安宁的威尼斯潟湖形成鲜明对比。但热那亚长久以来同崛起中的西方打交道，它需要面对变幻莫测的局势，这逼迫它在商业活动中苦寻对策并变得更加精明，促使它寻求创新去应对竞争。实际上，对于资本主义发展历程而言，开风气之先的恰是热那亚，它热衷于冒险，单枪匹马地朝资本主义道路走去，从这一角度来看，它比威尼斯更现代化[2]，诸多由热那亚率先探求的资本主义经济手段就是佐证。这不是对威

---

1 ［英］M. M. 波斯坦、爱德华·米勒：《剑桥欧洲经济史（第二卷）中世纪的贸易和工业》，钟和等译，北京：经济科学出版社，2004年，第301页。

2 ［法］费尔南·布罗代尔：《15至18世纪的物质文明、经济和资本主义》（第三卷），顾良、施康强译，北京：生活·读书·新知三联书店，2002年，第118页。

尼斯地位的否定，威尼斯本身就是一个资本主义社会，因为控制其政府的贵族阶层都是商人。[1]它对资本主义的贡献在于，它有着更为完善的制度，它建立起的制度从一开始就提出了有关资本、劳动和国家之间关系的所有问题。[2]它也向后人展示了一个稳步前进的商业共和国通过贸易和殖民扩张手段所能够达到的高度。

◀ 15世纪的热那亚银行家，该画作藏于热那亚圣乔治银行——这是欧洲最早的特许银行之一

威尼斯的强盛历程与拜占庭帝国息息相关。一方面，威尼斯与东罗马拜占庭的紧密联系令它得以摆脱支离破碎的封建纷争；另一方面，它也与拜占庭帝国有着直接的利益与命运相关性。在1204年的十字军东征之前，威尼斯像是拜占庭身上的寄生虫，它从内部吞噬着这个帝国，而在十字军东征之后，拜占庭反而成了威尼斯的俘虏[3]，这更令威尼斯和其他意大利城市获利颇丰。这一互相寄生的命运共同体随着奥斯曼帝国于1453年灭亡拜占庭而陷入唇亡齿寒之境。奥斯曼土耳其在15—16世纪间对威尼斯的打

1 ［美］斯科特·戈登：《控制国家：从古雅典至今的宪政史》，应奇等译，南京：江苏人民出版社，2008年，第144页。

2 ［法］费尔南·布罗代尔：《15至18世纪的物质文明、经济和资本主义》（第三卷），顾良、施康强译，北京：生活·读书·新知三联书店，2002年，第130页。

3 同2，第108页。

击是致命的，但威尼斯的海洋帝国本身也仅仅是一连串的海上据点而已，帝国的躯体由公海连接，而威尼斯不可能拥有日后那些殖民帝国所拥有的专门针对公海的防御力量，因此威尼斯可以说正是自己那四处延伸的帝国的牺牲品。[1]奥斯曼帝国的苏丹通过统治黑海航运而获取大量财富，他进而想征服更为富饶的地中海，苏丹的强大帝国令他的这一野心如此接近于实现。但是，其实早在历史刚进入16世纪时，苏丹这一过时的努力就失去了意义。

▲ 《纽伦堡编年史》中的威尼斯

让我们将视线回转至那个令威尼斯人为宗其奥海战的惨败所神伤的世纪之交。受兵败噩耗打击的潟湖居民所听闻到的那一桩比战败更为不祥的消息，来自地中海之外。1499年9月，出航已久的葡萄牙航海者瓦斯科·达·伽马回到了里斯本，他的航行开辟了绕行非洲南部海角前往印度半岛的航路。世界的商贸版图在突然之间翻天覆地地改变了，那些东方的香料与丝绸商人，再也不必被迫将自己的货物在红海或者霍尔木兹海峡卸下，然后任凭那些开价高昂的骆驼商队将它们缓慢地驮至亚历山大港或伊斯坦布尔，进而再由威尼斯人装船售卖到欧洲了。这一曲折的路途既漫长遥远又开销昂贵，同时还得在穿越不同信仰的地区时小心提防。而今，这

1　［法］费尔南·布罗代尔：《菲利普二世时代的地中海和地中海世界（珍藏本）》（下册），曾培秋、唐家龙、吴模信译，北京：商务印书馆，2009年，第685页。

些东方商人只需要花费一次直达航行的时间，就能令自己的昂贵货物安全送达买家之手，再也没有层层盘剥的边境税官，也不再有靠差价渔利的中间商。威尼斯人被这个消息惊呆了，有的人将它视为无可比拟的极坏消息，而有的人则尝试自我安慰，一名威尼斯贵族就在日记中写道：

> ……人们不愿意相信这一消息，有的人徒劳地断言葡萄牙国王不可能真正使用这一条通往卡利卡特的新航路，因为当年他派出的十三艘船最后只有六艘安全返回，这损失是大于收益的，也不会有多少水手愿意为这种漫长而危险的航行押上性命……[1]

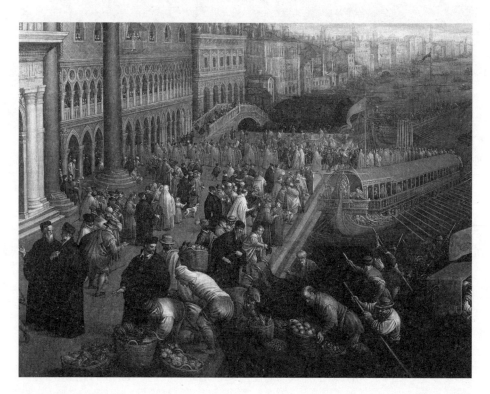

▲ 威尼斯画家莱昂纳多·巴萨诺1595年画作《斯基亚沃尼河滨大街》局部，其中可见热火朝天的商业买卖

---

1 John Julius Norwich, A History of Venice, New York: Vintage Books, 1982, p. 386.

　　这些人的自我慰藉很快就被现实击碎了。葡萄牙人确实已经将新航路投入使用，但他们并没有如威尼斯人所担心的那样通过降低香料等货物的价格来打击地中海的旧势力，而是采取了更为直接的武力方式。1501年11月，在葡萄牙舰队炮击卡利卡特并击沉从印度出发的香料运输船后，埃及的香料价格立刻飙升至每桶95杜卡特。[1]由于这一情况的存在，未来几年内抵达红海的印度商船数量稀少，这导致香料价格以每桶超过100杜卡特居高不下，威尼斯商人的进货成本被极大地提高了。到了1512—1513年，已经有维也纳的批发商抱怨在威尼斯买不到所需数量的胡椒与香料，而请求德意志皇帝准许来自安特卫普和法兰克福的外来商人输入这些商品。[2]虽然从总体上看，地中海的东方贸易并不是随着新航路开辟而在一夜之间衰落下来的，因为不论是葡萄牙还是西班牙，它们建立商路霸权都需要时间。事实上，直到16世纪50年代后，威尼斯人还曾在红海夺回不少份额的胡椒贸易，但这一衰落是缓慢而坚决的。地中海所能够带来的财富，已经在直布罗陀之外大洋的映衬下黯然失色了。

　　对于地中海之上的基督教徒与伊斯兰信徒而言，他们在旷日持久的纷争之中谁也没有完全战胜对方。这片大海在近8个世纪的海权更迭之中浸透了太多鲜血，而这一拉锯战的最终结果，是双方的均势。欧洲人开始将目光转向大西洋，汉萨同盟的水手和安特卫普的商人早已开始了这一尝试。对于羽翼渐丰的资本主义文明来说，这片被陆地所围绕的安宁海域仅靠桨帆船沿岸行驶就能完成对它的环航，它已经日渐显得促狭，不值得人们再大费周章地争夺了。

　　但是，地中海的遗产是丰厚的，它为西方文明带来资本主义的萌发，更见证了人类海洋精神的演进。公元1000年耶稣升天节时，威尼斯总督奥西奥罗的那场盛大出征仪式被威尼斯人视为共和国迈向大海的标志性事件，这一

　　1　Frederic Chapin Lane, Venice, A Maritime Republic, Baltimore: Johns Hopkins University Press, 1973, p. 290.

　　2　［法］费尔南·布罗代尔：《菲利普二世时代的地中海和地中海世界（珍藏本）》（下册），曾培秋、唐家龙、吴模信译，北京：商务印书馆，2009年，第817页。

仪式被当作节日惯例确定下来。在之后每年的耶稣升天节，威尼斯总督都将率领船队向潟湖外的利多岛航行，以象征朝大海的出征，同时在教士的注视下举行圣水洗礼，以求大海庇佑城邦的事业。而在1177年，这一仪式被赋予了新的内涵：身处威尼斯的教皇亚历山大三世将自己的戒指取下，吩咐威尼斯总督将它投入海中，这一仪式于是演变成了威尼斯与大海的浪漫婚约。

▲ 画作中的海亲节：1730年卡纳莱托所绘《总督旗舰"布森陶尔"号于耶稣升天节驶归城堤》

需要注意的是，在宗教意识浓厚的中世纪，人们对大海的恐惧是一直存在的。即使在威尼斯与大海首次结亲的一个世纪后，这类恐惧也一直游荡在人们的脑海中。例如，在1248年率领十字军进攻埃及的法国国王路易九世眼中，大海就充斥着恐惧、风暴和海难。这位虔诚的基督徒在《圣经》中看到的大海是一幅可怖的图景，它来自最初的混沌深渊，里面居住和活动着魔鬼和死人，它们将打碎羁绊，与上帝作对，与人间作对。[1]但对威尼斯人而

---

1 ［法］雅克·勒高夫：《圣路易》，许明龙译，北京：商务印书馆，2011年，第641页。

言，大海是他们赖以生存的依靠，他们崇敬大海，渴望与她缔结婚约，并与她彻底地融为一体。海亲节是威尼斯海洋精神的最佳象征，海洋帝国的精神动力正是蕴含在其中，这一节日没有随威尼斯共和国于1797年的覆灭而消亡，直至今日，它仍以一种简化后的形式存在于威尼斯城。

而若是此时回头审视莫米利亚诺对古典时期那种反海洋倾向的总结，则可发现它已经无法有效概括中世纪与近代早期的海洋精神了。在地中海上的海权争夺中，一种体现无畏与勇气的海洋英雄主义开始出现，它不像古典时期的海洋精神那样处于"某种陆战中才能体现的德行"的阴影下，而是与陆上的骑士精神一道，成为被广泛接受与传颂的对象。这种海洋英雄主义所涵盖的范围比较广泛，其中包括航海者对大海的征服决心，以及海战指挥官身上的那种不惧死亡、藐视敌人的气质等，同时由于众所周知的海上远航与作战的危险性与困难性，使得这种海军气质最终演变为一种令人敬畏与歌颂的至高勇气。这一勇气越来越频繁地成了海战中长官鼓舞士气的工具，指挥者希望通过这种方式表示自己对敌人、对死亡和对险恶大海的无视，表示自己与最普通的士兵同在。在1203年威尼斯与十字军第一次进攻君士坦丁堡的战斗中，威尼斯人从海上进攻加拉塔的尝试濒临失败，战舰眼看就要掉头逃离。就在此时，随行的十字军贵族若弗鲁瓦目睹了威尼斯总督恩里克·丹多洛的英勇举动，并满怀敬佩地将它记录下来：

> 现在你将听到的是一出壮举。那位全副武装的威尼斯总督，白发苍苍而双目失明，他威风凛凛地挺立在船艏，圣马可大旗飘扬于前。他向身边的人大吼，命他们把他送上岸，不然他将对他们亲手施以裁决。部下照办了，旗舰调转船头，他们顺势挥舞着圣马可之旗跳上岸。当其他威尼斯人看到战旗飘扬于岸上，又看到他们总督的旗舰竟比他们先靠岸，个个都羞愧难当，立刻奋勇争先向岸边冲去……[1]

1　Geoffroi de Villehardouin, De Joinville, Translated by Sir Frank Marzials, Memoirs of The Crusades, London: J. M. Dent & Sons, Ltd., 1955, p. 42.

　　无独有偶，勒班陀海战前的唐·胡安，也用他自己的方式彰显出对眼前即将到来的厮杀的蔑视。在神圣同盟舰队与奥斯曼舰队相互接近的过程中，双方都虔诚地祈祷。唐·胡安"身穿耀眼的铠甲，一手托着华丽的翎毛头盔，他那英气逼人的年轻额头上是被风吹动的美丽头发……随后他站起身，在后甲板上心情舒畅地跳起一支嘉德舞"[1]。这不合时宜的舞蹈，恰是英雄主义的绝好体现。英俊而勇猛的唐·胡安一直是西方英雄故事的宠儿，英国文豪吉尔伯特·切斯特顿写于1911年的诗歌《勒班陀》，通篇都是对他的华丽赞美："西班牙骄子，非洲之死神，奥地利的唐·胡安，向大海出征！"

◀ 海洋精神的传承：现意大利海军军徽由历史上四个海洋城邦纹章组成，分别为威尼斯的圣马可之狮（左上）、热那亚的圣乔治十字（右上）、阿马尔菲的马耳他十字（左下）和比萨十字（右下）

　　这些海洋精神都是地中海留下的宝贵遗产，这一遗产并没有地区的限制，它很快嵌入水手们的灵魂之中，随他们在更为浩瀚的广阔大洋上散发光辉。那些大洋不再如地中海和黑海那样处在陆地的环抱里，古老的桨帆船再也不能应对这样的惊涛骇浪。在那些大洋之上，是未被开垦的蛮荒土地，是更庞大高耸的艨艟战舰，那里有着更惹人欣羡的财富与更令人齿寒

　　1　George Slocombe, Don John of Austria : the Victor of Lepanto (1547–1578), Boston : Houghton Mifflin, 1936, p. 181.

的罪恶，有着更多亟待言说的故事。

▲ 威尼斯画家乔瓦尼·提埃坡罗绘于1750年的《海神向威尼斯赠予财富》，背负三叉戟的海神将金钱财富赠予驯服圣马可之狮的亚得里亚海女王。18世纪的威尼斯早已失去了昔日的经济地位，但它留给人们的关于海洋商业财富的记忆依旧鲜活

第三章
财富之海：近代早期的
欧洲资本主义与海洋

大航海时代：新航路开辟与欧洲资本的突围

葡萄牙王国的早期航海

在威尼斯摘取地中海王冠的同时，欧洲西海岸的人们开始将求索的目光投向他们眼前那波涛汹涌的大西洋，以及在他们梦境里时时萦绕的印度洋。

中世纪的西欧人凭借他们贫瘠的地理知识，将印度洋粗略想象成对处在他们现实认知之外的东方海陆的统称。对他们来说，印度洋是他们对所谓"异国情调"之理解的凝聚物，是他们将心中的梦想进行安放与发泄的场所。在这些梦想里，我们首先看到的是噩梦。中世纪西欧人常常认为，印度洋对他们而言是未知与无限之地，是"宇宙恐惧之梦"，在这梦里，印度洋是"无尽之海"，是通向风暴世界与但丁笔下"无人之地"的通路，那里拘禁着敌视基督与各种被诅咒的种族，是文明与理性的地中海世界的可怖反面。少数有企图心的统治者曾尝试向那里派遣传教士，例如不列颠国王阿尔弗雷德曾在公元883年遣主教西格尔姆前往印度[1]，但对于多数人来

---

[1] 《盎格鲁-撒克逊编年史》，寿纪瑜译，北京：商务印书馆，2000年，第83页。

说，光是恐怖的想象就足以令他们打消心中那向印度洋远航的念头。

不过，对于中世纪欧洲人而言，在噩梦之外，印度洋世界更是满溢着关于"地上天堂"的幻想与希望的美梦。在他们眼里，印度是"地上乐园"的边界，恒河是天堂之水的四大源头之一。而比神学幻想更吸引人的是，印度洋是西欧人心里关于丰足世界的梦想所在，那里似乎满是宝藏，大海上似乎遍布着满载金银的岛屿。一些西欧商人曾历尽艰辛从印度往返，他们那满载而归的财富，和他们因害怕泄露商业机密而闪烁其词的言语，一道加剧了西欧人心里对印度洋的孜孜渴求。[1]

14世纪时，点燃西欧人心中对印度的熊熊渴望之火的火种出现了。那位于1298年库尔佐拉海战中被俘的威尼斯人马可·波罗在狱中写下的游记，在接下来的一百年里风靡欧洲，令人们对东方的财富传说神魂颠倒。在马可·波罗笔下，日本国"据有黄金，其数无限""金多无量，而不知何用"；爪哇岛"甚富，出产黑胡椒、肉豆蔻、高良姜、荜澄茄、丁香及其他种种香料""船舶商贾甚众，运输货物往来，获取大利"；桑都尔岛"黄金之多，出人想象之外"；锡兰岛"有蓝宝石、黄宝石、紫晶及其他种种宝石"，岛上国王的红宝石"是为世界最光辉之物，其红如火，毫无瑕疵，价值之大，颇难以货币计之"。[2]这些惹人歆羡的叙述令西欧人目眩神迷，逐利的欲望在他们心中渐渐压倒了对未知海洋的畏惧，他们摩拳擦掌，渴望去这些富足的土地一探究竟。而随着中世纪晚期地中海地区商品经济的发展，渐渐苏醒的欧洲开始拥有了向外拓展的欲望，同时由于日益强大的奥斯曼帝国令旧日通往东方的陆上商路变得艰险，因此取道海路前往富饶东方顺理成章地成了欧洲人心中所盘算的计划。

那么若是希望从海上抵达印度，该向什么方向航行呢？这个问题并不难回答。虽然中世纪的人们对世界海洋的认识依旧狭隘，但随着地理学的

1　[法]雅克·勒高夫：《试谈另一个中世纪——西方的时间、劳动和文化》，周莽译，北京：商务印书馆，2014年，第345–369页。

2　[意]马可·波罗：《马可波罗行纪》，冯承钧译，上海：上海书店出版社，2001年，第387、402、403、418、446页。

发展，已经有学者在与大洋有关的地理问题上触摸到了真相。10世纪时的阿拉伯地理学家马苏迪就在他的《金色草原》中提到，大海"都是相连的……海水由中国流向土耳其海岸，并通过大洋上的数道海峡与大西洋相通"[1]。13世纪的英国大学者罗哲尔·培根在他的《大著作》里认为，理论上存在一条连接西班牙和印度的海路，培根还直接指出，印度洋是"在埃塞俄比亚南部与大西洋相连"[2]。因此，若是西欧航海者期望从海上前往东方，最直接的路径就是沿非洲西部海岸南下航行，以找到大西洋与印度洋的连通点。

▲ 1457年的热那亚世界地图

可大西洋似乎是不可征服的。历史上有很多人已作出过探索非洲海岸航路的尝试，多数都失败了。希罗多德笔下的腓尼基人曾完成过环航非洲大陆的创举，但他仅仅是通过口耳相传的渠道获悉这一传说而已。勇往直前的热那亚人早在13世纪就开始探寻地中海以外的商路，他们期望能从海上抵达未知的遍布黄金的土地，甚至能抵达印度以获取新的贸易机会。1291年，热那亚的凡蒂诺·维瓦尔迪和乌戈利诺·维瓦尔迪两兄弟沿着迦

---

1 Mas'udi Ali-Abu'l-Hassan, Historical Encyclopedia Entitled "Meadows of Gold and Mines of Gems.", Volume 1, London: Oriental Translation Fund of Great Britain and Ireland, 1841, p. 375.

2 Roger Bacon, J. H. Bridges, The "OpusMajus" of Roger Bacon, Volume 1, Oxford: Oxford at Clarenton Press, 1900, p. cxvii.

太基人汉诺的远航路线，取道非洲西海岸航行至几内亚湾后不知所踪。[1] 随后在14世纪，热那亚探险者曾先后抵达亚速尔群岛和加那利群岛，他们的远航具有浓厚的探险性质但未能留下持久的印记，因为热那亚城无力在此建立殖民体系。

这些英勇但无果的航行加剧了大西洋在人们心中的天堑之感。例如，古希腊的地理学者就认为，位于北纬26°左右的西非博哈多尔海角以南是沸水，越过了海角的人都要变黑，而在阿拉伯地图上，从博哈多尔海角稍南的岸边海中甚至伸出一只撒旦之手。[2] 卢克莱修曾感叹那荒凉的大西洋海岸是"我们之中既无一人会走近，而连本地人也不敢去尝试的地方"[3]，马苏迪也曾无奈宣称大西洋是"墨绿的幽暗之海""有恶龙出没于其岸"[4]。

不过，随着时间的推移，开拓者出现了。经过近7个世纪的战乱与征伐，伊比利亚半岛的十字军已经对穆斯林占领者造成了很大打击，曾随着阿拉伯帝国的扩张而为伊比利亚半岛带来过光辉文化的穆斯林，此时已在北部基督徒的多年征讨下向南节节败退，除了少数穆斯林尚且朝不保夕地据守在格拉纳达周边地区，他们中的大多数都已越过直布罗陀海峡退往北非。崛起于伊比利亚半岛西南部的葡萄牙王国，早在13世纪时就已征服盘踞于南部海岸的摩尔人，并由此确立了明确的国土疆域和独立的国家地位，成为中世纪欧洲最早的民族国家之一。地处欧陆边缘的葡萄牙濒临大西洋，不仅有着便利的航海条件，也有着迫切的探索大洋的需求，这一需求随着葡萄牙阿维什王朝的海陆大军于1415年跨越直布罗陀征服北非休达而愈加迫切了。由此，葡萄牙成为引领欧洲开辟新大洋的先行者。

葡萄牙的早期航海领袖是亨利王子。亨利是葡萄牙国王若昂一世之子，他于1415年与1418年间两度因战事在休达停留。在此期间，他从摩尔

1　［美］保罗·布特尔：《大西洋史》，刘明周译，上海：东方出版中心，2011年，第40页。

2　［美］普雷斯顿·詹姆斯、杰弗雷·马丁：《地理学思想史》，李旭旦译，北京：商务印书馆，1989年，第88页。

3　［古罗马］卢克莱修：《物性论》，方书春译，北京：商务印书馆，1981年，第264页。

4　Mas'udi Ali-Abu'l-Hassan, Historical Encyclopedia Entitled "Meadows of Gold and Mines of Gems.", Volume 1 , London: Oriental Translation Fund of Great Britain and Ireland, 1841, p. 282 & p. 291.

人俘虏口中得知了关于中北非地区的海陆地理情况。这些信息激发了亨利王子的探索激情，笃定了他组织力量凭借海路探索非洲的决心。1419年，亨利派遣海上探险队占据马德拉岛，将这一片岛屿纳入葡萄牙王国的管辖范围，令其成为葡萄牙殖民地与木材供给地。15世纪30年代，在亨利的努力下，亚速尔群岛也完全成了葡萄牙人的移民目的地。在接下来的20多年里，由亨利王子赞助的航海家们前赴后继，将海洋探索范围沿着非洲西海岸步步扩展到冈比亚地区，葡萄牙王国也由此得以在沿途设立贸易据点。王国的海洋扩张迈出了坚实的第一步。

在这一时期，葡萄牙与西非地区建立起了特征鲜明的黑奴贸易。这一充斥于日后资本主义商业扩张历程中的令人不齿的贸易形式虽然早在中世纪时期就已经存在于地中海，但彼时的奴隶更多的是来自战争，而且沦为奴隶的战败者也并非仅限于非洲黑人。随着葡萄牙航海者对非洲中西部沿岸地区的开拓，欧洲人在与生存于这一区域的当地原住民建立联系后，对他们所进行的攫取也开始变得更为持续与主动。1448年，亨利下令葡萄牙扩张者在毛里塔尼亚地区的阿基恩岛建立起据点，这一据点很快成为葡萄牙人在非洲西海岸为奴隶贸易提供周转的重要基地。在一开始，奴隶主要来源于佛得角群岛以及西北非洲的沿岸地区，很多居于海岸地区的黑人原住民甚至在葡萄牙外来者和非洲内陆奴隶间充当中间商。对于葡萄牙贸易者来说，这类沿海地区人群的存在阻挠了他们从内陆地区获取黄金的愿望，但是作为紧俏商品的黑奴在很大程度上弥补了这一损失。不论是欧洲的贵族官邸或军队，还是大西洋群岛上的垦荒基地，甚至是非洲黄金海岸地区的本地势力，都对奴隶有着很大的需求，而亨利手下的葡萄牙商人作为最早的黑奴专职运输者立刻从这一贸易中收获了巨额的利润，西非沿岸的这一贸易也随之成了商人们趋之若鹜的营生。在这一贸易链条中，亨利一般从冒险家们的所得里抽取1/4的金额作为税收，而若是探险队由亨利亲自组建或提供资金，那么被抽取的税额将达到一半。[1]

1　张剑：《地理大发现研究：15—17世纪》，北京：商务印书馆，2002年，第84页。

亨利于1460年去世，但他所作出的航海尝试长久以来被视为欧洲王室开辟大洋的最早典型。在19世纪的一些文学作品中，亨利被冠以"航海家"的名号，这一美名一直延续至今，并于20世纪成为风云变幻的葡萄牙国家历史进程中凝聚葡萄牙人民民族自豪感的关键符号。而随着亨利领导的航海事业所一道发展的黑奴贸易，也意味着葡萄牙人将古时持续存在的奴隶倒卖勾当以更为有效的商品经济模式确定了下来，这为数个世纪后大西洋两岸的原住民所遭受的无尽灾难点燃了先行信号。

葡萄牙另一名地位显著的早期航海家是巴托罗缪·迪亚士。1487年8月，奉葡萄牙国王若昂二世向南寻找宗教同盟者的意愿，迪亚士率领3艘船从里斯本起锚，沿着60多年来诸多葡萄牙探险家在西非海岸步步开辟的航路向南而去。船队先后经过今日纳米比亚海岸的沃尔维斯湾和佛尔斯湾后，突然遭遇了恶劣的风暴，船只"被逼向远海，被迫降至半帆航行了十三天"[1]。当风暴消弭，迪亚士发现船队在风暴肆虐之中已经不知不觉地绕过了非洲大陆的南端，向东航行所能抵达的已经不再是陆地，而是印度洋了，此时船队每一段向前航行的距离对于欧洲文明而言都将是前所未有的足迹开拓。但就在此时，船员体力和航行补给都已经是强弩之末，船员们开始骚动，迪亚士在水手的逼迫下不得不率船队返航。在经过近16个月的远航后，迪亚士的船队于1488年12月驶回了里斯本。

◀ 迪亚士船队航向非洲南端

1　Bailey Wallys Diffie, Foundations of the Portuguese Empire, 1415–1580 , Minneapolis: University of Minnesota Press, 1977, p. 160.

迪亚士的远航没有为他带来多少可观的回报，没能找到宗教盟友的葡萄牙国王从几内亚公司[1]的营收中每年抽取12密尔雷斯作为年金赐予迪亚士，他从远航中获取的经济报酬仅此而已。但是在西方文明的海洋开拓史上，迪亚士的远航具有划时代的意义。他的船队绕过了非洲大陆的最南端，找到了罗哲尔·培根所设想的印度洋和大西洋的联通点，为欧洲人从海上打开了前往印度的大门，马可·波罗笔下令人神迷的印度如今不再是遥不可及的幻影，饱受威尼斯和奥斯曼盘剥垄断的西欧商人心里也开始升腾起希望。迪亚士船队曾在佛尔斯湾岬角附近遭遇风暴并被迫驶向远海，于是他将这一岬角称为"风暴角"。若干年后，若昂二世将它改称为"好望角"，其寓意就是这一非洲大陆南端的海角代表着驶向印度的美好愿景。

迪亚士的远航过程没有留下多少第一手资料，但在1488年12月，一名恰好身处里斯本的热那亚航海家目睹了迪亚士船队的返港。这位已在葡萄牙混迹多年的热那亚航海家熟读地理典籍，他在随身携带的书籍中记下这样的笔记：

> 巴托罗缪·迪亚士在这年的12月于里斯本靠岸，他统领着三艘快帆船奉至上吉祥的葡萄牙国王之命前往几内亚丈量大地。而今他向国王禀报，船队的航行远抵已知航海范围以外600里格[2]，其中向南400里格，向北200……这一航行的历程被描绘于航海日志之中并呈敬给至圣至宁的国王。对于以上诸事件，我在场亲历。[3]

这位航海家名叫克里斯托弗·哥伦布。他雄心勃勃，有着自己寻找印度的计划，也有着颇多狮子大开口般的谈判条件。此时他正身处里斯本，苦苦寻求葡萄牙国王对计划的支持。但迪亚士远航所取得的成果令若昂二

1　几内亚公司，葡萄牙官方在非洲设立的商业机构。

2　里格，是陆地及海洋的古老测量单位，在海洋中1里格约等于5.556千米，在陆地上1里格约等于4.827千米（编者注）。

3　William D. Phillips, Carla Rahn Phillips, The Worlds of Christopher Columbus, New York: Cambridge University Press, 1993, p. 128.

世认清了前往印度的现实可能性，也随之浇灭了哥伦布的希望。在葡萄牙碰了一鼻子灰的哥伦布，打算再次前往伊比利亚半岛的另一王廷——西班牙王室去碰碰运气。

美洲新大陆与西班牙殖民扩张

在历时8个世纪的伊比利亚基督徒收复失地战争中，西班牙承担着远甚于葡萄牙的更为重大的责任。此时的西班牙地区，在政权结构上尚处于由数个基督教王国所组成的松散体系中，在葡萄牙王国已经获取独立之时，西班牙的统一事业尚且仅是幻景，这不仅因为诸个基督教王国难以联合，也是因为它们面临着远比葡萄牙更为绵长的宗教战争战线。1469年，卡斯提尔王国公主伊莎贝拉与阿拉贡王国王子斐迪南成婚，又分别于1474年和1479年登上各自王国的王位，这一联姻将伊比利亚半岛最为强大的两个基督教王国紧密联合起来，君王夫妻密切合作，共同治理联合的王国，西班牙的统一事业此时真正露出了端倪。

对于葡萄牙王国已经践行多年的海洋探索事业和西非海洋贸易，斐迪南与伊莎贝拉并非毫无察觉，尤其是女王伊莎贝拉对航海事业有着尤为真切的热情，但宗教战争的存在使她对投资航海的决策极为谨慎。哥伦布曾于1486年为远航印度的计划接触伊莎贝拉女王，以期寻求财政支持，但最终遭到了回绝。但随着战事的推进，事情有了转机。1492年，斐迪南和伊莎贝拉的大军兵临格拉纳达城墙之下，旷日持久的战争即将迎来胜利的终结，两位君王再次接见了哥伦布，并决定为哥伦布的远航计划提供支持，同时满足哥伦布的要求，封他为"世界大洋的海军上将"，赋予他对新发现的土地宣称占有权的权力，以及获得西班牙王室日后经营这些海外领土所得收入的1/10等。而这一由西班牙王室资助的首次远航方向，则是由伊比利亚半岛向西航行，以与迪亚士远航相反的方向靠近印度。

哥伦布向西航行计划的萌发与确立，以及西班牙王室对这一计划的认可，背后具有多重原因。首先，15世纪的欧洲人对大地形态已经有了较为成熟的认识，虽然地圆说尚未得到实证式的证明，但对于"大地是球体"这一论断已无多少人提出异议。因此哥伦布认定，既然地球是圆的，那么若是葡萄牙人向东能靠近印度，自己向西航行也一样能达成目的。此外，哥伦布在规划航行时错误估算了地球的实际大小，他的计算结果比实际大小缩水了近1/4，因此设想中的前往亚洲的距离与实际相比大大缩短了，这令无法意识到错误的哥伦布颇为乐观。其次，西班牙王室决定对哥伦布的航海计划施以支援亦有着不可回避的现实原因。早在1478年，西班牙卡斯提尔王室就在教皇的调解下与葡萄牙王国签署了初步划分海外势力范围的《阿尔卡索瓦斯条约》，条约规定西班牙获得加那利群岛的所有权，但与此同时，西班牙也应放弃对加那利群岛以南所有地区的任何要求，并任由葡萄牙对这些地区进行处置和开发。根据迪亚士远航的成果，若向东航行抵达印度，则必定要越过加那利群岛南下西非海岸，而根据条约，这一航线是西班牙无权染指的。因此，除了对哥伦布向西出发前往印度的计划进行支持以外，西班牙王室也没有其他的选择。

1492年8月，哥伦布率领由3艘帆船组成的船队离开帕罗斯港驶向加那利群岛。受西班牙王室之托，哥伦布携带着呈给统治中国的蒙古大汗的国书，以期与马可·波罗笔下的元朝建立外交贸易关系。船队于9月驶离加那利群岛，驶向茫茫无际的大西洋。在无垠大海上的漫长航行危机四伏且令人难以忍受，随着时间的流逝，船员的体力与心理都逐渐达到了崩溃的边缘。10月6日，哥伦布面对群情激愤的水手们承诺，若是再航行5日仍未见到陆地就返航。而恰好就在5天后的10月11日，船队从海面的漂浮物中看到了供人类使用的一些工具残骸，在当日午夜，船队的瞭望哨终于看到了来自陆地的亮光。1492年10月12日，哥伦布率领船员在历时30多天的航行后登上了陆地，并在此举行仪式，宣布该地为西班牙国王与女王的领土。这一登陆点位于如今巴哈马群岛的圣萨尔瓦多岛。

哥伦布的远征队踏上了他们臆想中的"印度"土地，哥伦布认定这一岛屿应该是属于日本群岛，但他们发现这里的实际环境与马可·波罗笔下那富饶的亚洲世界相去甚远。这片土地尚且是贫瘠的蛮荒之地，这里的土著依旧过着古代社会式的生活：他们一丝不挂，不会使用铁器，甚至还将远道而来的欧洲白人当作下凡的神明，并对他们所携带的普通器物顶礼膜拜。哥伦布根据自己事先所做的位置推断，将这片区域称为西印度，当地人也被他称为印度人，"印第安人"的称谓即由此而来。这些原住民实际上属于当地的泰诺人族群，当然哥伦布对此一无所知。船队于10月底抵达了今日的古巴，又于12月在现海地西部沿海靠岸。哥伦布认为这些地方必定属于中国和日本，他一方面与当地的部落人民进行了一些物产交换，同时也不忘宣示西班牙王室对这些地区的所有权，如现今海地共和国与多米尼加共和国所在的伊斯帕尼奥拉岛，其名称含义正是"西班牙之岛"之意。哥伦布的队伍在这里还找到了数量可观的黄金。

▲ 哥伦布登上陆地（美国画家约翰·范德林绘于1847年）

　　但是，随着日期临近1493年，远征队返航的需求也愈加迫切。因为哥伦布的队伍在这一区域停留期间，虽与当地原住民构建了不错的小范围贸易关系，但双方绝非没有冲突，欧洲人出于安全考虑不应再久留。1493年

1月，哥伦布挑选出40名拓殖者留在当地，随后率领仅剩的一艘船向东北方向航行。在先后遭遇恶劣海况与风暴后，3月中旬，哥伦布的队伍终于从险象环生的大西洋中逃脱，驶入帕罗斯港。

哥伦布在大西洋彼岸发现"印度"的消息令欧洲为之震惊，他的队伍还从西印度地区带回多种欧洲人未曾见过的土产，甚至还带回几名印第安人，这都在西欧地区激发了对大西洋彼岸土地的憧憬与狂热。斐迪南和伊莎贝拉对哥伦布的信任收到了回报，西班牙王室摘取了这一大发现的荣耀，理所应当地获得了对大西洋那端土地的处置权。当然，哥伦布这一发现的意义远比他所意识到的重大许多，他发现的当然不可能是亚洲，而是之前从未被欧洲人涉足过的全新大陆。虽然在哥伦布之前，欧洲的零星航海者必然曾经抵达过新大陆的周边海域，但只有哥伦布的发现才真正地将这一片大陆的存在向欧洲人广而告之，这一片亟待开垦的处女地即将在资本主义萌生的欧洲掀起商业与入侵的浪潮。哥伦布的此次航海前后历时7个多月，除促成重大地理发现外，还引发了诸多积极的结果。远航船队在哥伦布的率领下平安横渡了大西洋，且航行中没有发生人员伤亡，这对欧洲航海者而言是巨大的鼓舞。哥伦布的探险队还在新大陆发现了欧洲尚未见识过的土豆、玉米与烟草等作物，这些作物即将在接下来的年岁之中对欧洲人的商业贸易模式与日常生活习惯产生极大影响。对于哥伦布本人而言，他也从此次航海中获得了西班牙王室向他保证的权益。

1493—1504年，已经声名大噪的哥伦布又先后组织了三次前往新大陆的远航，他的船队此时已经不再是1492年时那寒酸的阵容了。随着他第一次远航的成功，越来越多的船只、水手和陆上拓殖者前往新大陆，欧洲人对新大陆及其原住民的态度已经由最初的发现与接触逐渐演变成索取和征服。在前往新大陆的人群中，既有希望在当地建立产业的商人，也有意欲宣扬天主信条的神职人员，而这些人群中最不缺少的就是那些渴望获取黄金一夜暴富的冒险者。杂乱而贪婪的欧洲外来者对加勒比地区原住民旧有生产生活模式的冲击是毁灭性的，例如海地地区的印第安人就在15、16世纪交界年间急剧减少，伊斯帕尼奥拉的泰诺人数量从1492年的30万下降到

1510年的不到5万[1]。哥伦布本人就是此类针对西印度原住民的奴役与掠夺行为的积极践行者：一方面，他需要通过此类行为来争取欧洲探险者们的支持；另一方面，他也不会放过将当年西班牙王室赋予他的权力尽情付诸实施的机会。以哥伦布为首的欧洲人对西印度地区的征服活动为日后欧洲资本主义国家在这一地区更大规模的殖民掠夺开了先河。

▲　《克里斯托弗·哥伦布的归来》（法国画家欧仁·德拉克罗瓦绘于1837年）

直至1506年哥伦布逝世前，他都没有意识到自己多年来对其致力开发的土地竟然是一片全新的大陆，他仍旧笃定地认为自己抵达的地区就是亚洲，就是"印度"的东部。他在遗言中说道：

> 承万能的主佑助，我在1492年发现了印度大陆以及大批岛屿，包括被印第安人称为海地，被摩尼康谷人称为西潘戈的小西班牙在内。[2]

1　［美］D. H. 菲格雷多、弗兰克·阿尔戈特-弗雷雷：《加勒比海地区史》，王卫东译，北京：中国大百科全书出版社，2011年，第28页。

2　郭守田：《世界通史资料选辑·中古部分》，北京：商务印书馆，1981年，第301–302页。

　　不仅仅是哥伦布，在15、16世纪之交的欧洲，与哥伦布持有相似观点的人们绝不在少数。人们普遍没有将这些遍布原住民的土地与欧罗巴、亚细亚、阿非利加以外的第四块大陆联系起来。对于地理发现成果的认同与了解确实需要时间，但这也令哥伦布与用自己名字为新大陆命名的殊荣失之交臂，这一殊荣被另一位来自意大利地区的航海家——佛罗伦萨人亚美利戈·维斯普奇摘取。维斯普奇确定地认为，这些土地绝非亚洲，而是一片全新的大陆，这一论断震惊了欧洲，并最终为他赢得了将自己名字铭刻于大地之间的无上荣耀。德意志地理学家马丁·瓦德穆勒就在1507年的著作《世界地理概论》中呼吁：

　　　　……地球的第四块大陆是由亚美利戈发现的，不如我们就将它称为亚美利奇，也就是"亚美利戈大陆"的意思，或者干脆就叫亚美利加。[1]

　　而在瓦德穆勒绘制的世界地图里，他也确实将亚美利加（America）标注在了维斯普奇航行勘探过的南部新大陆的位置，"美洲"的称谓至此才得到初定。哥伦布没能活着看到这一切，他的发现为欧洲人打开了一扇充满无尽可能性的大门，但若是他能不执拗地认为自己抵达的是亚洲，那么他将当仁不让地作为发现者获取对新大陆的命名权，当今的美洲也许就被称作哥伦比亚了。历史与哥伦布开了一个玩笑，但哥伦布的早逝也许为他在这桩事情上免去了不少可能出现的懊悔与恼怒。

　　而对于另一个人来说，他真真切切地感到了懊恼。1493年，在哥伦布返航欧洲的途中，船队曾为了躲避风暴而停靠里斯本，哥伦布在这里见到了曾经将他拒绝的葡萄牙国王若昂二世。葡萄牙王国在迪亚士于1488年返航后就没有发动下一次大规模的远航，因为自亨利王子之后，葡萄牙人已经在西非海岸开拓出十分可观的贸易事业，他们需要时间来对西非地区新近开辟的商业营生加以消化和处置。但是若昂二世依旧对自己当年回绝哥

　　1　Martin Waldseemüller, Franz Ritter von Wieser, The Cosmographiæ Introductio of Martin Waldseemüller in Facsimile, New York: United States Catholic Historical Society, 1907, p. 63.

伦布的航海计划后悔不已，这种懊悔在某种程度上引发了葡萄牙与西班牙双方王室之间的再一次龃龉。

　　1494年，两国对海外新发现领地的划分方式再起冲突。葡萄牙与西班牙签订了进一步划分海外势力范围的《托尔德西拉斯条约》，以代替1478年的《阿尔卡索瓦斯条约》。西班牙曾于1493年依据教皇子午线的划定而获得了对整个美洲大陆及其相关岛屿的处置权，这引起葡萄牙不满，而《托尔德西拉斯条约》则将1493年的分界线向西移动至距亚速尔群岛以西270里格、距佛得角群岛以西370里格处，葡萄牙对该线以东的土地获得了无可争辩的权利，其中包括巴西和印度洋地区，而西班牙则对该线以西的地区拥有处置权。这一纸由两个大航海先驱国度签署的条约开启了未来数个世纪中资本主义大国在谈判桌上瓜分世界的先河。

▲ 西班牙与葡萄牙签订《托尔德西拉斯条约》

印度新航路与葡萄牙殖民扩张

　　1495年，若昂二世去世，他的表亲曼努埃尔通过国内的贵族斗争登上葡萄牙王位，是为曼努埃尔一世。曼努埃尔一世积极地推进葡萄牙的海外扩张事业，新一次大规模远航的规划立刻被提上国事日程。志在必得的曼努埃尔一世目标很明确：葡萄牙船队应在迪亚士的远航成果基础上更进一步，坚定地越过非洲大陆南端并真正抵达印度。此次葡萄牙王国筹备已久的远航的指挥权，落在了贵族航海家瓦斯科·达·伽马的肩上。

1497年7月，达·伽马率领装备齐整的船队离开里斯本，载着葡萄牙人多年来对印度大陆的孜孜渴求向南驶去。12月，达·伽马船队越过南非大鱼河口，这里是迪亚士航行的最远端，船队由此开始了属于自己的开拓之路。1498年1月，已经进入印度洋的船队在莫桑比克地区休整后，北上沿东部非洲海岸航行，并于接下来的3—4月先后抵达肯尼亚沿海。这一片区域已经重新接近欧洲人感知之中曾经熟悉的土地，因为再北上不远就是亚丁湾，从罗马帝国的红海港口驶出的东方贸易船曾于公元2世纪间穿梭往来于此。4月底，船队乘着即将入夏的印度洋上渐渐刮起的西风及其引发的顺时针洋流，朝着印度驶去，这也是罗马帝国海上商人当年航行过的路线。5月中旬，在印度洋上经过了20多天顺利航行的达·伽马船队驶近了印度海岸，并于5月23日驶入卡利卡特。在近百年间令欧洲人为之魂牵梦萦的亚洲土地，而今终于近在眼前。

达·伽马一行人受到了执掌卡利卡特大权的萨摩林的欢迎。这些西欧基督徒在这里看到的景象与哥伦布初次登上"西印度"时所见到的满眼蛮荒截然不同。此时的卡利卡特是印度洋地区的繁华港口，它连接着南亚次大陆和阿拉伯半岛的海上贸易航路，来自阿拉伯、印度、中国的商人对它都十分熟悉。港口的商品也令葡萄牙人随船队运载而来的贸易货物黯然失色，因为来自亚洲和东非的商人们用黄金、象牙、丝绸和珠宝到此购买马拉巴地区的胡椒和姜[1]。卡利卡特的繁盛令葡萄牙人欣羡不已。

但是，葡萄牙人与当地人的良好关系并没有维持多久。双方之间彼时尚有着诸多无法弥合的宗教鸿沟，且由于葡萄牙人带来的贸易货物根本提不起卡利卡特人的购买兴趣，他们同时还遭到当地商人的排挤。更为糟糕的是，当地一些狂热人士甚至开始策划刺杀达·伽马。1498年8月，闻到不

---

[1] ［美］斯坦利·沃尔波特：《印度史》，李健欣、张锦冬译，上海：东方出版中心，2013年，第131页。

祥气息的达·伽马率领船队在一片混乱中强行突围，之后沿着海岸线北上前往果阿附近的海域与当地人进行了一些接触与贸易，不管怎样，已经抵达印度的船队此时算是完成了他们的历史性任务。10月，达·伽马率队重新驶入印度洋，踏上了归程。与之前的航行相比，这段归家之途漫长而艰苦。最终在1499年8、9月间，在历时漫长的2年零2个月的航行后，达·伽马船队各船只陆续回到里斯本。马可·波罗笔下引人向往的印度，终于被欧洲人找寻到了。

▲ 达·伽马抵达卡利卡特

　　达·伽马的航行成果令葡萄牙国王欣喜不已，曼努埃尔一世为达·伽马准备了盛大的凯旋庆典和丰厚的爵位奖赏，同时还封其为"印度洋上将"。达·伽马的首航所蕴含的意义极为重大。

　　首先，他的船队抵达了印度，开辟了从西欧直接经大洋海路前往亚洲的新航路。虽然罗马帝国的东方贸易商人能够取道曼德海峡前往印度，但这一航路对15、16世纪的欧洲商人来说缺乏可实践性：罗马帝国在公元2世纪时对红海的利用是基于帝国对埃及地区的有效控制，但近代早期的埃及控制者是与欧洲基督徒为敌的穆斯林。而随着奥斯曼帝国自东方向地中海的咄咄进逼，旧有的东西方贸易通路被切断，达·伽马所开辟的新航路便解了欧洲人的燃眉之急。这条航路具有显著的优势，它全程都处于广阔大洋之上，取道这条路线前往亚洲的船只不必经过任何主权宣称地区，这不仅避免了层层盘剥的中间商，更能避免商人在取道传统商路穿越边境时可能存在的风险。

其次，达·伽马所开辟的这一新航路，从根本上改变了持续近千年的欧洲经济版图。以威尼斯人为首的地中海商人在数百年间垄断了欧洲的东方贸易，但此时威尼斯已在奥斯曼帝国苏丹的野心之下节节败退，旧有的地中海商业模式危若累卵，而新航路的开辟适时地令欧洲商贸资本得以突围，并给予了西欧商人开辟新商业天地的极大可能性。当然，任何重大变革都伴随着一些人的失意，达·伽马所取得的成就在威尼斯人看来充满了苦涩，海洋之城的商人将这一消息看作是比兵败奥斯曼帝国更为致命的噩耗也丝毫不令人奇怪，因为新航路几乎掐断了威尼斯赖以安身立命的商业命脉。

从达·伽马的远航中，我们还可以瞥见两个不甚明显的重要意义。

第一，达·伽马之所以能够最终抵达印度，与葡萄牙王国半个世纪以来持续支持对非洲大陆西部大海的前赴后继的探索是分不开的，其中尤其与迪亚士的航行发现密不可分。迪亚士于1487年远航抵达非洲南部，可以说走出了新航路的前半程，而这一段路程恰恰充满了风险。迪亚士对"风暴角"的命名道明了这一风险，而在1500年，南下航行的迪亚士正是在这一险恶的海角附近海域遭遇风暴后魂归大洋。葡萄牙王国历时大半个世纪的航海努力，背后所彰显的是欧洲在重压之下的渐渐觉醒，在十字军东征的海洋扩张成果陆续付诸东流之后，新航路的开辟成为欧洲彻底苏醒的信号。

第二，在达·伽马远航期间，他的队伍与诸多当地人发生了较为尖锐的冲突。不论是向东航行的葡萄牙人，还是向西探索的西班牙人，他们也许原就没有多少与当地人和平相处的愿景，但达·伽马船队的沿途遭遇从另一方面体现出这些地区的主人本就多数对欧洲外来者保持着惯有的敌意，宗教与文化的鸿沟令持续的和平往来成为不可能。认识到这一点的欧洲君主们选择架起枪炮，他们要诉诸武力手段来夺取海外的财富。随着新航路的开辟，资本主义欧洲历时数个世纪的血腥武力扩张也随之拉开了大幕。

来势汹汹的血与火并未让印度人等太久，曾在1498年与卡利卡特人闹僵的达·伽马对武力的意义尤为心知肚明。1502年，达·伽马率领舰队再次抵达印度，这次的目的显然是征服和掠夺。在坎纳诺尔海域，达·伽马对海上的穆斯林船只大肆劫掠，他"割掉约800名'像摩尔人的'海员的手、耳朵和鼻子，并把它们送到萨摩林的宫殿供他做高级'咖喱饭菜'"[1]。随后，葡萄牙舰队又与卡利卡特的印度舰队陷入鏖战，并于1503年成功在卡利卡特扶植了效忠于葡萄牙国王的傀儡当权者，将这一港口变为了葡萄牙殖民地。在1506—1509年，葡萄牙的印度总督率领远征船队先后数次在印度洋大败印度人与阿拉伯人的联合舰队，这不仅进一步削弱了印度沿海港口的防务力量，也顺势将埃及人和土耳其人的海军逐出印度洋。

1510年，葡萄牙人将野心聚焦在了印度西岸的重要港口果阿之上。果阿恰好位于两大重要贸易区马拉巴和古吉拉特之间，不仅有着显著的经济区位优势，而且还能对阿拉伯海西北部起到关键的钳制作用，亦具有重要的战略意义。1510年2月，葡萄牙军队出征将果阿占领，并在同年11月将果阿彻底征服。这一城市随后立刻成为葡萄牙在印度属地的力量中心，成为欧洲殖民地中富饶的东方巴比伦。在随后的1511年，马六甲苏丹国亦在葡萄牙人的猛攻之下灭亡。通过16世纪前10年这些疾风骤雨般的军事行动，葡萄牙殖民者在南亚地区迅速站稳了脚跟。

在这些进攻印度的葡萄牙人之中，有一位名叫斐迪南·麦哲伦的波尔图贵族士兵，他在1506年的坎纳诺尔海战和1509年的第乌海战中两次负伤，并参与了1510年侵占果阿的战役和随后对马六甲的征服，于1513年离

1　［美］斯坦利·沃尔波特：《印度史》，李健欣、张锦冬译，上海：东方出版中心，2013年，第32页。

开印度回到葡萄牙。但流年不利的他不仅被指控与摩尔人搞私通交易，更是在一次战斗中落下了永久伤残。腿脚不便的麦哲伦不再胜任陆上作战任务，但在印度洋地区多年浸淫的经历令他有着远大的航海野心。葡萄牙国王曼努埃尔已经从达·伽马的事业中获利颇丰，他的王国在印度大陆正有着大好前景，因此对麦哲伦的航海计划嗤之以鼻，重演了若昂二世当年在哥伦布身上犯下的错误。

麦哲伦的环球远航

随着哥伦布对新大陆的发现，欧洲人对世界的认知也从多年以来仅仅认识欧、亚、非三洲的固有视角中解放出来。令16世纪初的欧洲人困惑的是，在已知的世界之外，还有多少陆地和海洋尚未被知晓，如果从欧洲向西能抵达亚洲，那么在已知的美洲大陆与亚洲东部之间的区域又将是怎样一番景象。这些问题在1513年得到了初步解答。在这一年间，西班牙冒险家巴尔沃亚从陆上跨越巴拿马地峡，发现了地峡以西的大海，他将其称为"大南海"。而在随后的1515年，同为西班牙人的索利斯在沿着南美大陆东岸航行时发现了宽阔的拉普拉塔河口，不过他将这一入海口错当成了沟通大西洋和"大南海"的海峡。这些发现给予欧洲人一个鲜明的印象，即新大陆西侧是海洋，海洋以外不远处即是亚洲东部的香料群岛，而南美大陆上必定有沟通"大南海"与大西洋的通道。

麦哲伦本人对这些结论深信不疑，不仅如此，在混迹于印度期间，他对南亚岛屿以东的大海和其中的摩鹿加香料群岛也有所耳闻。因此他不仅坚信这片海与"大南海"为同一区域，而且也认为这一海域的范围绝不会太大。基于此，麦哲伦有了他的航海计划，打算从欧洲起航沿着南美东部航行至传闻中横跨大陆的海峡，然后从"大南海"抵达香料群岛；若是没有找到海峡，他将继续向南航行，如迪亚士和达·伽马绕过非洲大陆那样绕过南美大陆的南端。根据《托尔德西拉斯条约》，这些区域都归于西班牙王室的管辖范围，因此已被葡萄牙国王拒绝的麦哲伦顺理成章地转向西班牙王室寻求支持。

1516年，伊莎贝拉女王的外孙卡洛斯登基为西班牙国王卡洛斯一世，也就是日后的神圣罗马帝国皇帝查理五世。好大喜功的卡洛斯一世对麦哲伦的航海计划极感兴趣，西班牙和葡萄牙在远洋扩张方面日益激烈的竞争也促使卡洛斯一世毫不迟疑地支持麦哲伦。1518年3月，国王与麦哲伦签订了合作协议，规定麦哲伦按计划向西航行，为王国寻找香料和土地，同时任命麦哲伦为新发现地区的总督。卡洛斯一世将为探险提供5艘船和相应数量的船员，以及大部分资金和补给。作为回报，国王也将从航海所得的收益之中拿走大部分。值得一提的是，国王在协议中还承诺"在此后十年内，不颁发特许状给任何想沿你们（麦哲伦）所选定的路线和方向去探险的人，如果有人根据本特许状向朕请求，则发特许状以前，先通知你们"[1]，这一条款最大限度保障了麦哲伦一行作为某个地区首个发现者的权益。从这一条款之中所折射出的，是欧洲人逐渐萌生的具有鲜明资本主义色彩的产权保护意识。

1519年8月，准备停当的麦哲伦船队从西班牙港口塞维利亚起航。一个月后，船队先后经过加那利群岛和佛得角群岛，驶入大西洋，于1520年1月抵达了拉普拉塔河口，即索利斯发现的"海峡"，然后继续向南航行。10月底，过冬完毕重新起航的船队在南纬52°左右向西驶入一条海峡模样的航道，麦哲伦率领船员在这条曲折且水文条件复杂的航道里航行了一个多月，终于在11月底发现了海峡西部尽头的海角，以及"无垠和宽广的大海"。麦哲伦"喜极而泣，他将这一海角命名为'希望之角'，因为它的出现已被船队渴望已久"[2]。这样一来，麦哲伦真正找到了穿越大陆联结两片大海的海峡，将它命名为"圣徒海峡"。后来，这一海峡被人们用麦哲伦的名字命名。

不过，在狂喜之后，九死一生的航程才刚开始。驶出海峡的船队进

1　郭守田：《世界通史资料选辑·中古部分》，北京：商务印书馆，1981年，第312页。

2　Antonio Pigafetta, The First Voyage Around the World, New York: Cambridge University Press, 2010, p. 60.

入了无垠的大洋，欧洲人至此首次从海上驶入了巴尔沃亚口中的"大南海"。这片海广阔而平静，天气一直不错，船队"没有碰上风暴，除了两个仅有树木和鸟类的无人岛屿外，也无别的陆地"[1]，因此他将这片大洋命名为"太平洋"。接下来，历时三个月的横渡对于船队成员而言，简直是令人绝望的折磨。船员在太平洋上"仅能靠吃馊饼干来维持生命，这些饼干早已化成粉状，生满蛀虫，布满了散发恶臭的污渍""多数人的牙龈开始肿胀以致无法进食，19人因此而死"[1]。

▲ 麦哲伦船队在南美南部海峡中发现通路

1521年3月，饱受折磨的麦哲伦船队终于抵达太平洋西岸的陆地，即如今的马里亚纳群岛。身背殷切王命的麦哲伦意识到自己已回到了当年生活过的亚洲，为了征服这一片遍布岛屿的海，为国王带去真切的财富和土地，麦哲伦与宿务岛的原住民酋长建立了合作关系，他希望能从原住民部落间的敌对关系中渔利，而这野心却令他送了命。

1　Antonio Pigafetta, The First Voyage Around the World, New York: Cambridge University Press, 2010, p. 65.

　　1521年4月底，麦哲伦率领船员与宿务岛军队联合向另一原住民领地麦克坦岛发动攻击。但是欧洲人的火枪、弩箭和舰炮都未发挥预期的作用，反而是麦克坦岛的原住民们打退了入侵者，还一拥而上击杀了麦哲伦。狼狈撤退的宿务岛酋长眼见麦哲伦死去后的船队失去主心骨，立刻谋杀了20多名船员，意欲夺取船队的财物，这迫使幸存的船员驾船逃离。船员们为延续麦哲伦的计划，在东南亚的岛群中曲折航行了5个月，终于在11月抵达了香料群岛。他们在这里用尽一切家当换取了尽可能多的香料货物后，急迫地向西踏上归程。惨烈的归途耗时8个月，历尽艰险的船队此时仅剩一艘船，这一叶孤帆在遍布葡萄牙舰只的印度洋上东躲西藏，时时面临着饥饿、疾病与暴风雨的威胁。1522年9月，伤痕累累的航船载着奄奄一息的船员驶入塞维利亚。意大利人佩加菲塔在这次远航中亲历了几乎所有的艰险和战斗，最终幸运地活着归来："从我们离开圣卢卡湾起至今日的返回止，我们一共航行了14 660多里格，从东到西地环航了地球。"[1]

　　麦哲伦这次远航的代价是巨大的，但其意义却更加重大。麦哲伦的环球航行令欧洲人有史以来第一次在实践上对他们所处的地球大小有了认知，远比惯常观念里宽广得多的太平洋开始被纳入资本主义文明意欲征服的目标范围。作为麦哲伦远航的资助者，西班牙无视当年条约中对葡萄牙势力范围的规定，对东南亚岛屿提出了当仁不让的索求。1542年，西班牙的墨西哥总督向亚洲派出远征舰队，占领了如今的莱特岛和萨马岛，并将这一片岛屿区域命名为菲律宾。当然，《托尔德西拉斯条约》仍旧具有一定效力，香料遍地的摩鹿加群岛就依据条约规定被划入葡萄牙的势力范围。虽然在麦哲伦等16世纪的太平洋航海者所行驶过的航线之外，仍有诸多海洋与陆地尚未被西方人真正发掘与认识，但随着这些抵达亚洲的新航路的开辟与接踵而至的对势力范围的争夺与划分，东南亚历史中新的一页由此翻开。

　　1　Antonio Pigafetta, The First Voyage Around the World, New York: Cambridge University Press, 2010, p. 162.

金银与暴行：伊比利亚的资本主义

从亨利王子到麦哲伦，欧洲在15—16世纪的重要航海成就几乎全被伊比利亚国家包揽。西班牙在传统的地中海体系中仅仅处在边缘位置，而葡萄牙则几乎与地中海没有关联，它们另辟蹊径的探索成果直接将地中海的商业地位引向衰微，是地中海传统商业势力的摧毁者。

威尼斯人对其中的苦涩滋味最有发言权。达·伽马所开辟的跨越非洲南部的新航路大大冲击了威尼斯人依靠了几个世纪的财源，在1495年时，威尼斯人尚能从亚历山大港买到350万磅[1]的香料货品，这一购买量随着葡萄牙人打通前往印度的海路而锐减到100万磅。而在印度航线渐渐得到充实与利用后，葡萄牙的香料进口量从1501年的不到25万磅飙升至1505年的230万磅[2]。威尼斯作为东西方贸易中间商所能提供的贸易对西欧诸国来说明显已经不再是必需品，海洋贸易的重心区域开始发生转移，且漂洋过海而来的亚洲与美洲出产的商品大大丰富了市场，一场商业革命在欧洲开始。同时，西班牙和葡萄牙开辟的新航路对地中海的商业参与者亦是一种拯救，因为强大无匹的奥斯曼帝国此时已经将地中海压得喘不过气来，新近萌芽的资本主义商人亟须突围的渠道，新航路则恰逢其时地满足了他们的这一急切需求。

对新大陆的攫取与开发为欧洲人带来了令人咋舌的巨大财富，从中获得直接利益最多的当属西班牙。在西班牙经营新大陆的16世纪间，有超过15万千克的黄金和740万千克的白银被从美洲运往西班牙[3]，这些真金白银跨越大西洋来到伊比利亚，并迅速席卷了地中海世界。在这一力量的推动下，物价抬升了，欧洲封建社会所残留下来的旧有经济模式对这一浪潮难以招架，这令逐利的投机阶层得以从中大量渔利，并由此积累下可观的资本。

---

1 磅，英美制质量及重量单位，1磅约等于0.454千克。
2 ［美］斯坦利·沃尔波特：《印度史》，李健欣、张锦冬译，上海：东方出版中心，2013年，第135页。
3 ［英］雷蒙德·卡尔：《西班牙史》，潘诚译，上海：东方出版中心，2009年，第147页。

这一财富浪潮的副作用令人齿冷。欧洲人对美洲原住民的经济掠夺将他们的社会重创甚至摧毁，其中鲜明的代表莫过于1519年埃尔南·科尔特斯对墨西哥阿兹特克帝国的征服和1533年弗朗西斯科·皮萨罗对秘鲁印加帝国的征服，这些征服者的最初动因无外乎就是寻找财宝。从另一个角度来说，西班牙王室对美洲财富的最大限度榨取也令那些从欧洲前往美洲扎根的拓殖者们没能从中获得多少好处，他们转而将美洲原住民作为压榨的对象，无休止的劳动和跨海而来的疾病令当地人口锐减。据估计，在1492年西班牙人到来时，伊斯帕尼奥拉尚有30万加勒比原住民人口，到了1508年则减少至6万人，随着大规模美洲殖民的开始，到了1548年则仅剩近乎灭绝的数字：500人[1]。这一状况的必然结果是，处在殖民地管理者和牟利者地位的欧洲人开始用黑人奴隶来填充死去的加勒比人留下的空缺。由此，大规模的大西洋黑奴贸易时代到来了。

通过新航路的开拓而建立起海外贸易与殖民帝国的西班牙和葡萄牙，尽情品尝着历时近百年的航海努力所换来的丰硕果实。虽然在1580年时，西班牙国王菲利普二世将葡萄牙并入自己的王国，但实际上这一统一并未影响到双方对各自海外势力范围的经营方式，在美洲、非洲和亚洲，葡萄牙人和西班牙人在很大程度上仍旧各行其是。这其中既有着不容忽视的现实政治原因，如西班牙王室法令规定葡萄牙人不被允许拥有西班牙国民所拥有的特权，其中特别是与西班牙殖民地进行贸易的特权[2]，但早在双方刚开始进行海外开拓时，某些区别就已经确定了。

葡萄牙人对贸易更感兴趣。他们并非不设立海外殖民地，例如巴西就是葡萄牙的重要海外领地，但总体看来，葡萄牙的海外帝国更多的仍是一系列沿海据点的结合体。在亚洲地区，葡萄牙在果阿建立了繁盛的港口和教区，随着炮舰而来的是商人，而跟在商人后面的则是耶稣会的传教士，这一模式被沿用到了后来的中国澳门和日本长崎。但是，占领这些港口并

1　［英］E. E. 里奇、C. H. 威尔逊：《剑桥欧洲经济史（第四卷）16世纪、17世纪不断扩张的欧洲经济》，张锦冬等译，北京：经济科学出版社，2003年，第288页。

2　同1，第296页。

将它们用于贸易的葡萄牙人无意也无力向内陆扩展。同样的情况也发生在西非地区。葡萄牙在黄金海岸从事奴隶、金沙和树胶等贸易，并且对贝宁等地的原住民社会产生了很大的影响，但是在地域上，葡萄牙在这些地区的实际控制范围也仅限于沿海附近的狭小领地内，沿海原住民有效阻止了葡萄牙人试图与内陆居民接触的企图。

▲ 葡萄牙的印度舰队

西班牙的扩张重心则相反。查理五世和菲利普二世的广阔帝国版图需要用货真价实的土地来填充，因此西班牙对海外殖民地的控制是占领式的。这种占领当然包含了对殖民地的建设与发展，于1502年被西班牙委派至加勒比的总督尼古拉斯·奥万多就在伊斯帕尼奥拉推行城市建设和自给农业体系的构建。但是，西班牙在新大陆的占领更多的是一种对本地人民的控制与剥削，这种控制并不全是资本主义式的。由哥伦布引入西印度地区的委托监护制于1503年被奥万多采用。在这种制度下，小块土地与原住民人群被"委托"给不同的殖民统治者，他们迫使原住民在土地上为自己劳作，同时迫使他们皈依天主教，原住民则从监护人处获得对日常生活的寒酸维持和军事保护。这一体系粗看来与西欧的封建制度如出一辙，因为它本就根源于西班牙王室对再征服运动中有功贵族进行封地奖赏的制度，但实际上，从它在西印度实施的实际情况来看，甚至还不如封建制度，因为没有多少监护者会把原住民泰诺人的人身权利当回事。委托监护制于1550年终在西印度被废除，但它几乎已经令加勒比海的原住民灭绝殆尽。西班牙的这一殖民地管理制度，实际上只是奴隶制的另一种形式罢了。

类似的情况还发生在菲律宾。为了满足西班牙首任菲律宾总督莱加斯皮的要求，菲利普二世应允其在菲律宾实施委托监护制度，于是至莱加斯皮去世的1572年止，他一共向手下人分封了143块委托土地[1]。这些土地上的状况与美洲的情况类似，即最终流于对原住民的剥削奴役，并极大摧残了当地社会。特别是在16世纪下半叶，当西班牙陷入战争的泥淖时，急需军费的帝国对殖民地的课税加剧，进一步加深了菲律宾的经济社会危机。

此外，西班牙对菲律宾的经济建设十分拙劣。在征服菲律宾后，西班牙商船往来于马尼拉港，但它们并非在此进行贸易，而仅仅是把这里当作中转站，因为西班牙在这一地区所关注的贸易根本与菲律宾无关。西班牙商船在马尼拉等待从中国驶来的船只，这些船只满载着来自中国的货物，在马尼拉装载后，由西班牙商船运往墨西哥换取价值连城的金银。在这一海运贸易链条里，丝毫没有菲律宾商品的位置，这无疑压制了当地的产业。此外，在西班牙殖民体系建立后，菲律宾的命运也被迫受到遥远的欧洲局势的摆布。就拿上述金银贸易来说，由于受到17世纪中叶西班牙在欧陆战败的影响，西班牙经菲律宾中转进入中国的白银数量锐减，从17世纪20年代的年均逾23吨降为40年代的每年10吨，即使在作为贸易终点的中国走出明末危机后，这一萧条也未能复苏。[2]这重创了菲律宾本就脆弱的经济。在欧洲人到来之前，菲律宾有着自己的繁盛海洋贸易，这片季风吹拂

1　Renato Constantino, Letizia R. Constantino, A History of the Philippines: From the Spanish Colonization to the Second World War, New York: Monthly Review Press, 1975, p. 43.

2　［澳］安东尼·瑞德：《东南亚的贸易时代：1450—1680》（第二卷），孙来臣、李塔娜、吴小安译，北京：商务印书馆，2013年，第397页。

下的土地本应欣欣向荣，但跨海而来的欧洲人重构了这里的经济与社会体系，菲律宾由此沦为西班牙经济的附庸。

▲ 1572年葡萄牙控制下的卡利卡特

　　西班牙与葡萄牙依靠海洋建立起的帝国，并非没有隐忧，只是在眼下，这种隐忧尚未完全爆发出来。葡萄牙所建立的海洋帝国根植于两个基础，其一是"领海的概念"，其中的领海由教皇权威保护使其免遭其他基督教国家的侵犯；其二是据点体系，即通过在沿海地区设立据点来站稳脚跟，防止当地人民的反攻并保障贸易路线的安全。这一体系是高效的，但毫无疑问是脆弱的，它需要足够强大的海上力量来保障各据点之间的海路安全，而葡萄牙尚且缺少这样的力量。而且，教皇力量下的"领海"概念也即将在不久之后迎来法理与武力的双重挑战。

　　而西班牙，不论是在美洲还是在东印度地区的殖民地，都是菲利普二世那硕大无朋的帝国的组成部分，这些殖民地的职责在于为帝国的欧洲领地输送养料。但是，菲利普二世的帝国太过庞大，继承了查理五世遗留下来的巨额债务的他不仅要在地中海对抗奥斯曼人，而且还要在陆地上调集重兵以应付其他新兴的欧陆强国。这令他殚精竭虑，更重要的是，这需要钱。于是，很自然，从美洲获得的巨额财富派上了用场。

　　但事实证明，这些跨海而来的美洲白银竟最终成为将西班牙送上江河日下之途的毒药，因为它们不仅不能满足政府需要，而且还大大恶化了西班牙的经济状况。即使是以当今经济水平作为衡量标准，西班牙在16世纪坐拥的白银数量也依旧大得令人咋舌：1560年以后，西班牙王室每五年所能获取的白银收入总值就高达1000万杜卡特。这些白银的数量太多，以至于令西班牙陷入经济学理论的"资源诅咒"（Resource Curse）之中[1]，即丰盈的白银资源反而成了王国的诅咒而非助益。

　　白银大量流入对西班牙的负面影响主要体现在两方面。第一，由于白银数量的巨大，西班牙国内产业资源的很大部分都被白银贸易所占据，这挫伤了西班牙原有的羊毛业和制造业，恶化了西班牙的国内经济结构。但更致命的影响来源于第二点，即西班牙所坐拥的大量白银使得它在与欧洲银行家们打交道时遭到狠宰。西班牙为欧陆战争对抗所付出的价钱要远远高于其他国家。与此同时，丰盈的白银也赋予了西班牙不切实际的债务偿还能力，令它债台高筑。菲利普二世那源源不断从美洲跨海而回的白银被银行债主们视为信用保障，他们乐于借钱，而由于这些白银的存在，西班牙对于短期借款的高额利息也来者不拒。由此，日积月累的债务令帝国不堪重负，于是为帝国提供金融支持的负担被转嫁到了纳税民众的身上。还有更多饮鸩止渴的法子，比如拖延付款期限、降低利率、提高金价，以及在1557—1647年间六度宣布国家破产等。[2]在这些表象的背后是令人惋惜的事实：那么多本可用来供国家进行商业投资的财富，统统在无底洞般的军事争霸中流失了。

　　西班牙无法将通过海洋而获得的巨额财富加以有效利用，进而走向衰落，这一现象在随后的数个世纪里都吸引着学者们为此思考，以期为西班牙的症结提供诊断。美国经济史家汉密尔顿就认为，西班牙败落于白银引发的国内物价上涨，因为这"挫伤了商业团体的旺盛积极性，令国内的经

1　Mauricio Drelichman, Hans-Joachim Voth, Lending to The Borrower from Hell: Debt, Taxes, and Default in The Age of Philip II, Princeton: Princeton University Press, 2014, p.265.

2　［美］道格拉斯·诺斯、罗伯斯·托马斯：《西方世界的兴起》，厉以平、蔡磊译，北京：华夏出版社，1999年，第161–162页。

济生活陷入浩劫"[1]。英国史学家麦考莱爵士曾直截了当地指出："所有令西班牙走向衰落的因素都可归结为一点——拙劣的政府。"[2] 其实，在诸多此类解析观点的背后隐藏的是深层的结论，即西班牙彼时尚无近代化的国家模式，它缺乏资本主义发展的传统与土壤，因此它无法合理处置手中的资本与财富。

▲ 16世纪的塞维利亚港，这一港口肩负几乎所有新大陆货物的中转职责

细究起来，这一结论又有着数个体现角度。首先，西班牙国内经济有着鲜明的农业特征。在伊比利亚半岛的内陆心脏地带，受制于干旱的气候和单一的地理条件，传统模式的畜牧业依旧占据着主要地位，且数个世纪以来对摩尔人和犹太人工匠的持续驱逐也大大削弱了西班牙工业强盛的可能性。此外，在再征服运动中王室需要借助封建手段奖赏有功贵族，例如，卡斯提尔王室的一项固有政策就是对贵族农业团体"羊主团"施以大力扶持和依赖，这进一步巩固了农业生产方式在西班牙国内的统治地位。

1　Earl J. Hamilton, Revisions in Economic History: VIII.-The Decline of Spain, The Economic History Review, Vol. 8, No. 2 (May., 1938), p.178.

2　Thomas Babington Macaulay, Essays, Critical and Miscellaneous, Philadelphia: Carey and Hart, 1844, p.195.

其次，西班牙王室有着浓厚的中央集权色彩，它所关心的是如何将权力与收入加以集中，而不是像其他受到重商主义影响的王室那样对崛起的私人商业团体加以鼓励。[1]这挤压了资本主义要素赖以生存的自由空间。

因此，为世人开拓了大海并且从中获取财富的西班牙并非一个近代化的资本主义国家，这一现状使得西班牙不知如何有效利用手中的财富。这些白银令富甲天下的国王财政无忧，因此他不愿意用白银进行长远投资，而这一长远投资本可令西班牙成为更强大健全的近代国度。[2]西班牙对新航路的开辟永久性地改变了世界历史并将欧洲人引向了新的大陆与海洋，但它自己却因上述诸多原因而无力尽情享用这一果实。在考察资本主义的历史时，制度经济学家们往往乐于将西班牙作为竞争失败的负面例证，而历史学家们在提起西班牙时也毫不客气，19世纪的法国历史学家基佐就认为，西班牙文明"在欧洲文明史里是并不重要的"[3]。

回到眼下来看，不论是对于西班牙还是葡萄牙而言，它们作为先驱所开辟的新航路并不是它们的私有专属品，而是属于所有那些有力量对其加以利用的竞争者，这些外来的新兴力量即将与它们展开对大海的争夺。菲利普二世肩上的帝国太沉重，令这位本就深思熟虑的国王忧心忡忡。他无法爽快而贸然地应允教皇和威尼斯人的呼吁，而将军事力量全部投入到地中海上与奥斯曼大军决战以捍卫基督教世界，他也无法从随后的勒班陀大胜中得到喘息的机会，因为他的帝国内部已经燃起战火。尼德兰地区于1566年爆发的暴乱已经演变成一场革命，西班牙阿尔瓦公爵血腥而凶残的平叛战役即将陷入人民战争的泥淖中。曾与查理五世私交甚笃的尼德兰领袖威廉·奥兰治与西班牙反戈相向，他的人民将从西班牙与葡萄牙手中夺得大海。

1　Denice C. Mueller, The Oxford Handbook of Capitalism, New York: Oxford University Press, 2012, p. 2.

2　Mauricio Drelichman, Hans-Joachim Voth, Lending to The Borrower from Hell: Debt, Taxes, and Default in The Age of Philip II, Princeton: Princeton University Press, 2014, p. 280.

3　［法］基佐：《法国文明史》（第一卷），沅芷、伊信译，北京：商务印书馆，1999年，第15页。

"海上马车夫"：荷兰的海洋商业帝国

悠远的传统：中世纪尼德兰港口城市

"联省共和国是大海之子，它先是从大海中汲取力量，而后又凭此收获财富和伟业。"[1]

这是英国政治家威廉·坦普尔爵士在1673年给荷兰所在的低地北部尼德兰联省共和国作出的概括，道出了这与海洋相偎依的一方国度走向强盛的内涵。彼时的联省共和国早已摆脱了天主教西班牙的统治，凭借其得天独厚的地理位置和源远流长的航海传统，以及高效有力的近代商业管理机制，成为在大西洋和亚洲海洋上留下不可磨灭的印记的商业霸权力量。

在这港口与河道密布的尼德兰联省共和国中，荷兰省毫无疑问是其中最为强大的成员，它控制着尼德兰的海洋贸易命脉。荷兰的强大与其他与之相邻的诸个省份所贡献的资源与力量是分不开的，而包含着荷兰、西兰、盖尔德斯、上艾瑟尔、乌得勒支、弗里西亚和格罗宁根的尼德兰联省，虽然在与西班牙的战争中最终与南部低地的比利时诸省分道扬镳，但在海洋商贸事业方面，它们所取得的财富与成就也无法与整个低地地区长久以来的商业兴盛脱离联系。这一整片地势低矮的土地看似资源匮乏，密布的河网令这里的人们不得不忍受河水泛滥带来的洪涝和奔腾河道对人类生存土地的割裂与挤压。这里的土地所能够耕种的谷物甚至无法养活半数当地居民，丹尼尔·笛福说，荷兰出产的粮食"甚至不够用来喂养他们的公鸡和母鸡"[2]。但正是在这样看似贫瘠的土地上，升腾起了一方资本主义发展史中最具有先驱意义的海洋帝国，它的神经中枢坐落在西北欧并不宽广的一隅，而它的触手承载着商业与资本的力量，伸向了世界上几乎所有的大洋。

1　William Temple, Observations upon the United Provinces of the Netherlands, London: Jacob Tonson & Awnsham & John Churchill, 1705, p. 26.

2　Daniel Defoe, The Complete English Tradesman, Volume 2, Oxford: D. A. Talboys, 1841, p. 117.

◀ 联省共和国国徽，盾牌
上的狮子握着七支箭镞，
象征七个省份的联合

　　早在中世纪早期，尼德兰低地就已经是西欧沿海为数不多的具有较繁
盛商业贸易活动的地区，这里的内河航运与海运在一些重要商业城市的向
心作用下得到有效整合，成为中世纪早期欧洲残存的海洋贸易中不可忽视
的一部分。位于莱茵河下游支流莱克河畔的杜尔斯特德就是其中最为耀眼
的明星城市。它是一座商人云集的大城镇，沟通了英格兰和斯堪的纳维亚
半岛间的海上贸易以及莱茵河与马斯河之间的内河贸易，是当时北海地区
诸王国间繁忙贸易联系网的中心点。在杜尔斯特德的交易货物中，甚至有
北欧人自波罗的海沿岸带来的中国丝绸与俄罗斯毛皮。[1] 但是，随着维京人
自公元9世纪由大海侵袭而来，它在834—836年先后遭受三次劫掠，彻底从
一个繁荣的城镇沦落为小渔村。

　　与杜尔斯特德命运相似的还有弗里西亚。这一地区盛产羊毛，早在罗
马帝国时就曾拥有令人惊异的商业活动，它联结着高卢地区与不列颠的跨
海贸易，在公元8世纪法兰克人将它征服之前，北海几乎可以被算作是弗里
西亚的内湖。[2] 在维京人入侵期间，弗里西亚也是首当其冲受到攻击的地
区。不过，对于中世纪早期的尼德兰低地而言，维京人的入侵并非有百害

　　1　［英］安博远：《低地国家史》，王宏波译，北京：中国大百科全书出版社，2013年，第
33页。
　　2　［美］汤普逊：《中世纪经济社会史》（上册），耿淡如译，北京：商务印书馆，1997年，
第282页。

而无一利的。这些凶猛的海上杀手不仅仅是战士，还是定居者，同时也是北方商人的引入者，他们好似一剂猛药，首次将西欧中北部地区的贸易活动连成了一体。此外，尼德兰的商人基因此时也初现端倪，即使多个商埠被毁，新的贸易中心也得以在不久后建立。

随着西欧在11世纪开始复苏，低地地区亦成为这一浪潮中最早的觉醒者之一。在这一阶段，佛兰德斯人不仅成为西欧扩张队伍中的成员，更重要的是，尼德兰沿海地区与威尼斯潟湖一道，成为欧洲商业复兴的策源地。这得益于低地沿海地区长久以来与海外维持的或强或弱的贸易关系，以及该地区本身就一直拥有的呢绒工业。前者为商业复兴保存了微弱的火种，后者则为商品交换提供了坚实的货物保障。在这一段商业勃兴的时期里，佛兰德斯地区得天独厚的地理位置为它的重返繁荣助益良多，那些来自不列颠的船只和越过松德海峡南下的北欧商船都乐于在低地沿岸停靠，生意也由此接踵而至。曾被摧毁的杜尔斯特德在这一时期曾经有过短暂的复苏，但逐渐地，它的地理位置已经无法满足越来越频繁的水路贸易需求，商船队逐渐被地理区位更为优越的布鲁日所吸引。

与杜尔斯特德相比，布鲁日有着更为鲜明的优势：它离法兰西更近，且佛兰德斯的封建领主对其实施了有效的保护，这些有利因素助这一城市腾飞，成为13世纪西北欧地区最为繁华的港口。有人将布鲁日称赞为"北方的威尼斯"，但实际上即使是威尼斯这样的海洋城市，在13世纪时也未曾具有如布鲁日这般的国际重要性[1]，因为两者的海洋商业模式有所区别。威尼斯的海洋贸易是由潟湖居民垄断的，城邦用强硬的管控手段和森严的法律管理着贸易。而且威尼斯的贸易有着严苛的对象限制，除了在潟湖心脏里亚尔托拥有聚居区的德意志商团外，没有任何外国商人能从威尼斯的商业里分一杯羹。但布鲁日不一样，它是一个更加开放自由的海洋集市，它的港口成为外国商船的聚散枢纽，布鲁日当地人则乐于充当这些外国商

1　［比利时］亨利·皮朗：《中世纪欧洲经济社会史》，乐文译，上海：上海人民出版社，2001年，第140页。

人之间的贸易中介。来自北方的汉萨同盟[1]商人和南方的巴塞罗那商人，都在布鲁日设立了仓库与账房。就连威尼斯人在14世纪上半叶也加入这一国际化港口的运转之中。

▲ 15世纪汉萨同盟商人在布鲁日

在这样的开放式海洋贸易的作用下，布鲁日的繁华　直持续到了15世纪。在这期间，它不仅从海上迎来了令人眼花缭乱的外来商品，例如来自西班牙的羊毛、水果、糖浆、橄榄油、无花果，来自东方的挂毯，来自已经初步涉足西非贸易的葡萄牙的稀有动物[2]，以及挪威的鹰、兽皮、豌豆、奶油，丹麦的马、腌制鲱鱼和烟熏火腿，波西米亚的贵金属，保加利亚的貂皮，不列颠的铜等。[3]更重要的是，布鲁日的繁华还带动了处在它附近的诸多低地城镇商业的勃兴，如根特、里尔、伊普雷、阿拉斯等地都

1　汉萨同盟，德意志北部沿海城市为保护其贸易利益而结成的商业同盟，13世纪逐渐形成，14世纪到达兴盛，加盟城市最多达160个（编者注）。

2　［美］詹姆斯·W.汤普逊：《中世纪晚期欧洲经济社会史》，徐家玲等译，北京：商务印书馆，1996年，第460页。

3　［英］安博远：《低地国家史》，王宏波译，北京：中国大百科全书出版社，2013年，第114页。

随之成为引人注目的商埠。尼德兰沿海地区繁荣的商业社会，此时已经得到了确立。

但是，正如布鲁日取代杜尔斯特德一样，它的地位也将被另一城市所取代。布鲁日的衰落一方面来源于统治者的课税和寡头式的城市管理模式；另一方面则根源于不可避免的自然灾害。在1404—1405年的巨大风暴中，佛兰德斯的大量海岸土地被汹涌的海水淹没，沙洲被冲垮，河流改道，这造成了两个永久性的后果：一是布鲁日的兹维恩河道被来自斯凯尔河流域的泥沙完全阻塞。而这又引出第二个后果，即斯凯尔河道的重新畅通令位于此地的安特卫普成了低地地区新的优良海港。

安特卫普的运转方式与布鲁日类似，它承担了欧洲各地区商船往来和商品贸易的中转工作，并借此成为新的欧洲经济中心。于16世纪前半叶登上欧洲海运贸易巅峰的安特卫普，拥有着远比布鲁日优越的国际大环境。此时的威尼斯城在地中海战事中自顾不暇，同时，在新航路开辟之中尝到甜头的西班牙和葡萄牙急需将它们在亚洲和美洲所获得的商品贩卖至北欧。1508年，第一批来自加那利群岛的载糖货船抵达安特卫普，就打开了当地市场，这令充当贸易中介者的安特卫普在接下来的几十年里发了大财。不仅如此，安特卫普还成了内陆大商人的根据地，富可敌国的富格尔家族就曾在这里设立钱庄。在新航路开辟的两个先驱国度中，西班牙手上有大把的白银，但缺乏几乎所有可以用来建设美洲殖民地的相关物资。它需要波罗的海的木材、柏油、船只、小麦和黑麦，以及尼德兰、德意志、法国和英国的布匹、呢绒和五金来推进美洲的建设事业。商人云集的安特卫普正好满足了西班牙的这一需求，在1553年，就曾有50 000多匹布由安特卫普运往伊比利亚。[1]西班牙用产于伊比利亚的羊毛和来自海外的染料和食糖等贸易物作为对上述产品的回报，在贸易的差额无法通过这一途径填补时，就用白银支付。从这一交易关系中获得白银的低地人，用这些白银和在安特卫普设立金融管理机构的德意志与热那亚大商人进行交易与投资。

1　[法] 费尔南·布罗代尔：《15至18世纪的物质文明、经济和资本主义》（第三卷），顾良、施康强译，北京：生活·读书·新知三联书店，2002年，第158页。

这些本属于西班牙的贵重财富由此成为尼德兰人积累起来的宝贵资本。在16世纪中叶，从国际海洋贸易中汲取了充足养分的安特卫普在人口与住房数量上都翻了一番，成为欧洲最令人欣羡的城市。

与安特卫普一道迈向发展与繁华的城市还有阿姆斯特丹。它在地貌环境上与威尼斯城有几分相似。1163年的一次大洪水将沙洲冲垮，令尼德兰北部中心地带的阿尔默勒湖变为一个大海湾，须德海由此出现。须德海位于后来的荷兰省与弗里斯兰之间，它的平均深度不到10米，它的形成令那些从斯堪的纳维亚南下的商船得以进入泰瑟尔水道进行休整与贸易，阿姆斯特丹正处于须德海的最深处，顺理成章地成为此类贸易的最终汇集地。与安特卫普相比，阿姆斯特丹更靠近波罗的海，这令它受到了更多的来自汉萨同盟的影响。在诸多汉萨同盟与尼德兰地区的贸易记录中，阿姆斯特丹的名字频繁见诸其上，因为对于驾船南下的波罗的海商人而言，隐藏于须德海深处的阿姆斯特丹是再合适不过的避风港和给养补充地。这一联系的最终结果，是阿姆斯特丹于1358年成为汉萨同盟的成员，并一跃而成为须德海周边诸多汉萨城市的领导力量，平缓而安全的港口地势令它在14世纪中逐渐成为联络尼德兰和波罗的海航线的枢纽海港。

由以上史实可以看出，在整个中世纪时期，尼德兰地区的城镇一直都是西欧最不可或缺的经济贸易地区。将这些城市引向繁华的因素有数个，其中一个就是佛兰德斯地区从中世纪中期开始就拥有着冠绝欧洲的毛纺织业，这为整个尼德兰低地的对外贸易提供了坚实的工业产品基础。但最为显而易见的重要因素就是，这些承担欧洲贸易枢纽职责的城市都是海港，抑或至少是外来海船极易抵达的下游河港，正是海洋贸易哺育了它们的繁荣。在14—15世纪的欧洲贸易版图中，来自波罗的海和北大西洋的贸易日益频繁。若是从贸易货品角度来看，此时的奢侈品贸易仍主要由地中海掌控，北欧地区的贸易多数是原材料贸易。但是，这一力量对比是暂时的，贸易品的种类并不能完全反映商业的发展程度，且地中海已经在东方穆斯林的打击和新航路的逐渐开辟下失去昔日地位，而反观北欧，则尚处在充满潜力的上升期。它自身拥有着越来越兴旺的工业，如尼德兰南部的服装加工业和遍布佛兰德斯和斯堪的纳维亚的食品加工与出口行业，大西洋海岸还有着无可匹敌的渔业资源，这些势头良好的工业都给欧洲的海洋贸易注入生机，而与这些产业相关的具体贸易则多数通过尼德兰沿海城市来运转。

尼德兰商业势力的拓展从某种程度上来说令人难以察觉，这一河网与沙洲交错的地区不仅在地理上与政治上都有着鲜明的分散性，且混杂着多种语言文化，至少在14世纪时，它还远不是一个可整体看待的政权实体。这令汉萨同盟对尼德兰日益增长的商业威胁有所麻痹与懈怠，而尼德兰在这段时期里在波罗的海乘虚而入的扩张则是勇敢而坚决的，15世纪勃艮第公爵对其的统一加速了这一过程。开始进入波罗的海的尼德兰船只主要是为汉萨同盟货物充当运载者的角色，但进入15世纪，越来越多的尼德兰商船抱着经商的目的侵入汉萨同盟的势力范围。这引起了吕贝克等汉萨城市的不满，它们联合普鲁士沿海的诸多同盟成员抵制尼德兰人的影响，在15世纪的前30年里，双方的龃龉和摩擦时不时爆发。最终在1438—1441年间，尼德兰与汉萨同盟爆发战争，汉萨同盟不论在经济实力还是内部团结上都不如低地人，理所应当地败下阵来，被迫将波罗的海的自由贸易权向尼德兰商船开放。

这一力量变更背后的深层原因是双方面的。汉萨同盟当年在波罗的海发家致富靠的是对贸易资源的集中，汉萨商人讲求集中化的有序管理，他们追求布鲁日模式，即从任何地方进入北欧的海运贸易都应在布鲁日中转。这种管理的必然结果就是令城市管理模式陷入寡头状态，布鲁日的衰落很大程度上即源于此。而在尼德兰一方，它展现出了无法阻挡的经济实力，且更令它的竞争对手们感到可怖的是，不论它们如何针对尼德兰制定打压与限制措施，最终的结果却总是令尼德兰更为强大，而自己受到损害。例如在15世纪中叶，汉萨同盟为了限制佛兰德斯而切断了与这一地区的贸易，可这却促成了尼德兰与德意志间的贸易往来，双方还顺便将不少本就属于汉萨同盟的贸易收入囊中。15世纪下半叶，波罗的海已经遍布尼德兰船只，其中的大多数当然是来自更靠近波罗的海的荷兰省。从1495年的松德海峡通行费收取报告中可以清楚地看到，荷兰船只已经占据通行松德海峡进出波罗的海商船中的绝大部分。[1]此时的尼德兰，已经具有了一个资本主义海洋力量所应该具有的特征。

以自由与利益之名：尼德兰革命

16世纪尼德兰地区经济力量的消长与政治势力的交替息息相关，这一个世纪的国际冲突与宗教革命也将给日后"海上马车夫"的挥鞭启程埋下坚实的内外基础。长久以来，尼德兰地区都处在勃艮第公爵的治理之下，但在1477年，勃艮第公爵"大胆"查理死于南锡围攻战，为了抵御法国对尼德兰接踵而至的觊觎野心，查理的继承人玛丽与神圣罗马帝国贵族马克西米利安构建联姻关系，哈布斯堡家族由此开始插手尼德兰事务，并逐渐将低地纳入自己的势力范围。到了16世纪初查理五世登基时，尼德兰已经在事实上成了西班牙哈布斯堡家族的领土。

西班牙统治者给尼德兰带来的影响是复杂的。一方面，一些尼德兰大港口诸如安特卫普，一直以来都从西班牙连接美洲和欧洲的大西洋贸易线路中受益良多，西班牙的统治为新航路的经营者进一步利用安特卫普提供了便利，在这一阶段中，安特卫普成了基督教世界名副其实的商业首都。它不仅统治了西欧海岸的南北海上贸易，且本地的制造业也得到了引人注目的发展，其中诸如布料染色业、肥皂制造业、制糖业、教堂圣像和彩绘玻璃制造业等产业部门的产品都具有可观的市场需求。[2]不过，安特卫普对西班牙帝国已经产生了依赖，这并不是一件好事，它的没落也将蕴藏在这一依赖之中。

---

1 ［英］M. M. 波斯坦、爱德华·米勒：《剑桥欧洲经济史（第二卷）中世纪的贸易和工业》，钟和等译，北京：经济科学出版社，2004年，第254页。

2 ［英］安博远：《低地国家史》，王宏波译，北京：中国大百科全书出版社，2013年，第125页。

▲ 16世纪西班牙治下的安特卫普（老博纳文图拉·皮特斯绘）

　　另一方面，西班牙的统治方式在尼德兰埋下了不稳定的种子。首先，查理五世和菲利普二世的西班牙帝国虽广袤无垠，但联结帝国的纽带尚且是封建式的。西班牙虽然已经开始在新大陆和亚洲先后拓展自己的海上殖民扩张事业，可是从本质上来看，西班牙尚且无法完全摆脱旧的农业生产方式。这对西班牙治下尼德兰的影响在于，商业贸易发达的尼德兰地区给西班牙贡献的岁入令其他所有岁入相形见绌[1]，从中尝到甜头的西班牙由此而加剧了对尼德兰的管控与榨取。其次，西班牙是笃定的天主教信仰者，而尼德兰地区特别是荷兰等北部省份，则是具有较为多元化信仰的地区，这一信仰状况随着16世纪初期新教教义的传播而更为鲜明，这令西班牙统治者感到难以接受。他们对此所给出的应对措施是对尼德兰地区实施天主教高压控制，用强硬的手段镇压新教的传播者。在开始的时候，对新教信徒的惩罚手段包括罚金、关押、放逐和处决等，但随着1531年查理五世新法令的颁布，死刑被作为唯一针对新教徒的惩戒手段被确立下来。不仅如此，西班牙人还将他们在收复失地运动中审判异教徒的那一套模式沿用至尼德兰，在16世纪早中期，女巫审判和火刑风行于西班牙统治下的低地。因此，西班牙的统治不可避免地引起尼德兰的抗拒和不满，双方无论是在

　　1　［美］道格拉斯·诺斯、罗伯斯·托马斯：《西方世界的兴起》，厉以平、蔡磊译，北京：华夏出版社，1999年，第161页。

政治、经济还是宗教层面都格格不入，进一步的冲突已经难以避免。在海洋贸易中浸淫了几百年的低地人向往的是利益与自由，他们绝无可能再对西班牙的中世纪管理模式忍气吞声地全盘接受，他们要反抗。

1566年，尼德兰的加尔文派新教徒聚众捣毁天主教圣像和教堂，大规模的暴动以宗教骚动为先导，在尼德兰土地上全面爆发。西班牙国王菲利普二世派遣心狠手辣的阿尔瓦公爵率军前往平叛，对当地进行血腥镇压，尼德兰霎时陷入了恐怖统治之中。尼德兰大贵族威廉·奥兰治曾与查理五世有着不错的私人关系，查理五世曾授予他"金羊毛骑士"爵位，但如今他放弃了西班牙圈养下的贵族头衔，领导尼德兰人与西班牙对抗。1568年，从新教德意志地区招募了军队的威廉率军进入尼德兰，但发起的数次军事行动都不甚成功。此时的尼德兰暴动已经不仅仅是宗教战争这么简单，还开始显现出民族战争的特征，揭竿而起的低地人必须奋战到底。威廉发现陆上正面交锋似乎难以撼动手腕强硬的阿尔瓦公爵的势力，他意识到尼德兰人若是想要在争取自立的斗争中夺得主动权，就不应该在硬碰硬的陆战中白白消耗实力，而是应该重新拾起老本行。

这一老本行就是航海，大海才是尼德兰人的地盘。实际上在威廉之前，尼德兰人已经自发地将战场转移到海上，航海者们三三两两地从英国港口出发，对西班牙人的各类船只实施大肆劫掠。这些来去无踪的"海上乞丐"立刻令西班牙人惊惧不已。威廉将这些海上义勇加以收编和组织，给这些信仰新教的航海者颁发了捕拿特许状，给予他们攻击西班牙船只的权利。同时，这些私掠船只是以中立的海盗船面目出现的，这也令它们得以逃脱被法办的命运。[1]在这一背景下，"海上乞丐"们发起的海上游击战争将战火烧遍了整个英吉利海峡，并于1568—1576年连续取得进展。在这期间，"海上乞丐"们不仅与陆上的"森林乞丐"游击者合作攻取了多个城镇，而且还壮大了海上私掠队伍，对海上的西班牙船只大开杀戒。这些劫掠活动的规模大到连同情尼德兰的英国女王都为之感到为难，以至于在1572年时，伊丽莎白一世下令英国港口不再接纳这些私掠者的船只。

1　［英］安博远：《低地国家史》，王宏波译，北京：中国大百科全书出版社，2013年，第138页。

"海上乞丐"：逐浪的尼德兰自由斗士

在16世纪的尼德兰独立战争中，"海上乞丐"的参战给了在陆地战场上顺风顺水的西班牙以当头棒喝。这些来去迅猛的海上骁勇们淋漓尽致地彰显了尼德兰人以海为生的特性。

"乞丐"这一名称来源于一次请愿。1566年，一群信仰新教的尼德兰贵族向西班牙政府在尼德兰的管辖者——菲利普二世的姐姐、帕尔马公爵夫人玛格丽特请愿，希望其能保障尼德兰的宗教信仰自由。面对群情激愤的请愿者，玛格丽特夫人颇感震惊，但她的下属安慰道："您不必惊慌，他们就是一群乞丐而已。"请愿失败的尼德兰贵族决心奋起反抗，他们沿用了这一蔑称，同时开始以诸如钱袋、乞讨碗、酒葫芦等乞丐用具作为他们的标志。这一风潮迅速蔓延增长，越来越多的尼德兰人为了国家独立和宗教自由而加入与西班牙斗争的"乞丐"行列。随着尼德兰革命军在威廉·奥兰治的统率下将作战重点转移至海上，"乞丐"们也纷纷登船出海，在尼德兰人祖传的主场——大海上与西班牙人一决高下。

"海上乞丐"的作战收到了立竿见影的效果，整个北大西洋东部都陷入了令西班牙船只胆战心惊的战火中。他们与法国的胡格诺派教徒暗中联合，后者允许他们使用位于比斯开湾沿岸的新教港口拉罗谢尔，这大大方便了"海上乞丐"对驶出西班牙船只的劫掠活动。"乞丐"们不仅在海上打击西班牙船只，而且还参与针对西班牙占领港口的进攻。1572年，"海上乞丐"攻取布里勒，随后又迅疾地夺取弗利辛根和米德尔堡。1573年，"海上乞丐"的舰队在须德海之战中痛击西班牙舰队，随后又在1574年攻陷莱顿。这一系列攻势将荷兰省大部从西班牙手中解放出来，对扭转尼德兰独立战争的战局起了决定性的作用。不过，"海上乞丐"的巅峰时光十分短暂，随着联省共和国的建立，国家获得了初步的独立，战时特征浓厚的海上游击便逐渐失去

▲ 1574年"海上乞丐"解放莱顿（奥托·范恩绘）

了存在的意义，他们相继被镇压或解散。不过，他们为尼德兰独立战争所做出的贡献则被铭记。历史学家曾对此感叹道，"海上乞丐"们的身影"在人民感激的掌声与祝福中消逝了"[1]。

尼德兰人的人民战争奏效了，战局在1576年后发生了改变。在这一阶段，西班牙帝国的财政危机历经多年的捉襟见肘和经营不善后终于爆发，远征低地的西班牙军队处在断粮和骚乱的边缘。尼德兰北方诸省在威廉领导的斗争下已经确立起新教的统治，革命的重心转移到南方的佛兰德斯地区。1579年，瓦隆-佛兰德斯地区亲西班牙天主教的贵族在阿拉斯组建起阿拉斯同盟。作为回应，北方新教诸省也随即于同一年组建乌得勒支同盟，与阿拉斯同盟对抗。这两个针锋相对的同盟的组建为革命战争定下了新的基调，在接下来的30年中，尼德兰土地上的战争几乎就是南、北同盟双方对各自势力范围的拉锯争夺。1584年，威廉·奥兰治被刺杀，威廉的次子莫里斯在1585年成为荷兰与西兰两省的执政者，接过了北方同盟的指挥权并持续作战。

　1　Dingman Versteeg, The Sea Beggars: Liberators of Holland from the Yoke of Spain, New York: Continental Publishing Company, 1901, p. 339.

随着菲利普二世于1598年去世，同时与尼德兰和英国开战的西班牙渐渐无力再战。1607年，联省舰队跨越整个北大西洋对西班牙本土最南端的直布罗陀港实施突然袭击，以微小的代价重创了西班牙舰队。直布罗陀战役令西班牙人大为震惊，因为联省舰队竟能毫无阻碍地袭击西班牙本土的最远端，直接将西班牙人拉上了谈判桌。尼德兰在这一阶段中的不屈斗争为它带来了双重后果：北部尼德兰赢得了独立，南部尼德兰陷入了分裂。

▲ 1607年直布罗陀战役（范·维林亨绘）

这一"分裂"并非如同字面意义所看上去的那样负面，若对其加以考察，就会发现它决定性地改变了整个尼德兰地区的经济力量对比，并深刻左右了尼德兰资本主义的发展轨迹。在16世纪的大多数时间里，安特卫普一直是低地海岸上最为重要的港口，但在16世纪即将结束时，它已风光不再。长久以来，安特卫普都处在西班牙的影响之下，它为西班牙承担了多数跨越大西洋前往美洲的海上贸易，这为它带来了极为可观的收益，但另一方面，安特卫普对西班牙越来越明显的依赖最终被证明是致命的。在

"海上乞丐"活跃于北大西洋期间，西班牙至尼德兰的海上贸易线路被私掠船封锁，安特卫普失去了促使它繁荣的重要航路。之后，西班牙王室在1575年的财政破产也令安特卫普受到重创，并引发了令人恐惧的灾难。1576年11月，受困于断粮断饷的西班牙士兵哗变，在3天内血洗了安特卫普。这一被称为"西班牙狂怒"的事件促使安特卫普于1580年加入反对西班牙的乌得勒支同盟。可是这座城市的悲惨命运还没到头，1584年，西班牙新任命的尼德兰总督帕尔玛公爵率领天主教军队围攻安特卫普。在为期一年的围城战后，安特卫普投降了，它再次回到西班牙的统治之下。这座昔日的欧洲经贸首都，如今已是千疮百孔、奄奄一息。

▲ 西班牙狂怒：1576年哗变士兵洗劫安特卫普

　　西班牙重新夺取安特卫普，引发了几个重要的社会经济后果。首先，在安特卫普的数次灾难中幸存的工匠和商人无法再在这里生活下去，不仅是因为西班牙人的暴虐，还因为这座被摧毁过的城市已经无法提供如昔日那般优越的经商条件了。这些人选择北上前往联省，特别是环境更为优越的荷兰与西兰，他们即将在那里为新的经济繁荣贡献力量。随着他们一道迁移的，当然还有昔日的老客户们。其次，联省共和国无法对安特卫普的陷落坐视不管，北方尼德兰人明白安特卫普的重要意义，他们要将这座落入敌手城市的繁荣扼杀掉。在1585年安特卫普陷落后，乌得勒支同盟海军立刻封锁安特卫普的外海，断绝了安特卫普贸易在西班牙治下立即复苏的可能性。西兰省议会随后则颁布法令，规定西兰省将对向安特卫普运送货物的过境船只实施管制，这一规定直至1609年签署休战和约时依然有效，它毫无疑问地阻碍了安特卫普的复苏。[1]最后，尼德兰的南北分裂令安特卫普被划归在西班牙势力范围内，它除了继续依赖西班牙别无选择。这座曾经辉煌的城市在经过风雨飘摇的苦难后再也没能恢复昔日的繁华。

从尼德兰的分裂中获取最大利益的，毫无疑问是阿姆斯特丹。尽管在新教徒暴动之前，阿姆斯特丹同样是天主教城市，且直至1578年，它仍旧站在西班牙一边与尼德兰革命军对抗。但一直以来，阿姆斯特丹得益于荷兰省的优越区位，与北欧的来往更为密切，它不必像安特卫普那样会因无法割裂与西班牙的联系而引火烧身。战争期间，处在更北方的阿姆斯特丹远离战线，并且拥有须德海的防护，这令它能最大限度地免遭战火的直接波及和荼毒。在1579年南方尼德兰战火焦灼时，阿姆斯特丹却能相对安宁地维持原有的海上贸易活动并趁机壮大自己的实力。此外，尼德兰的南北分裂不仅令身处乌得勒支同盟的阿姆斯特丹摆脱最大的竞争对手安特卫普，也令它自然而然地成为欧洲新教势力的汇集点，在事实上成为联省共和国的经济首都，其经济地位提高的必然后果就是令本就实力雄厚的荷兰省成为联省共和国的经济贸易领导力量。也正是从此时开始，它的影响力逐渐使"荷兰"一词成为指代北部尼德兰联省的同义词。

商品、舰炮和海洋自由：荷兰的海外扩张

早在1566—1609年的革命战争尚未平息时，荷兰的海外贸易扩展事业就已经在荷兰航海者的诸多勇敢尝试之下初具规模，他们的足迹遍布各大

1　［英］安博远：《低地国家史》，王宏波译，北京：中国大百科全书出版社，2013年，第149页。

已知海域。1596年，勇敢的荷兰船长巴伦支率领船队驶向北冰洋，他们先是远抵挪威以北的斯匹茨卑尔根，随后继续向北，想从北极找到通向亚洲的航路。这次航行当然没有成功，船队在新地岛附近遇险后，船员们被迫在北极圈过冬，巴伦支本人也在第二年的返航中去世。但这次航行不仅因为其中体现出的坚韧海洋探险精神而被荷兰人世代传为佳话，还因为荷兰探明了北极海域的海洋物产。荷兰人随后与俄国达成协议，他们不仅可以在北冰洋开展贸易，还可在此捕鲸。在非洲地区，自1585年起，荷兰人就已经在西非沿岸建立据点，加入横跨大西洋的奴隶贸易之中。1609年，为荷兰效力的英国航海家亨利·哈德逊航行至今日的哈德逊河，并将河口的岛屿宣示为荷兰所有，这里成为日后的新阿姆斯特丹。

　　不过，在荷兰的早期海上扩张中，成果最为引人注目的当属向东方亚洲的贸易扩张。荷兰人于1596年首次抵达印度尼西亚，率领船队的荷兰船长豪特曼曾在数年前假扮普通旅客跟随葡萄牙商船前往印度，期间他探明了前往亚洲的海上航路和印度的情况，并在1596年的航行中特别取道印度洋中南部的航线抵达印度尼西亚，以避开葡萄牙人。1600年，一艘从鹿特丹起航的商船远渡重洋抵达日本的九州岛，引起了幕府将军德川家康的兴趣，他们对新近抵达的荷兰人展现出了极大的好感。1609年，荷兰很顺利地与日本建立起了持续的贸易关系。另外在1601—1604年，荷兰人一直致力于打开中国广东地区的贸易，同时登上了锡兰岛。在这一系列势头良好的针对亚洲的海上贸易扩张活动期间，荷兰人很快意识到应该设立相应机构对这些事业加以有效的管理，于是在1602年建立了荷兰东印度公司，来承担起联省共和国在印度洋和太平洋海域所有地区的贸易运转职责，它很快就成为一个国中之国式的强大商业组织。

▲ 荷兰东印度公司标志

公司荷文名为Vereenig de Oost-Indische Compagnie，简写为VOC

　　荷兰人前往亚洲开拓贸易的举动，令葡萄牙人如临大敌。荷兰人在开始时并没有想太多，他们所预想得到的只是纯商业活动式的和平往来，而至少在荷兰涉足亚洲海域的早期，这种和平尚且能勉强维持。但是，葡萄牙对荷兰的态度很快就转变为敌意，这并非仅仅因为荷西战争，葡萄牙笃定地认为自己作为先到者，理应拥有亚洲地区的海洋贸易主权，而毫无疑问荷兰是外来者，他们对亚洲海域的闯入无异于侵犯葡萄牙领土。作为报复，葡萄牙人开始对航行于亚洲航线上的荷兰船只进行劫掠，对荷兰船员进行逮捕和残害，这些矛盾随着荷兰东印度公司的建立而大大激化。荷兰人不会坐以待毙，他们立刻在海上展开反击，例如在1605年，荷兰人就攻陷了葡萄牙位于马六甲安汶岛的炮台，为东印度公司赢得了第一个位于亚洲的据点[1]。但是，葡萄牙此时尚且占据着道义的上风，因为在葡萄牙人眼中，世界早已在1494年的《托尔德西拉斯条约》中被划分完毕，葡萄牙在亚洲的海洋商业权利是教皇赠予的，荷兰人无权染指。不仅如此，在荷兰与西班牙1608年的和约谈判中，同时代表西葡利益的西班牙政府拒绝接受荷兰提出的有权与东印度地区进行海洋贸易的条款。在伊比利亚人看来，大海是他们开拓的，理应成为他们的专属物，这令荷兰人愤慨不已。

在这样的背景下，一名年轻而雄辩的荷兰学者愤而发声。雨果·格劳秀斯在1609年出版了《论海洋自由》，这一著作被视为海洋国际法和公海自由贸易的理论起源。在《论海洋自由》中，格劳秀斯用不大的篇幅对葡萄牙在海洋所有权问题上所持有的谬论进行了干净利落的反驳，将西班牙和葡萄牙在海洋占有问题上所依赖的理论基础和法理体系轰击得土崩瓦解。首先，格劳秀斯直截了当地提出，葡萄牙对东印度地区宣称的任何主权都是站不住脚的。葡萄牙人既不能因为先前的发现对东印度宣称主权，也不能以教皇馈赠或战争的名义而占有东印度，这是因为对东印度的"发现"本身并不赋予发现者任何法律权利。其次，格劳秀斯认为，不论是葡萄牙还是西班牙都无权垄断对海洋的占有权和海上自由航行权，海洋应该"为所有人共有，因为它是那样无边无际，以至它不可能变为任何人的占

---

1 ［法］费尔南·布罗代尔：《15至18世纪的物质文明、经济和资本主义》（第三卷），顾良、施康强译，北京：生活·读书·新知三联书店，2002年，第232页。

有物"[1]。他力陈道：葡萄牙仅因为比别人先在海上航行而开辟了本来就存在的航线，就声称先占了海洋，这种行为是荒谬的。因为任何一部分海洋都必定曾有人在上面航行过，只是其中的绝大部分不为欧洲人所知罢了，可若是按照葡萄牙的逻辑，则必定会推出"每条航线均已由特定的人占有"的结论。这毫无疑问是荒唐的，实际上，船只在海上航行过后，"除了激起一阵浪花外，并未留下任何法律权利"[2]。最后，格劳秀斯呼吁，所有人都享有在海上贸易的自由，这一自由并不因葡萄牙以任何理由宣称的任何专有权利而转移，葡萄牙通过先行占有和教皇馈赠而夺取的海洋贸易权没有任何独占的效力。葡萄牙对海洋贸易实施占有的实质，其实仅是"无忧无虑地拥有了我们（荷兰）也应当获得的、令我们十分满意的东西"[3]而已。

▲ 荷兰东印度公司舰队与葡萄牙舰队于1606年大战于马六甲

1　［荷］雨果·格劳秀斯：《论海洋自由或荷兰参与东印度贸易的权利》，马忠法译，上海：上海人民出版社，2013年，第30页。

2　同1，第40页。

3　同1，第70页。

▲ 1631年的雨果·格劳秀斯

格劳秀斯的理论有力地攻击了葡萄牙对大海的独占行为，当然对有着相似行径的西班牙也同样富于针对性。《论海洋自由》的直接意义就是，荷兰人经过格劳秀斯的这一提醒后，没有为了和平而在1609年和谈里屈从于西班牙提出的霸王条款。但格劳秀斯的思想有着更为深远的意义，他关于海洋理论所要强调的是，海洋是属于全人类的，任何人都有在公海自由航行和贸易的权利，任何人也不能对海洋实施排他性的独占。《论海洋自由》为格劳秀斯日后的国际法研究奠定了基础，助他成为近代国际法体系的奠基者。对于荷兰人来说，最振聋发聩的当属格劳秀斯的号召："如果需要的话，对没有国家控制的海洋，不仅为了你自己的自由而且也为了人类的自由，就必须起来勇敢地战斗。"[1]

荷兰人不再对和平的海洋贸易抱有幻想，他们的反应极为迅猛。在17世纪上半叶，他们在亚洲的海上对葡萄牙施以重拳，同时在其他大洋上四面出击，以巩固和扩展贸易据点。1619年，荷兰在印度尼西亚建立起荷属东印度的行政管理中心巴达维亚城。1621年，荷兰设立起西印度公司，同时在哈德逊昔日发现的土地上建立起第一块真正意义上的荷兰殖民地新尼德兰。随后的1624年，荷兰入侵台湾并建立热兰遮。1636年，不怎么热衷于宗教传播的荷兰人成为仅有的能与锁国的日本开展贸易的西方商人。德川幕府在这一年中驱逐了除荷兰人之外的所有外国商人，而荷兰人在此期间殷勤地协助幕府将军在长崎屠杀天主教徒，在此之后，荷兰便垄断了欧洲对日本的贸易。1639年，一支荷兰小型舰队的兵锋竟直抵葡萄牙在印度大陆的核心港口果阿，一举摧毁了停在莫尔穆冈港内的葡萄牙舰队。在这

1　［荷］雨果·格劳秀斯：《论海洋自由或荷兰参与东印度贸易的权利》，马忠法译，上海：上海人民出版社，2013年，第72页。

　　几十年的扩张之中，葡萄牙在东方被荷兰人打得节节败退，它失去了维护南北印度洋海权的能力，已经无力阻止更为强大的荷兰染指自己昔日的贸易自留地了。

　　荷兰不仅在东印度地区获胜，随着12年休战的结束，与西班牙算账的时刻也已到来。作为坚定的天主教国度，西班牙在欧洲爆发于1618年的战火中站在皇帝与教皇一方同新教国家鏖战。1625年，它再次与荷兰全面开战。当然，荷兰的海上回应非常坚决，1621年成立的西印度公司本身就是针对西班牙统治的美洲而设立的机构，这一机构与东印度公司相比，具有更鲜明的军事特征。在这一机构的支援下，荷兰私掠船在大西洋上对来往于美洲航线的西班牙船只进行无情的劫掠。1628年，荷兰海军将领皮特·海恩率领的舰队在加勒比海域的马坦萨斯湾截获西班牙舰队，这一支从墨西哥驶出的西班牙舰队满载着原要运回欧洲的价值800万荷兰盾的白银以及黄金、珍珠和丝绸[1]，而今尽皆落入荷兰人手中。这一笔横财为荷兰提供了8个月的军费，并令荷兰在接下来的10年中成为战争里更为主动的一方。

▲　1639年的荷葡果阿海战

　　1　［英］E. E. 里奇、C. H. 威尔逊：《剑桥欧洲经济史（第四卷）16世纪、17世纪不断扩张的欧洲经济》，张锦冬等译，北京：经济科学出版社，2003年，第302页。

1630年以后，整个欧洲的战争态势逐渐不利于西班牙，强大的法国要加入战局。法国的参战为战局带来重要影响，即西班牙原先的地中海补给线被切断。早在尼德兰革命爆发之前，西班牙为了给它统治下的佛兰德斯输送给养和兵员而开辟了自加泰罗尼亚和南部意大利跨海，之后经米兰中转而北上抵达佛兰德斯的运输线路，这一线路在17世纪初被迫削减以至于必须穿过法国治下的罗讷河谷。而今法国的敌对将这一线路完全切断，西班牙不得已将运输命脉移至大西洋，而支撑这一岌岌可危的海上通道的港口仅有敦刻尔克，这是西班牙在尼德兰海岸仅剩的港口。这一条西班牙航路独木难支，它不仅饱受法国的海上侵扰，更重要的是，它给了荷兰人机会。

1639年，一支拥有70多艘战舰的西班牙舰队从本土起航前往敦刻尔克。由于沿途饱受荷兰小型舰队的骚扰，西班牙舰队于10月前往英格兰多佛尔外海的唐斯锚地停泊躲避。看到机会的荷兰舰队立刻在10月31日向唐斯锚地的西班牙舰队发起强攻。马顿·特龙普麾下的近百艘荷兰战舰分成三组，乘着风向优势扑向西班牙舰队。由庞大的盖伦帆船组成的西班牙舰队架不住荷兰舰队中灵活机动的小型护卫舰和纵火船发起的群攻，最终溃不成军，损失了半数船只和一万多名士兵后狼狈逃窜。在西班牙国内，加泰罗尼亚和葡萄牙的暴动也开始威胁伊比利亚的统一。"上帝要求我们求和，因为他已经剥夺了我们所有的发动战争的手段"[1]，这是西班牙首相奥利瓦雷斯的抱怨，西班牙与尼德兰打了近80年的战争，而今已经无力再打。

唐斯海战几乎一锤定音地终结了荷兰与西班牙的海上角力。1648年，不论是打了30年的欧陆大战，还是打了80年的荷西战争都迎来了终结，在《明斯特条约》中，西班牙明确地承认了荷兰联省共和国的独立地位。荷兰从战争中赢取的并不仅是独立，它赢得的还有海洋，整个80年战争恰是双方海洋力量此消彼长，并最终由一方取代另一方成为更强海上力量的过

1　[英]雷蒙德·卡尔：《西班牙史》，潘诚译，上海：东方出版中心，2009年，第159页。

程。在这一过程中，英国尚在蛰伏着积蓄力量，西班牙帝国缓慢地衰落，而荷兰恰恰赶上了这一衰落过程的终点，唐斯海战令荷兰顺理成章地将海上霸主之冠从西班牙手中夺取。联省的海上黄金时代开始了！

不过，在这一霸权交接的转折时刻，我们不能忽视了那位沉默的旁观者——英国。当荷兰和西班牙无视英国的中立地位而在与英国本土近在咫尺的唐斯锚地爆发大战时，部署在附近的英国舰队竟无力干涉以至于只能袖手旁观。但英国国王查理一世还是向双方舰队发出警告，表示若是任何一方率先在英国海域挑起敌对行为都将被英国视为敌人，只是这一警告没有丝毫分量，不论荷兰还是西班牙对此都置若罔闻。这令英国人感到极为耻辱，在心里默默记下了这笔账。

▲ 唐斯海战（威廉·范·维尔德绘）

"造访每一海港"：联省的黄金时代

17世纪是荷兰的世纪，是联省的黄金时代。在赢得荷西80年战争的胜利后，荷兰得以专注于海上经济贸易的扩张。在西部的新世界地区，荷属美洲殖民地得到了进一步的建立与发展，西印度公司还先后占据了加勒比海向风群岛中的圣马丁岛、萨巴岛和圣尤斯特歇斯，同时开始尝试向苏里南扩张。在大西洋南部，东印度公司的拓殖者于1652年登上南非并建立殖民地，他们将这一片海角遍布的土地命名为"开普"（Cape，即海角之意）。大西洋北部的北海与波罗的海是荷兰海运贸易的大动脉，阿姆斯特丹控制着这里的渔业与捕鲸行业。其中，多格尔沙洲的鲱鱼捕捞业成为荷兰的摇钱树，17世纪上半叶时，从事这一行当的荷兰渔船多达1500艘，这些渔船上有着一万多名渔民与水手，他们每次出海所能获得的鲱鱼多达30万桶。这些鲱鱼在经过腌制以后，成为风行欧洲的畅销商品。[1]

在太平洋上，荷兰原想开拓从荷属东印度至南美合恩角的南太平洋航线。在这一愿景的驱使下，荷兰航海家亚伯·塔斯曼曾经组织远航，并发现了范迪门斯地和斯塔滕地，前者最终被命名为塔斯马尼亚，以纪念它的发现者，后者则于1645年被尼德兰地理学家冠以西兰省之名，命名为新西兰。但由于塔斯曼在航行期间与原住民发生武装冲突，这令东印度公司对南部太平洋的殖民开拓兴味索然，荷兰由此转而专注于亚洲地区的贸易。在这些贸易里，既有针对亚洲不同地区的贸易，例如荷兰人将暹罗的鹿皮运至日本长崎售卖，以及从暹罗获得大象然后卖到孟加拉国；也有各种连接亚洲与欧洲的贸易。其中，除了销路广泛的香料，还有诸多琳琅满目的大小物件贸易，上至中南半岛的锡矿，下至供欧洲人收集赏玩的贝壳，不一而足。在欧洲人所触及的各大洋上，荷兰人的海上贸易都在持续而稳定地开展着。

在这样繁盛的海洋贸易的催生下，阿姆斯特丹迎来了空前的繁荣，这一港口成为大西洋沿岸最为繁忙的货栈和钱庄，密布商船的须德海享受着财富带来的沸腾。它的全面繁华早在战争胜利前就已经鲜明地显现出来，当1639年法国王太后玛丽·德·美第奇以国事名义访问阿姆斯特丹时，躬逢其会的荷兰大诗人冯德尔写下了彰显阿姆斯特丹商业精神的颂诗：

1　[法]费尔南·布罗代尔：《15至18世纪的物质文明、经济和资本主义》（第三卷），顾良、施康强译，北京：生活·读书·新知三联书店，2002年，第203页。

　　阿拉伯有最上等的焚香，

　　波斯的丝绸棉花更不必讲，

　　还有那中国的瓷器，

　　和爪哇的珍奇宝藏。

　　我们阿姆斯特丹人的足迹，

　　远抵恒河汇流入海之地，

　　利益指引我们登上所有大陆，

　　财富驱使我们造访每一海港。[1]

　　阿姆斯特丹的荣华富贵所带动的是整个联省共和国的兴旺，商业的发达带来了宗教的宽容，开放的社会氛围吸引了诸多移民前来为荷兰的繁华添砖加瓦，其中不乏很多腰缠万贯但在别处饱受迫害的犹太商人。这些犹太商人多数前往阿姆斯特丹，他们在那里从事的金融交易为荷兰的商业投资提供了有力的支持。

▲ 1630年的阿姆斯特丹港

　　经济的繁荣为荷兰带来的一个积极副产品是文化的兴盛。17世纪的荷

　　1　C. R. Boxer, The Dutch East-Indianmen: Their Sailors, Their Navigators, And Life On Board, Dutch Merchants and Mariners in Asia 1602–1795, London: Variorum Reprints, 1988, p. 81.

兰成为近代科学和绘画艺术的勃兴之地，是欧洲的一大文化中心。构建
这一盛世的佼佼者既有克里斯蒂安·惠更斯和安东尼·列文虎克这样的科
学先驱，亦有伦勃朗这般的艺术巨匠和斯宾诺莎等思想者。1637年，旅居
荷兰的勒内·笛卡尔在莱顿出版了他的名著《谈谈方法》（*Discours de la
méthode*），其中的"我思故我在"成为影响深远的永恒哲思。笛卡尔多次
旅居阿姆斯特丹，他毫不掩饰自己对这一城市的喜爱，为在阿姆斯特丹港
繁忙进出的船只感到欢欣鼓舞。而对于荷兰人来说，他们的富足生活确实
离不开荷兰庞大的商船队伍。据1669年的一份法国材料估计，除开"不能
远航的单桅船和其他（为数极多的）小船"，联省的船只总数可达到6000
艘[1]，这是十分庞大的数字。荷兰的优势在于它能以极低的成本造出质量上
乘的船只，而低造船成本的原因主要在于荷兰靠近具有丰富木材和柏油资
源的北欧，并且其长久以来对波罗的海商业的渗透令荷兰能轻车熟路地以
低廉价格买到这些造船原材料。阿姆斯特丹的造船业最为发达，这令它成
为欧洲最大的旧船市场，若是谁的船只在荷兰沿海失事，他能在几天之内
从这里买到一艘新船。[2]此外，自由的商业氛围令荷兰对欧洲各地的贫困流
民有着很大的吸引力，这些群体成为重要的水手选拔来源。17世纪的一名
英国经济学家就将这些优秀的水手视为荷兰海上帝国的重要柱石，他说荷
兰的海员勤勉而机敏，他们"不单是一个航海家，而且是一个商人，同时
也是一个士兵"，得以拥有这些海员是荷兰"无法估量的有利条件"。[3]荷
兰水手们多数易于满足于自己的所得，这就大大控制了荷兰商船的人力成
本。因此，低建造成本与高建造效率共同为荷兰贡献了一支庞大的船队，
以东印度公司为例，在整个17世纪里，荷兰本土的造船机器为东印度公司
造出了706艘船。[4]

1　[法]费尔南·布罗代尔：《15至18世纪的物质文明、经济和资本主义》(第三卷)，顾良、施
康强译，北京：生活·读书·新知三联书店，2002年，第203页。

2　同1，第207页。

3　[英]威廉·配第：《政治算术》，陈冬野译，北京：商务印书馆，1978年，第23页。

4　[荷]伽士特拉：《荷兰东印度公司》，倪文君译，上海：东方出版中心，2011年，第
187页。

▲ 阿姆斯特丹港林立的船桅（截取自1649年的一幅地图）

作为一种近代化的商业组织模式，东印度公司对荷兰的海外贸易繁荣有着极为重大的意义。对于欧洲商人来说，基于航海贸易的公司早在威尼斯和热那亚用商船在地中海上呼风唤雨的年代里就已经在这些海洋城邦中出现了。但是，中世纪晚期的公司在组织形式和运作手段上都比较粗糙，更多的是一种暂时的合伙与合作关系，往往在航程结束或生意完成后自行解散。中世纪晚期虽然有设在贸易目的地的特许办事处来为这些跨越地中海东西部的航路提供管理，但不论是在威尼斯城还是热那亚城，都没有职责鲜明的针对这些海外据点进行集中管理的机构。而设在巴达维亚的荷兰东印度公司弥补了这些缺陷，它不仅在组织上精密有序，有着守序的固定雇员和成熟的运作规划，而且在对贸易体系的整体管理上极具效率，同时还兼具在东印度地区充当联省政府代理人的角色，身兼着政治与军事的职能。

在体系效率方面，荷兰在北大西洋建起的商业霸权本就得益于职责分明的贸易体系运转，这一贸易体系由各联省港口和北海、波罗的海、比斯开湾与地中海的诸多港口连接而成。在这一广泛区域内，荷兰商船将波罗的海的谷物、木材和松脂贸易与伊比利亚沿岸的葡萄酒和盐业贸易加以连接，荷兰用这种方式占据了这一贸易区域航运总量的3/4[1]。这种极具效率的

---

1 ［美］龙多·卡梅伦、拉里·尼尔《世界经济简史：从旧石器时代到20世纪末》，潘宁译，上海：上海译文出版社，2009年，第153页。

海上贸易网模式被东印度公司运用到亚洲，它以荷属东印度的香料贸易为中心，迅速建立起一个极具效率的商贸体系。在东印度公司主导的这一贸易网络中，荷兰先是收购印度的纺织品和丝绸原料，并将它们运往马六甲和巴达维亚城，然后在那里交换香料群岛的肉蔻和豆衣的种子、班达的丁香和苏门答腊的胡椒。这些货物被运往中国台湾的热兰遮以换取黄金，或者运往日本长崎去换取银器，然后这些贵重的金属又能用来在印度海岸购买更多的纺织品和丝绸。[1]在这种体系化的商业组织方式中，各道工序环环相扣，各个地区凭借各自的专有物产在整个网络之中各司其职，这令东印度公司的亚洲贸易成为一台精密运转的机器。为了达到这一效果，荷兰人甚至不惜对亚洲不少地区实施强制的生产专门化策略，他们将某种特定的物产限定在某个弹丸岛屿上生产，同时阻止别处生产这一作物。例如，安汶就专门生产八角和茴香，锡兰生产桂皮，班达生产肉豆蔻和丁香，同时香料群岛其他地方的丁香树则被尽皆拔掉，荷兰人为了达成这一目的，甚至不惜向地方首领支付赔偿金。[2]

▲ 1656年的巴达维亚城堡（安德雷斯·贝克曼绘）

1　［美］唐纳德·B.弗里曼：《太平洋史》，王成至译，上海：东方出版中心，2011年，第113页。

2　［法］费尔南·布罗代尔：《15至18世纪的物质文明、经济和资本主义》（第三卷），顾良、施康强译，北京：生活·读书·新知三联书店，2002年，第238页。

　　荷兰东印度公司在亚洲所推行的商业扩张为其所带来的财富极为可观。在1640—1688年，公司从亚洲运回了价值1.5亿荷兰盾的货物，这些货物一共卖了4.2亿荷兰盾，折掉成本与股东红利后，公司还能收获近2000万盾的利润。[1]在红利方面，公司的平均红利达到20%，而在1670年的分红比率甚至高达40%。[2]至17世纪晚期，东印度公司已经拥有至少100艘船，而若是在战争期间，这一阵容中的船只数目可以轻松地再往上加40艘，这可是连多数欧洲王室都难以企及的雄厚财力。在公司处于财力与势力巅峰的17世纪80年代，东印度公司名下的船只多达125艘，其中88艘被部署在亚洲。[3]而在同一时期，公司在亚洲所拥有的雇员多达18 000人，其中包括从欧洲前来的管理者、商人和水手，以及本地雇用的职员与奴隶。[4]从这些利好之中获利最多的当属阿姆斯特丹，因为在东印度公司初创时的76位董事和近650万荷兰盾的投资额中，来自阿姆斯特丹的23位董事一共贡献了370万荷兰盾，排在其后的西兰省投资额仅有130万荷兰盾而已。[5]这令阿姆斯特丹毋庸置疑地成为公司的绝对领导者。此外，联省共和国的政治组织模式本身就具有浓厚的商人特征，它并不具有强硬的中央政府，这令远在巴达维亚的东印度公司身上的"国中之国"特点显露得更加鲜明，更有利于它为了商业利益而自行其是。

　　不过，除荷兰的东印度公司商业贸易的成功外，不得不提的是它的海外殖民模式。与海运贸易的极度成功相比，荷兰的殖民事业似乎在反其道而行。不论是在亚洲还是美洲，荷兰人所关注的都是贸易利润，他们对殖民统治没有太多兴趣。即使当他们不得已而对海外地区实施殖民占领时，其方式也与西班牙式的殖民扩张有所区别，因为荷兰占领行为的动机最终

　　1　［荷］伽士特拉：《荷兰东印度公司》，倪文君译，上海：东方出版中心，2011年，第152页。

　　2　［法］费尔南·布罗代尔：《15至18世纪的物质文明、经济和资本主义》（第三卷），顾良、施康强译，北京：生活·读书·新知三联书店，2002年，第246页。

　　3　同1，第137页。

　　4　同1，第100、111页。

　　5　同1，第19页。

都是为了能获取更多的利润，而非扩张国土。例如，荷兰在统治爪哇的初期，它仅仅满足于将自己的控制范围延伸至沿海要塞的周边地区，最远也不超过一些城镇地区。[1]到了18世纪，荷兰将爪哇大部占领，其目的似乎也仅是为了避免爪哇岛内部出现权力真空，进而使得荷兰的沿海贸易受到不良影响而已。[2]甚至可以说，荷兰人只是出于控制贸易的目的，才对爪哇港口实施"勉强"的统治。对于这种消极性的殖民模式，曾有历史学家将其概括为"不情愿的帝国主义"（Reluctant Imperialism）。[3]

此外，从另一个角度也可以看出，荷兰人海上扩张的最终动机是贸易利润。在雨果·格劳秀斯痛陈葡萄牙对大海的霸占后，荷兰开始在亚洲海域打击葡萄牙人，但并非将葡萄牙人从亚洲赶尽杀绝。同样，西班牙对菲律宾的占领也未受到太多来自荷兰的冲击。因此，总体来看，荷兰的海上扩张并非占领性的，而更多的是逐利性。若是在这一基础上看待以格劳秀斯为代表的荷兰人对海洋权利的诉求，就可发现荷兰人对海洋的利用和占有极具目的性。他们无意对大海实施排他式的霸占，之所以反对作为霸占者的葡萄牙和西班牙，更多是为了从整片海洋中夺取属于自己的那一份。而在成功夺取之后，荷兰人就凭借自己极具效率的商业组织和运输手段组织起海上贸易霸权，将海外的商品迅速运回本土，剩下的工作则交给阿姆斯特丹的商行与钱庄去完成。因此，荷兰对海洋的控制手段，与威尼斯具有很大的相似性。它们的海上霸权都是以海上航路连接的贸易据点为基础，而作为外来者，它们与海外贸易点的关系是一种寄生关系。它们促狭的本土本就缺乏人口，因此无意也无力对海外实施深入的拓殖占领。不仅如此，深入的占领行为可能换来的是管理成本的提高和当地民众的反叛以及海盗的横行，这也是对利润斤斤计较的荷兰人与威尼斯人所不愿意看到的。

1　［英］E. E. 里奇、C. H. 威尔逊：《剑桥欧洲经济史（第四卷）16世纪、17世纪不断扩张的欧洲经济》，张锦冬等译，北京：经济科学出版社，2003年，第332页。

2　［荷］伽士特拉：《荷兰东印度公司》，倪文君译，上海：东方出版中心，2011年，第74页。

3　Frances Gouda, Dutch Culture Overseas: Colonial Practice in the Netherlands Indies, 1900–1942, Amsterdam: Armsterdam University Press, 1995, p. 252.

▲ 一幅描绘荷兰海船的18世纪日本版画，体现了荷兰
与日本的持续贸易关系，主桅上的东印度公司旗帜清
晰可见

　　从荷兰的这种海洋扩张模式，我们可以瞥见荷兰西印度公司在美洲失
败的原因。西印度公司创立于1621年，其实在此之前，荷兰已经在美洲取
得了可观的贸易成就，占有了巴西与欧洲间海运贸易量的1/3 ~ 1/2，1622年
的阿姆斯特丹得益于此而拥有了25座制糖厂[1]。这一势头没能靠西印度公司
加以延续，一方面是因为美洲贸易比印度洋贸易更多地受到战争影响，另
一方面也是由于西印度公司本身的缺陷所致。

　　表面上，联省赋予西印度公司的职能是为共和国在大西洋和东太平洋的
海洋贸易提供管理与保障。但实际上，与东印度公司相比，西印度公司更多
的是一个军事机构。它存在的意义是为荷兰在大西洋和加勒比海上劫掠西班
牙的船只与港口，为欧洲本土的战争服务。更糟的是，在荷西争霸下的美洲
地区，西印度公司军事上的成功甚至在某种程度上促进了其商业上的失败。

　　1　［英］E. E. 里奇、C. H. 威尔逊：《剑桥欧洲经济史（第四卷）16世纪、17世纪不断扩张的欧
洲经济》，张锦冬等译，北京：经济科学出版社，2003年，第301页。

一方面，针对西班牙的军事行动令荷兰人在当地人心中臭名昭著，他们无法在当地立足；另一方面，对军事的侧重令西印度公司的财政捉襟见肘，仅仅在水手和军队的工资方面，公司于1621—1636年就不得不支付1800万弗罗林，这一数目抵得上联省共和国在荷西战争中一年半的花费。[1]巨大的支出令西印度公司疲于支撑，因为与有着阿姆斯特丹空前财力为支撑的东印度公司相比，西印度公司股份里阿姆斯特丹的投资比率显然微不足道。这令西印度公司在财政上无法与有阿姆斯特丹撑腰的东印度公司比肩。

▲ 西印度公司位于阿姆斯特丹的仓库，1642年

　　荷兰的据点型海洋贸易模式是西印度公司处处碰壁的主因，这种模式在亚洲有效，但在美洲失灵。最直接的区别在于，在亚洲，荷兰的海外港口贸易据点往往寄生在原住民社会之上；而在美洲，在西印度公司于1630年后重点攻取的巴西，荷兰的贸易港寄生对象变成了先来一步的西班牙和葡萄牙。1630年，荷兰人开始在巴西东海岸建立落脚点，并逐渐形成以累西腓为中心的荷属巴西领地。在这里设立起办事处的西印度公司起初还算

1　［美］保罗·布特尔：《大西洋史》，刘明周译，上海：东方出版中心，2011年，第119页。

顺利，在巴西慢慢站稳了脚跟，随后在巴西组织起了不错的蔗糖贸易。

　　但好年景不长，葡萄牙从1646年恢复了对巴西产业的大力发展，这令西印度公司在和葡萄牙的竞争中又败下阵来。葡萄牙恢复了它以巴西为中心的大西洋蔗糖贸易，1645年里斯本进口的美洲蔗糖多达4万箱，而在西印度公司出口蔗糖最多的1641年里，它经手的数量也仅是不到1.5万箱而已。[1]西印度公司在葡萄牙人的商业战和陆上叛乱的打击下处于破产边缘，被迫于1654年撤离累西腓，随之一起覆灭的还有存在仅20多年的荷属巴西。随着荷兰与西班牙在1648年的停战，最初以海上袭扰为目标而建立的西印度公司实际上已失去了存在的意义。

　　在西印度公司为数不多的作为里，其参与的大西洋奴隶贸易不容忽视。实际上，西印度公司在成立之初，对奴隶贸易并无太浓厚的兴趣。甚至在1626年，一名西印度公司船长在截获敌方商船后竟无视船上的600名待售奴隶而直接将其放行。[2]但是，随着荷兰在巴西北部取得领地，西印度公司的态度发生了大转变，因为对巴西的经营需要大量的奴隶充当劳工。一名荷属巴西官员在1638年呈现给西印度公司的报告里直接阐明了这一需求："在巴西，没有奴隶你就什么也干不成。"[3]基于此类需求，公司开始大力涉足奴隶贸易，在1630—1651年，西印度公司通过大西洋奴隶贸易航线从非洲的安哥拉和几内亚地区向荷属巴西输送了26 000多名黑奴，这一数字还未包括在运输途中悲惨死去的5000多人。[4]找准了行当的西印度公司开始将奴隶贸易作为一项主营业务固定下来。

　　即使在荷兰失去巴西后，公司的这一行当也没有停止，它甚至随着荷属巴西的丧失而一跃成为西印度公司内部优先级别最高的生意。西印度公司在1634年夺取加勒比海域的库拉索岛后，就立刻在这里确立起牢固的占领地位。就算在1654年公司从南美全面溃退，库拉索也依旧是荷兰在加勒

1　［美］保罗·布特尔：《大西洋史》，刘明周译，上海：东方出版中心，2011年，第120页。

2　Johannes Menne Postma, The Dutch in the Atlantic Slave Trade 1600–1815, New York: Cambridge University Press, 1992, p. 12.

3　同2，第17页。

4　同2，第21页。

比海的固定据点。这一岛屿成为西印度公司从事大西洋奴隶三角贸易的重要一环，它在海上贩奴活动中的地位随着荷兰于1637年从葡萄牙手中夺取西非的埃尔米纳而得到进一步巩固。

荷兰的奴隶贸易绝对不缺主顾，新近抵达加勒比海的英国人和法国人都需要黑奴来从事垦殖和种植工作。此外，在1648年后，与荷兰重归和平的西班牙对黑奴的需求极为热切。昔日作为西班牙反抗者而存在的西印度公司，摇身一变成了西班牙最为热忱的合作者。它在1667年与西班牙签订商约，承诺每年向西班牙领地输送4000名奴隶[1]，这一纸商约令库拉索成为加勒比地区最为繁忙的奴隶贸易港。在1658—1674年，欧洲诸国的美洲殖民地凭借荷兰商船从非洲进口的黑奴多达45 000人，在这其中光是被运往库拉索的就有近25 000人。[2]这些黑奴在库拉索中转，在西印度公司的安排下被转卖至美洲的其他地区。1680年后，经过破产重组的西印度公司为了更为有效地销售奴隶，甚至在库拉索设立黑奴拍卖行和公开的奴隶市场，这一岛屿已经成了名副其实的贩奴基地。

从17世纪中叶直至西印度公司土崩瓦解的1795年，荷兰所参与的大西洋奴隶贸易几乎都是由西印度公司经手，它的业务份额虽然在1735年后因其他贩奴公司的竞争而有所削减，但总的来看，西印度公司就是荷兰奴隶贸易的代名词。荷兰的奴隶贸易与其他欧洲国家所施行的奴隶贸易都遵循相似的链条，即被称为"三角贸易"的贩奴体系：荷兰的商船将欧洲与亚洲的商品运输到非洲，凭借这些商品在那里交换到奴隶，然后满载奴隶的船只穿越大西洋抵达美洲，用奴隶换取美洲的农产品和银器并运回荷兰。[3]欧洲资本主义国家的大西洋奴隶贸易在规模上极为庞大，直至19世纪末期依旧存在。西印度公司在其贩奴最为频繁的年代里，经手的奴隶数量大约占奴隶贸易总量的10%。从份额上来看，荷兰参与的奴隶贸易似乎所占不

---

1 Johannes Menne Postma, The Dutch in the Atlantic Slave Trade 1600–1815, New York: Cambridge University Press, 1992, p. 33.

2 同1，第35页。

3 同1，第152页。

多，但作为先于英、法等大国的贩奴者，荷兰凭借西印度公司的商船在大西洋上为这一贸易打下了诸多基础，令后来者得以在18世纪将它推向新的高峰。这是荷兰海洋扩张史中无法洗刷的罪恶篇章。

荷兰凭借商业公司的力量将自己的贸易触手伸向了几乎所有的大洋，但必须注意的是，荷兰海洋商业的核心区域自始至终都在北大西洋，这一地区的贸易涵盖北海和波罗的海，是以荷兰为中心的"母体贸易"[1]，处于这一体系中心的荷兰从中所得的利益远比重洋之外的亚洲或美洲关键。因此，若是这一位于荷兰家门口的贸易区域遭到外来挑战，那么对荷兰的打击将会是决定性的。当荷兰的东、西印度公司尚未达到各自在香料贸易和奴隶贸易领域的巅峰时，荷兰在本土已经迎来挑战者。它尚未从荷西战争的终结获得多少年的喘息，就立刻迎来了贯穿17世纪下半叶的海上拉锯，它那依靠商船建起的海洋商业霸权即将迎来考验。

▲ 荷兰贩奴船于1619年抵达弗吉尼亚

---

1 ［美］伊曼纽尔·沃勒斯坦：《现代世界体系（第二卷）重商主义与欧洲世界经济体的巩固（1600—1750）》，吕丹等译，北京：高等教育出版社，1998年，第47页。

海上争雄：战争与衰落

　　向荷兰发难的是海峡对岸的英国，它在一个绝佳的时机发起了针对荷兰的敌对行动。英国人那持续十多年的国内争端最终在1649年通过处决国王查理一世而得到了暂时的裁断，由此他们得以腾出手来对付荷兰。英国人没有忘记当年唐斯海战中荷兰在自家门口大动干戈给自己带来的屈辱感，现在他们准备还以颜色。与此同时，荷兰所在的联省共和国恰巧进入一段持续22年的无执政空位期。这使原属于共和国的舰队分成了数个省舰队，海军军部被一分为五，其中荷兰省三个，西兰省和弗里斯兰省各一个[1]，这为联省海上作战埋下了内讧的隐患。与之形成对比的，是英国议会在内战期间大力增强了海军实力。这支海军具有很强的凝聚力和战斗力，它完全忠于即将登上共和国高位的克伦威尔，同时还对英国海洋贸易提供了有效的保护。1651年，与荷兰谋求联盟而未果的克伦威尔颁布了《航海条例》，这一法令把矛头直接对准荷兰在国际海洋贸易运输上的支配地位，它规定外国货物只能通过英国或原产国的船只运往英格兰，长久以来充当运输者的"海上马车夫"荷兰毫无疑问被排除在外。这一纸法令令双方关于海洋由来已久的积怨发酵，并最终点燃了战火。

　　英国人有着明确的思路，即掐断荷兰的海洋商路。1652年，英国舰队在海军上将罗伯特·布莱克的率领下出击北大西洋以劫掠荷兰的渔业船只，并分出一部分舰队前往地中海作战。荷兰作出了坚决的回应，1652年11月，唐斯海战的英雄马顿·特龙普看准布莱克舰队兵力分散，立刻率优势兵力对其猛扑，在邓杰内斯海战中将布莱克击败，同时令荷兰得以占据英吉利海峡。但是，布莱克针对特龙普咄咄逼人的混战战术制定了足以改变海战历史的作战策略。在1653年，布莱克写就了《战斗中舰队良好队形教范》，首次提出了战列线战术，意在通过整齐划一的舰队队形来最大限度地发挥舷侧火力。1653年，布莱克在波特兰海战中大胜特龙普，随后又

　　1　［英］安博远：《低地国家史》，王宏波译，北京：中国大百科全书出版社，2013年，第179页。

在加巴德海战中将特龙普驱逐出英吉利海峡，英国舰队严明的战列线战术令向来依靠灵活性寻求混战的荷兰舰队被动挨打。英荷双方的海上对决在同年的席凡宁根海战里分出了胜负，特龙普在这次海战中中弹身亡，为荷兰的战败下了判决书。1654年的《威斯敏斯特条约》迫使荷兰承认了《航海条例》。英国不仅获得胜利，其战列线战术也将根本性地革新海战战法，并在接下来的两个多世纪里帮助英国统治大海，直至飞行器引发新一轮海上战术革命为止。

▲ 1653年英荷席凡宁根海战（扬·贝斯特拉滕绘）

在接下来的10年里，荷兰吸取战败的教训，整肃舰队武装，并在随后的战事里扳回一城。新的战端，依旧脱不开对海上贸易的争夺，只是这一次荷兰准备得更加充分。英国在这场战争中的开局获胜，但随着荷兰名将米歇尔·德·勒伊特的加入而逐渐被动。1665年8月，德·勒伊特接管了荷兰舰队的指挥权，荷兰舰队在他的带领下迸发了强劲的威力。1666年6月，德·勒伊特率领荷兰舰队在英吉利海峡与英国舰队大战4天，取得最终胜利并令荷兰得以封锁泰晤士河口海域。虽然在随后的8月，英国舰队在圣詹姆斯日海战中取胜，但德·勒伊特的及时撤退令荷兰舰队得以被最大限度地保全。

▲ 米歇尔·德·勒伊特

1667年6月，德·勒伊特又亲率一支阵容齐整的荷兰舰队驶入英国梅德韦河口。在突破封锁河道的要塞和锁链后，他指挥舰队在浅滩密布的蜿蜒河道里穿行，直抵英国舰队所在的查塔姆锚地，并对港内的英国战舰实施了摧枯拉朽的凌虐。德·勒伊特一手策划的这场大胆突袭取得了丰硕的战果，英国不仅多艘战舰被击毁，而且还遭受了荷兰人的无情羞辱：英国舰队骄傲的旗舰、满载80门重炮的巨舰"皇家查理"号未开一炮就稀里糊涂地被荷兰舰队俘虏。耀武扬威的荷兰人将英国旗舰作为战利品拖回阿姆斯特丹，它的舰艉纹章被作为荷兰羞辱对手的纪念品永久保留。这场传奇突袭战令整个英国陷入惊惶并直接促成了停战。此战也令德·勒伊特成为海战史上的恒星，因为在他之后几乎无人能再成功地通过军事手段从海上进攻英国。

▲ 1667年德·勒伊特突袭查塔姆，画面中部偏左的巨舰为已被俘获的"皇家查理"号（扬·雷顿绘）

1667年的《布列达和约》结束了第二次英荷战争。荷兰并未如牌面上所获得的海上胜利那样在条约中占据优势，因为在德·勒伊特称雄北大西洋的同时，荷兰在加勒比海上被英国击败，此时它还面临法王路易十四对南部尼德兰的威胁。英国在条约里放宽了《航海条例》对荷兰的限制，同时获得西印度公司经营不善的北美新尼德兰殖民

▲ "皇家查理"号舰艉纹章，藏于阿姆斯特丹国立博物馆

地，英国人将新阿姆斯特丹更名为"新约克"，即纽约。荷兰则通过条约获得了加勒比海南部的苏里南，同时维持了自己在东印度的地位。荷兰宣称自己赢得了战争，但其实不论是从战局还是条约条款来看，英荷之间还有诸多冲突亟待了断。与此同时，野心勃勃的法王路易十四意欲进攻南部尼德兰受挫，他开始积蓄力量，打算先削弱北部的联省共和国。在1667年与荷兰议和的查理二世为了抵抗法王，曾在战后与荷兰短暂结盟，但在路易十四的撮合下，英国人转而与法国在1670年签订《多佛尔密约》与荷兰为敌。这一次荷兰面对的是英法的联合力量。

在荷兰历史中，1672年被称为"灾难年"。这一年，英、法两国先后对荷兰宣战。在这危急时刻，奥兰治亲王威廉三世被推举为荷兰执政。面对法国的兵锋，威廉三世下令打开海堤，汹涌的海水淹没了大片农田，但有效阻碍了法国人，同时拯救了阿姆斯特丹。与此同时，经过改良重建的英国舰队在海上卷土重来，配合法国舰队向荷兰施加压力。荷兰老将德·勒伊特所向披靡，他先是在5月的索莱湾海战中痛击英法联军，随后在1673年6月，又两次于斯库内维尔德海战里凭借劣势兵力获得全胜，最终在8月的泰瑟尔海战中彻底挫败了英法舰队的海上入侵计划。德·勒伊特凭借在海上如神的用兵拯救了荷兰，同时直接迫使英国走上谈判桌。双方在1674年缔结第二个《威斯敏斯特条约》，英国退出战争，荷兰拔除了一个对手。

▲ 1673年8月的泰瑟尔海战，画面中央为荷兰战舰"金狮"号，指挥官为科内利斯·特龙普——马顿·特龙普之子（小威廉·范·维尔德绘）

　　三次英荷战争对于荷兰和英国来说都是疾风骤雨般的。从战争的胜负来看，荷兰的海洋贸易霸主地位似乎并未改变，但在表象之下，英国不仅撼动了荷兰的地位，它自己也在持续地发展和扩张。一种促成海上霸权易主的趋势，已经开始积累量变。另外，荷兰尚与法国处在战争中，在经历了大半个世纪的黄金年代后，如今在多重打击下走向了滑坡。《威斯敏斯特条约》为荷兰换来了部分和平，但也为它开启了世纪末的一段灰暗时期。

　　1676年，德·勒伊特在西西里的奥古斯塔海战中被法舰炮弹炸掉腿后不治身亡。本就陷入发展停滞的荷兰海军失去了主心骨。而法国海军开始进入将星涌现期。路易十四在接下来的两年间从西班牙手中夺取多个南部低地城市，扩张了法国领土。1678年，荷兰与法国签订《奈梅亨和约》，和约将法国对南部低地所得地区的占领权确定下来，同时向荷兰执政威廉三世退还占领的奥兰治家族领地。荷兰虽在灾祸横行的1672年濒临灭国，但并没有丧失多少领土。而法国从西班牙手中夺得南部低地附近的阿图瓦、弗朗什-孔泰和伊普雷等反倒大大便利了他们与法国的贸易。但是，法荷战争对荷兰的致命影响是慢慢显现的，因为这场战争真正令路易十四成为欧洲最有权势的君主，令法国成为未来大半个世纪里左右欧洲局势的统治力量。位于法国卧榻之侧的荷兰再也无法安然酣睡，它自此将要面对两个走向强大的大国——英国与法国的包围。

从1685年起，又一打击接踵而至——东印度公司开始陷入财政危机。公司在1680年前后达到了利润的巅峰，但随后开始亏损。在17世纪公司经营的最后一个10年期里，竟亏损超过1亿荷兰盾。[1]在整个18世纪里，荷兰东印度公司都没有从入不敷出的亏损中走出来。其实在1680年以后，东印度公司经营的印度洋海上贸易已经开始受到越来越多的外来冲击，荷兰商人再也不能单纯地在生意中考量经济因素了，他们面临着越来越多的外来打击和竞争。1688年的奥格斯堡同盟战争促使法国舰船前往印度海域，对英荷商船实施海上骚扰，法国人的行动虽然没有获得多少成功，但战火的蔓延令巴达维亚的荷兰当权者从迷梦中惊醒。他们突然发现自己曾经统治的南亚市场早已不复当年，因为竞争者出现了。英国东印度公司在17世纪末期大规模参与到印度地区的纺织品贸易中，同时在东印度诸多岛屿开始茶叶与咖啡的种植。

这一竞争是不对等的，因为竞争双方背后的国家力量消长趋势正在相背而驰，差距已经显现。在1702年威廉三世去世后，荷兰又一次陷入松散的无执政状态。此外，威廉三世于1688年通过"光荣革命"加冕为英国国王对荷兰而言也不全是好事。不仅因为他为了讨好英国人而给英国船队赋予多项贸易特权，还因为荷兰由此与英国一道成了坚定的法国反对者，事实证明，日后诸次反法战争对荷兰的损害远大于英国。在1702—1713年的西班牙王位继承战争中，英国军队充当了反法联军的中流砥柱，同时在战后从西班牙手中夺取了至关重要的直布罗陀，英国海军由此握紧了掌控地中海和大西洋的钥匙。而荷兰则彻底沦为欧洲大国的陪衬，虽然它在战争期间为反法同盟提供了资金支持，但在1713年的《乌得勒支和约》谈判中，荷兰竟无法对这一在自己国土上举行的和谈施加任何影响。在欧洲绝对王权国家争霸的年代，政治结构松散的荷兰彻底沦为了谈判桌外的看客。

1　［荷］伽士特拉：《荷兰东印度公司》，倪文君译，上海：东方出版中心，2011年，第156页。

与此同时，荷兰的国内状况也很糟糕。在联省内部，城镇陷入分裂，地方化的通行税和关税将整个共和国的经济生活撕扯得四分五裂，这令它失去了与英法平等竞争所需要的经济规模和协调性。[1]阿姆斯特丹仍然是大西洋沿岸的繁华港口，仍然保留着在欧洲海洋经济中举足轻重的地位。丹尼尔·笛福在1728年还曾提到荷兰人尚是"世界的运货人、贸易的中间人和欧洲的经纪人"，即使是在荷兰海外贸易已经受到打击的1786年，也还曾有多达1500艘船停靠阿姆斯特丹。[2]但是，这一繁荣与17世纪的黄金时代有着本质区别。首先，此时的荷兰已经不再是最为强大的贸易者，它的商船如今更多地为其他国家承担转运职责，"海上马车夫"的称号似乎是体现得更为鲜明了，但这种繁忙背后的荷兰经济毫无疑问是脆弱的。阿姆斯特丹在这一背景下开始专注于金融行业，但贸易和工业的缺失使它独木难支，导致它在18世纪里数次陷入金融危机。其次，阿姆斯特丹不能再通过自己来带动整个北方联省的发展，它的繁华不再与荷兰有关。与此形成鲜明对比的是，海峡对岸的英国正蒸蒸日上，荷兰的社会精英越来越乐于前往伦敦居留，它的港口也开始吸引越来越多的荷兰商船前往停靠。更令英国人欢欣鼓舞的是，新兴的机器化工业生产方式令他们的未来显现出无尽的可能性。

爆发于1780年的第四次英荷战争将荷兰完全击垮。被动挨打的荷兰在欧洲、美洲和印度被英国全面击溃。这场战争令获胜的英国赢得了与荷属东印度自由贸易的权利，同时直接促成了荷兰东、西印度公司的全面破产。在1780—1781年，荷兰参与波罗的海航运贸易的商船竟然只剩下区区可怜的11艘。[3]虽还占有荷属东印度和苏里南以及一些加勒比海上的弹丸小岛，但它不再掌控大海。到了20年后的拿破仑战争期间，荷兰海军"无论

1　[英]安博远：《低地国家史》，王宏波译，北京：中国大百科全书出版社，2013年，第188页。

2　[法]费尔南·布罗代尔：《15至18世纪的物质文明、经济和资本主义》(第三卷)，顾良、施康强译，北京：生活·读书·新知三联书店，2002年，第263页。

3　同1，第193页。

站在哪一边，都算不上什么重要因素"[1]了，它已彻底沦为一股微不足道的力量。

▲ 1797年坎伯当海战，废弛的荷兰舰队此役完败于英国舰队，此时的荷兰实为"巴达维亚共和国"，已经沦为法国的傀儡国（托马斯·威康比绘）

海洋之子：荷兰的资本主义与海洋精神

荷兰在18世纪以前所取得的成功是极具意义的，因为它作为一个资源相对有限的小国，却依靠有力有效的商业发展模式在经济与政治上都收获了与其国家规模所不相称的重要历史地位。

1993年，诺贝尔经济学奖的获得者道格拉斯·诺斯将荷兰成功的根源归结于它发展起了比竞争对手更为有效的经济组织[2]，这令荷兰顺利成了西欧最早成型的兼具效率性和集中性的资本与货币市场。这里的"有效的经

1　［美］艾尔弗雷德·塞耶·马汉：《海权对法国大革命和帝国的影响（1793—1812年）》，李少彦等译，北京：海洋出版社，2013年，第53页。

2　［美］道格拉斯·诺斯、罗伯斯·托马斯：《西方世界的兴起》，厉以平、蔡磊译，北京：华夏出版社，1999年，第165页。

济组织"所涵盖的范围是广泛的，既包括创新的交易手段，也包括高效率市场带来的低廉商业费用，还包括作为经济组织的荷兰政府为整个荷兰贸易体系所提供的所有权保障等。从任何角度来看，荷兰都无愧于被看作是人类史上第一个特征鲜明的资产阶级国家，这不仅因为它发动了第一场具有浓厚资产阶级色彩的革命，更是因为它走向强盛的整个过程都处处缠绕着商业与资本的力量，它是欧洲第一个"摆脱君主政体，赋予商人阶级以充分政治权力的国家"。荷兰对商业贸易的狂热赋予了它开放、宽容的内部环境，这使得资本主义经济的诸多元素都能在荷兰的庇护与滋养下茁壮成长，诸如私有财产，为普遍市场中的销售而实施的生产、生产者和商人行为中的利益动机等。[1]这些元素给予荷兰的是在经济层面无可比拟的先进性，从这一先进性中受益的不仅是荷兰，还有整个资本主义文明浸染下的欧洲。

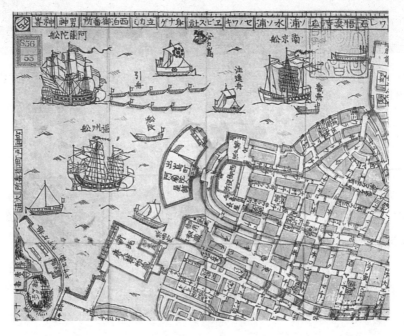

▲ 一幅1796年日本长崎地图的截取部分，左上角的荷兰商船表明荷日贸易直至18世纪末依旧存在

---

1 ［美］斯科特·戈登：《控制国家：从古雅典至今的宪政史》，应奇等译，南京：江苏人民出版社，2008年，第186页。

荷兰的成功离不开海洋的力量。正是因为低地尼德兰地区所处的优越沿海位置，才令诸多低地城市得以先后成为欧洲经贸的中心地；也正是海洋令荷兰得以将自己的商业影响力远播至美洲和亚洲，并助它将滚滚财富漂洋过海地满载而回。荷兰人对海洋的充分利用，跟他们与生俱来的海洋精神是分不开的。尼德兰地区的低洼地势无法抵御倒灌的海水，这令当地的居民自古以来就不得不与海洋打交道。生活在公元1世纪的罗马学者老普林尼就曾对此有过记录：

> 这里的大海每天泛滥两次，以至于从来都难以确认这里到底该属于海洋还是大陆。可怜的居民们只能向小山丘上躲避海水，他们在那里建起木屋，用高耸的木材支起屋子以抵御最高的海浪。当海潮高涨，这些居民就好比在海上航行，而当海潮退却，他们看上去就像海难幸存者一般。[1]

古代荷兰的人民在与大海搏斗的生活中锻造了英勇无畏的品格，他们不再害怕汹涌的海洋，而是将自己融入大海中，与它成为同呼吸共命运的整体。这种海洋精神作为一种悠久的传统流传了下来，它深入荷兰人的骨髓里，成为永恒的民族烙印。20世纪的荷兰史学大师约翰·赫伊津哈就曾如是诠释这种民族精神：

> 荷兰全境没有一个地方的人非常尊敬当兵的职业。荷兰人宁可选择航海的危险，也不愿接受战场的风云变幻，但谁也不要把这样的人民叫做懦夫……然而，海军的情况却略有不同。诚然，外国主要是北欧的成分并非完全在海军里空缺，但在海上服役的主要是荷兰人；他们使水手而不是军人成为我国非常典型的象征。海军军官里很少有外籍人士。海上服役不仅在民族形成中产生了很大的影响，而且发挥了

1　William Carlos Martyn, The Dutch Reformation: a History of the Struggle in the Netherlands for Civil and Religious Liberty, in the Sixteenth Century, New York: American Tract Society, 1868, p. 36.

社会凝聚力的作用。[1]

作为历史学家的赫伊津哈同时还是一个极具眼光的艺术鉴赏者，他将荷兰艺术巨匠们的作品当作品读荷兰人海洋精神的有力媒介：

> 我们重要的绘画作品很少表现陆上的战功……（陆战）战场对我们的画家没有吸引力，就像对我们的指挥官没有吸引力一样……再来看我们的大师表现海战的观点。每一场伟大的海战都是成了杰出油画作品的题材，弗卢姆（Hendrik Cornelis Vroom）、西蒙·德·弗列格（Simon de Vliegher）、威廉·凡·维尔德（Willem Van de Velde）等都有这样的杰作。这些油画都是构图恢弘的作品，反映了荷兰艺术最优秀的气质，视觉冲击力大，画家们在自己的作品里倾注了多少爱啊！[2]

这种将汹涌的大海视为归属的海洋精神助荷兰走上了财富之路，也印证了威廉·坦普尔爵士的评价：联省共和国的确是大海之子。

荷兰作为历史上的海洋强国，与威尼斯有着很多相似性，以至于通过对威尼斯衰落缘由的参考，我们就可以瞥见不少可被用来解释荷兰衰落的因素。荷兰与威尼斯一样，都是依靠海洋贸易立国的典范。它们一道向人类展示了依靠海洋来推动商业的国家发展模式所能达到的极致，一道证明了由所谓资产阶级价值观支配的社会仍然能够取得巨大的政治、知识和文化成就[3]。基于这一相似性，它们的兴起与衰落历程也具有诸多殊途同归的历史轨迹。

首先，两国都享有宽松的初期发展环境。威尼斯兴起于阿拉伯帝国对西部地中海的封锁之时，这种对欧洲来说颇具灾难性的海上封锁让威尼斯

---

1 ［荷］约翰·赫伊津哈：《17世纪的荷兰文明》，何道宽译，广州：花城出版社，2010年，第24–25页。

2 同1，第25–26页。

3 ［美］斯科特·戈登：《控制国家：从古雅典至今的宪政史》，应奇等译，南京：江苏人民出版社，2008年，第187页。

受益，使得它从兴起伊始就没有遇到能够足以撼动其地位的竞争对手。荷兰亦类似，它兴盛的16—17世纪正好是欧洲大国国力消长的中空期——西班牙受累于庞大的帝国和落后的发展模式，已经显露出疲态，而英、法等国尚未长出丰满的羽翼，这给予了荷兰极大空间来通过商业资本的力量武装自己。其次，从反面角度来看，这两个依靠商业立国的海洋国家都无法避免自己被欧洲国际事务蚕食和吞噬。16世纪初的康布雷同盟战争令长久以来脱离西欧的威尼斯见识到了深不可测的欧陆国际关系，这场战乱为威尼斯定下了16世纪的灰暗基调。而17世纪末的荷法战争最终演变成一场欧洲大战，这令荷兰挣扎于其间，并在18世纪初的西班牙王位继承战争后彻底丧失了自己昔日的地位。

对于威尼斯和荷兰来说，这一问题有着相同的根源。它们的兴盛凭借的是有力竞争对手的缺乏，但是随着时间的推移，昔日那些蛰伏的对手们会走向强大；同时，这些对手作为居上的后来者，它们自身的实力也将更为完备。这些实力不仅是经济贸易层面的，更是政治与军事层面上的，而仅依靠商业贸易来立国的威尼斯和荷兰对此都无力抵抗。威尼斯虽然有着集中化的政治制度，但它的中枢力量太小，以至于无法对抗大国政治时代的集权国家。荷兰将商业发展到了极致，但它本身的政治结构是松散的，发达商业带来的世界主义和逐利心态更是催化了这种离心倾向。这些弊端的结果就是，它们最终都被力量更为集中的大国击垮，威尼斯败于奥斯曼帝国，荷兰则是败在英国手下。

对于英荷争雄的历史，可以通过一个直观的标准看出双方从始至终的形势优劣对比：荷兰与英国在17—18世纪间打了四场战争，双方虽互有胜负，但在这四次战争中，英国从头至尾都是宣战进攻的一方。荷兰不仅持续采取被动的守势，而且甚至无意组织起针对英国的反攻。德·勒伊特在1667年对查塔姆的大胆奇袭是荷兰为数不多的反击，但它更多地应被看作是德·勒伊特作为天才将领的个人能力体现，而非荷兰国家规划下的行为。因此，纵观整个英荷交战史，英国不论胜败都始终是咄咄逼人的挑战方，而荷兰都只满足于防御与和平。多数时间里，荷兰人想要的仅仅是将自己的贸易维持下去，但对于一个海洋国家而言，控制海洋的手段不仅仅只有商业，还应有必不可少的武力。

荷兰正是依靠武力击败了西班牙和葡萄牙，但从此之后，荷兰人就任由他们的海军陷于废弛之中。联省议会将军队视为执政集权的基础，它本就与军队为敌，这一倾向随着荷兰于1650年进入无执政时期而得到了毫无保留的显露。不仅因为海军部的分裂令舰队军力分散，互相之间缺乏凝聚力，而且联省议会吝啬于花钱，同时也因为刚战胜西班牙舰队而显得过于自信，于是议会轻忽了海军，荷兰海军由此沦为落魄武装商船的集合。[1]因此，1650年后的荷兰海军手握一把坏牌，它确实可以在马顿·特龙普或者德·勒伊特这样的天才将领手中打出好局，但绝不可能成为最后赢取赌注的一方。若是失去了海军对大海的武力保障，荷兰人苦苦维护的海洋贸易帝国也将归于崩塌。

荷兰没能做到的事情，英国做到了，这最终助它取代荷兰成为更为强大的海洋称霸者。若要对英国作为人类史上最具统治力的资本主义海洋强国所走过的历史轨迹加以理解，仅仅考察英国击败荷兰的过程是远远不够的，我们不能满足于目睹它登上王位的一刻而忽视了它为这一刻所付出的努力。英国对大海的统治能力来源于它的海洋传统，而这一传统应从不列颠东南沿海的古老港口开始追溯。

▲ 赫伊津哈："这些油画都是构图恢弘的作品，反映了荷兰艺术最优秀的气质。"此画作描绘的是荷兰商船队从巴西归来（弗卢姆绘）

---

1 ［美］马克·T.胡克：《荷兰史》，黄毅翔译，上海：东方出版中心，第100页。

第四章

工业资本与海洋：
英国的崛起与海洋霸权

在英国，资本与海洋以更加紧密的方式结合在一起。商业资本在不列颠摇身一变，成为工业资本，灌注到大工厂轰鸣的机器中，迸射出比商业资本主义时代更加耀眼的光芒。不可胜数的商船往返于英伦诸港和世界各地，将不列颠与世界市场连接起来，广阔的海洋仿佛成了不列颠的流动领土，应验了13世纪的英国谚语："狮子的儿女将变成海中的鱼。"[1]

在大航海时代到来以前，孤悬于北海的英伦三岛向来被视为欧洲的边陲之地，远离欧洲的政治、经济和文化中心。然而，务实的英国人始终如一地在海岛上默默耕耘，形成了独具一格的民族特性，酝酿着一项宏伟的事业。

15世纪末，英国人等来了大航海时代，尽管他们不是这个时代的开创者。新航路的开辟揭开了海洋时代的序幕，一时间天堑变通途，海洋成了欧洲国家竞逐的赛场。英国凭借优越的海洋地理位置与古老的航海传统在世界舞台上崭露头角，先后在1588年的英西大海战和17世纪的三次英荷战争中击败西班牙、荷兰这两大殖民强国。与此同时，英国民间团体在商业利益的驱使下，在英国政府的支持下，积极向外拓殖，将米字旗插到世界

---

1 ［德］C. 施米特：《陆地与海洋——古今之"法"变》，林国基、周敏译，上海：华东师范大学出版社，2006年，第29页。

各地。

18世纪，在英国发生了一场以蒸汽动力的普遍使用为标志的工业革命。这场革命以工业的方式释放出资本的巨大力量，为英国海洋霸权的建立锻造了两把所向披靡的武器，即巨大的工业生产能力和强大的海洋军事力量，从而使英国站在了世界舞台的中央。

文明孕育：英国人的海洋情怀

考古发现表明，不列颠诸岛曾经是欧洲大陆的一部分，直到1万年前，由于地质作用，才逐渐与欧洲大陆分离，成了岛屿。从此，英国完全浸润在海水之中，莎士比亚将它歌颂为"一颗镶嵌在银色的海水之中的宝石"[1]。它西临大西洋，与美洲大陆隔海相望；东濒北海，面对荷兰、比利时、德国、丹麦和挪威等国；南部与法国相隔英吉利海峡和多佛尔海峡。英国的海岸线曲折破碎，总长达11 450千米，沿海散布着优良海港，港湾处形成了大大小小的港口城市。著名的港口城市有伦敦、布里斯托尔、南安普顿、朴次茅斯等。

在历史上，大不列颠岛经常遭受侵略。它的居民主要是从欧洲大陆渡海而来。早期居住在岛上的是以"巨石文化"著称的伊比利亚人，他们于公元前4000年左右在岛上定居。此后，凯尔特人陆续分批进入大不列颠岛，同化了原来的伊比利亚人，使不列颠凯尔特化。公元43年，罗马人派军占据了大不列颠岛南部，建立了不列颠行省，并派军团驻扎于此，进行殖民统治。罗马人的统治维持了近400年，不列颠虽从罗马汲取了文化的养分，但并未完全罗马化。罗马大军撤离后，欧洲大陆的大批日耳曼人在公元5世纪中叶入侵大不列颠岛，从此永久地居留在岛上。

公元5世纪中叶进入大不列颠岛的日耳曼部落主要是日德兰半岛南部和易北河口附近的盎格鲁人、撒克逊人，以及少部分莱茵河口一带的朱特人。据

1　［英］莎士比亚：《莎士比亚全集》（第三卷），朱生豪等译，北京：人民文学出版社，1994年，第28页。

《盎格鲁–撒克逊编年史》记载，公元449年盎格鲁人在亨吉斯特和霍撒两兄弟的率领下，分别乘坐三艘船横渡英吉利海峡，在不列颠岛登陆。不久之后，就有战士传回消息，称岛上土地肥沃，居民软弱可欺，要求增援。后方的族人因此纷至沓来，迅速占领了南部的大片平原。这片新征服的土地就被命名为"英格兰"。盎格鲁–撒克逊人进入大不列颠岛，成了英国民族的主体部分，标志着英国文明迎来了一个新的时代。他们不仅开拓不列颠的土地，同时辛勤地开发大海。詹姆斯·汤姆森用激昂的笔触写道："当不列颠在上帝的旨意下，首次从蔚蓝的大海升起，这就是它的宪章，它的守护神歌唱着：'统治吧！不列颠！统治大海；不列颠人永不做奴隶。'"[1]

五港口传统

1704年10月，航行在南太平洋的英国科考船"五港"号因补给不足，被迫在距智利海岸600千米的无人小岛胡安·斐南德斯抛锚。停靠期间，性格暴躁的苏格兰水手亚历山大·塞尔柯克与专断独裁的船长戴维发生了激烈的争执，双方互不相让。戴维一怒之下，将塞尔柯克赶下船，放逐到这个荒凉的岛上，而塞尔柯克身上只带着火枪、刀斧、烟草等物品。"五港"号在离开小岛之后没多久便遭遇不测，大部分船员连同船只沉入深邃的太平洋。孤零零的塞尔柯克却凭借惊人的毅力和强烈的求生欲望，靠着有限的工具奇迹般地在孤岛上存活了四年零四个月。1709年，途经此地的英国船队解救了他。这个故事启发了英国记者丹尼尔·笛福，他据此写成享誉世界的《鲁滨孙漂流记》。

笛福的生花妙笔令"五港"号和塞尔柯克的故事成为英国航海时代的文化缩影。然而从字面上探究，"五港"号的船名似乎同样颇具象征意味。"五港"泛指英国东南海角的五个港口城市，即黑斯廷斯（Hastings）、罗姆尼（Romney）、海斯（Hythe）、多佛尔（Dover）和桑

1　［英］阿萨·布里格斯：《英国社会史》，陈叔平等译，北京：商务印书馆，2015年，第199页。

维奇（Sandwich），以及后来加入的两个古代城市拉伊（Rye）和温切尔西
（Winchelsea）与若干小城镇。在中世纪，这五个港口盛极一时，并结成同
盟，它们的旗帜曾经遍布英吉利海峡，成了英国海洋事业的典范。从中世
纪到近代，从五港口到"五港"号，历史似乎正通过一种特殊的方式使人
们铭记英国古老的海洋精神。当我们回溯英国人的航海历史，就不能忽略
它悠久的五港口传统。

▲ 五港同盟城市分布示意

　　五港口的发展得益于优越的地理位置，它们分布在英国的东南海角。
只要翻开一本英国地图，便会发现，这个形似鞋尖的海角与佛兰德斯和法
国北部之间的多佛尔海峡是英国距离欧洲大陆最近之处，这使得东南海岸
自古以来便与欧洲大陆有着密切的交往。同时，该地土壤肥腴，物产丰
盛。沿海分布着大片沼泽平原，是英格兰重要的产粮区，为周边城市的发
展提供了物质基础。在靠近内陆的地区，多雨的天气和恒定的气温适合牧
草的生长，造就了闻名西方世界的羊毛产业。英国优质羊毛的美名甚至远
播中东。10世纪到过欧洲的阿拉伯人伊本·叶尔孤白谈到英国时，就对英
国羊毛赞不绝口："这里有种非常出色的羊毛，是其他各国找不到的。他

们说，这是因为当地妇女用猪油润过这些羊毛，来提高品质。它的颜色是白的或青绿的，非常的出色。"[1]后来，阿拉伯地理学家伊本·赛义德对英国的羊毛同样大加赞赏："在那里（原注：英国）有精致的绯布（scarlet，ishkarlat，一译鲜红布）。这座岛上养着绵羊，羊毛像丝一般柔软。他们给绵羊披上衣物，以防日晒、雨淋和灰尘。"[2]英国的周边海域蕴含着丰富的渔业资源，捕鱼业相当兴盛。鱼类不仅为渔民提供了食物来源，也是重要的商品。渔业贸易的发展使临近五港口的雅茅斯地区逐渐形成了大型的鲱鱼市集。羊毛生意和兴旺的渔业吸引着嗅觉灵敏的商贾前往英国，商船经常光顾东南海角的港口。这些商船来自欧洲各地，包括佛兰德斯、诺曼底、布列塔尼，以及西班牙和德意志的沿海城市。

繁忙的航运与发达的商业推动着海角的经济。五港口仰赖得天独厚的地理优势，如雨后春笋一般发展，从盎格鲁–撒克逊时代初期的小渔村，蜕变为车水马龙的港口城市，桑维奇更是获得"英格兰诸港口之冠"[3]的美誉。11世纪末，五个港口俨然跻身英国的通都大邑之列。著名的历史文献《末日审判书》中的关税记录表明，五港口的商业在当时十分活跃，而且拥有自己的航运事业。[4]1066年诺曼底公爵威廉征服英格兰后，英吉利海峡两岸结为一体，两地之间的贸易障碍减少，五港的船队在商业需求的推动下频繁往返于海峡两岸，创造了令时人瞠目的财富与首屈一指的航海声望。

然而，这世上没有一帆风顺的买卖，五港口在商业上的勃兴是在刀剑的庇护下完成的。欧洲的中世纪是一个纷乱的年代，欧罗巴的大地上列强林立、战火纷飞。不列颠纵然在英吉利海峡的掩护下，远离欧洲大陆的是

1　［英］伯纳德·刘易斯：《穆斯林发现欧洲：天下大国的视野转换》，李中文译，北京：生活·读书·新知三联书店，2013年，第223页。

2　同1，第224页。

3　陈伟平：《论中世纪五港同盟的兴衰及其历史影响》，上海：华东师范大学硕士学位论文，2010年，第10页。

4　［英］约翰·克拉潘：《简明不列颠经济史：从最早时期到一七五〇年》，范定九、王祖廉译，上海：上海译文出版社，1980年，第86页。

非之地，也终究难以避免外族的觊觎。在战争面前，五港口在商业上的地理优势反而成为御敌的一大弱点。东南海角靠近大陆，地形平坦、河网稠密、水陆交通便利，英国像是将自己的胸膛暴露在了敌人的兵戈之下，五港口便是这胸膛上脆弱的心肺组织。薄弱的防御给五港提出了一个难题，商业的发展离不开稳定的社会环境，没有军事保护的贸易只能任人摆布，难以自主。但是，英国在历史上是一个不设常备军的国度，王室收入通常极其有限，无法长时期维持一支陆军，更别提一支正规的海军，国王只能依靠贵族兵役制和临时征集的民兵来拱卫国门。英国人仿佛置身于破碎的悬崖之上，北欧海盗的入侵险些将其推入万丈深渊。

　　丹麦人是北欧海盗的一支，他们乘坐一种"长船"，在波涛汹涌的大海上任凭颠簸。这种船吃水不足1米，能在狭窄的河道中畅行无阻。公元789年夏季的一天，丹麦海盗乘坐3艘长船驶抵多切斯特港，挑起衅端。4年后，另一股丹麦人在诺森伯利亚逞凶作恶，洗劫了一所富裕的修道院，残忍地杀害了手无寸铁的僧侣。以此为序幕，丹麦人展开了对不列颠近三个世纪的折磨和蹂躏。一时间，海防薄弱的英国对丹麦人的入侵几乎束手

▲ 丹麦人在英国逞凶作恶

无策，海角诸港遭到不同程度的毁坏，沿海贸易几近中断。公元871年，阿尔弗雷德接过了残败不堪的威塞克斯王位，这是一个充满勇气与智慧的人物。在他的旗帜下，英国民众重整旗鼓。阿尔弗雷德意识到海防的重要性，由于时间和财力的限制，临时组建一支王室舰队不切实际。不过，他敏锐地发现沿海有现成商船可供调用，于是他创造性地将民兵制度引入到海防之中，由王室向沿海港口无偿征调船只，以桑维奇为中心建立了一支颇具规模的舰队，每只船都超过60桨，在船体大小上远远超过了丹麦人的长船。这支临时征调的舰队在天才阿尔弗雷德的指挥下发挥了意想不到的作用，构筑起一道流动的海上城墙，瓦解了丹麦人的攻势，把英国从悬崖边上拉了回来。阿尔弗雷德因抵御丹麦人而做出的杰出贡献被冠以"大王"称号。

经历了丹麦海盗的洗礼，英国人意识到，坚固的海防是一个岛国的生命线。沿岸的港口城市，尤其是五港口为了保卫商业，着手武装商船，以防不测。阿尔弗雷德之后的列王延续了他的政策，将民兵制度与海防结合起来，不断加以改进，使这一制度臻于完善。盎格鲁-撒克逊人的末代君主"忏悔者"爱德华即位后，试图组建一支王室统辖的正规舰队。经过精心筹备，这支舰队得以成立，而在桑维奇集结的舰队规模之大，"乃至在这个国家里没有人见到过如此庞大的海军队伍"[1]。然而，海军的庞大花销令爱德华的金库捉襟见肘，以保卫家园的名义不断加征的"丹麦金"则使普通民众怨声载道，无奈的爱德华只得亲手解散这支他精心培植的海军。之后，爱德华继续寻找维护海防的方法，并将目光投向东南海角声望卓著的五港口，指定它们为不列颠的海防提供服务，即定期提供一定数量的船只为王室服役。这个决定将五港口推向了王国的最前线。

私家舰队担负起公共安全的重责，这是巨大的挑战，也是一次机遇。共同的利益和使命驱使五个港口联合起来，最终在诺曼人统治时期结成牢固的同盟。1066年，"忏悔者"爱德华去世，英国大贵族哈罗德在贤人会议的拥护下继承王位。这令英吉利海峡对岸的诺曼底公爵威廉大为光火，

1　《盎格鲁-撒克逊编年史》，寿纪瑜译，北京：商务印书馆，2009年，第175页。

决意用武力夺取王位，他招兵买马，集结了一支规模庞大的军队，于当年9月28日挥师渡海。这时哈罗德正在北境与入侵的挪威人作战，威廉的舰队不费一兵一卒顺利地在佩文西登陆。10月1日，哈罗德正在北方大宴群臣以庆祝斯坦福桥大捷，忽然得到威廉登陆的消息，急忙率军南下应战。10月14日，双方在黑斯廷斯展开决战，哈罗德战死沙场。威廉随即赶赴伦敦，举行加冕仪式，史称"威廉一世"，开创了诺曼王朝的统治。

在诺曼人入主英国的过程中，桑维奇和多佛尔民众进行了激烈的抵抗，给威廉的征服带来了不小的阻力。威廉登基以后，为了使五港为其效忠，慷慨地赐予这些城市在贸易和行政上的特权，免除了它们在全国所需缴纳的通行税。作为回报，五港口要继续履行爱德华时期的军事义务，各港每年提供20艘船为王室服役，期限为15天。为了加强对五港的控制，威廉下令在黑斯廷斯和多佛尔建立军事堡垒，并指定王室忠臣约翰·德·法因斯及其后代为多佛尔城堡总兵和海岸守卫，总揽五港口的海防事务。威廉以后的数代君主赐予了五港更多的特权，五港之间的联系愈发密切，他们精诚联合起来，在亨利二世统治时结为正式的同盟，史称"五港同盟"。同时，同盟的组织机构得以发展，设置了五港总督一职作为国王代表，总领五港口的事务。这样，五港同盟成了不列颠海防的王牌力量，守卫着英国的商业利益和海疆安全。

早在1147年，五港同盟舰队就在葡萄牙反击摩尔人的战役中崭露头角，帮助葡萄牙人击退了北非摩尔人的攻势，舰队的英勇表现得到葡萄牙国王阿方索的大加赞赏。1208年，法兰西、佛拉芒和神圣罗马帝国联军向英国发起进攻，同盟舰队奉命迎敌，在总督威廉·朗斯沃德的率领下，同盟舰队成功阻止联军在英国登陆，从而挽救了英国。五港口自身也从中获益，城市的安全获得保障，贸易得以稳定发展。

真正奠定五港同盟"无双"地位的是1216—1217年的英法战争。1215年，英国贵族因不满国王约翰的暴政，联合教士和伦敦市民，举行了一次大规模起义。他们强迫约翰签订《大宪章》，约翰寡不敌众只得批准。起义者心满意足，却不料约翰在事后拒不执行，愤怒的贵族便决定拥立法国王太子路易为英格兰国王。1216年5月，路易率军进入英格兰。这时，约翰任命效忠王室的休伯格·德·伯格为五港同盟舰队统帅。休伯格随即赶赴多佛尔堡御敌，使法军和英国贵族叛军久攻不克，同时集中五港同盟舰队。次年，约翰去世，幼主亨利登基，路易准备再次入侵英国。随之，一支由80艘战船组成的法国舰队，如乌云压城般驶向泰晤士河河口。休伯格则率领36艘五港战舰出海迎战，他命令同盟舰队加速驶向法国舰队，在超过法国舰队之后，再调转船头进行攻击。英国的划船手将敌舰船员拉下水，俘获了他们的船，以少胜多击败了法军。在接下来的特拉法尔加之战中，五港同盟舰队给予法军致命一击，法国舰队溃不成军，英国成功瓦解了法军的攻势。

▲ 五港总督的旗帜

五港同盟以出色的表现赢得了英王的器重，在王国中的地位扶摇直上。五个主要港口派出的城市代表在议会中获得"男爵"头衔，这是其他任何城市都不曾享有的殊荣。此外，同盟代表还享有为国王持御盖的特权，能在重大典礼中与国王并肩而立。五港同盟因而成了英国海洋精神的光荣象征。

百年战争的洗礼

诺曼征服后，英吉利海峡两岸定鼎一尊，英国的海外贸易获得了广阔的前景，刺激着国内的经济引擎，却也使得英国卷入与法国争权夺利的政治漩涡之中。1066年以后，英法两国间的种种冲突对立皆肇端于此。两岸长期积累的矛盾终于在1337年爆发，引燃了一场历时百余年的征战，史称"英法百年战争"（1337—1453年）。

在中世纪的欧洲，人们心中不存在国家或者民族的观念，无论是统治者还是普通民众都被统摄在封建制度之下。英王虽贵为一国之君，但他通过联姻和继承获得了大量法国的土地，因此也是法王的封臣。翻开12世纪中后期的法国地图，人们会惊讶地发现，当时法国居然有将近一半的土地属于英王，其范围从英吉利海峡延伸到比利牛斯山脉，这片辽阔的土地与英国在不列颠的领土合称为"安茹帝国"。

英国在法国的政治影响力还波及法国的其他领地，这给致力于统一法国的卡佩王朝君主造成了不小的阻碍，历代法王皆欲将这些地区据为己有。1204年，法王腓力二世从英王约翰手里夺取了罗亚尔河北部的地产，1224年，普瓦图转入法国。1259年签署的《巴黎和约》使英国割让的土地面积达到顶峰，英王仅保留了濒临比斯开湾的阿基坦公国。阿基坦的加斯科尼地区盛产葡萄酒，每年为英国创造高额的财政收入，同时拥有重要的海上战略地位，法王始终觊觎着阿基坦。1294—1303年，法王腓力四世就曾为争夺该地与英王爱德华一世打过一场无果而终的战争，这可以说是百年战争的预演。英法矛盾的另一焦点是佛兰德斯的归属问题。法国东北部的佛兰德斯是法国的附庸，在政治上受到法国的控制。此地是中世纪欧洲最富庶的地区，纺织业在佛兰德斯是支柱产业，这里生产的布匹畅销全欧，带来了滚滚财源。然而，佛兰德斯的羊毛绝大部分从英国进口，因此在经济上与英国密切相关。对于佛兰德斯的富裕城市，英法两国都虎视眈眈。

法国王位的继承问题是百年战争爆发的直接原因。1328年，法王查理四世去世，宣告卡佩王朝的终结，法国王座一时空虚。当时，王位的竞争者主要为两个人，一人是腓力四世的侄子腓力·德·瓦洛瓦，另一人是腓力四世的外孙英王爱德华三世。爱德华三世宣称自己是法国王位的合法继承人，要求继承法国王位。但法国贵族无法容忍英国国王高踞法兰西王位之上，他们对此拒不承认，并援引古老的《萨利克法典》中女子不能继承家产的条文，拒绝了爱德华三世的继承要求，随之推选腓力为法国新王，称"腓力六世"。爱德华三世先是接受了这一决定，但在1337年以拥有法国王位的合法继承权为借口对法国宣战。腓力六世也不甘示弱，当机立断下令没收阿基坦，点燃了百年战争的导火线。

法国和英国隔海相望，可以说谁夺取了制海权，谁就能取得战争的主动权。

战争初期，英王爱德华三世并不急于攻击，而是四处扩大盟友。与此同时，法王腓力六世则指挥海军骚扰英国海岸，利用诺曼人、布列塔尼人、西班牙人和热那亚人所驾驶的舰船扫过海峡，使分布在英吉利海峡的英国岛屿，尤其是怀特岛惨遭蹂躏。1338年，法军在英国南部沿海地区大肆烧杀，焚毁了朴次茅斯和南安普顿等地。1339年5月，黑斯廷斯也遭到焚毁。7月底，法国和热那亚的联合舰队袭击了多佛尔、桑维奇、温切尔西和拉伊等地。同时，法军组成一支强大的舰队，在英吉利海峡进行巡航，以防止英军渡海入侵法国本土。英国出海的船只不是被抢，就是被击沉，其中许多是向佛兰德斯运输羊毛的商船。爱德华三世作为一名杰出的军事指挥家，在咄咄逼人的法军面前没有退却，而是继续等待机会，并从各地征募舰船，以组建一支足以与法国海军匹敌的舰队。

1340年6月22日，一切准备就绪。爱德华三世登上座舰"托马斯"号，怀着必胜的信心挥师南下，向法国海岸驶去，一场争夺英吉利海峡制海权的大战即将爆发。英国海军共有舰船147艘，分三个支队，分别由莫莱爵士、亨廷顿伯爵和阿伦德尔伯爵率领，爱德华三世亲任最高统帅。法国得知英舰渡海的消息后，命舰队在斯吕斯港集合。舰队分为三个支队，其中两只大帆船舰队由海军上将奎厄特和财政大臣巴姆哈特指挥，另一支队由单甲板平底船组成，交由热那亚的巴比诺尔指挥。23日，英国舰队接近斯吕斯港，法军严阵以待，决意拦截爱德华三世。次日拂晓，法军舰船开进到卡德沙岛附近的港口，由巴比诺尔率他的支队出海迎战。

奎厄特和巴姆哈特到达预定海面后，就将舰队排成三行。为了使正面不被英军攻破，他们将最大的舰船排在最前面，用铁链和绳索将船连接在一起。爱德华三世的舰队也分为三列，最大的船在前，由莫莱爵士指挥，每三艘船中一艘载士兵，两艘载弓箭手。正午过后，气象开始有利于英军，于是战争在斯吕斯港打响。

在激昂的军乐声中，莫莱爵士背着日光率军冲向法国军舰。当英舰与法国舰船相撞时，英军立即射箭。在箭雨的掩护下，载满士兵的船只靠近敌船，士兵立即跳上敌船展开肉搏战。英国人很快夺取了"克里斯多福"号、"爱德华"号、"玫瑰"号等敌舰，并将舰上的法国国旗换成了纹有雄狮与百合图案的英国旗帜。接着，弓箭手们乘坐这几艘船进攻热那亚的快船。经过一番激战，英军掌握了战斗局面，巴比诺尔认为大势已去，率领快船从战场逃逸，躲过了一场劫难。

然而，那些由绳索连接的大帆船却没有幸免于难。当第一排军舰战败后，第二排和第三排的士兵被吓破了胆，纷纷乘坐小船逃走。日落时分，这场海战落下帷幕，英军大获全胜。据估计，法军损失了166艘舰船，人员损失高达2万~5.5万人（现代这个数字被缩小到1.6万~1.8万人）[1]。无论是从战术角度还是战略角度来看，斯吕斯海战都是英军的一次空前胜利。这场战役对法国称霸英吉利海峡的野心造成了致命一击，法国损失了大量舰船和兵员，北部海岸的港口也遭到英军的破坏，海峡的控制权随之转入英国人的手里。

战后，爱德华三世对海事给予了高度的重视，赋予海军大臣司法权，使其能够独立审判海盗和海上诉讼案。1347年8月，爱德华三世率军占领了靠近佛兰德斯的港口和商业城市加来，巩固了在英吉利海峡的海上霸权。

英王亨利五世在位时（1413—1422年），对英国的制海权极为重视，

---

1 ［美］杰弗里·帕克：《剑桥战争史》，付景川等译，长春：吉林人民出版社，2001年，第166页。

这在中世纪的英国君主中相当罕见。他在继承英国王位后，就专心准备对法作战。他以南安普顿为基地，重新组织英国舰船。[1] 为了确保军事战略的有效实施，他建立了隶属于王室的海军舰队。到1420年，一支拥有38艘舰船的舰队组成，其中包括17艘大船，7艘卡拉克船，2艘驳船和12艘巡逻船。此外，它还拥有众多的僚艇。1415年8月11日，亨利五世率领大批士兵乘坐舰船横渡英吉利海峡，向法国杀去。三日后，军队在塞纳河口顺利登陆，占领了坚固设防的阿勒尔夫，并取得了阿金库尔大捷。随后，英军控制了塞纳河至卢昂的河道，对该城进行了长期封锁。四年后，英军成功占领了卢昂。1416年，英国舰队再次入侵法国，击败了一支受雇于法国的卡斯提尔舰队。1417年，亨利五世在南安普顿召集船只，再次入侵法国并取得胜利，俘获了包括4艘卡拉克船在内的一批法舰。

1422年，亨利五世撒手人寰，他不满周岁的幼子即位，英国宫廷内部因争权夺利而内耗不已。在法国战场，战事陷入了拉锯状态。1428年，英军南下攻打法国南部重镇奥尔良。但这时，17岁的法国农村少女贞德挺身而出，率军前往奥尔良助阵，并突破了英军的防线，最终击败了围城的英军，这场战役成为百年战争的转折点。从此，法军重新振作士气，转入反攻。1453年10月，在卡斯底隆一役中，英军全军覆灭，英国征服计划彻底破产。至此，英军丧失了除加来港以外的所有大陆领地。

百年战争的失败打击了英国吞并法国的野心，但在客观上有助于英国在不列颠本土的发展。法国史学家布罗代尔如此评价英国的失败："英国在这场冒险中迟迟不能实现自己的奢望；它犯了好大喜功的过失，把自己推向险境；直到被赶出了法国，它总算回到自己的家里……转而经营国内，开发土地、森林、荒地和沼泽……英国通过那场虚假的失败缩小了领土野心，这对它日后迅速建成民族市场大有好处。"[2]确实，百年战争结束后，英国人的岛国意识重新得以加强。经过战争洗礼的海军动员能力显著增

1　Jeremy Black, The British Seaborne Empire, St Edmundsbury Press Ltd., 2004, p. 23.

2　［法］费尔南·布罗代尔：《15至18世纪的物质文明、经济和资本主义》（第三卷），顾良、施康强译，北京：生活·读书·新知三联书店，2002年，第403–404页。

强，一度形成了以王室舰队为核心、城镇商船为辅助的海防模式。百年战争主要是在法国进行的，英国虽然在战争中损耗了大量人力物力，但本土却不像法国那样饱受蹂躏，制海权的重要性得以体现。同时，战争也刺激了英国本土工商业的进步。由于禁运法令的影响和法国的阻挠，英国的羊毛出口量大幅度缩减，转为内销，推动了本国纺织工业的发展，从而催生出英国早期的工业体系，英国本土生产的呢绒逐渐取代了羊毛在出口中的地位。与此同时，英国的造船工业取得了长足发展，高舷帆船技术发展尤为迅速，并能够建造200吨以上的大型船只。战争结束后，英国的海洋事业取得不断进步，伦敦、布里斯托尔等港口城市迅速发展起来。

总之，百年战争后，英国的统治者们逐渐将目光投向欧洲大陆以外更为广阔的世界，这种视野上的转变和扩大为此后英国在海外的扩张铺就了道路。

驶出欧洲：扬帆起航的英国人

航海的先声

15世纪末16世纪初，在西欧掀起了一场地理大发现运动。地理大发现使欧洲人重新认识了世界，坐落于欧洲西北海域的英国，也加入了这场发现未知世界的冒险中。

这一时期，英国参与航海探险，既有内部的原因，也有外部的刺激。

百年战争结束后，英国贵族争夺王位的玫瑰战争接踵而至。这场战争在1455年打响，作战的双方是以约克家族和兰开斯特家族为首的贵族集团，战火绵延了整整30年。1485年，拥有兰开斯特家族血统的亨利·都铎在博斯沃斯之战中击败理查三世，宣告了战争的终结。亨利在当年登上了英国王位，史称"亨利七世"，揭开了都铎王朝统治的序幕。

英国人在动荡不安中度过了百余年，但是经济发展的车轮滚滚向前，英国社会在阵痛中酝酿着深刻的变革。14世纪以来，英国的商品经济茁壮成长，商品货币关系渗透到了农村，一点一滴地蚕食着封建经济的地盘。

而接连不断的战争、灾荒和病疫也加速着封建制度的瓦解，贵族对领地的控制力大为减弱，农奴制发生解体。随着英国毛纺织业的兴起，英国国内出现了资本主义萌芽。英国的对外贸易额持续提升，呢绒在15—16世纪逐渐取代羊毛在出口中的主导地位，成为最大宗的外销商品。对外贸易的勃兴为英国带来了滚滚财源，激起了英国商人开拓海外市场的野心。

就在这时，开辟新航路的热潮在伊比利亚半岛兴起。马可·波罗笔下富庶繁华的亚洲和香料岛的传说令葡萄牙人和西班牙人心驰神往。当伊比利亚人探索新航路并取得巨大成功的消息漂洋过海传入英国时，英国人也按捺不住了。他们在葡萄牙和西班牙之后，也跻身探险海洋的行列。

英国人的海外探险发轫于英国西南部的布里斯托尔。布里斯托尔濒临大西洋，是英国的海港重镇，也是陆上贸易的枢纽。随着英国社会经济的进步，布里斯托尔因其优越的地理位置而兴盛起来。在动荡不安的15世纪，布里斯托尔维持了巨大的繁荣，一跃成为英国仅次于伦敦的第二大城市。布里斯托尔与欧洲大多数沿海城市保持着密切的贸易联系，它的航运业因此十分繁荣。在16世纪中叶，曾五次担任布里斯托尔市市长的大商人威廉·坎宁就拥有总载重2853吨的商船和800名水手。在布里斯托尔港内，随处可见葡萄牙、波尔多、爱尔兰、冰岛的旗帜，水手们不是在码头忙于港务，就是在街头巷尾的小酒馆中消遣时光。

布里斯托尔商人积极涉足海外冒险与德国的汉萨同盟商人阻碍传统商路不无关系。当时，布里斯托尔和冰岛之间有着频繁的商业往来。冰岛位于英国西北海域，这片海域盛产鳕鱼。为了防止腐烂，渔民将捕获的鳕鱼用盐腌制风干，并与外国商人进行贸易，以换取布匹和手工制品。布里斯托尔商人在与冰岛的贸易中赚得盆满钵满，这很快引起了汉萨同盟商人的觊觎。1475年，汉萨同盟截断了布里斯托尔商人购买鳕鱼的渠道，试图垄断这一贸易。布里斯托尔商人自知无法和强大的汉萨同盟竞争，于是另谋出路。

另外，布里斯托尔人还深受海外传说的影响。在中世纪的英国流传着关于七城岛和巴西岛等神秘岛屿的传说。据说七城岛是由七名西班牙主教开辟的一座岛屿。公元8世纪，在阿拉伯人占领西班牙后，七名西班牙主教不甘臣服，便通过海路出逃。他们随后乘船在一座巨大的岛屿登陆，并分别建立了七座城市，他们的基督教信仰因此得以延续。而巴西岛据说是位于爱尔兰以西160千米的一个海岛，在苏格兰盖尔语中意为"受祝福的岛"，岛上盛产染色用的红木。据传，这些岛屿的周围海域有更多的鳕鱼资源，只要找到这些新渔场就能避开汉萨同盟。于是，一些具有冒险精神的布里斯托尔商人就开始谋划寻找传说中的岛屿。

1480年，一位名叫约翰·杰伊的商人出资装备了一艘80吨的船，在布里斯托尔招募船员出海探险。当年7月，这艘船从布里斯托尔港出发向西航行，去寻找巴西岛。然而，在航行了6周以后，船员们仍没有看到任何陆地，船长只好掉头返航。这次失败并没有动摇商人们的信念，此后10年间，几乎每年都有船只从布里斯托尔出海探访未知的岛屿。

由于航海的目标建立在虚无缥缈的传说之上，并且受到地理知识和航海条件的限制，布里斯托尔商人的远航始终未能取得实质性的进展，他们既不可能找到传说中的岛屿，也无法像哥伦布那样幸运地发现新大陆。但是，他们的勇敢尝试揭开了英国人航海探险的序幕，英国人在利益的驱使下终于将目光投向广阔的海洋，而不再局限于欧洲大陆，资本的扩张本性终于在海洋中获得解放！

英国在大航海时代最初取得的成就与一位意大利人息息相关，他就是约翰·卡伯特。

卡伯特出生于商业和航运业发达的地中海城市热那亚。后来，他移居到威尼斯，在那里成长为一名出色的水手，并在地中海地区经营商业。1480年，卡伯特抵达近东，他从麦加的阿拉伯香料商人那里了解到遥远东方的香料产地。香料的高额利润使卡伯特对东方贸易产生了浓厚的兴趣。卡伯特与后来发现美洲的哥伦布是好朋友，哥伦布曾赠送给他一本马可·波罗的《东方见闻录》。马可·波罗对东方毫不掩饰的溢美之词令卡伯特对于东方，尤其是中国心驰神往。他相信，如果能够到达中国，并与之进行贸易，就能够赚取巨大的财富，甚至名垂千古。因此，他笃定了前往东方的信念。

卡伯特起初离开威尼斯是因为背负了巨债，其金额之高令他难以偿清，于是逃到国外避难。1489年，他一路逃到了西班牙，但是债主也跟了过来，一路穷追猛打。后来，他辗转抵达巴伦西亚港，他曾在此地提议建造一座新港口，但是响应者寥寥。由于债主在身后穷追不舍，卡伯特继续奔走。他随后到达塞维利亚，并建议修造一座横跨瓜达基维尔河的大桥，这个计划同样没有得到响应。1494—1495年，卡伯特萌生了横渡大西洋的想法。他当即向塞维利亚的民众公布了这个大胆的计划，企图说服他们为自己掏钱。对于当地人来说，这无异于痴人说梦，于是计划落空。随后，卡伯特前往葡萄牙首都里斯本，试图向葡萄牙人寻求资助，可同样徒劳无功。后来，他听说英国国王亨利七世精明能干，对商业有浓厚的兴趣，就决定来英国碰碰运气。1495年，卡伯特携妻儿渡过英吉利海峡来到了英格兰，在布里斯托尔定居下来，等待时机向英王推销他的航海计划。

1496年3月，英王亨利七世西巡经过布里斯托尔，在这里逗留了几天。卡伯特抓住了这个机会，请求与英王见面，亨利七世批准了他的请求。在此之前，亨利七世曾接见哥伦布的弟弟巴托罗缪。当时，同样怀揣航海计划的哥伦布向葡萄牙和西班牙君主寻求财力和人力上的支持，起初都遭到了拒绝。他听说英国的亨利七世是当时欧洲开明的君主之一，于是派他的弟弟巴托罗缪来寻求亨利七世的支持。巴托罗缪中途因遭遇海盗袭击而耽搁了不少时日，但最终得到了亨利七世的接见，向他报告了哥伦布的探险计划。听取了哥伦布的计划后，亨利七世表现出犹豫的神态。因为这项计划耗资巨大，而且从来没有横渡大西洋的先例。在巨大的风险面前，亨利七世望而却步。结果，西班牙人抢先一步与哥伦布签订了《圣塔菲协定》，哥伦布得以率领船队横渡大西洋，并发现了美洲。亨利七世的犹豫不决使英国错失了首先发现新大陆的机会，他为此懊悔不已。

所以，当卡伯特出现在自己面前时，亨利七世怀着极大的兴趣听取了他的计划。卡伯特声称，只要在比哥伦布更高纬度的海面航行，就能到达亚洲的东北海岸，从而大大缩短欧洲与亚洲之间的行程，由此就能快速地到达中国和日本，与它们建立贸易联系，得到黄金和香料。这一次，亨利七世没有犹豫，他爽快地给卡伯特颁发了特许状，授权卡伯特和他的三个儿子"驶往各地、各国，及东方、西方和北方海域"[1]的权利。航行产生的费用由布里斯托尔商人承担，英王则从航行获利中抽取1/5的利润。

卡伯特在欧洲吃了一连串闭门羹后，终于如愿以偿。他没有浪费一点时间，在当年就马不停蹄地组建起一支船队从布里斯托尔出发横渡大西洋。不过，这次航行没有经过充分的准备，船队还未驶远，便出现补给困难，加上天气愈发寒冷，船员们开始抱怨，船队内部出现了分歧，卡伯特只好半途而返。这次航行的失败给卡伯特留下了深刻的教训。

此后，卡伯特积极准备下一次航行。他首先着手寻找一艘可靠的帆船。于是，他带上大把钱财来到布里斯托尔港，寻找一艘可以远距离航行的船只。当他到达港口，一眼就锁定了一艘船，并将其买下，以妻子的名字将其命名为"马修"号。"马修"号是一艘轻帆船，全长24米。这是当时西欧，尤其是葡萄牙常用的一种货船。就在不久前，轻帆船在海外探险中声威大震。5年前，哥伦布前往中美洲时，三艘船中就有两艘轻帆船。尽管这艘轻帆船小巧玲珑，构造简单，还有许多需要改进之处，但是它牢固耐用且功能齐全。在漂泊不定的探险航行中，驾驶一艘牢固的航船乃是头等大事。紧接着，卡伯特在码头招募了18名船员。这些船员中既有能干的水手，也有淘金者、厨子和牧师，另外，卡伯特的二儿子塞巴斯蒂安·卡伯特也加入船队。这可以说是一群乌合之众，对于卡伯特的计划，他们半信半疑。但是，荣誉感和对财富的渴望驱使他们放下疑虑，追随卡伯特开辟一项空前的事业。

1497年5月2日，经过精心准备之后，卡伯特率船员扬帆起航，向未知世界进发。这一次，卡伯特将航线固定在了北纬52°上。海上的生活充满着不确定性，随着时间的流逝，船员们在航行中吃尽了苦头，渐渐地对航行失去了信心。卡伯特尽管同样不安，但在精神上依旧不屈不挠，他不断地向船员灌输即将到达东方的观念，以此提振船员们低落的士气。直到6月24日，也就是出航的一个半月以后，一阵欢呼声划破了宁静的海面。船员们发现了一块陆地，于是他们加速前进。渐渐地，这片陆地露出了辽阔的表面。终于，

1　James A. Williamson, The Cabot Voyages and Bristol Discovery, Cambridge, 1962, p.204.

在航行3000余千米之后，"马修"号抵达了加拿大东海岸的一座岛屿。为了纪念这块新发现的土地，卡伯特便将其命名为"纽芬兰"，这一名称沿用至今。随后，他们在附近一处港湾登陆，在那里插上了英国和威尼斯两国的国旗。但是，他们并没有见到任何美洲原住民，只是找到了人类活动后留下的痕迹，包括一些骨针、绳索及被砍伐过的树。船员们接着又沿着纽芬兰海岸向南航行，航行中卡伯特和船员们惊喜地发现在附近的海域中有大量的鲱鱼和鳕鱼。由于生活用品即将告罄，为确保"马修"号能够顺利返航，带回凯旋的消息，向世界宣告他发现的新大陆，卡伯特命令船员调转船头，返回英国。8月6日，"马修"号回到了布里斯托尔港。

这样，卡伯特成了继斯堪的纳维亚人之后，第一个到达北美大陆的欧洲人。据此，卡伯特坚信自己发现了通往亚洲的航道。他回到布里斯托尔公布了这一消息后，英国人受到了极大的鼓舞，他们视卡伯特为英雄，对他的回归表示热烈的欢迎。英王决定趁热打铁，派他进行第二次航行，这次航行的任务就是在中国建立一个贸易站点。

1498年5月，卡伯特率领5艘船、200余名船员向西北方向驶去。这次他们首先在格陵兰岛登陆，后来又继续向西航行。但是，船队在航行的途中突然遭遇了大片浮冰。水手们见状惊慌失措，要求立即停止探险活动。卡伯特担心发生哗变，被迫改变航行方向，向南航行。船队在达到北美大陆后，继续沿着东部海岸向南一直航行到今日美国马里兰州沿岸海域。这一带到处是茂密的森林，船队在岸上发现了身穿兽皮的印第安人。然而，这些人既没有黄金，也没有其他珠宝，与他们想象中的中国人相差甚远。后来由于供给紧张，船队只得掉头返航。而在这次航行中，卡伯特不幸因病去世，塞巴斯蒂安接替了父亲的位置，代他指挥航行，将船员带回到英国。这次航行在英国民众看来，显然是得不偿失的。航行耗费了大量的金钱，但是没有给英国带来任何实际的收益。新发现的海岸几乎可以断定不会是遍地黄金的东方国度。

回到英国以后，塞巴斯蒂安没有立即投入新的探险准备中，而是沉寂了很长一段时间。直到1504年，他才重新登上探险船，重启冒险事业。这年春天，塞巴斯蒂安在布里斯托尔商人的支持下，率领两艘探险船抵达北美大陆，并于6月返航。这次航行，他仅仅从纽芬兰带回40吨咸鱼和7吨鳕鱼肝脏。在1508—1509年，他进行了第二次航行。这次航行得到了英王的支持，英王为他提供了两艘船。塞巴斯蒂安先是经过冰岛和格陵兰岛，后来又到达拉布拉多，并带领船队进入了一个海峡。有史料证明，他到达了哈德逊湾河口，这是欧洲人首次发现哈德逊湾。也许出于安全方面的考虑，船员们反对继续探险。塞巴斯蒂安只得退出海峡。之后，船队沿着北美东海岸向南航行，到达今弗吉尼亚一带海岸后返回英国。在1509年，当塞巴斯蒂安远航归来时，亨利七世已经死去，继承王位的是好战的亨利八世，他忙于对法国的战争，无暇顾及探险活动。在这种情况下，塞巴斯蒂安的航海事业只得终止，他加入了英国远征军，在军队中担任制图师一职。

卡伯特父子虽然未能找到通向亚洲的航道，也未在北美为英国带来任何实际利益，但是他们的航海探险仍然具有深远的影响。从本质上来说，卡伯特父子的航行是英国资本冲出欧洲的重要尝试，大大拓宽了英国人的视野，将英国的海外事业开拓到北美海岸，形成了日后英国海外探险和扩张的一条重要路径，而北美在未来将成为英国最重要的一块殖民地。英国的制度文化在北美大陆生根发芽的可能性，可以说正是在这时出现的。此外，卡伯特父子在纽芬兰岛附近发现的丰富的渔业资源，了却了布里斯托尔商人寻找新渔场的心愿。总之，卡伯特父子尽管没有到达中国，带回东方的香料、金银和珠宝，但是自他们开始，英国正式迈入了航海时代。随着英国的崛起，此次航行顺理成章地成了建立海上帝国的第一步。正是在卡伯特父子的航海探险之后，一批又一批的英国人前赴后继，在大航海时代谱写了一曲属于英国人的凯歌。

海盗的时代

都铎王朝是英国拓殖海洋的早期阶段。在伊丽莎白女王统治时期，英国人对海洋的兴趣可谓空前。这时，一个特殊的群体在海上表现得尤为活跃，那便是英国海盗。

英国海盗的历史十分悠久，不列颠四面环海、岛屿纵横的自然环境为海盗的滋生创造了有利的条件。英国西南部港口城市布里斯托尔、普利茅斯、达特茅斯等地尤其"盛产"海盗。早在盎格鲁–撒克逊时代，海盗文化就已经深深地植入英国人的文化基因。能征善战的盎格鲁–撒克逊人最早就是以海上征服者的身份进入大不列颠岛。在北欧海盗入侵时代，一部分北欧海盗在英国定居，渐渐融入英国社会，从而增加了英国人性格中的海盗成分。

海盗在茫茫大海上驰骋称王，不仅促进了英国与海洋的"结亲"，更能够帮助英国政府对抗海洋强敌。一旦战争爆发，这些海盗便是英国王室可以利用的现成武装力量。因此，海盗与英国王室之间的关系不可谓不密切。大约在13世纪末，英国就曾给海盗颁发"私掠特许证"，允许海盗打击敌国的商船，并参与瓜分战利品。在这一时期，东南海角的五港口成为海盗们的啸聚之地。海盗的私人利益与英国的国家利益紧密结合，"从事海盗活动并未给冒险家带来羞耻，有海盗的名声也并非一件有辱名誉的事件，我们往往发现有海盗名声的人获得很高的地位，譬如市长或其他官职"[1]。

都铎王朝时期，尤其是在伊丽莎白女王统治下，英国人的"海盗本性"被激发出来，海盗活动愈益频繁。亨利七世以来，众多的英国商人泛舟海上，因此涌现了一大批航海的能手。爱德华六世和玛丽女王时期，由于宗教纷争，出现了大量宗教避难者，先是天主教徒，后来是新教徒。一些人流亡到海外，另一些逃到爱尔兰沿海港湾或者英国西南角的偏僻海岸，干起杀人越货的海盗行当。海盗的作案地点集中在航运繁忙的英吉利海峡。到伊丽莎白一世统治时期，海盗活动的范围扩大到大西洋，甚至远达大洋彼岸的美洲沿海。海盗的活跃和劫掠范围的扩大，与伊丽莎白女王的纵容政策不无关系。

1558年，年轻的伊丽莎白继承了英国王位，史称"伊丽莎白一世"。

1　［美］詹姆斯·W. 汤普逊：《中世纪晚期欧洲经济社会史》，徐家玲等译，北京：商务印书馆，2011年，第101页。

▲ 英国海盗偷袭西班牙商船

但是，此时的伊丽莎白恐怕难以沉浸在继承王位带来的喜悦之中，因为她接手的这个国度正经受着剧烈的阵痛。在社会、经济、宗教、外交各方面，伊丽莎白都面临着巨大的挑战。爱德华六世在位时的一名枢密院书记官曾这样描述伊丽莎白面临的危机："女王经济拮据，王国耗尽财源，贵族贫穷没落，军队缺少优秀官兵；民众混乱，法纪废弛，物价昂贵，酒肉和衣服滞销；我们内部互相倾轧……我们在国外只有不共戴天的敌人，没有坚强忠实的盟友。"[1]

其中，最为严峻的是英国面临的经济危机。伊丽莎白的父王亨利八世在位时，曾多次发动对法战争，但一无所获，反而导致国库空虚，货币大幅度贬值，造成了严重的经济衰退。而她的姐姐玛丽女王在西班牙国王菲利普二世的怂恿下，又一次将英国士兵运往法国战场，结果损兵折将，欠下了一大笔债务。更糟糕的是，玛丽丢失了英国在欧洲大陆的重要据点——加来。在很长一段时期内，加来一直是英国人与大陆通商的窗口，商人们将英国的羊毛运抵加来，加工成呢绒，输往欧洲各地。加来的丢失对英国的出口贸易造成了震荡。因此，伊丽莎白即位后的首要任务便是提振经济。与此同时，在伊丽莎白女王的统治时期，英国的宗教纷争暂时平息，一大批流亡者回到国内，其中不乏各色海盗。在这样的形势下，女王精明地将海盗引入她的政策轨道。对于海盗活动，女王名义上不予承认，实际上睁一只眼闭一只眼。对海盗的放纵不仅能够将他们引向海外，不至于在国内制造麻烦，而且还能为王室带来额外的收入。而对于女王的容忍，海盗们亦心存感激，他们因此忠心耿耿，甚至愿意为女王献身。

在伊丽莎白统治时期，有两名海盗尤其引人注目，他们便是大名鼎鼎的约翰·霍金斯与弗朗西斯·德雷克。

1532年，霍金斯出生在英国西南部海港重镇普利茅斯，他所属的霍金斯家族在普利茅斯乃至全英国都享有盛名，涌现了一大批出色的水手和商人。其父威廉·霍金斯就是一名传奇商人，他开拓了英国与巴西之间的海

1　夏继果：《伊丽莎白一世时期英国外交政策研究》，北京：商务印书馆，1999年，第55页。

上贸易，曾代表普利茅斯三次出席英国议会。在这般成长环境的浸染下，霍金斯很早与海洋打起了交道，学会了诸多航海技能，对航海生活产生了直观而深刻的体验。后来，他继承父亲的事业，从事西班牙与加那利群岛之间的贸易，凭借着灵活的头脑和丰富的航海经验，很快就发了一笔小财。

随着美洲新大陆的开发，霍金斯很快就嗅到了新的商机。当时美洲处于西班牙和葡萄牙的统治之下，殖民早期大范围的屠杀和来自欧洲的病菌夺去了成千上万印第安原住民的生命，使美洲人口急剧下降。而西班牙人开采矿藏和经营种植园需要大量劳动力，人口的洲际贸易因此变得有利可图。霍金斯在航行途中听说，黑人在西印度群岛的伊斯帕尼奥拉岛颇有市场，而大西洋东岸的非洲有大量现成的黑人，于是萌生了贩卖黑奴的想法。

1562年，霍金斯在一些商人的帮助下，组织了3艘贩奴船驶出英国，拉开了跨大西洋奴隶贸易的序幕。当年冬天，他率领船队开进几内亚湾，通过威逼利诱的方式顺利捕获了300名黑奴，然后装船运往美洲。年底，当船队抵达伊斯帕尼奥拉岛的圣多明各港时，西班牙种植园主将运来的黑人抢购一空。霍金斯紧接着在当地买入兽皮、生姜、糖和珠宝返回英国。1563年，霍金斯满载而归，出售商品所得的高额利润使他一下子成了普利茅斯最富裕的人。

霍金斯贩奴成功的消息引起了王室浓厚的兴趣。伊丽莎白女王一心想发展英国的海外贸易，而西班牙对大西洋贸易的垄断一直是女王跟前的一块绊脚石，霍金斯等人开辟的奴隶贸易令女王龙颜大悦。她看到了这种贸易方式的广阔前景，贩奴带来的收入不仅能够充盈国库，还能够刺激英国经济，壮大英国的实力。所以当霍金斯提出第二次出航计划时，女王毫不犹豫地向他提供了力所能及的帮助。她从海军中抽调了700吨的战舰"吕贝克的耶稣"号，折合4000英镑入股霍金斯的这次航行，这令霍金斯感激不尽。此外，英国政府官员在利润的刺激下，也投资了这次航行，如威廉·塞赫伯特爵士、克林顿爵士、罗伯特·达德利公爵等。

1564年10月，霍金斯率领船队从普利茅斯出发，开始了第二次海上冒险之旅。不过，这次探险并不顺利，他们在几内亚湾遇到了黑人的激烈反抗，愤怒的霍金斯下令镇压。经过一番较量，当英国人准备离开非洲海岸时，已经在船舱中扣押了400名黑人。霍金斯把这一船黑人运送到委内瑞拉和巴拿马等西班牙殖民地出售，并满载珠宝而归。此次航行为伊丽莎白女王带来了丰厚的回报，女王特地授予霍金斯一枚印有被捆绑黑人的盾形纹章，作为对他的鼓励。霍金斯的航海事迹随之在英国民间传播开来，人们将他奉为英国的民族英雄。这次航海也表明，英国的国家利益和个人利益更紧密地结合起来，这种官方与民间的紧密关系为英国资本的原始积累创造了源源不断的动力。

　　不过，当霍金斯的"英雄事迹"令英国上下欢呼不已时，却引起了西班牙统治者的不悦。西班牙人将此视为对其海上霸权的挑战，因为霍金斯无视西班牙的贸易禁令，侵犯了西班牙的殖民利益，这将英西两国的关系推向了冲突的边缘。1567年，霍金斯第三次出航，这次航行规模更大，总共有6艘船只出海。另外，霍金斯的表弟弗朗西斯·德雷克也加入了这次远航的队伍，由他指挥一艘50吨重的小船。这一次，英国人在几内亚湾捕获了550名黑奴，并运往南美洲出售。但是，船队返航时意外地遭遇了飓风。在危急之中，霍金斯将船队开往西班牙人控制下的拉克鲁斯湾，经过几番交涉，西班牙人最终准许他们进港停泊。然而，当他们准备在港口停靠时，西班牙人却发起了突然袭击。霍金斯和德雷克几经奋战，各率一艘船逃离险境，而其余4艘船则被西班牙俘虏。这次突袭在后来被英国认定为英西关系发展史上的"珍珠港事件"[1]，它打碎了英国与西属美洲殖民地之间和平通商的希望。正如《全球通史：1500年以前的世界》作者斯塔夫里阿诺斯教授所言："第三次航行的厄运标志着英、西两国关系的一个转折点——它结束了与西班牙殖民地和平地、合法地通商的希望。如果贸易不能以和平、合法的方式经营，必然要用其他手段进行。获利的机会对英国人和其他北方人来说太大了，使他们抑制不住自己，也无法忘却。在以后

1　张箭：《地理大发现研究》，北京：商务印书馆，2002年，第326页。

数十年中，新教的船长们是作为海盗和私掠船船长，而不是作为和平但违法的商人前往西印度群岛。"[1]

这起事件成为英国与西班牙从和平走向敌对的转折点。霍金斯清醒地认识到：没有一支强大的海上护航力量，稳定的贸易无从谈起，英国就只能如同砧板上的鱼肉一般任人宰割。因此，回到英国后，霍金斯转而投入了英国海军的建设之中。德雷克接过霍金斯的海上事业，不久成长为英国反西海盗事业的中流砥柱。

德雷克1540年出生在英国德文郡的一个农庄，父亲曾是一名新教传教士。由于家境贫寒，13岁时父母将他送到一条商船上当学徒。老船长去世后，把这艘船留给了他，几年的海上生活造就了他坚韧勇敢的性格。他与表哥霍金斯的合作要追溯到1566年，那一年霍金斯组织了一次远航，并将德雷克招入船队，但霍金斯本人并未出海。而在1567年的那次航行中，德雷克死里逃生，从此与西班牙人结下了仇怨，他发誓要以牙还牙，报复西班牙人的蛮横与狡诈。

德雷克决定虎口夺食，从美洲直接抢夺金银。为了制订一个精密的计划，他在1570年和1571年两次远渡重洋，到美洲进行实地考察。他了解到，西班牙人用骡队将从秘鲁开采的金银矿沿太平洋一侧海岸向北运送到巴拿马地峡，然后在大西洋一侧的德·迪奥斯港装船运回国内。因此，在港口的仓库中存放着大量金银。于是德雷克制订了一个计划，准备在德·迪奥斯港发动突袭，抢劫存放金银的宝库。

1572年，德雷克从伊丽莎白女王手中获得一份劫掠西班牙的特许状。当年3月，他率领2艘小船从普利茅斯港出发，朝着巴拿马沿岸的西班牙金银库开去。7月底，船队在巴拿马海岸的一个秘密港湾抛锚。船员们登岸后，潜伏至德·迪奥斯港附近。德雷克和船员埋伏了数天，以为机会来临，便向港口发起猛烈袭击。但是，他们的计划事先被西班牙人获悉，西班牙人的严密布防，令德雷克非但没有劫获宝藏，反而负了伤，不得不下令撤退。

1　[美]斯塔夫里阿诺斯：《全球通史：1500年以前的世界》，吴象婴、梁赤民译，上海：上海社会科学院出版社，1999年，第163页。

德雷克不甘心就此作罢，他率众退入附近的森林等待下一次机会。港口一带守备森严，西班牙人遇袭后更是提高了警惕，所以必须另想对策。后来，德雷克重新制定了一个方案，计划在中途劫掠运输金银的骡队。苦苦等待将近一年后，德雷克终于等来了机会。当运金的骡队出现时，如饥似渴的英国海盗向骡队猛扑过去。赶骡人这时毫无防备，他们想不到会在自己的地盘遭到抢劫，顿时慌了神，纷纷四处逃散，等到西班牙军队到来时，海盗们早已不见了踪影。这一次，德雷克不费吹灰之力就得到了5吨重的金条和珠宝。

1573年8月，德雷克回到普利茅斯港，当地民众如潮水一般热烈欢迎他的回归，他还得到了伊丽莎白女王的接见。德雷克的成功证明了西班牙人不是不可战胜的，这极大地刺激了英国人的民族自豪感，人们因此称他为"自由英国的旗手"。

1566年，在尼德兰爆发了一场反对西班牙的革命。1576年，西班牙士兵在尼德兰烧杀抢掠，英国商人蒙受了惨重的损失，伊丽莎白为此怒不可遏。就在这时，德雷克觐见伊丽莎白，女王对他说："德雷克！这次我该报西班牙多次侮辱我的仇了！"[1] 1577年12月，德雷克在王室的支持下，率领160余人，分别乘坐3艘海盗船和2艘补给船离开普利茅斯，此行目的是袭击西班牙在南美洲太平洋沿岸的殖民地。

船队首先沿着非洲西海岸航行至佛得角，然后向西航行，到达巴西海岸，接着沿着南美东海岸南行，通过麦哲伦海峡，接近西班牙在智利的殖民地。1578年12月5日，德雷克座舰"金鹿"号出现在智利的瓦尔帕莱索港。英国海盗趁西班牙人不注意，在这个港口登陆并大肆抢劫，夺走了一艘满载酒和黄金的"南方大船长"号商船。接着，德雷克继续向北航行，在沿岸港口一路作案。1579年2月13日，"金鹿"号到达秘鲁首都利马，这里是西班牙在南美洲的统治中心。当夜，德雷克在夜色掩护下开进港湾，蒙混在敌船之中，并打听到第二天有货船出航的消息。次日，德雷克率众

1　刘季富：《英国都铎王朝史论》，郑州：河南人民出版社，2008年，第138页。

追上一艘西班牙运宝船，在经过一番激战后将其截获。令德雷克和他的伙伴意想不到的是，这艘船上竟载有13箱金币，80磅黄金，26吨生银，以及几堆珠宝。这无疑是德雷克远航以来收获最大的一次。

德雷克可以满载而归向伊丽莎白女王交代了。不过，他一路偷袭引起了西班牙人的高度警惕，南美各个口岸加强了防备，若原路返航，无疑将困难重重，稍有不慎就可能被西班牙舰队擒获。德雷克便有意绕行北美返回英国，这条航线同样充满未知，自卡伯特父子探索这条航路以来一直未有人成功通过。最后，德雷克放弃了绕近路返回英国的计划，他在北美西海岸的旧金山稍做调整后，决定横渡太平洋。1580年9月26日，他率船队回到普利茅斯。德雷克的此次航行是继麦哲伦船队之后人类的第二次环球航行，德雷克因此成为英国的民族英雄和声名远播的航海家。这次航行也获得了丰厚的经济回报，航行的全部获利估计高达150万英磅，是全部航行费用的47倍，为王室带来了巨大的收益。伊丽莎白女王为此对德雷克及同行的水手进行了重赏，她亲自授予德雷克一把金剑，并赐予他爵士称号。

伊丽莎白女王时期，海盗成了英国资本向海外扩张的尖兵力量。海盗活动古已有之，但在都铎王朝后期尤其兴盛，这是英国与海外和平通商受挫的结果，是英国人对不利的外部环境所作出的直接反应，在本质上体现了英国资本向外扩张的强烈欲望。

西班牙人建立了强大的舰队，企图称霸大洋，垄断殖民贸易。英国没有一支能与之匹敌的海上力量，同时，伊丽莎白女王拮据的财政限制了英国海军的发展，海盗活动恰好适应了恶劣的外交和内政状况。英国人无法与西班牙正面交锋，却可以通过海盗行径蚕食西班牙人的海外利益，通过持久战的方式逐渐削弱西班牙的实力，打击西班牙人的嚣张气焰。

正因如此，都铎王朝后期的海盗已不仅仅是单纯的以个人私利为目的的传统海盗，海盗的个人利益和国家利益逐渐趋于一致，甚至结合在了一起。在英国人眼中，霍金斯、德雷克等江洋大盗不是无法无天的罪犯，而是代表国家利益的民族英雄，他们的每一次重大成功都使得英国人民欢欣鼓舞。以女王为代表的英国上层社会同样对海盗另眼相看。尽管女王表面上禁止海盗，但实际上却与海盗在利益上捆绑在一起，对海盗活动表现出极大的兴趣。西班牙国王菲利普二世曾抱怨，伊丽莎白女王在其统治早期只是口头允诺采取行动，她既无法平息也不愿意采取措施禁止针对西班牙人的海盗活动[1]。不仅如此，一些贵族与乡绅甚至直接指挥海盗船，到广阔的海洋上建功立业。

在16世纪后半叶，海盗为英国带来了价值1200万英镑的财富。这些财富一部分进入了英国国库，如一场及时雨，改善了原本拮据的财政状况；另一部分流入了新贵族和新兴资产阶级的手中，转化为资本，被投入制造业领域，为英国资本主义的发展输入了新的血液。蓬勃发展的资本主义大大增强了英国的经济实力，而随着资本扩张本性的进一步释放，更大规模的海外扩张即将来临。

打败"无敌舰队"

1588年，在英吉利海峡爆发了一场规模空前的海战，战争的主角是英国和西班牙。这场海战表面上是西班牙入侵英国的侵略战争，实质上是封建性质的陆地强国与资本主义性质的海洋强国之间争夺霸权的斗争。

16世纪后半叶，随着国内资本主义的发展，英国的海外贸易迅速攀升，英国社会各阶层对于海洋越来越重视，航海探险也在这时复苏，人们重新燃起了与中国通商的渴望。这一时期，在英国出版了大量鼓吹探险的著作。1573年，威廉·布尔写成了《论海上霸权》一书，布尔认为英国可以通过五条海上航线到达中国，分别是好望角航线、麦哲伦航线、西北航线、东北航线以及北方航线。1576年，博学多才的吉尔伯特勋爵所著的小册子《谈从西北抵达中国和东印度群岛》正式出版，在此之前，该书就以手抄本的形式在英国民间广为流传，书中论证了通过西北航线到达中国的可行性，重新激起英国人在西北海域进行探险的兴趣。1577年，查理·伊

1　姜守明：《从民族国家到走向帝国之路》，南京：南京师范大学出版社，2000年，第222页。

顿所著的《东西印度和其他国家旅行史》出版，伊顿在书中翻译了葡萄牙和意大利旅行家关于中国的描述，同样宣扬通过西北航道寻找前往中国的路线的可行性。

著名海盗马丁·弗罗比歇是重探西北航道的第一人。1576年，在政府官员和伦敦商人的资助下，弗罗比歇率领两艘25吨的航船率先出海。他在航行中发现了巴芬岛、弗罗比歇湾，并初步探索了哈德逊海峡。吉尔伯特尾随其后，于1578年从女王那里获得特许状，在1583年率领一支船队抵达纽芬兰，建立了几个定居点，并宣布此地属于英国。接着，他继续向西航行，但在返航途中不幸遇难，与船只一同沉入了大西洋。后来，吉尔伯特同母异父的弟弟沃尔特·雷利爵士继承了他的航行事业，并转向对北美洲进行探索。在1585—1587年，雷利分批派遣船队抵达北美沿海地区，建立了一块殖民地，取名为"弗吉尼亚"，这在英语中意为"处女之地"，以此向守贞的伊丽莎白女王表示敬意。尽管通往中国的通道没有被开拓出来，但这一时期频繁的探险活动使英国人的地理知识大为丰富，激起人们进一步探索海洋的欲望，为英国航海探险事业的深入发展奠定了基础。

与此同时，其他方向的商业航线也得以开发。富有开拓精神的商人们在东北海域、波罗的海、地中海等几个区域拓展新的商业航道，相继组建一系列股份贸易公司，通过合资入股的方式，筹集资金，分散风险，以推动贸易的发展。这些公司受到王室承认，其中较为著名的有莫斯科公司、东地公司、土耳其公司（后改称"黎凡特公司"）等。这种新的投资渠道吸引了来自上流社会的闲散资金，贵族和绅士们纷纷入股，取得公司股东的名衔，这样他们无须亲自出海也能坐享其成，因此大量闲置的资金转变为资本，为商业的发展注入了活力。而且，股份制也成了连接不同社会阶层的纽带，使冒险商人与社会上层形成利益共同体，一荣俱荣、一损俱损，英国社会因此更加团结。

莫斯科公司是首家以股份制形式建立的商业组织。1554年，英国探险家钱德勒在商人企业家协会的支持下，经北冰洋航线抵达俄罗斯首都莫斯科，得到了伊凡四世的接见，并于当年回国。1555年，商人企业家协会获得王室许可，更名为"莫斯科公司"。从此，英国与俄国建立了稳定的海上联系。到1600年，莫斯科公司的股东人数增加到160人，并由15名董事管理公司业务。东地公司成立于1579年，该公司是英国商人将势力渗透到波罗的海地区的产物。16世纪80年代，东地公司快速成长起来，英国与波罗的海沿岸国家的贸易往来愈发频繁。英国生产的呢绒在该地区非常畅销，英国也从波罗的海国家大量进口木材等原材料。但是，北部的航线无法提供酒、水果以及东方奢侈品，英国商人因此积极地开拓地中海贸易，于1583年成立了威尼斯公司。同时，为了获得珍贵的东方商品，英国努力与地中海西岸的土耳其建立贸易联系。1578年，英国商人派代表与土耳其苏丹穆拉德三世商议通商事宜。由于土耳其急需英国的铅和锡来制造武器，因此1580年穆拉德三世准许了英国商人的请求。1581年9月，在伊丽莎白女王的许可下，英国商人成立了土耳其公司。公司的资本来源广泛，上至女王和她的廷臣，下到地方议员和大商人。1592年，土耳其公司与威尼斯公司合并，改名"黎凡特公司"，势力进一步扩大。这样，英国与地中海沿岸国家建立了稳定的商贸往来。

英国海洋事业的发展离不开都铎政府的大力支持。1548年，为了发展捕鱼业，英国议会通过法案，规定每周的星期五和星期六，每年的四旬斋（复活节前40天）为"食鱼日"，全体国民在当日只准吃鱼。在1563年的议会上，国务大臣塞西尔又进一步提议增加星期三为"食鱼日"。对于这一政策，塞西尔曾这样解释："为了政策起见，让我们通过严格监督食鱼日的执行来维持传统的捕鱼业，以便有空前之众的居民、聚居地和船只来坚守海岸。"[1]在政府的支持下，议会通过了塞西尔的提议。食鱼日制度的推行有力地拉动了英国的渔业生产，从而也带动了造船工业。与此同时，渔业的兴旺造就了一大批谙熟航海技能的英国水手，这些渔民就成了英国海军的后备力量。政府也鼓励民间造船业的发展。亨利七世在位时期，出于战争的需要，对造船业尤为重视，并给造船达到100吨以上者发放津贴。他

1　夏继果：《伊丽莎白一世时期英国外交政策研究》，北京：商务印书馆，1999年，第213页。

的政策被都铎历代国王所继承。在伊丽莎白时期，包括霍金斯家族、德雷克家族、芬那家族在内的与海洋事业密切相关的世家大族，都由于这一政策获利颇丰。另一方面，政府明令禁止领取津贴者将船只卖给外国人，以确保政策的有效性。为了保护造船所需的木材，英国政府还在1558年颁布法令，禁止开发距海岸14英里内的森林。在政府的悉心呵护下，英国的海洋事业欣欣向荣地发展起来。

英国的海外发展势必与西班牙的海洋利益形成冲突。而英国海盗们接二连三地侵扰西班牙，造成英国与西班牙的关系持续恶化。英国的私掠海盗给西班牙船队的安全带来无尽的困扰，并且进一步挑战了西班牙的海上霸主地位。德雷克在1577年至1580年环球航行期间闯入了西班牙人一贯视为领海的太平洋，这给英国人打开了一扇观察世界的窗子，英国人的视野不再只局限于大西洋，而开始放眼全球了。德雷克开辟的新航道也为英国及其他各国海盗提供了一条新的捷径，在此之后，西班牙船队和殖民地遭到了更加频繁的海盗袭击。无怪西班牙驻英国大使向西班牙国王疾呼："无论在西属西印度群岛还是在葡属西印度群岛，凡是外国船都不许放过，而必须把它击沉……这将是避免英国人和法国人到那些地方抢劫的唯一办法。因为他们从德雷克归来得到莫大的鼓励，现在几乎没有一个英国人不谈论去航海的事。"[1]

英国与西班牙之间的矛盾渐渐激化，并从经济领域扩大到了包括政治、外交、宗教在内的诸多方面。1580年1月，葡萄牙国王亨利死后无嗣，菲利普二世以合法继承人的身份，派阿尔瓦公爵领兵进占葡萄牙，兼并了葡萄牙和它的海外帝国。这一举动表明，西班牙称雄世界的野心进一步膨胀。伊丽莎白女王纵容臣民殖民扩张的举动为西班牙所不容，而西班牙鲸吞葡萄牙也令英国惶惶不安，双方的矛盾愈演愈烈，几乎不可逆转，最终因尼德兰问题和宗教纷争而走向武力对抗。

16世纪初，尼德兰成为西班牙的属地，富庶的尼德兰为西班牙带来了

---

1 张红：《加勒比海英联邦国家：在依附中求发展》，成都：四川人民出版社，2005年，第26页。

可观的财政收入。菲利普二世即位后，为了实现称霸野心，疯狂榨取尼德兰，遭到尼德兰人民的反抗。1566年尼德兰爆发革命，菲利普二世遂派兵镇压，意图取消尼德兰的自治权，将其彻底变为西班牙的附庸。西班牙对尼德兰的蹂躏引起了英国朝野的震动。尼德兰是英格兰对外贸易的枢纽，英国商品的进出口主要依赖安特卫普市场，尼德兰混乱的政局令英尼贸易一度中断，英国商人不得不把呢绒出口的集散中心转移到北德的埃姆顿和汉堡，导致英国对外贸易额大不如前。更令英国人不安的是，西班牙不断向尼德兰地区输送兵力，尼德兰一旦沦陷，恐怕唇亡齿寒，英国将直接暴露在西班牙强大军队的兵锋之下。

伊丽莎白随即采取外交手段来阻止西班牙占领尼德兰。她利用西班牙和法国的紧张关系，支持法国干涉尼德兰革命。1572年两国签订《布鲁瓦条约》，这是一个对抗西班牙的防御同盟，它规定两国中的任何一方遭受攻击时，另一方需派遣一定数量的海陆军进行援助。另外，女王在财政上资助尼德兰的革命者，同时为尼德兰新教徒打开国门，同意他们来英格兰避难。女王的如意算盘是，只要尼德兰的叛乱者与西班牙对抗下去，菲利普二世便难以抽身来对付英国。

西班牙在尼德兰久攻不下和英国的插手有很大关系，西班牙人也意识到了这一点。早在1569年，阿尔瓦公爵就曾劝告菲利普入侵英格兰，只有这样才能收复尼德兰。但是菲利普考虑到财政困难，一直举棋不定——尽管后来仍不乏类似的建议。最终促使菲利普二世下定决心攻打英国的是1585年英军支援尼德兰的举动。1584年7月10日，荷兰执政奥兰治亲王威廉遇害，一时间尼德兰群龙无主，胜利的天平向西班牙倾斜，女王不得不出兵干涉。1585年12月，她派遣莱斯特伯爵率5000士兵进入尼德兰，去帮助尼德兰革命者度过危机。此举使菲利普认清，要想彻底征服尼德兰，就必须打败英国。1586年，菲利普二世批准了"无敌舰队"司令官圣克鲁兹攻打英国的请求。

面对强敌，英国先发制人。1587年4月2日，德雷克率领6艘战舰和武装商船从普利茅斯港出发。4月19日，舰队抵达西班牙的加的斯港，三天之内焚毁西班牙的大小船只31艘，俘获了4艘补给船。在得到充足的补给以后，德雷克继续向里斯本港进发，这是西班牙舰队的大本营。5月10日，德雷克抵达里斯本港外的卡斯凯什湾船舶锚地，并在此地大肆破坏，毁坏了24艘西班牙船只和大批战争物资。德雷克此行使西班牙对英国的战事足足推迟了一年。而西班牙舰队的庞大规模给德雷克留下了深刻的印象，回国后他加快了海防的部署。

1588年5月，西班牙"无敌舰队"集结完毕，在西多尼亚公爵的率领下，从里斯本湾出发，浩浩荡荡地涌向英吉利海峡。"无敌舰队"计划在尼德兰与帕尔马公爵会合，将尼德兰的西班牙陆军运到英国，重演"诺曼征服"的历史。这支舰队共有130艘舰船，包括60余艘战舰和武装商船，船上的水手加上步兵有近30 000人。英国方面由女王的表叔霍华德勋爵任总司令，由德雷克、霍金斯等人辅佐，舰队以王室的34艘战舰为主力，其余舰船包括从各个港口临时征募的商船，以及一部分加盟军队的海盗船，出海的海员约6000人。相比之下，英国海军在规模和气势上逊色于西班牙舰队。不过，以当时英国海军的装备和战术来看，英国则比西班牙更加现代化。

亨利八世统治时期，英国海军取得了突破性的发展。为了取得对法战争的优势，他加快发展海军，于1546年成立了海军委员会，在其统治末期，英国已拥有规模空前的53艘战舰。亨利去世后，海军建设一度被忽视，由于年久失修，大多数军舰锈痕累累，一部分舰船报废退役。伊丽莎白女王即位后，意识到了海军的重要性，准备重新整顿海军军备，并任命了航海经验丰富的霍金斯作为海军顾问。霍金斯改进了战船和火炮，设计了重量轻、航速快、机动性强的快速战舰，可追击和拦截敌舰，使对方毫无招架之力。他在战船的侧舷安装了射程较远的长管炮，能够远距离杀伤对手。与之相比，西班牙战舰配有高耸的舰楼和船尾楼，舰船庞大而笨重，炮火凶猛但射程短，在战术上仍然恪守1571年勒班陀海战时的旧传统，即"钩船、接舷、跳帮和白刃战"的人对人传统战术[1]。如果不能接近

1　张炜：《大国之道》，北京：北京大学出版社，2011年，第73页。

敌船，这种战术就毫无用武之地。

7月19日，西班牙舰队排成横队出现在英格兰西南的利泽德角海面。很快，英国的侦察船发现了敌人的行踪，立刻回航报告西军消息。英军主帅霍华德勋爵获悉敌情后当机立断，命令舰队驶出普利茅斯港，在夜色下航行，抢占西班牙舰队的上风位置，以把握战争的主动权，准备与西班牙海军一较高下。

7月21日拂晓，英国舰队率先发动进攻，西多尼亚公爵望见大批舰船正从逆风方向涌来时大吃一惊，于是命舰队升起王旗，准备迎战。英军以纵队阵型楔入西军主力和后卫之间，用炮火猛击后卫，引起西班牙人的恐慌。西军主力随即前来支援，企图接近英舰，实施攀登。霍华德勋爵为避免正面交锋，命舰队撤出，迅速摆脱了西班牙舰队。英军进退灵活，西班牙军舰根本无法接近，只能以炮火还击。这种打法消耗极大，西班牙人遂计划夺取位于英吉利海峡的怀特岛，作为物资补给基地，并等待帕尔马公爵的消息。但夺取怀特岛的图谋被英军将领识破，在接下来几日的战斗中，英军着力阻止西班牙人登陆怀特岛，双方打打停停，战事进入胶着状态。

英军在本土作战，可以轻易获得补给，而西班牙舰队在接连数日的交战后，战争物资开始捉襟见肘。无奈之下，西多尼亚公爵只能放弃夺取怀特岛，转而命令舰队驶向加来。7月27日，西班牙舰队在加来港抛锚，同时派人通知帕尔马公爵前来会合。然而，帕尔马公爵当时遭到荷兰舰队的拦截，在短时间内根本无法与之会合。结果，停泊加来的举动将无敌舰队引向了覆灭的不归路。英国方面根据战争形势，制订了火攻加来港的计划。早在西班牙进入加来港之前几日，英国的情报头子沃尔辛厄姆就曾下令搜集一些渔船、沥青和柴火来制造火船，以备不时之需。7月28日清晨，英军将领在"皇家方舟"号的主舱内召开了一次会议，由于时间紧迫，已经没有过多时间来准备火船，于是决定直接将舰队中8艘200吨的船只改造成火船，准备向加来港的西班牙舰队发起火攻。

▲ 规模庞大的西班牙"无敌舰队"

7月29日凌晨，8艘熊熊燃烧的英国火船向西班牙抛锚地漂去。西班牙方面对此有所准备，西多尼亚公爵立即下令各船砍断锚索。但是，当西班牙水手发现火船靠近，熊熊的火光将夜空点亮，不由得慌张起来，结果引发了极大的混乱，在黑暗之中，许多船相互撞在一起，局面一时失控。火船攻势没有给西班牙舰队造成重大损失，但打乱了西班牙的军事部署。在火船离开后，西多尼亚公爵下令各船重新在加来港集合。但是由于大多数船丢失了两个锚，仅仅靠一个锚已经无法固定船只，只有少数船只遵守命令回到港内，而大多数船顺着西南风向东北方向漂去。西多尼亚公爵无奈之下，只好下令起锚向东北方向驶去。

随后，英国舰队向狼狈不堪的西班牙海军发起了总攻。德雷克、霍金斯等人率舰穷追不舍，西班牙人这时已经弹尽粮绝，英国舰队因此主动逼近敌舰，用炮火猛攻，接连得手。对于英国海军的表现，有人如此评价："英国船只善于把握风向，进退灵活，随时给予敌人以打击。他们常常非常接近西班牙船只，时而左舷时而右舷，不断地将大小炮弹向敌船发射。"[1]西班牙舰队无奈之下，只得迎战，战争从上午9时进行到下午6时，西班牙人损失惨重，而英国舰队几乎完好无损。无敌舰队显然已无力回天，西多尼亚公爵决定返回西班牙，然而此时海上刮起强烈的南风，原路返回已不可能，于是他命令舰队向北航行，绕过苏格兰返回西班牙。这条航线危机四伏，舰队在航行至爱尔兰附近海域时，遭到了风暴的袭击，损失了19艘船。最终130艘舰船只剩下67艘得以返回西班牙。与之形成鲜明对比的是，英国人连一艘船也没有损失。

西班牙的失败似乎不可思议。在时人看来，西班牙总体上比英国要强大得多。英国只是一个小小的岛国，而西班牙却坐拥辽阔的美洲殖民地。美洲殖民地就像一个取之不尽的宝库，西班牙似乎没有失败的理由。而结果却是，西班牙遭到了前所未有的惨败。个中缘由，不仅在于英国在海战观念、战船设计、将领经验等方面比西班牙更为出色，更深层次的原因是英国的社会结构优于西班牙。

西班牙的政治、经济带有浓厚的封建色彩。西班牙虽然率先发现了新大陆，经济得到了迅速的发展，但是其社会性质却一直没有改变。自"再征服运动"以来，西班牙建立了一个强大的封建政权。"早在15世纪末，西班牙97%的土地归约2%或3%的家族（包括教会）所有，这种悬殊差距在16世纪进一步扩大。"[2]正是这些处于社会金字塔顶端的世俗贵族和教会僧侣贵族构成了西班牙王权的统治基础，因此西班牙国王就代表着这一小部分人的利益。

西班牙根深蒂固的封建制度严重地压制了资本主义的发展。在西班牙，大大小小的王公贵族拥有免税的特权，赋税的重担就落在了农民和工商业者的肩上。高额的税收导致经营工商业的利润被大幅剥削，生产陷入

1　[英]J. F. C. 富勒：《西洋世界军事史·卷2·从西班牙无敌舰队失败到滑铁卢会战》，钮先钟译，桂林：广西师范大学出版社，2004年，第25页。

2　[美]龙多·卡梅伦、拉里·尼尔：《世界经济简史：从旧石器时代到20世纪末》，潘宁等译，上海：上海译文出版社，2012年，第159页。

困境。因此，西班牙人对于工商业的热情十分低迷，工商业一直处在低水平发展的状态。随着新大陆的发现，西班牙人在美洲发现了大量的金银矿藏，在西班牙国内掀起了一股淘金热。拥有冒险精神的人竞相投入到美洲金矿的开发中。而贵金属的大量进入导致了严重的通货膨胀和物价飞涨，这进一步打击了国内工商业的发展。这样，就形成了恶性循环，使得西班牙工商业一直无法发展壮大。

在英国则呈现出另外一番景象，英王不仅代表封建主的利益，同时也维护工商业主的权益，因此英国资本主义受到了王权的呵护。英国人在新大陆没有发现金矿，这使他们在海外能够专心地经营商业。资本与海洋的亲和性在英国展现得淋漓尽致。随着资本主义的蓬勃发展，对于市场和资本的需求促进了海外贸易和海上私掠活动的兴盛。这与西班牙将商船主要用于运输金银相比，有着极大的不同。英国支持贸易的态度更加符合海权发展的需要，因为资本的扩张性为英国壮大海上力量提供了内在刺激。一旦资本主义得以发展，封建主义就必然拜倒在其脚下。在海权的争夺上，就表现为看似弱小的英国击败了强大的西班牙，而这其实是早已写好的剧本。

"无敌舰队"的覆灭给英国和西班牙，乃至世界历史都造成了深远的影响。英国打败了自罗马帝国以来最强大的海上霸权，使无敌舰队成为历史，西班牙从此再也没能完全恢复元气。此后，西班牙的反英活动也屡遭失败。最终，两国在1604年缔结了和约。西班牙虽保持了原有的殖民地，但其海上贸易的垄断权却大不如前，西班牙的衰落已经无可挽回。随着西班牙的没落，英国人可以在海上放手驰骋了。对战的胜利，不仅在物质层面上影响了英国，更在精神层面上激发了英国人的民族自信心，随之涌现出一批新的冒险家，志在继承霍金斯和德雷克的海洋事业。总而言之，英国人满怀希望地憧憬着未来，一种前所未有的乐观精神在不列颠洋溢着，英国人坚信上帝站在他们一边。事实确实如此，一个属于英吉利民族的崭新时代即将到来。

掌握海洋：不列颠帝国的形成

帝国的初现

1583年，英国黎凡特公司派遣拉尔夫·菲奇到东方探险，目的是开辟一条通向印度的陆上通道，与亚洲各个富有的国家通商。当他到达霍尔木兹海峡时，驻守的葡萄牙人将他当作间谍抓了起来，押送到印度果阿的监狱。不久，误会澄清，菲奇重获自由，他接着在印度、缅甸、泰国和马来亚等地游历，并搜集了大量珍贵的资料。1591年，他历尽千辛返回英国，讲述了旅途的所见所闻，称东方贸易日进斗金，葡萄牙人外强中干，他也直言从陆地到达印度困难重重，几乎没有可能。

菲奇的事迹在伦敦引起了轰动，英国商人在女王的支持下，决定打破葡萄牙人对南大西洋的垄断，绕道好望角与亚洲通商。不走运的是，前几支探险船队无一例外地失败了。不屈不挠的英国人没有放弃。1600年，一群伦敦商人在女王的特许下成立了东印度公司，获得对印度贸易的特权。1601年，以"红龙"号为首的4艘英国商船满载布料、玻璃、铁、铅、锡等货物以及几箱金币向亚洲进发。1602年6月5日，船队抵达东印度群岛，接着与当地原住民进行贸易，采购了大量胡椒。他们还在沿途抢劫了几艘葡萄牙的商船，充分暴露了英国人的海盗本性。1603年2月，满载香料的船队启程返航，同年9月回到英国。经过两年半的时间，英国人完成了与东方的第一次贸易，获得了丰厚的利润，与东印度群岛上的原住民国王建立了联系，为日后与东方开展贸易奠定了基础。

1602年，荷兰也成立了东印度公司，意图在东印度的香料贸易中分一杯羹。荷兰东印度公司虽然比英国东印度公司起步晚了两年，商船规模却是英国的十几倍，雄厚的财力更是英国东印度公司难以企及的，而且在公司成立之前，荷兰商人在亚洲的贸易已经如火如荼。所以荷兰东印度公司成立后，迅速在东印度群岛站稳了脚跟，对丁香等高价值的香料实行了垄断贸易。英国商人在东印度处处遭受排挤，尚无能力与荷兰争抢香料市场，只能退而求其次，将贸易重心转移到印度。

亚洲航线开辟后，英国东印度公司不久便派人与印度建立联系。1607年，伦敦商人派威廉·霍金斯率领3艘商船前去印度发展贸易。1608年，船队在印度古吉拉特邦的苏拉特抛锚。霍金斯登陆后，便携带大量金块和詹姆斯一世的国书向莫卧儿帝国首都阿格拉进发，经过两个月的跋涉，他终于见到了莫卧儿皇帝贾汉吉，并被获准在苏拉特设立商站。不过，印度一向是葡萄牙人的势力范围，葡萄牙人将英国商人视为潜在威胁，不容许其在印度经商。结果，在葡萄牙人的干涉下，英国商人被剥夺了经商的权利。

然而，经过了英西海战的洗礼，英国人已经不再畏惧伊比利亚人，既然他们曾经打败不可一世的西班牙"无敌舰队"，那么葡萄牙人自不必说。1612年11月，贝斯特船长率领2艘英国武装商船，带着通商的愿望抵达印度西北部，结果遭到了葡萄牙4艘大型帆船的围攻。贝斯特船长临危不惧，指挥船队向葡萄牙人开炮，经过艰苦的厮杀，英国人成功击退了葡萄牙人。1615年，另一支英国船队来向葡萄牙人挑战，这支船队由唐顿船长指挥，包括4艘武装商船。尽管葡萄牙舰队在规模上占优，但是仍然不敌轻巧敏捷、火力十足的英国战船。

英国的坚船利炮给印度统治者留下了深刻的印象，使其改变了对英国商人的态度。1615年，英王派遣托马斯·罗爵士带上他的礼物和一封国书出访印度。经过一番交涉，贾汉吉在1619年同意英国人在苏拉特设立商站。英国东印度公司终于在印度获得了立足点，以后英国商人以苏拉特为基地，逐步扩大公司在印度的利益，东方商品开始大量流入英国市场。

印度的棉布深受英国人的青睐，在诸多东方贸易品中大放光彩。印度的棉布，尤其是全棉织成的细棉布精致细腻、手感平滑、设计独具一格，加上东印度公司出色的商业运作，使之在英国乃至欧洲市场上独领风骚，有品位的英国消费者甚至只愿意购买印度布料做成的衣物。同时，东印度公司也大量购买价格低廉但质地优良的普通棉布，以"薄利多销"的策略卖出，从而满足了社会各个阶层的需求，以至于在英国掀起了一场"服装革命"。印度棉布源源不断地涌向英国，从印度进口的白棉布从1619年的

1.4万匹跃升到1625年的20多万匹。[1] 1622年，英国人从葡萄牙人手中夺取霍尔木兹海峡，波斯丝绸也随之在英国的服装市场上流行起来。与布料一起运往英国的还有从蓼蓝中提取的靛青，这是一种蓝色的植物染料，是东方商品中价格最为昂贵的一种。

英国东印度公司还将贸易扩大到中国、日本等远东国家。中国的茶叶是东印度公司运输的主要商品之一，1637年公司船队首次来广州购买茶，开启了中英之间茶叶贸易的历史。茶叶最早由荷兰人在17世纪初引进欧洲，英国人最早有关茶叶的记录是在1615年，当时东印度公司在日本平户岛的代理人威克姆先生给他在澳门的同事伊顿写了一封信，请他在澳门给自己寄一些"口味上佳的茶"[2]。在农业方面，欧洲国家大多属于农牧混合型经济，食物以牛奶和肉类为主，不易消化，而中国的茶叶可以去油腻、助消化，所以茶叶深受欧洲人的喜爱。最初，运抵英国的茶叶十分稀少，价格高昂，只有少数贵族王公才消费得起。但是，随着东印度公司与中国建立贸易联系，茶叶进口量逐年增加，价格渐渐下降，英国普通民众也因此养成了喝茶的习惯。1657年，英国伦敦的咖啡室开始兼营茶水。翌年，英国报纸上刊登了第一则茶叶广告。到1700年时，伦敦已经有500多家咖啡馆出售茶水，茶叶消费的猛增带动了东西方之间的贸易，茶叶也因其独特的功效在英国人的生活中占据了一席之地，并成为英国的"国饮"。

经过长期的经营，英国东印度公司把贸易的触角伸向了印度的各个地区。1639年在马德拉斯建立了圣佐治堡，1661年孟买作为葡萄牙公主的嫁妆转到了英国人手中。16世纪80年代，孟加拉湾的贸易变得十分重要，英国东印度公司在1689年向莫卧儿政府买下了恒河口岸的加尔各答，在这里设立了贸易总部。为了便于管理，将其在印度的势力范围划分为加尔各答、孟买、马德拉斯三个区域。随着贸易量的增长，公司给股东带来了丰厚的回报，公司红利从1660年的20%增长到1685年的50%。支付红利后，公

1　［美］斯坦利·沃尔波特：《印度史》，李建欣、张锦冬译，上海：东方出版中心，2013年，第140页。

2　［英］尼尔·弗格森：《帝国》，雨珂译，北京：中信出版社，2012年，第13页。

司年平均利润仍能够达到惊人的13万英镑。

在东方贸易取得进展的同时，英国人也加快了向西拓殖的步伐。在斯图亚特王朝建立不久，理查德·哈克鲁伊特的《论西方拓殖》一书就引起了广泛关注。他在书中警示英国正面临着严峻的人口和资源问题，而在大西洋的彼岸，一片全新的广阔而富饶的新世界已经出现在了人们眼前。他告诫英国人要抓住千载难逢的历史机遇，移民海外，到美洲去开拓新的疆界。只有这样，英格兰民族才能找到新的出路。哈克鲁伊特的鼓动因迎合海外扩张的时代主题而广受支持，那些希望在美洲开展贸易的英国商人对此更是大加赞赏。

"无敌舰队"被打败后，西班牙已经不足以妨碍英国向西发展，一轮开发美洲的热潮在英国掀起。弗吉尼亚是英国殖民者的首选之地，英国在弗吉尼亚殖民的历史可以追溯至16世纪80年代，沃尔特·雷利爵士三次向美洲派遣探险船队。在1587年的最后一次探险中，雷利派出3艘帆船，载着100余名移民到弗吉尼亚的罗阿诺克岛定居。但是，由于英国与西班牙处于紧张的敌对状态，所有船只都被调去保卫祖国，所以这批最早定居的移民暂时被人遗忘。战争结束以后，雷利爵士重新派人去殖民地时，原来的殖民者全部神秘失踪，一个人影也没有了，这片最早的定居点因此被称作"遗失的殖民地"。现在，英国人决定重返弗吉尼亚，开拓这片"处女地"。1606年，一批伦敦商人取得英王詹姆斯一世的许可，组建了弗吉尼亚公司，接着便开始筹划向切萨皮克湾移民。1606年12月，公司派出了第一批移民，共有144人，分乘3艘船向美洲进发。1607年5月，船队抵达切萨皮克湾内的一个小岛，建立了第一个定居点，并以英王的名义将其命名为"詹姆斯敦"。

詹姆斯敦建立以后，殖民者们遇到了意想不到的困难。他们来到美洲以后，发现北美大陆并非宣传中的乐园，而是一个危机重重的蛮荒世界。新开拓的殖民地缺少御寒的衣物和足够的食物，患上各种疾病也得不到及时的救治，因此每个月都有殖民者去世，最多时一个月有21人丧命。翌年春，只剩下38人在殖民地艰难地生存下来。不过幸运的是，这些殖民者得到了一些友好的印第安人的帮助，学会了如何在殖民地生存，并渐渐适应了恶劣的环境。在安定下来以后，他们开始经营殖民地的经济。由于殖民者没有发现金银矿藏，只能开发其他资源，他们尝试在美洲养蚕、制盐和捕鱼。这些活动使殖民者们获得了一些收入，但都难以形成规模。而最终拯救弗吉尼亚殖民地的是烟草种植业。

▲ 英国殖民者在詹姆斯敦定居

烟草是美洲独有的作物。欧洲人最早接触到烟草是在哥伦布远航时。1492年，当哥伦布的船队在美洲登陆时，其中两名船员发现印第安人把烟叶卷成筒状塞进嘴里吸食，于是他们也模仿印第安人吸食烟草，并将一些烟草带回欧洲，欧洲人因此对烟草产生了最初的认识。到后来，吸烟在欧洲成为一种时髦。而烟草在英国流行则与雷利爵士有关。16世纪80年代，他派出的冒险者将一些烟草从美洲带回，雷利因此学会了抽烟，并将这一新的风尚引进宫廷，一时间上流社会都以吸烟为荣，普通民众也竞相模仿。当时，烟草还被认为具有神奇的药效，能够使人神清气爽，因此更加受到欢迎。烟草的主要产地在西印度群岛，但是在当地的种植规模很小，而欧洲对烟草的需求年年上升，导致供不应求，烟草价格水涨船高，故而烟草种植业成了有利可图的行业。

　　弗吉尼亚的殖民官员约翰·罗尔夫十分精明，他了解英国人嗜好吸烟，预见了烟草业的广阔前景，于是毅然决定在殖民地种植烟草。由于当地原住民种植的烟草过于辛辣，不符合英国人的口味，他便从西印度群岛带回优质的烟草种子，这种烟草口味醇厚，是英国人钟爱的品种。1612年，罗尔夫开始在詹姆斯敦自家的花园中试验种植，经过两年的培植，他收获了第一批烟叶。1614年，他将这批烟叶运往英国，取得了巨大的成功。香醇的弗吉尼亚烟叶很快赢得了英国人的喜爱，成为殖民地的主要出口产品。随后，弗吉尼亚人家家户户种起了烟草，在庭院、街道、市场上随处可见。烟草业成功挽救了风雨飘摇中的殖民地，促进了殖民地对英国贸易的发展，带来了丰厚的回报。因此，弗吉尼亚人把他们的殖民地称为"种植园"，将自己称作"种植园主"。

　　不过，烟草并不像人们想象的那样有独特的药效，而是相反。吸烟上瘾会对人体造成危害，英王詹姆斯一世就曾撰文批评国人吸烟的恶习，将烟叶斥为"地狱草"，指出吸烟的害处，包括"熏眼、伤鼻、损脑、害肺"[1]，凡此种种。然而，烟草的皇家垄断给王室带来可观的财政收入，在利益面前，国王也只好妥协，容忍了国民吸食烟草的行为。随着贸易交流的扩大，烟草的贸易量逐年飙升，从1618年的2万磅上升至1630年的50万磅。到1640年，弗吉尼亚出口到伦敦的烟草有近150万磅。随着烟草种植业的繁荣，越来越多的英国移民进入弗吉尼亚，弗吉尼亚殖民地因此迅速发展了起来。

　　除了弗吉尼亚，新的英国殖民地在北美海岸相继建立起来。1620年12月，一群英国清教徒为了逃避宗教迫害，乘坐"五月花"号向北美进发，并在科德角登陆，建立了普利茅斯殖民地。1629年，多塞特的清教徒获得王室许可，组建了马萨诸塞海湾公司，次年在马萨诸塞建立殖民地。在随后的10年中，陆续有两万移民来此地定居。马萨诸塞与康涅狄格及其他陆续建立的殖民地被称为"新英格兰"。1628年，巴尔的摩男爵乔治·卡尔

1　林立树：《美国通史》，北京：中央编译出版社，2014年，第21页。

弗率领族人和一些天主教徒来到马里兰，兴建了马里兰殖民地。

与此同时，英国殖民者将拓殖的范围扩大至西印度群岛。1623年，英国乡绅托马斯·沃纳率领船队抵达西印度群岛的圣克里斯托弗岛，这是哥伦布第二次远航发现的岛屿，沃纳为它重新命名，称"圣基茨岛"。同年，约翰·鲍威尔在无人岛巴巴多斯登陆，以英王詹姆斯的名义予以占领。他说服威廉·科提恩爵士投资10 000英镑，将1500名左右的移民运送到了巴巴多斯。在此后的约20年中，尼维斯岛、安提瓜岛、蒙特塞拉特岛也相继建立了英国殖民地。1655年，英国远征军还从西班牙人手中夺取牙买加岛，建立起殖民统治。这些岛屿具有极高的经济价值。东印度群岛属于亚热带雨林气候，终年高温多雨，适合甘蔗生长，因此岛上建立了许多甘蔗种植园。这些大大小小的种植园为殖民者带来了巨额利益。后来一句英谚如此描述富人："如印度群岛的种植园一样富有。"从这句话中我们可以感受到甘蔗园所带来的财富是多么庞大。而在著名历史学家尼尔·弗格森看来，种植园的普遍建立，"正是英国海外扩张本质发生改变的一个关键因素。大英帝国以掳掠黄金起家，但是却在甘蔗种植中得以发展"[1]。

不过，随着美洲种植园的建立和扩大，劳动力短缺的问题开始变得严重起来。虽然一些种植园强迫美洲印第安原住民进行耕作，但是欧洲殖民者早期来到美洲时，实行杀鸡取卵的政策，大规模屠杀、抢掠印第安人，而由殖民者带到美洲的流行病更是印第安人的噩梦，夺走了成千上万印第安原住民的生命。印第安人的数量锐减，难以满足种植园日益扩大的劳动力需求，因此只能从海外运输劳动力。在英国早期殖民时期，大批白人契约奴被运往西印度群岛和弗吉尼亚的种植园充当劳力，他们主要是一些无力支付前往美洲所需船费的穷人，他们被迫到美洲工作一段时间以抵偿旅费。此外，也不乏流浪者、罪犯及无力偿还债务之人。不过，对于种植园主而言，他们更愿意选择黑人奴隶。因为黑人奴隶价格相当低廉，而且可以役使终生。另外，黑奴往往比白人契约奴更加老实，便于管理，罪恶的

1　［英］尼尔·弗格森：《帝国》，雨珂译，北京：中信出版社，2012年，第12页。

大西洋黑奴贸易因此得以迅速发展。

早在16世纪60年代，霍金斯就开始在大西洋经营奴隶贸易，他从几内亚湾猎捕黑人，然后运送到西印度群岛贩卖，这是英国人最早的奴隶贸易，也是世界上最早的大西洋奴隶贸易。不过，这种直接猎取黑奴的海盗行径通常会引起黑人的警惕，而且黑人的反击容易给奴隶贩子造成惨重的损失，奴隶贩子因此要不断变更捕猎地点，这也造成了许多不必要的麻烦。后来，奴隶贩子改变了捕捉黑人的手段，不再以暴力猎捕黑人，转而与非洲当地的原住民酋长进行交易，即用欧洲生产的商品，如火药、枪支、棉毛织品及各类金属，从他们那里交换黑奴，接着载满黑奴的运奴船横渡大西洋，将黑奴运往美洲，卖给当地的种植园主，再从美洲购买糖、烟草等原料，最后载满金银和原料的船只返回欧洲，这样就形成了臭名昭著的"三角贸易"，而英国则主导了大西洋"三角贸易"。

"三角贸易"的高额利润使其规模不断扩大。1663年，英国皇家非洲公司成立，在英王查理二世颁布给公司的特许状中，要求公司每年运送3000名黑奴，以满足西印度种植园发展的需要。于是，公司向非洲派出船队在冈比亚河口的詹姆斯岛建立商站，并修建堡垒，还在塞拉利昂附近的本克岛租借了一块土地专门从事奴隶贸易。此后，英国开始定期在非洲购买奴隶，然后运送到西印度群岛和弗吉尼亚出售。"光荣革命"以后，英国的对外贸易相对自由化。1698年，英国废除了由特许公司垄断贸易的规章，奴隶贸易开始向所有商人开放，买卖奴隶被视为英国公民所享有的一项不可侵犯的权利，这使得奴隶贸易变本加厉。"三角贸易"解决了种植园劳动力短缺的问题，还推动了英国工商业发展。由于英国生产的布匹和铁器在非洲十分畅销，因此英国的纺织业和铁器制造业得到快速发展，而从西印度群岛运回的蔗糖则极大地促进了伦敦的精制糖业。此外，"三角贸易"也刺激了利物浦、布里斯托尔、格拉斯哥等沿岸城市的发展。利物浦原本只是英国西部的一个小型海港，1709年只有一艘贩奴船进行奴隶贸易，而在20年之后，贩奴船数量增加到了15艘；到1770年左右，贩奴船已高达100多艘。在18世纪，利物浦由奴隶贸易获取的纯收入就有30万英镑，城市工业也迅速发展起来。可以说，利物浦兴起的历史就是一部贩卖奴隶的罪恶史。

通过对亚洲、美洲、非洲的殖民、贸易和掠夺，英国商人在利润的驱使下，在国王和国民的支持下，建立了一个从中国到西印度群岛，从好望角到伦敦的庞大贸易网络。海外贸易的繁荣改变了英国社会，英格兰呈现出一派欣欣向荣的景象。休谟指出："对外贸易能够增加国家的产品储备，君主可以从中把他所认为必需的份额转用于社会劳务。对外贸易通过进口可以为制造新产品提供原料，通过出口则可将本国消费不掉的某些商品换回产品。总之，一个从事大量进出口的国家，比起另一个满足于商品自给自足的国家来，其工业必然更加发达，在衣食住行各方面都更讲究享受。因此，这样的国家既富足又强盛。"[1]

总而言之，在英国崛起的道路上，海外贸易是一块必不可少的基石。从英国的贸易网络中，已经可以隐约可见未来海洋帝国的轮廓。然而，随着英国海外利益的扩张，不可避免地与欧洲其他海上强国产生利益冲突，英国首先需要面对的强劲对手便是有"海上马车夫"之称的荷兰。

英荷竞逐富强

英国与荷兰两国之间有许多共同之处。两个国家都以海立国，拥有类似的海洋产业，如捕鱼业、海运业、造船业。在16世纪后半叶，两国同仇敌忾，向盛极一时的西班牙帝国发起挑战，并经受住了西班牙疾风骤雨式的报复，荷兰在英国人极力支持下保住了尼德兰革命的果实，英国则在荷兰舰队及时的帮助下粉碎了"无敌舰队"的阴谋。当西班牙帝国迈入暮年，放松对海洋的控制，两国又双双加快了向外扩张的脚步，各自编织着覆盖全世界的贸易网络。

但是，时过境迁，在竞逐财富新篇章中，共同点越多，潜在的矛盾也就越多，两个曾经并肩作战的兄弟国家，如今反目成仇了。荷兰国内土地

1　［英］休谟：《休谟经济论文选》，陈玮译，北京：商务印书馆，1984年，第12页。

狭小，人口密度不亚于英国，因此更加依赖海洋，它在商业贸易方面起步较早，几乎垄断了欧洲境内及欧洲与其他大洲之间的海上贸易。当英国人放下海盗行当，试图从海洋贸易中抢占一席之地时，却发现自己正受到荷兰商人无情的排挤和打压。

在东印度群岛，两国商人为争夺殖民地展开了激烈的博弈。

17世纪初，英国与荷兰双双成立了东印度公司，旨在垄断东印度群岛的香料贸易。在荷兰政府的特许下，荷兰东印度公司不仅享有垄断东方贸易的权利，还有权宣战、缔约、占据领土和修筑城堡等，俨然成了荷兰政府的东方支部。随后，荷兰商人在香料贸易的竞争中所向披靡，打败了葡萄牙人，夺取了盛产香料的摩鹿加群岛。

香料贸易的高额利润使英国商人不顾荷兰公司的禁令，以高于荷兰的出价向摩鹿加群岛上的原住民收购香料。荷兰方面获悉后，斥责英国商人破坏了荷兰商人与原住民的契约，并以武力相威胁，要求英国商人退出该地的香料市场，英国商人无奈之下只得撤出摩鹿加群岛。1617年，英国商人占领了望加锡岛，该岛只产水稻而不产香料，英国人打算以该岛为基地，向邻近岛屿收购香料。但荷兰人坚决不允许英国人涉足香料贸易，因为英国人一旦加入，输入欧洲的香料增加，其价格势必下跌，荷兰公司的利润也会因此降低。为了阻止英国商人，荷兰公司一方面抬高胡椒价格，另一方面加紧了海上封锁，英国商人因此陷入了困境。英国公司曾向荷兰人进行报复，但这种报复往往招致荷兰人更加猛烈的回击。

1619年，英国公司与荷兰公司缔结了一份针对葡萄牙人的联盟条约，规定双方各提供12艘军舰组成"防卫舰队"。为了协调双方的商业矛盾，条约还规定，荷兰公司有权输出东方香料的2/3，英国公司只能输出1/3，这大致反映了两家公司的力量对比。不过，这种联盟极不稳定，随着两家公司之间的贸易摩擦升温，双方的矛盾再次激化。荷兰公司先发制人，发动了震惊全英的"安波纳大屠杀"。1623年2月3日，荷兰人以查封英国在安汶岛上的据点为由，拘捕了在岛上的10名英国商人及其日本雇员，并将他们判处死刑。1626年，英国人被屠杀的消息传回英国，引起了英国朝野的震怒。然而，当时英国的海上力量尚不及荷兰，英王詹姆斯一世除了发表外交声明谴责荷兰，没有采取任何其他措施。

香料贸易的竞争以英国的失败告终。1626年，英国东印度公司伦敦董事会宣布，除了在爪哇岛的万隆保留一个据点，永久性地从东印度群岛撤出。随着英国退出香料贸易，其与荷兰在东方的冲突渐渐降温，但是野蛮的安波纳大屠杀已经在英国人心中留下了不可磨灭的记忆，不时地唤起英国人的复仇情绪；另一方面，荷兰人在欧洲市场也十分强势，这就令英国商人无法逃避了。

纺织业是荷兰的传统产业，也是英国的支柱行业，英国的羊绒在西欧以至莫斯科都有广泛的销路。但是，英国的羊毛纺织品出口通常要经过荷兰商人之手，荷兰纺织业掌握了更加先进的技术，每年都有大量英国白布运送到荷兰加工染色，通过垄断高附加值的加工和染色环节，荷兰商人赚取了优厚的利润。相比而言，英国人付出更多，得到的回报却少许多。为了扭转这种局面，伦敦的一位商业领袖科克因曾向国王提出一项计划，试图在英国本土完成布匹的加工和染色，并保证这将给王室带来30万英镑的收益。1614年，詹姆斯下令禁止出口白布，而荷兰也以禁止从英国进口成品予以反击，同时从英国以外的国家进口羊毛。结果，科克因非但未能实现他的承诺，反而使英国的出口贸易蒙受了重大损失，在三年多的时间里，英国的出口量下降到原来的1/3。到头来，英国人只能眼巴巴地看着荷兰人继续从纺织业中赚得盆满钵满，而他们却得想办法恢复萎靡的出口贸易。

造船业是近代早期的又一重要产业，荷兰在这方面的领先优势更为明显。它的造船业高度机械化，生产的船只不仅价格低廉，而且速度快、载重大、操作灵活，在欧洲市场广受欢迎，甚至英国也从荷兰进口船只。造船所需的木材、亚麻、沥青等原料主要从波罗的海国家进口，同时，荷兰也向波罗的海国家出售物美价廉的呢绒制品。这时候，英国在北欧的贸易也在增长，然而荷兰几乎垄断了波罗的海贸易，常年在波罗的海航行的荷兰船只就有6000艘，几乎完全挤占了英国与波罗的海之间的海上通道。另外，英国在北美殖民地、地中海、非洲沿岸的贸易也不同程度上受到荷兰船队的排挤。

▲ 忙碌的荷兰造船厂

更令英国人难堪的是，荷兰渔民公然在英国海域内捕鱼，并转售给英国人，从中获利。在英国重商主义者托马斯·孟看来，荷兰商业的繁荣，归根结底建立在英国允许荷兰人在英属海域自由捕鱼的基础之上。鲱鱼是荷兰渔民的主要捕捞对象，在荷兰鲱鱼业生产的各个环节当中，一共使用了约1000艘被称为"鲱鱼公车"的捕鱼船和50万人员，每年获得的收入稳定在100多万英镑。[1] 1609年，荷兰法学家雨果·格劳秀斯所著的《海洋自由论》出版。此书源于荷兰与葡萄牙关于海洋权利的争执。当时葡萄牙人垄断了东方的贸易，荷兰商人意图打破葡萄牙人的垄断，双方的冲突愈演

1　[美] 罗纳德·芬德利、凯文·奥罗克：《强权与富足》，华建光译，北京：中信出版社，2012年，第267页。

愈烈。正是在此背景下，格劳秀斯写下了此书，宣称海上航行自由，反对人为垄断海洋的行为。此书在英国国内引起了轩然大波，英国人认为这同时是为荷兰渔民在英国海域捕鱼辩护。后来，英国学者塞尔顿发表了《海洋闭锁论》来批驳《海洋自由论》，他提出领海主权概念，要求通过英吉利海峡的船只都必须向英国国旗致敬。

荷兰人在海上的嚣张跋扈将英国的海外贸易逼入了死角。随着英国资产阶级的壮大，国内对荷兰的不满情绪持续发酵。而根据当时流行的重商主义理论，世界财富的总量是一定的，荷兰的强盛势必削弱英国的力量，英国的崛起也要以牺牲对手为代价。1642年，英国爆发了一场内战，资产阶级的利益诉求更加受到重视。主战派要求从荷兰人手中夺取海上主动权，而16世纪上半叶英国海军的扩建，为英国挑战荷兰的海上霸权提供了必要条件。

在风帆战舰时代，舰队的吨位、火炮数量和射程是取得海战胜利的关键因素。1588年打败西班牙"无敌舰队"以后，英国人更加坚定不移地推进海军发展，不断改善海战装备，建造更加新型的战舰。1610年，英国率先建造了排水量达1200吨的"太子"号战舰，可装配64门（后增至90门）

▲ "太子"号战舰

火炮。这艘战舰低舷、四桅、横帆，火炮从船舷两侧炮孔发射，而且配备了三层长列火炮，而旧式战舰只有两层，这使得战舰的战斗力大大提升，船员也增至500名。1637年，"海上主权"号建成，这艘战舰在各方面都比"太子"号先进，它的排水量达到1500吨，甲板高达四层，配备了104门火炮，其中20门火炮可发射60磅重的炮弹，仅从一侧船舷就能发射重达1吨的炮弹，船员也增至800名。英王查理一世统治时，英国大力扩建海军，大约建造了50艘这种军舰。

资产阶级革命胜利后，共和国首脑克伦威尔尤其重视海军建设。他曾直言不讳地说："炮舰是最好的大使。军舰最能显示出一国的军力及对利益的关切。军舰可以采取主动或有利的行动……没有其他军事力量可以提供这种机动和弹性。"[1]因此，在克伦威尔主政英国时，他每年都从财政中拨出大笔资金用于海军建设。在他主政的10年间，英国新建了207艘战舰。其中"纳斯比"号战舰尤为引人注目，其吨位高达1665吨，配有80门火炮，与以往军舰相比，其舰体和帆缆都有很大的进步。其船身较低，呈尖形，全长约40米（131英尺），长宽比大于3：1，可在恶劣的环境中逆风行进，机动性强，不仅可以近战，而且擅长远距离炮战。在蒸汽船出现以前，"纳斯比"号一直被作为建造新舰的样板。另一方面，克伦威尔还采取了一系列改革措施，摒弃了伊丽莎白女王时期任用海盗的旧习，注重培养专业化高水平的海军人才，并改良了海军的训练方式，提高了海员的薪酬和生活水平，使英国海军在近代化的道路上迈进了一大步。

1651年10月9日，英国议会颁布了《航海条例》。主要内容是：凡是从欧洲运到英国的货物，必须由英国船或商品生产国的船运送；凡是从亚洲、非洲、美洲运送到英国、爱尔兰以及英国各个殖民地的货物，必须由英国船或英国殖民地的船运送；英国各港口的渔业进出口以及英国境内沿海的商业活动，完全由英国承担。此外，英国还要求所有其他国家的船只在经过英国的水域时必须向英国军舰行礼致敬。显而易见，《航海条例》

1　姜鸣：《龙旗飘扬的舰队：中国近代海军兴衰史（甲午增补本）》，北京：生活·读书·新知三联书店，2014年，第2页。

的目的是打击从事转口贸易的荷兰，保护英国的航运业、造船业。荷兰随即表示抗议，但是英国方面不为所动。双方都意识到战争已经不可避免，从而开始了紧张的扩军备战。英国在原有基础上动员了125艘武装商船；而荷兰也在1652年年初动员了150艘战舰和武装商船来保护沿海的航运业。

1652年5月29日，英荷海战在多佛尔海峡爆发了。当天，荷兰海军统帅马顿·特龙普正率舰保护荷兰商船通过英吉利海峡。这时，荷兰舰队与英国海军将领布莱克所率领的巡逻船相遇。布莱克随即要求荷兰海军降军旗向英国国旗致敬，特龙普拒绝了这一要求。英国遂向荷兰海军开炮，荷兰军舰也不客气，立即予以还击。这样，双方的相互炮击持续了将近4个小时。这场炮击战成了第一次英荷战争的"开场白"。是年7月28日，两国正式宣战。

海战主要在两个海区进行，分别是多佛尔海峡和地中海，其中又以多佛尔海峡为主。就地缘方面而言，英国占有明显的优势。它位于荷兰的对外航道上，只要英国扼守住多佛尔海峡和北海海区，那么就能切断荷兰人与外界的商业往来，从而掐断荷兰的商业命脉，迫使其投降。据此，英军将领布莱克制订了作战计划。他在海峡部署重兵，拦截通过海峡的荷兰船只。此外，他还派舰队前往苏格兰北部海域袭击荷兰东印度公司的运输船，指挥舰队抓捕在北海海面捕鱼的荷兰渔船，甚至派军舰在波罗的海破坏荷兰与东欧和北欧国家之间的贸易。这种战术正中要害，正是要置荷兰于死地。

荷兰海军名将德·勒伊特拥有丰富的海战经验，曾多次与法国海盗和西班牙海军交战。勒伊特早已意识到英国会使用拦截战术，他的对策是积极迎战，派遣海军护卫舰队，突破英国的封锁线，保护本国商船顺利通过海峡，以确保海上交通的顺畅。但是，荷兰有一项劣势，即大量的海军被投入到次要的战区，因此在舰队规模上，荷兰并不占优。

这场战争由一系列规模不等的海战组成，其数量不亚于当时世界上其他地区海战的总和。战争之初，两国各有胜负。1652年8月26日，两国在普利茅斯展开海战。当时，勒伊特率领的荷兰舰队正护送一支商船队经过英吉利海峡。当舰队进入普利茅斯沿海海域时，遭到英国方面40艘军舰和5艘纵火船的拦截。而勒伊特则投入了30艘军舰和6艘纵火船与英国作战。双方实力旗鼓相当，在战术部署各方面也堪属优秀，可谓棋逢对手。在勒伊特的指挥下，荷兰奋勇抗击，最终成功保卫商船队突围。此战增强了荷兰海军的信心，主帅勒伊特也因此威名大震。

▲ 英荷海战的激烈场面

10月，英国舰队在布莱克指挥下，在北海突袭荷兰渔船，俘获了900多名渔民，使荷兰损失惨重。荷兰决心报复，然而荷兰舰队司令德·维特低估了英军的实力，在兵力有限的情况下，贸然与英国开战。10月8日，双方在泰晤士河口的肯梯斯诺克相遇。结果，在混战了两天两夜后，英国击沉了3艘荷舰，取得了战争胜利。然而，英军也犯了骄傲轻敌的错误。在1652年12月10日的邓杰内斯海战中，布莱克率领的英军不敌特龙普的护航舰队，3艘战舰被击沉，2艘被俘，残余舰队躲入近海港口。失败使英军将领头脑清醒，于是开始冷静应对。1653年2月，两国舰队在波特兰以西海面再度开战。英国舰队以纵列队形迎战，在血战三天后，将荷兰舰队和商船打回国内。荷兰在这场战役中损失巨大，11艘战舰被击沉或被俘，

30艘商船被击毁或被缴获，阵亡近2000人。而英国方面只损失了1艘船，伤亡1000人。

　　为了对海军舰队在海上的纪律进行规范，英国政府制定了严厉的战术纪律。1653年4月，海军委员会正式颁布了由布莱克和蒙克主导制定的在英国海军发展史上具有重要地位的两份文件，即《航行中舰队良好队形教范》和《战斗中舰队良好队形教范》。前者明确规定舰长在航行和逆风时，不得随意抢占有利的顺风位置，而应保持队形并遵从上级指挥；后者则第一次明确地确立了战线战术的地位，并说明了保持一线队列的各种战斗行动。这两套规章的颁布是海军战术史上的重大进步，而荷兰仍旧保持旧有的战术体系。因此，英国海军的战斗力极大地提高，为挫败荷兰奠定了基础。

　　随着时间的推移，英国的优势逐渐显现出来。1653年夏，英荷再次进行了两场海战，荷兰舰队连战败北，元气大伤，再也无力回击。不过，荷兰舰队在地中海对英军的战役取得了胜利，但这难以挽回败局。经过长时期的封锁，荷兰的国民经济陷入了困境，银行倒闭，百业萧条，乞丐遍地，海军破败不堪，无法得到及时的维护。在这种境况下，荷兰政府只好向英国求和。1654年4月，两国签订了《威斯敏斯特条约》，荷兰除了向英国支付战争赔款，还同意在英国海域向英国船只敬礼，承认英国在东印度群岛的通商权，并割让圣赫勒拿岛。

　　克伦威尔死后，英国国内群龙无主，流亡海外的查理二世被请回英国。1660年查理二世重返英格兰，斯图亚特王朝复辟。查理二世即位后，继承了共和国海军，并授予它"皇家海军"的称号，他延续了克伦威尔的贸易保护政策，颁布了一个更具攻击性的《航海条例》。英国的商业政策严重损害了荷兰商人的利益，两国矛盾再次激化。

　　1665年2月22日，荷兰正式向英国宣战，第二次英荷战争爆发。多佛尔海峡依旧是战争的主战场，但双方多次交战，都未能彻底击垮对方。然而战争期间，在英国国内爆发了黑死病，伦敦在1666年9月突发大火，整个局势对英国来说极其不利。1667年6月，荷兰海军将领德·勒伊特率领一支由50余艘舰船组成的舰队沿泰晤士河溯流而上突袭伦敦，大肆破坏英国舰船，并抢劫了沿岸仓库中的物资，而后对泰晤士河进行封锁。最终，英国不得不屈服于荷兰。双方于1667年7月缔结《布列达和约》。根据和约，英国放宽了《航海条例》，并放弃在荷属东印度群岛的权益，荷兰也做出让步，承认英国对北美的哈德逊湾流域和新阿姆斯特丹的占有，并承认西印度群岛为英国的势力范围。第二次英荷战争就此落下帷幕。英国此战的失利有多方面原因，由于战前经费紧张，海军船只得不到及时的维护，海员士气低落，导致战斗力下滑，加之瘟疫和大火，战败便不可避免了。但是从最终的条约来看，英国的实力并没有遭到太大削弱，其在美洲的利益反而得到了保障。

英国与荷兰之间仍未决出最终的胜负，因此双方依旧相互较劲。为了增加胜算，英国与法国结成同盟，一同对付荷兰。1672年3月，英国不宣而战，突袭荷兰商船队，第三次英荷战争就此爆发。英国和法国分别从海上和陆地向荷兰发起联合进攻，战争席卷了荷兰本土。在陆地上，荷兰完全不是法国的对手。法军在孔代和杜伦尼指挥下屡战屡胜，逼近荷兰首都阿姆斯特丹。为了拯救国家，荷兰执政奥兰治的威廉不得不下令打开海堤。法军被洪水拦截下来，但荷兰人的家园也因此遭到损毁。在海上，英国海军乏善可陈，法国海军几乎可以忽略不计。荷兰舰队在勒伊特的率领下多次击退了英法海军。后来，英军由于担心法国势力过于膨胀，遂取消了与法国的同盟，停止了对荷战争。1674年2月，英荷签订了《威斯敏斯特和约》，规定《布列达和约》继续有效，英国保证在荷法战争中保持中立，荷兰则同意支付英国80万克朗赔偿金，承认英国占有其夺取的原属荷兰的海外殖民地。因此，英国再次通过战争获利。

英荷三次战争后，荷兰的衰败已经无可挽回——尽管荷兰在战争中表现优异。归根结底，这是因为缺少坚实的经济基础。荷兰以海立国，以商为本，然而海洋商业的繁荣离不开海上力量的保护，建设和维护海军需要成熟的工业体系作为支撑。荷兰虽然拥有令人羡慕的全球商业网络，但它的国土面积狭小，资源有限，尤其是战略资源均需从海外进口。一旦海上要道遭到封锁，商业命脉便被掐断，国民经济无法正常运行，难以满足海军的需要，海军衰弱，无法建立海上权威，商业必然衰落。英国则恰恰相反，它的国土面积远大于荷兰，重要资源可以自给，在发展海外贸易的同时，也有着深厚的工业底蕴，能在关键时期支撑海军的运转。正如马克思所言："我们可以拿英国和荷兰比较一下。荷兰作为一个占统治地位的商业国家走向衰落的历史，就是一部商业资本从属于工业资本的历史。"[1]

三次英荷战争结束以后，英国的对外贸易迎来了春天。在此之前，英国出口的货物以售往欧洲大陆的羊毛制品为主，其他商品在出口中所占的比例较小。《航海条例》颁布后，本国商人的权利得到了保护，荷兰人被排除在英国及其海外殖民地的贸易之外。英国出口和再出口的增长犹如泉涌，本土和殖民地的产品漏斗式地流向欧洲市场。与此同时，商品的种类极为丰富，除了传统的羊毛制品，还包括来自亚洲和美洲的各类产品。商业的繁荣刺激了航运业和造船业，英国开始建造大型的长途运输船，与波罗的海国家间的木材贸易因此激增。打败荷兰之后，英国海军的地位进一步提升，强大的海军与商业发展之间的联动关系渐渐明朗，海军得到了更多的财政支持，政府拖欠海员的债务得以偿清，海军改革使海军建设步入了良性的轨道。可以说，贸易和海军给英国的崛起插上了一双丰满的羽翼。

英法殖民争雄

资本永不满足的本性促使英国马不停蹄地投入到新一轮的殖民扩张中，以开拓更为广阔的殖民地，攫取原料和商品市场。几乎每天都有新的商人加入，每年都有不断增加的商船下水，英国人俨然要承包整个海洋。然而，英国崛起的道路充满了腥风血雨，它才打败了荷兰人，便又迎来了一个强劲的对手，同时也是英国的老对手——法兰西帝国。

法国是传统的欧洲大陆强国，国家禀赋与荷兰截然不同。法国拥有辽阔

---

1 ［德］马克思、恩格斯：《马克思恩格斯选集》（第一卷），中共中央马克思恩格斯列宁斯大林著作编译局编译，北京：人民出版社，1987年，第277页。

的土地、众多的人口、繁荣的农业、丰富的资源，南北两面分别朝向地中海和北海，海岸线更加漫长。英法百年战争以后，法国加快了统一的步伐。到16世纪末，波旁家族在法国建立了稳固的统治，并发展出一套高度集权的绝对主义国家体系。在英国、荷兰开拓海外殖民地、争夺商业霸权的同时，法国也加入了海外扩张的行列，悄无声息地构建自己的海外帝国，同时在英荷战争中巧妙地运用结盟政策来渔利。随着法国海外势力的扩大以及荷兰的衰落，英法之间的矛盾逐渐暴露，在美洲、亚洲及非洲形成对峙态势。

法国几乎与英国同时拓殖北美殖民地。1524年，法国国王弗朗索瓦一世首次向北美派出探险队。起初，法国人掌握了纽芬兰的渔业资源，后与印第安原住民进行皮毛贸易，在北美的新斯科舍、魁北克和蒙特利尔等地建立殖民据点。紧接着，法国人沿着圣劳伦斯河流域深入北美腹地。1642年，一名法国贵族乘舟在密西西比河顺流南下，占领了整个密西西比河流域，并命名为"圣路易斯安那"，向国王路易十四致敬。这样，英国殖民地被限制在了阿巴拉契亚山脉以东的沿海区域，此后，两国殖民者不断因领土归属问题产生纠纷。在西印度群岛，法国与英国共同占领了圣克里斯托弗岛，并以此为根据地，将马提尼克岛、瓜德罗普岛和圣多明各占为己有。法国殖民者也像英国人那样，在岛上建立种植园，栽种甘蔗、烟草等热带作物，与英属西印度群岛的出口贸易形成竞争。在东方的印度，两国殖民者也开展了激烈的争夺。1664年，在法国财政大臣科尔伯的主导下，法国东印度公司创立，旨在发展法国在东方的贸易。起初，法国公司在印度的发展并不顺利，但在才能出众的弗朗西斯·马丹的领导下，公司在本地治里建立了第一个据点。与此同时，英国已在印度建立四个较大的据点，即西海岸的苏拉特和孟买，东海岸的加尔各答和马德拉斯。本地治里与马德拉斯相距仅85英里。随着印度莫卧儿帝国的衰落，地方土邦宣布脱离中央独立，印度陷入分崩离析，这给殖民者扩张势力创造了条件，英国东印度公司与法国东印度公司趁机在印度培植各自的代理人。随着两国关系的恶化，两家公司之间的争夺日趋白热化。

回到欧洲本土，在17世纪后半期，法国在财政大臣科尔伯的主持下，倾力发展本国工业。他一方面抬高进口关税，构筑贸易壁垒，另一方面鼓励出口，调动法国人的生产积极性。与此同时，法国积极扩军备战。17世纪末，法国建立了欧洲最庞大的陆军，其兵力达40多万，几乎6倍于英国，海军舰队规模也在英国之上，主力舰艇数量与英国是120∶100[1]。法国的扩张野心昭然若揭，不仅要做大陆的霸主，更要当海洋的主宰。英国为此深感不安，海权是英国取得海洋主导地位的基石，法国海军的突飞猛进无疑是在向英国提出挑战。英国利用海军维护殖民与商业利益，如果海军失去优势，那么英国的殖民地也岌岌可危，不日将落入法国的囊中，这等于折断英国崛起的羽翼，甚至连英国本土的安全也无法保障。

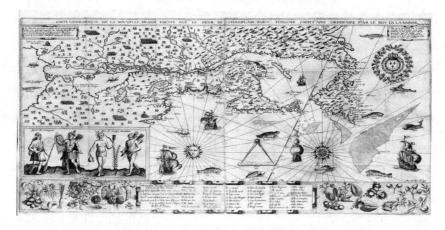

▲ 1612年绘制的法属北美殖民地地图

　　英国自然不能坐视不管，于是投入了维护海权及争夺殖民霸权的斗争中。1689年，欧洲爆发了奥格斯堡同盟战争。法军试图横渡英吉利海峡，进犯英国本土，于1692年组织了一支由44艘战船组成的舰队向英国进发。英国海军闻讯后积极备战，双方在海上相遇，激战六天六夜。法国海军无论在武器装备方面，还是在战略战术方面都不及英国，最终铩羽而归。此后，法国海军避免与英国舰队正面交战，只进行小规模的骚扰。战争也波及北美，英、法殖民者分别与印第安原住民部落结盟，在加拿大和新英格

1　俞学标：《海权：利益与威胁的双刃剑》，北京：海潮出版社，2008年，第14页。

兰地区的北部边界展开厮杀。法国人洗劫了英国在哈德逊湾的贸易据点，英国人则攻克新斯科舍首府罗亚尔港还以颜色。这场战争最终难分胜负，敌对双方打得筋疲力尽，于1698年签订了《里斯威克和约》，将欧洲与美洲的领土划分恢复到战前状态。

通过此战，英国的海上地位得以巩固，更加不遗余力地发展海军。此后，英法矛盾持续发酵，从而上演了一场世纪争霸战。

18世纪初，英法之间因西班牙王位继承问题重开战端。老迈的西班牙国王死后无嗣，法王路易十四欲将其孙安茹公爵扶上西班牙王位，谋取西班牙的美洲殖民帝国。这激起了英国及欧洲各列强的反对，他们继而组成了以英国为首的反法联盟。1702年战争爆发，法国陆军进攻奥地利，反法联盟发兵支援。1704年，英国统帅马尔博罗在布伦海姆战役中大败法军，取得辉煌胜利。在布伦海姆战役的鼓舞下，英国舰队攻占了西班牙的直布罗陀，从而控制了大西洋通往地中海的门户。1708年，英国又进占西班牙在地中海的属地梅诺卡岛。这样，英国在海上取得巨大优势，继而对法国实行海上封锁。但是，对于高度自给的法国来说，英国的封锁政策难以奏效，盟军一时也难以打垮强大的法国陆军。由于战事久拖不决，法国方面无心恋战，遂开始和谈，经过一番讨价还价，交战各方于1713年签订了

▲ 两个不同版本的《乌得勒支和约》，左边为西班牙文版，右边为拉丁文和英文版

《乌得勒支和约》。和约阻止了法国与西班牙的合并，使欧洲大陆恢复了均势状态。英国则收获了一系列海外领地，并取得在西班牙殖民地进行奴隶贸易的权利，成为英国攫取海外利益的重要基石。佩里·安德森指出："西班牙王位继承战争的真正胜利者是伦敦的商人和银行家；他们迎来了称霸

全球的不列颠帝国主义时代。"[1]

在此后的20余年，英法关系迈入缓和，英国获得了发展的间隙，法国也得到了喘息的机会。随着时间的推移，英国与法国的矛盾再度尖锐，双双卷入奥地利王位继承战争中。这场战争无果而终，但使欧洲列强重新洗牌，形成了新的政治格局。英国与普鲁士结盟，法国则与奥地利、西班牙、俄国交好。与此同时，殖民利益继续牵动着英法两国的神经，双方在殖民地的争夺态势愈演愈烈，结果引发了决定殖民霸权的七年战争。

1756年，法国向英国开战，"七年战争"爆发。法国气势汹汹，战端一开，便攻取了梅诺卡岛。此战失利导致英国舆论大哗，英国政府为稳定人心，下令处决了海军元帅拜恩。次年，英国内阁重组，威廉·皮特进入内阁，全权负责对法作战。皮特上任伊始，就对英国的战略进行了新的部署，他将英国的战略重心放在海外，在欧洲大陆资助普鲁士牵制法国的陆军力量，维持欧洲的均势，从而腾出手来对法国实行海上封锁，并派远征军赴北美、东印度群岛及印度等地与法国争夺殖民地。这个战略的推行直接影响了整个战局，英法殖民地随之战火遍布。

在北美洲，英国派出一支远征军，与英国皇家海军相互配合，可谓势如破竹。1758年，皇家海军攻克圣路易斯城，封锁了进入北美腹地的战略要地圣劳伦斯河口。翌年，英军在詹姆斯·沃尔夫领导下占领了魁北克，迅速完成对北美的征服。紧接着，皇家舰队在西印度群岛占领了一系列富庶的法国岛屿，如瓜德罗普岛、马提尼克岛和多米尼克岛等。这样，法国在美洲的殖民帝国落入了英国人手中。在印度，英法殖民者之间由来已久的冲突逐步朝着有利于英国的方向发展。英国源源不断地从欧洲向印度运送战略物资，同时切断法国与印度的联系。1759年，英国皇家海军在印度近海取得对法国舰队的决定性胜利，为陆上战争的顺利进行创造了有利条件。1761年，法国交出本地治里，印度的战争宣告结束。在皇家海军的打击下，英国还收获了法国在非洲的据点塞内加尔与戈雷岛。与此同时，普

1　［英］佩里·安德森：《绝对主义国家的系谱》，刘北成、龚晓庄译，上海：上海人民出版社，2001年，第103页。

鲁士在英国的资助下，在欧洲战场迎来了光辉的胜利。1763年，交战各方缔结《巴黎和约》，宣告"七年战争"的结束。

与前几次争霸战争不一样的是，英国在"七年战争"中以具有压倒性的优势赢得了胜利，这在战后条约的规定中得到了淋漓尽致的反映。法国将北美的加拿大、新斯科舍、布雷顿角以及附近岛屿割让给英国。同时，英国得到了多米尼加、圣文森特、格林纳达等法属东印度岛屿。在印度，法国人保住了本地治里等城市的商业设施，但被剥夺了设防与同印度王公结盟的权利，法国人独霸南亚次大陆的野心被彻底挫败。此外，英国还得到非洲的塞内加尔，并收复梅诺卡岛。

"七年战争"胜利后，英国建立起一个规模空前的殖民帝国——英国本土与殖民地之间的商贸往来进一步扩大，一个以英国为核心的全球贸易网络基本形成。英国本土与殖民地之间的分工也逐步明确，殖民地向母国输送原材料，在英国的手工工场进行加工，再由母国将工业制成品运送到殖民地进行销售。空前规模的殖民地带来了广阔的市场，工业品的需求量迅速攀升，这使原有的生产力水平已难以适应日益增长的市场需求，从而在生产领域引发了一场爆炸性的革命，即工业革命。工业革命首先发生于供需状况最为紧张的纺织业，随着纺织技术的进步，动力不足成了首要问题。1769年，瓦特改良了蒸汽机，使动力问题迎刃而解。随着蒸汽机的发明和应用，英国率先迈进了蒸汽时代，一系列工业部门随之建立起来。随着生产力的提高和生产成本的降低，英国商品在海外市场中所占的份额快速上升，从此英国资本主义驶入了发展的快车道。如果将视野放宽，我们会发现，英国经济的繁荣很大程度上得益于对海洋的控制。海洋为英国提供了通向世界的渠道，通过建立强大的海军，英国占领了广阔的海外殖民地，并以海上贸易作为母国与殖民地之间的纽带，而这又以海权为后盾。这样，便形成了"贸易—殖民地—海军"的良性三角，正是在这三大要素的作用下，英国资本主义走进了一个光辉灿烂的时代。

然而，"七年战争"后，英国仍未彻底掌握制海权。法国在战后痛定思痛，加大对海军的军费投入，伺机以牙还牙。美国独立战争的爆发提供了千载难逢的良机。"七年战争"后，北美殖民者因不满英国的税收政策举行起义，以摆脱英国政府的控制。法国乘机介入，于1778年公开支持北美独立，并派出舰队支援起义者。随后，西班牙与荷兰也选择站在北美人民一边，反对英国的霸权，其余欧洲强国则保持中立。北美殖民地路途遥远，英国海陆军队后勤难以为继，面对顽强抵抗的殖民者以及多国联军，英国方面束手无策。最终，双方在1783年签订了《巴黎和约》，英国承认美国独立。法国报了一箭之仇，英国苦心经营的北美殖民地丧失大半，以至于有人惊呼："我们在与全世界为敌"，而整个帝国正在"垮掉"。[1]

　　更为严峻的挑战来自拿破仑统治下的法国。1789年，法国刮起了一场革命风暴，新兴资产阶级联合新贵族，推翻了封建制度，将法王路易十六送上断头台，建立了一个资产阶级共和国。法国革命震惊了欧洲的各大王室，遭到列强们的仇视。英国借机打压法国，与普鲁士、奥地利等国组成反法同盟，企图扑灭革命的火焰。令人意想不到的是，法国粉碎了一次又一次的进攻，而接连不断的战争造就了不世奇才——拿破仑·波拿巴。1793年，拿破仑在土伦战役中崭露头角，收复了法国南部的海军基地土伦。1798年5月，拿破仑率军奔赴埃及取得大捷。次年，第二次反法同盟进逼法国，拿破仑潜回国内发动雾月政变，建立了个人的独裁统治。此后，拿破仑东征西讨，凭借着惊人的军事才能，几乎征服了整个欧洲大陆，缔造了庞大的拿破仑帝国。

▲ 拿破仑·波拿巴像

1 ［英］阿萨·布里格斯：《英国社会史》，陈叔平等译，北京：商务印书馆，2015年，第216页。

在大陆的战事初定后，拿破仑将下一个征服的目标锁定为英国。他曾发出豪言："只要有三天大雾，我就将是伦敦英国议会和英格兰银行的主人。"[1]然而，拿破仑绝不敢对英国掉以轻心，因为英国拥有当时欧洲最强大的海军舰队。1803年，英国拥有第一线战列舰30艘，同时拥有86艘巡航舰和一批炮船为其提供支援。此外，预备役中还有76艘战列舰、49艘巡航舰和炮船。对于法国来说，英国海军舰队的规模是令人望而生畏的。为了与英国的海军力量相抗衡，拿破仑在1802年批准了一项规模庞大的造舰计划。他在法国西部海岸的土伦港建立了一个庞大的工厂，召集了几万名工人，在那里夜以继日地建造战舰、运输船、驳船以及渡过英吉利海峡所需的一切设备。为了筹集战争所需的经费，拿破仑甚至以6000万法郎的价格，将法国在北美的殖民地路易斯安那卖给美国，又从瑞士银行借贷2000万法郎。他更是号召法国民众为战争捐款，来支持对英的战争。此外，为了进一步强化军事力量，法国与西班牙结盟，并逼迫荷兰为战争提供各式船舰。

面对气势汹汹的法国，英国方面严阵以待。英国海军大臣圣·文森特进行了战略部署。当时法西联合舰队主要集中在土伦、费罗尔、加迪斯和布勒斯特等港口。文森特下令英国军舰对这些主要的海军基地进行封锁，并制定了保险措施。一旦封锁失败，全体舰队就立即在多佛尔海峡西部海域集结，以防法国军舰在英国登陆。在国内，国民的斗志十分高昂。英国爱国诗人华兹华斯高声疾呼："……英国人万众一心；肯特团的战士们，全国都支持你们；不战胜毋宁死！"[2]时任英国首相小皮特则在外交上合纵连横，联合欧洲大陆反法国家组成第三次反法同盟。

为了破解英国的封锁，拿破仑制订了一个巧妙的计划：由维尔纳夫少将率领土伦舰队突破英国的封锁线，从地中海潜出，驶往加勒比海。而由海军上将米西塞指挥的罗什福尔港舰队也在这时进行突围，并与土伦舰队在西印度群岛会师，骚扰英国位于西印度群岛的殖民地，以分散英国皇家海军的兵力。当英军主力舰队中计向加勒比海方向追赶法国舰队时，其他

1　高岱：《英国通史纲要》，合肥：安徽人民出版社，2002年，第277页。
2　叶绪民：《大败局》，武汉：长江文艺出版社，2005年，第330页。

各港口被封锁的法西舰队趁机突围，维纳尔夫在这时率舰返回与其他舰队在英吉利海峡会合，以数量优势打败海峡中的英国舰队，从而为集结在荷兰海域的运输船登陆英国创造有利条件。一旦强大的法国陆军在英国海岸登陆，那么法国拿下英国就将指日可待。拿破仑不无自信地说："如果我们控制英吉利海峡六个小时，我们将成为世界的主人。"[1]

▲ 霍拉肖·纳尔逊像

然而，法国舰队遇到了克星，即英国天才的海军将领霍拉肖·纳尔逊。1758年，纳尔逊出生于英国诺福克郡伯纳姆索普镇的牧师家庭。他12岁入伍海军，在舅父任舰长的战舰上服役。20岁时，纳尔逊接管了一艘护卫舰，成为皇家海军历史上最年轻的舰长。在后来的十余年间，纳尔逊的战舰一直驻扎在美洲，并参与了镇压美洲殖民地独立的战斗。长期的军旅生活使他积累了丰富的作战经验，为以后建功立业打下了基础。纳尔逊极富个人魅力，在军队中深受爱戴。1793年英法战争爆发后，纳尔逊被派到地中海舰队。1797年，纳尔逊在圣文森特角海战中立下战功，俘获了西班牙的"圣尼古拉斯"号战舰，因此名声大振，不久被提拔为海军少将并被授予爵位。但是，战争给纳尔逊的身体造成严重的伤害，使他失去了右眼和右臂。尽管如此，纳尔逊依然镇定自若地指挥舰队，在苍茫的大海上以雷霆之势给敌人致命的打击。1803年，纳尔逊出任地中海舰队司令，奉命指挥舰队在地中海封锁土伦港内的法国舰队。在此次战役中，纳尔逊将立下令后世铭记的不朽功勋。

1805年1月，米西塞按照计划率领5艘战列舰，从罗什福尔向西印度群

1　李楠：《世界通史》（第十卷），开封：河南大学出版社，2006年，第2163页。

岛驶去。一星期后，维尔纳夫也率领着11艘战列舰，从土伦港突围，驶向大西洋。然而，阴差阳错的是，由于纳尔逊错误估计，以为敌舰要向东攻打那不勒斯、马耳他或埃及，于是他迅速指挥舰队向东疾驶，结果扑了个空。维尔纳夫通过直布罗陀海峡后，驶向加迪斯港，与格拉维纳统帅的西班牙舰队会合，一道向西印度群岛驶去，并于5月14日到达目的地。然而，舰队受到风暴的影响，未能如约与米西塞的舰队会合。由于通信技术落后，两支舰队无法取得联系。米西塞认为维尔纳夫不会来到西印度群岛，于是率领舰队返回了罗什福尔港。

纳尔逊在东方一无所获，于是调转方向前往地中海西部海域。5月8日，纳尔逊的舰队抵达直布罗陀海峡。他在那里获得消息，得知维尔纳夫早已前往西印度群岛，于是率领10艘战列舰，全速追击维尔纳夫。在欧洲，拿破仑的大军已经做好了渡海准备，他派马格伦越过大西洋传令维尔纳夫，命令其在西印度群岛坚守35天，并在英属殖民地上制造骚乱，以拖住纳尔逊的舰队。但是令维尔纳夫吃惊的是，纳尔逊的舰队航行速度极快，在3天之内就会追上他。维尔纳夫曾在尼罗河战役中惨败于纳尔逊，因而在闻讯后吓得魂不守舍，竟然不顾拿破仑的命令，擅自率领舰队逃回欧洲。纳尔逊也紧随维尔纳夫返回欧洲。

尽管拿破仑的计划一波三折，但他认为横渡海峡的时机已经成熟。于是他又重新部署战略，命令维尔纳夫帮助布勒斯特舰队突破英军的封锁，与其一同来控制英吉利海峡。于是，维尔纳夫率舰队前去解围。经过这几个月的扑朔迷离，英国方面洞悉了拿破仑的意图，得知维尔纳夫的真实目的，立即下令加强警戒。这时，纳尔逊的舰队也加入了封锁。维尔纳夫得知纳尔逊的消息，再次如惊弓之鸟一般畏葸不前，将一支商船队误认作英舰，迅速躲进加迪斯港，又一次将拿破仑的命令抛诸脑后。当拿破仑得知此事，便不得不放弃入侵英国的计划，转而下令与以奥地利为首的第三次反法同盟作战，同时派人接替维尔纳夫的职位。

这时，纳尔逊的舰队已经对加迪斯港进行了封锁，并千方百计诱敌出洞，希望一举歼灭敌舰。当港内的维尔纳夫通过私人渠道得知自己将被解职，突然勇气飙升。他不愿落为笑柄，于是拿全军将士的性命为赌注，来洗刷个人的耻辱。他几乎丧失了理智，命令舰队驶出加迪斯港与英军决战。1805年10月19日上午，英国炮舰发出信号：敌舰正从港内驶出。纳尔逊等待良久的时机终于来了。

　　10月21日拂晓，维尔纳夫舰队与纳尔逊舰队在特拉法尔加海角近海遭遇，19世纪最大规模的海战就此拉开序幕。从双方力量对比看，法国方面稍占优势。法国有战列舰33艘，巡航舰13艘，火炮总计2626门，官兵21 580人。英国有战列舰27艘，巡航舰4艘，火炮总计2148门，官兵16 820人。纳尔逊意识到，这将是一场殊死的决战。他制订了一份详细计划，发给各舰的舰长，并命令座舰"胜利"号升起一个旗语：英国期望每个人都会尽心尽责。随后，舰队开始进攻。纳尔逊命令全军分为两个纵队应战。交战中法国舰队是一个大的纵列，两列英舰把法舰插断，然后运用左右舷发炮。双方激战一段时间后，纳尔逊率领"胜利"号发现并追上了维尔纳夫的座舰"布森陶尔"号。在接近敌舰时，纳尔逊下令向对方开炮。接着，"胜利"号又与敌舰"敬畏"号相互逼近，双方的投钩手双双勾住对方船只，展开了古老而残酷的接舷战，纳尔逊亲自在甲板上指挥作战。这时，"敬畏"号上的一名法国神枪手从帆缆的高点向纳尔逊发射了一颗子弹，正中并击穿了他的胸部，且伤及脊椎骨。在水兵们的掩护下，纳尔逊被扶进后舱。在随后的战斗中，法国舰队渐渐陷入劣势，终于招架不住英舰的炮火，大部分船只起火，水兵们纷纷跳入水中逃命。"布森陶尔"号被迫投降，维尔纳夫被俘虏。到黄昏时分，炮声逐渐平息，战争进入尾声。当得知敌舰已经降旗投降，纳尔逊露出轻松的神情，说了最后一句话："感谢上帝，我已尽了我应尽的职责。"然后，纳尔逊瞑目辞世。

　　特拉法尔加海战以英军的胜利而告终。此战中，8艘法舰被摧毁，12艘投降，13艘溃逃，7000人死伤，7000人被俘虏。英军方面则死伤1600余人，半数战舰受损。这场战役能够取胜，纳尔逊功不可没。战后，英国为纳尔逊举行了隆重的国葬仪式，"胜利"号被置入朴次茅斯博物馆，供后人瞻仰。纳尔逊的英勇事迹感染了一代又一代的英国人，被视为英国皇家海军的英雄。2002年，在英国广播公司发起的最伟大的100名英国人投票中，纳尔逊位列第九，可见其在英国人心目中仍享崇高地位。总而言之，特拉法尔加海战的结束为一百年来英法海上争霸画上了句号。《剑桥英国史》的作者威尔逊先生曾这样评价此次胜利：特拉法尔加会战在拿破仑战争中，的确是一次真正具有决定性的会战。[1]

"风帆时代"的海洋精神

在1571年勒班陀海战之前，掌管海洋战场的是依靠人力推进的古老桨帆船。到了1852年美国汉普顿锚地之战以后，海战的主角逐渐变成拥有蒸汽动力与装甲的近现代战舰。而处在这两者之间的时代被称为"风帆时代"，因为期间的绝大多数海战都由庞大、威严的风帆战舰来完成。"风帆时代"也正是资本主义文明蓬勃发展的时代，那高耸的桅杆与密集的侧舷火炮一同助力着资本主义的跨海扩张与海上争锋。这一时代也涌现出了诸多令人折服的英雄伟绩，它们是一路发展而来的资本主义海洋精神的最佳体现。

本书前文已经提到，西方文明的海洋精神在经历过古典时期的压抑和破土之后，于中世纪时期开始得到初步但鲜明的彰显。在进入近代后，随着资本主义海洋大国对全球海洋争夺的日益推进，也随着海上决战日益频繁地爆发，这种饱含着无视死亡、恪尽职守、身先士卒、勇往直前等特质的海洋精神也愈加得到淋漓尽致的显露。

从18世纪中后期开始，英国开始统治大海。在它那强大的海军中，上至长官，下至水手，普遍拥有意欲称雄海上的气概。他们不畏险阻，不惧死亡，在大海上逢敌必战，一往无前。英国对大海的统治力，正是与这种饱含英雄主义的海洋精神互成因果。鲜活的事例有很多。例如在1702年的西印度海域，英国海军本鲍上将的舰队与法国舰

1　参见［英］J. F. C. 富勒：《西洋世界军事史·卷2·从西班牙无敌舰队失败到滑铁卢会战》，钮先钟译，桂林：广西师范大学出版社，2004年，第325页。

队遭遇。在炮战中，本鲍右腿被炸掉，但他命令手下将自己支在甲板的简易吊床上继续指挥作战。在数月后，本鲍因这一创伤而不治身亡，但他的这一事迹被英国人视为水手在大海上坚韧特质、责任感与战斗精神的典范而得到永久纪念：英国海军先后有3艘战舰被命名为"本鲍"号，而一首为他创作的歌谣《勇者本鲍》时至今日依旧能在英国的酒馆、街头或电子游戏中听到。

同样的精神也闪现在传奇将领纳尔逊的身上。在特拉法尔加海战之前，纳尔逊就已是一具残躯：他在1794年的科西嘉之战中失去了右眼，又在1797年的特内里费海战中失去右臂，最后还在1798年的尼罗河海战中被弹片掀开额顶皮肉，与死神擦肩而过。这些创伤皆与纳尔逊身先士卒、一马当先的战斗风格脱不开干系。在特拉法尔加海战中，纳尔逊不畏炮火而坚持站在顶层甲板上指挥战斗，显眼的军服和勋章令他成为法舰狙击手的绝佳目标，但他拒绝躲藏自己，而最终殒命于此。需要注意的是，这种在死神面前坚持履行责任的海洋英雄主义并非英国海军的专利，同样的精神也常能在战败一方瞥见。例如在1798年的尼罗河海战中，纳尔逊的英国舰队横扫了布吕埃斯的法国舰队，法军旗舰的士兵记录下了布吕埃斯弥留之际的光辉时刻："7点30分时，他的左腿被炸掉了……眼见已无可救治，我们希望把他抬下去。但他让我们不要管他，因为他希望在甲板上尽责至死。他在最终故去时一如他指挥作战那般沉着。"[1]

海战中的将领们之所以在面对炮火与死亡时毫不退缩，一方面是为了坚守自己的指挥岗位，另一方面也是为了以身作则地用自己的无畏与冷静来鼓舞麾下水兵，鼓励他们不惧死亡地奋战。关于这一点，在上述那些满溢着壮烈血色的事例以外，仍有一些令人听来莞尔的其他例子。在特拉法尔加海战中，英军的第二旗舰"君权"号率领分纵队突入法西舰队阵列并遭受集火攻击，炮弹与碎木顷刻间如骤雨般倾

1　Ian Germani, Combat and Culture: Imagining the Battle of the Nile, The Northern Mariner X, 2000, p.58.

泻在甲板上。而在这一令人难以喘息的鏖战时刻，"君权"号的水兵们竟看到"军官们在甲板上不紧不慢地踱步和交谈，好比仅仅是聊聊天气而已"，而其中的分舰队司令柯林武德甚至在纷飞炮火中"若无其事地大啃一个苹果，一副津津有味的样子"[1]。在这些将官眼中，死亡仅是一件稀松平常的小事而已。

这一海洋精神最终成了资本主义文明的一大内涵要素。它与资本主义文明相互缠绕共同发展，并与扩张的资本一道而远达世界海洋的各个角落。

特拉法尔加海战是英国海军的巅峰时刻。海军的强大使海军理论得以发展，海军人才的培养也被纳入正规轨道，其重要表现就是英国皇家海军学院的建立。英国皇家海军学院正式建立于1873年，学校位于伦敦郊外的格林尼治，这里原是皇家海军医院所在地。学院的宗旨是：在技术迅速进步的时代提供最好的海军理论和实践教育。皇家海军学院实行严格的军事教育，主要课程包括大学文科学科、海军基础科目和专业训练。其中，专业训练包括船艺、航海、武器及其操纵、通信设备、工程和三防等知识和技能的传授。学校军事教育的主要目的是培养海军初级军官，学员毕业后即有机会得到少尉军衔，因而涌现了一大批军事人才，被誉为英国海军军官的"摇篮"。1877年，清政府曾派遣留学生到英国皇家海军学院学习，其中就包括后来维新运动的重要人物——严复。

特拉法尔加海战失败后，拿破仑被迫改变计划，他意识到除非破坏英国的经济，否则永远无法使英国屈服。于是，拿破仑在欧洲大陆推行"大陆封锁令"，禁止欧洲大陆国家与英国进行贸易，希望借此窒息英国的经济。但是，拿破仑低估了英国，纵然欧洲大陆是英国的传统市场，但是随着殖民时代的到来，大陆市场已经无法主导英国的对外贸易。英国的殖民

1　Roy Adkins, Nelson's Trafalgar: The Battle That Changed the World, New York: Penguin Books, 2006, pp.111-112.

▲ 格林尼治皇家海军学院正门

地遍及全球，封锁只能加速英国海外扩张的步伐。大陆封锁期间，英国与海外殖民地的贸易额快速增长，海外殖民地已经取代了欧洲大陆在英国进出口贸易中的地位。英国还进一步夺取新的殖民地，1806年好望角落入英国手中，1808年获得摩鹿加群岛，1811年占领瓜德罗普岛、毛里求斯、安波纳、班达及爪哇，英国在印度扩张的脚步更是一刻也没停下。与此同时，英国运用强大的海军进行"反封锁"，割断了欧洲大陆与海外的贸易往来。法国的大西洋贸易锐减，经济陷入萧条：咖啡、糖、香料等物品奇缺；棉纺织业、印染业等依靠进口原料的产业遭受毁灭性打击；远洋运输业、造船业等行业因此停滞。此外，法国的关税收入大幅下降，滥发纸币则加剧了通货膨胀，加之连年不断的征兵与伤亡，人们逐渐收回了对拿破仑的支持，帝国统治的基础出现动摇。

事实上，拿破仑的大陆封锁政策一直难以奏效，一些沿海国家阳奉阴违，继续与英国商人通商。拿破仑执意以强权推行封锁政策，最终加速了帝国的覆灭。1812年，拿破仑决定远征俄国，原因之一就是俄国始终向英国商船开放港口，与拿破仑的大陆政策相对抗。结果，拿破仑在俄国遭遇了惨重的失败。1813年，英、俄、普、奥等国组建了第六次反法同盟，向法国宣战。1814年，联军攻入法国，迫使拿破仑退位，将他流放到地中海的厄尔巴岛。1815年，拿破仑卷土重来，偷偷潜回法国。列强闻讯后，再次组成反法同盟。1815年6月，拿破仑在滑铁卢遭遇惨败，拿破仑帝国宣告覆灭。对于这一轮的英法较量，有人这样评价："战争的胜利不仅是不列颠军队的胜利，也是市场经济的胜利。"[1] 更讽刺的是，拿破仑军队在与英军作战时，他们身上穿的军服也都来自英国。就这样，拿破仑非但没有窒息英国，反而被这个曾被他嘲笑为"小店主国家"的岛国拖垮了。

▲ 法军在滑铁卢战役中惨败

英法之间这场历时百余年的殖民争霸堪称"第二次百年战争"。在这场争夺中，英国义无反顾地选择了海洋，将殖民利益置于首位，成功遏制了法国的称霸野心。美国著名的海军史学者马汉指出："英国海权……是这个伟大国家繁荣昌盛的屏障，而只有这种繁荣昌盛才能对抗当时支配着法国人心智的魔力。"[2] 最终，英国的苦心经营得到了回报。经过一个多世纪的争斗，英国牢牢地掌握了制海权。1815年，英国军舰的总吨位高达

1   中央电视台《大国崛起》节目组：《大国崛起·英国》，北京：中国民主法制出版社，2007年，第224页。

2   ［美］艾尔弗雷德·塞耶·马汉：《海权对法国大革命和帝国的影响（1793—1812年）》，李少彦等译，北京：海洋出版社，2013年，第515页。

60.93万吨，位列世界第一，大致相当于世界其他各国海军总吨位的总和。这样，英国运用无与伦比的海权，确立了海上霸主的地位，逐渐占领了相当于本国领土100多倍的殖民地，建立了一个名副其实的"日不落帝国"。在海权的庇护下，英国的商品和资本通过海洋以排山倒海之势流入各个大洲。总而言之，从某种程度上说，英国崛起的道路正是英国海军崛起的道路，近代英国的商业发展、领土扩张都可追溯到英国海上力量的壮大。

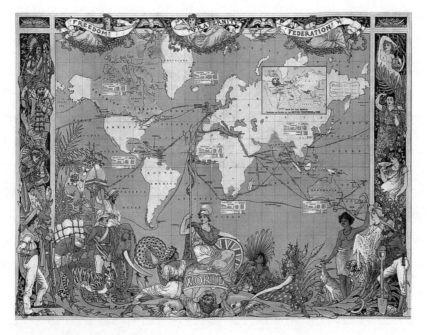

▲ 1886年绘制的英国地图

资本天下：海外贸易与国际资本市场

自由贸易时代

随着英法战争的落幕，英国扫平了全球扩张的绊脚石。19世纪，自由贸易政策成为英国经济扩张的基调，即通过取消贸易限制来扩大海外市场，这一时期因此也称为"自由贸易时代"。奠定自由贸易的第一步，就是粉碎重商主义的桎梏。

　　重商主义是16世纪中期以来在英国形成的以贸易保护为特征的经济政策。在重商主义指导下，英国垄断了殖民地贸易，提高本国的进口关税，同时运用强大海军加以推行。英属殖民地因此沦为英国的廉价原料产地和商品销售市场。英国在同欧洲列强的竞争中也取得胜利，新的殖民地不断被纳入帝国的体系，英国商人从殖民贸易中赚得盆满钵满。18世纪时，重商主义思想在英国占据了统治地位，受到商人与政客的高度推崇。兰德斯一针见血地指出："没有一个国家更能响应商人阶级的要求，没有一个国家更能警觉战争的商业含义。"[1]

　　然而，随着工业革命的深入以及英国成为海洋霸主，重商主义逐渐落后于时代，变得不合时宜。在英法战争期间，英国工业革命如火如荼地进行。工业革命促成了生产力的变革，使英国工业产品的数量激增，成本下降，大大提升了在海外贸易中的竞争力。1804—1806年，英国的产品出口额为1361万英镑；1814—1816年，已增至4124万英镑。1815年，拿破仑战争结束，英国成了当之无愧的海上霸主，在19世纪以欧洲群雄为中心的国际政治博弈中，英国已经没有对手。庞大的工业规模急需进口大量的原材料，以及更加广阔的商品销售市场。显而易见，重商主义的目的是保护英国的商业和航运业。如今，英国工业革命进入了新的发展阶段，商业和军事优势已经牢固确立。继续推行这一政策，引起国际间激烈的关税战，将阻碍海外贸易的长远发展。

　　18世纪后期，重商主义的弊端逐渐暴露。北美独立战争敲响了重商主义的丧钟，英国国内出现了反对声音。与此同时，要求贸易自由的呼声渐渐高涨。首先批判重商主义、提出自由贸易的是英国著名政治经济学家亚当·斯密。1776年，斯密的代表作《国民财富的性质和原因的研究》得以出版，他在书中系统地阐述了自由主义的经济主张。斯密认为，母国对殖民地的贸易垄断，不仅对殖民地发展不利，而且也将阻碍母国的经济增

　　1　刘成、刘金源：《英国：从称霸世界到回归欧洲》，西安：三秦出版社，2005年，第92页。

长。因此，他主张减少对殖民地贸易的限制，逐渐开放殖民地的对外贸易，并最终实现自由贸易。他指出："将来无论什么时候，要把英国从这种危险中拯救出来……唯一的方策，似乎就是适度地、逐渐地放松那给英国以殖民地贸易独占权的法律，一直到有很大程度的自由为止。"[1] 大卫·李嘉图发展了斯密的自由贸易理论。他认为应该尽可能地使英国的进出口贸易处于自由的状态。他说：如果"可以自由出口或进口而不加限制，那么，这个国家……所享受到的将是举世无双和简直难以想象的繁荣和幸福"[2]。另一位大思想家边沁则从功利的角度鼓吹"自由主义"。边沁认为，追求幸福是每个人的最大目标。为此，"鼓励人们为他人造福并不是取得最大程度幸福总和的最好方法，最好方法是让个人尽可能自由地按自己的方法去追求自身的幸福"[3]。因为，政府的权力应该仅限于保障公民自由和财产安全这一范围内，在这之外，公民有权自由地追求个人的最大利益，对此政府不应加以任何干预。正是这些思想汇聚形成了一套全新的价值体系，使整个社会逐渐倾向于自由贸易理论。自由贸易理论的形成，实质上是反映了新兴的工业资产阶级扩大商品销售市场的强烈愿望。

　　英国资产阶级不仅在理论层面，而且在实践层面推动自由贸易。东印度公司自成立以来就垄断着东方的贸易，这种情形在18世纪末开始改变。1793年，东印度公司被迫允许英国商人将一定数量的商品运入印度，公司的贸易垄断权开始削弱。到1813年时，英国政府彻底取消了东印度公司对印度的贸易垄断权。东印度公司贸易垄断权的丧失，表明东方殖民地的贸易保护政策出现松动。在英国政府的操控下，从1814—1856年，印度的棉纺织品只征收5%的关税。结果，仅在1814—1835年，输入印度的英国纺织品就从100万码[4]增加到了5100万码以上。到19世纪50年代，英国商品向印度

1　［英］亚当·斯密：《国民财富的性质和原因的研究》（下），郭大力、王亚楠译，北京：商务印书馆，1974年，第176页。

2　［英］李嘉图：《李嘉图著作和通信集》（第五卷），蔡受百译，北京：商务印书馆，1983年，第75页。

3　王觉非：《英国政治经济和社会现代化》，南京：南京大学出版社，1989年，第396页。

4　码，布匹长度单位，1码约等于0.914 4米。

的输入量比30年代增加了三倍多。随着大量廉价英国商品的输入，印度手工业遭到致命的打击，沦为英国的商品倾销市场和廉价原料产地。

真正构成阻碍英国经济发展障碍的是《谷物法》与《航海条例》。拿破仑战争期间，由于大陆封锁政策的实行，英国农产品价格高涨，投资土地盈利丰厚。随着拿破仑战争的结束，东欧的粮食大量涌入，谷物价格下跌，土地贵族要求限制进口廉价粮食。因此，英国议会在1815年根据重商主义原则，通过了旨在维护土地贵族利益的《谷物法》。法案规定：当国内小麦价格低于每夸脱[1]80先令时禁止谷物进口。这项法令确保了土地贵族的利益，却给制造业带来了麻烦。《谷物法》使粮食价格维持在较高的水平，造成了劳动者工资与生产成本的增加，降低了英国工业品在国外市场的竞争力，减少了经营工业的利润。《航海条例》更是16世纪中叶以来英国重商主义的基石，它使英国资本家无法以最低廉的价格，在世界市场上收购发展工业所需的原料。这两项法令都招致欧洲国家关税报复，限制了英国工业品在国外的销售。

在工业革命迅猛发展的背景下，取消种种限制贸易的政策成了当务之急，资产阶级要求政府给贸易发展以更多的自由空间。

1819年，自由主义经济学家李嘉图当选为下议院议员，他向议会呼吁削平关税，减少政府对经济的干预，道出了工业资产阶级的心声。1820年，伦敦商人向议会递交了一份由经济学家图克起草的请愿书，呼吁实行自由贸易。此后，曼彻斯特、格拉斯哥、爱丁堡等城市也发出了类似的请愿书。从此，提倡自由贸易的运动在英国迅速扩张开来。1838年，曼彻斯特工厂主科布登和布莱特在当地召集一批工业资本家，创立了著名的"反《谷物法》同盟"。其宗旨是废除《谷物法》，废除关税保护，实现贸易自由。一年后，该组织发展成为全国性的组织。同盟通过发行小册子、巡回演讲等手段在全国各地陈述《谷物法》的弊害，赢得了资产阶级和下议院议员的支持。在各方面压力下，1846年英国首相皮尔正式提出了废除《谷物法》的议案。经过4

1　夸脱，英制谷物容量单位，1夸脱约等于1.136升。

个月的激烈辩论，议案在自由党的支持下获得通过。这是英国实现自由贸易里程碑式的事件，意味着英国的保护主义势力已是强弩之末。

▲ 反《谷物法》同盟在1841年召开集会

　　另一方面，《航海条例》的逐步放开和废除使自由贸易成为现实。威廉·哈斯基森任英国贸易大臣期间，对英国的贸易政策进行了大刀阔斧的改革。哈斯基森是19世纪早期英国著名的自由主义政治家。他笃信亚当·斯密和大卫·李嘉图的学说，是一名不折不扣的自由贸易倡导者。1823年年初，他进入托利党内阁，担任贸易大臣，这时英国的领导权掌握在一群富有改革精神的人手中。哈斯基森上任后，即对落后的贸易保护体系实行改革。为改善与欧洲国家之间的贸易关系，哈斯基森向议会提出了《互惠关税法案》，提议对所有进入英国的货物，不论用哪一国的船只，一律征收同等的税费，并在出口转运时实现税后退款。1824年，该法案由下议院表决通过。法案的颁布激起了英国船主的激烈反对，然而法案实施后，英国贸易量激增，航运业快速发展，反对声音随之消弭。此后，他继续贯彻自由主义贸易政策，在1824—1825年，调整、削减了全部商品的进口关税，关税税率从18%～40%降至10%～30%，原有的1100个贸易法令减少到了11个。紧接着，在1825年，哈斯基森对《航海条例》再次作重大修订，宣布向所有拥有海外殖民地的国家，开放英国的殖民地，条件是这些国家也作出相同的让步。这一修订是英国迈向自由贸易的重要一步，传统的贸易保护政策这时已经无以为继。最终，在1849年，新上台的自由党首相罗素正式宣布废止《航海条例》，英国的沿海贸易和殖民地航运全部向其他国家开放。

到1852年，在英国首相格拉斯顿的努力下，英国议会正式确立了自由贸易的原则。"到19世纪60年代，自由贸易——特指不实行保护关税——已经成为英国政治中正统观念的核心，几乎像新教国王取得了继承权一样拥有牢固的地位。"[1]

但是，仅仅由英国单方面实行的自由贸易，还称不上真正的自由贸易。英国的主要目的，是将本国工业品打入外国市场，为此还必须使贸易相关国同时降低关税门槛。然而，大多数国家，尤其是落后国家，为了保护国内手工业，不肯轻易就范。于是，以武力推行自由贸易的"炮舰政策"孕育而生了。如果说自由贸易指明了英国经济的发展方向，那么"炮舰政策"则提供了实现和捍卫商业利益的制胜法宝。"炮舰外交"，顾名思义，就是以强大的海军力量为先锋，在全世界扩展英国的商业贸易和势力范围，并维护英国的权威。不过，在19世纪的扩张浪潮中，英国海外政策的着眼点已不再是扩张新的殖民地，而是海外贸易的增长。英舰兵锋所及之处，不是对于贸易具有重要战略意义的基地、海岛，就是重要的原料产地和商品销售市场。

最为全面地贯彻"炮舰外交"的是巴麦尊子爵，他是19世纪英国最具影响力的政治家之一。巴麦尊本名亨利·约翰·坦普尔。1802年，他继承父亲的爵位，成为第三代巴麦尊子爵。他于1807年进入议会下议院，开

1　［英］肯尼思·O.摩根：《牛津英国通史》，王觉非等译，北京：商务印书馆，1993年，第490页。

始了政治生涯，此后官运亨通，青云直上。他曾在1830—1841年和1846—1851年两度担任外交大臣，并在1855—1858年和1859—1865年连任英国首相。从政期间，他的政治立场从一开始的坚持保守变为宣扬自由，这也折射出英国主流政治观从保守主义向自由主义的转变。

在长期担任外交大臣和首相期间，巴麦尊将自由主义政策推进到了前所未有的程度。他的政治目的就是保卫英国的贸易和商业权利，并适时地运用武力扩展英帝国的权威。美国史学家戴维·罗伯兹这样评价他："一个爱国心很强的英国人，一个工商业和海军举世无敌的国家的外交大臣。虽然他把英国的传统利益时时放在心上，但他的外交政策也不免对英国的强国地位和大国偏见很敏感。他动不动就准备派遣舰队，他无时不在考虑维护英国的尊严，尤其是当他的外交胜利赢得了有爱国狂的国会或舆论的喝采时。"[1]在同时代的政治家中，巴麦尊对欧洲事务与英帝国的影响几乎无人能及。19世纪中叶英国推行的"炮舰政策"可以说正是在他的一手策划下践行的，他曾这样说："外交官和议定书是很有用的，但是装备精良的重型炮舰是再好不过的和平保卫者。"[2]他的名字也几乎成为"炮舰政策"的同义词。

19世纪中期，英国对中国发动的两次鸦片战争是"炮舰政策"的典型案例。打败中国之后，英国没有要求清政府割让大片土地，而是夺走了香港岛和九龙，将其作为英国远东贸易的据点。英国对中国的巨大市场垂涎已久，马戛尔尼（George Macartney）访华未能打开中国的国门，鸦片战争后清政府被迫开放十几个通商口岸，丧失了对中英贸易的决定权，英国商人终于如愿以偿。

进入日本市场时，英国搭上了美国打开日本国门的顺风车。1854年，日本摄于美国的武力威胁，与其签订《日美亲善条约》，同意向美国开放下田与函馆，给予美国最惠国待遇。英国与法国、荷兰、俄国等援例而至，与日

1　［美］戴维·罗伯兹：《英国史：1688年至今》，鲁光桓译，广州：中山大学出版社，1990年，第176页。

2　［英］乔治·马尔科姆·汤姆森：《英国历届首相小传》，高坚、昌甫译，北京：新华出版社，1986年，第186页。

本订立商约，跻身日本市场。1858年日美再次签订不平等的商贸条约，英国也再次与日本订立类似协定。1863年，英国对日发动了"萨英战争"，这起战争由一名英国人在日本被杀引起。1862年8月，日本萨摩藩藩主岛津忠义的父亲岛津久光从江户返回京都，在途经横滨近郊生麦村时，与4名骑马的英国人相遇。这几名英人因没有避让而遭受攻击，其中一名英国人当场死亡，另有两人受伤。英国以此为由向日本提出赔偿，遭拒后向日本发动战争。次年7月，英国出动7艘战舰在鹿儿岛湾攻打萨摩藩，造成鹿儿岛市的街区大半被烧毁。后来经过几次谈判，萨摩藩最终同意处罚伤人者，并赔偿25 000英镑。此后，为了迫使日本在贸易上做出让步，英国又多次联合美国、荷兰等西方列强向日本发动战争。可见，正是在坚船利炮开道的前提下，英国才能够接二连三地在日本得手，迫使日本卷入到国际资本市场之中。

在非洲，"炮舰政策"也发挥了其威力，最典型的就是旷日持久的阿散蒂战争。阿散蒂是西非加纳中南部的阿坎人王国。17世纪末，阿散蒂与周围部落组成联邦，到18世纪中叶成了一个强大的集权国家，控制了加纳的大部分地区。对于英国来说，强大的阿散蒂是其入侵非洲的一大障碍，因此欲除之而后快。于是，英国人极力挑拨沿岸各邦，尤其是芳蒂邦和阿散蒂之间的关系。终于在1805年，第一次阿散蒂战争爆发。战争起因是两名阿散蒂酋长逃往芳蒂邦避难，阿散蒂要求引渡却遭到拒绝，于是对芳蒂邦发动战争。次年，阿散蒂军队在沿海地区打败芳蒂邦。英军随即进行干涉，结果也被阿散蒂打败，无奈之下只得承认阿散蒂对芳蒂邦的统治权。此后，英国又多次在两邦之间挑起事端，但都被阿散蒂消解。然而，在1831年英国与阿散蒂宣布停战，阿散蒂放弃对沿海小邦的控制，开始走下坡路。到19世纪70年代，英国又加紧了对西非的侵略，阿散蒂首当其冲。1872年，荷兰撤离西非，将黄金海岸的埃米纳商栈卖给英国。但阿散蒂却宣称贸易站归其所有，两国因此重开战端。1873年，阿散蒂军队成功进驻埃米纳。英国殖民者不肯善罢甘休，于是从西非各大殖民地调集1.2万兵力，对阿散蒂发动大规模进攻。随后，英国人又用军舰封锁黄金海岸，炮轰埃米纳碉堡。附近的塔科拉迪和塞康第等居民响应阿散蒂反抗英国，也遭到了英舰的炮击。最后，阿散蒂军队慑于英军强大火力，并由于军中瘟疫蔓延以及补给紧张而向内陆撤退。这样，英军取得了决定性的胜利，攻占了阿散蒂首都库马西。1874年2月，阿散蒂被迫与英国签订《福门纳条约》，被迫将沿海地区的主权让给英国。当年9月，英国总督宣布芳蒂邦为英国殖民地，该地因此成为英属黄金海岸殖民地的一部分。

▲ 英国军人焚毁库马西

在19世纪，印度对于英国的重要性迅速蹿升，堪称英国殖民体系的枢纽。英国自然不会放松对印度的控制，因此加紧了在印度的海陆军力量部署，并按照英国工业发展的需要改造印度经济，使其彻底沦为英国的经济附庸。不过，英国的压榨使得英国殖民当局与印度民众之间的关系紧张，从而激起了印度人民的反抗。紧张的英印关系最终引发了一场规模空前的战争。1857年，由印度土邦王公领导的民族大起义爆发。起义缘于英国伤害了印度士兵的宗教情感。当年5月，密鲁特第三骑兵连的印度士兵率先起义，袭击英国驻军。起义军连战皆胜，6天后就占领了德里。其他各地也纷纷举行起义。大规模的起义使英军进入紧急状态。6月，英国驻印度总督坎宁将驻伊朗和中国的英军全部调回。9月，德里在英军的炮轰下被攻破。随后，英军又马不停蹄地扑灭了其余各地的起义。这样，印度民族大起义最终败在了军备更加先进的英国人手中。此后，英国政府加强了对印度社会的控制。英国东印度公司将印度的管辖权交付给英国政府，印度从而成了英国的直辖殖民地。1876年，在迪斯累利的策划下，维多利亚女王正式加冕为"印度女皇"，实现了英国政府在印度的全面统治。

不过，打开外国市场，并非一定要使用武力。在进入拉丁美洲时，英国就运用政治手段对其贸易进行控制。英国对于西班牙和葡萄牙统治下的拉美早就垂涎已久。在拿破仑战争期间，西班牙放松了对拉美殖民地的控制，殖民地人民趁机举行起义，这给英国提供了渗透的机会。拿破仑战争结束后，欧洲大陆的"神圣同盟"企图镇压拉美革命，但是遭到英国的反对，故而未能得逞。因此，拉美各国在独立以后对英国心怀感激。由于外交上的友好关系，拉美国家心甘情愿地向英国开放了市场。1807—1814年，英国平均每年只有价值40万英镑的商品输往拉美。而在西属美洲独立后，从英国输入商品的价值迅速提升，1822—1824年增长到590万英镑1825—1827年更是上升到660万英镑。这样，英国商品几乎占领了拉美市场，这种优势一直维持到20世纪。

为了保卫海上交通线路的安全，英国在17—19世纪集中攫取、占领和控制了地中海、红海、波斯湾、印度洋和太平洋上的交通要道及战略要地，例如直布罗陀海峡、塞浦路斯岛、马耳他岛、好望角、苏伊士运河、亚丁、巴林、锡兰、新加坡等。这样，英国建立了遍布全球的海军基地，形成了完整的防卫体系。正是这些军事基地，确保了英国海军以最快的速度接受任务、抵达目的地，从而为"炮舰政策"的实施，为帝国商业的扩张，提供了有利的条件。

新加坡岛在欧洲与远东国家的贸易中占有重要的地位。它的面积不大，只有几百平方千米，位于马来半岛的最南端，扼守着马六甲海峡的咽喉。马六甲海峡则是沟通印度洋与太平洋的重要水道，是从欧洲出发到达远东最短航线的必经之地。英国对马六甲海峡垂涎已久。18世纪中期以来，英国逐渐扩大与中国及东印度群岛的贸易，因此急需一个停泊和维修船只的港口，以便在与荷兰人的贸易竞争中取得优势。英国故而开始在马六甲海峡渗透势力。拿破仑战争期间，英国占领了属于荷兰的马六甲和爪哇等地。但英国为争取荷兰支持，答应在打败拿破仑后，将所占领地区归还荷兰。因此，拿破仑战争结束后，英国又失去了在东南亚地区的立足点。英国对新加坡的占领，则要归功于东印度公司的官员史丹福·莱佛士。莱佛士是英国船主之子，24岁时加入东印度公司。他聪敏过人，野心勃勃，极其厌恶荷兰人，渴望在海外贸易中建功立业。他曾鼓动公司向东印度扩张，与荷兰人争夺远东市场。然而，英国政府极力避免与荷兰产生冲突。为此，他选择了不受重视而战略地位十分重要的新加坡作为进军远东的跳板。1818年12月，他率领一支7艘舰船组成的舰队从印度加尔各答出发，驶向马六甲海峡。次年1月，舰队在新加坡的圣约翰岛靠岸。随后，莱佛士派人前往新加坡考察。在了解岛上没有荷兰人把守以后，他随即率舰队在新加坡登陆，占领港口，并与原住民达成协议，宣布新加坡为英国的贸易站点。为安抚荷兰，英国政府在1824年与荷兰签订条约，让出远东的部分利益，获得了荷兰对其占领新加坡的承认。根据莱佛士的指示，新加坡宣布成为开放的自由港，往来船只无须纳税即可通过。自由贸易政策成效显著，吸引了大批商船往来新加坡，新加坡的贸易额迅速提升。而对新加坡的占领更使得英国掌握了对马六甲海峡的控制权，大大刺激了英国在远东的贸易增长。

另一方面，为了保障英国与印度之间交通的顺畅，英国在近东和中东与沙皇俄国进行了激烈的争夺。当时，俄国将其势力向南扩张，从而威胁到了英国的利益。为了阻止俄国的扩张，英国进行了一系列外交和军事上的努力。1841年，英国促成了《伦敦海峡公约》的签订，将黑海海峡置于国际共管之下。1853年，俄国以保护东正教为借口，对土耳其发动战争，占领了土耳其在南欧的属国摩尔达维亚和瓦拉几亚。为了阻止俄国势力的扩张，翌年3月，英国联合法国对俄国宣战，并派大批海陆军队赴克里米亚作战。俄国最终被迫屈服，战事宣告结束。1856年，双方签订《巴黎和约》，俄国被迫承认土耳其的主权，失去了在黑海的特权。后来，英国与俄国在伊朗等地发生对峙，并取得优势。英国由此维护了前往印度的交通要道的安全，保障了贸易的通畅。

1865年，英国人无比自豪地宣称："北美和俄国的平原是我们的玉米田，芝加哥和敖德萨是我们的粮仓，加拿大和波罗的海沿岸是我们的木材和森林，大洋洲有我们的牧羊场，阿根廷和北美西部草原上有我们的牛群，秘鲁运白银给我们，南非和澳大利亚的黄金流向伦敦，印度人和中国人为我们种茶，西印度群岛遍布着我们的咖啡、蔗糖和香料种植园。西班牙和法国是我们的葡萄园，地中海沿岸是我们的果园。我们的棉田长期以来都在美国南方，现在已扩展到世界上所有的温暖地区。"[1]

▲ 克里米亚战争：英法联军围攻塞瓦斯托波尔城

从本质上来看，自由贸易是工业革命的产物，世界经济西强东弱的格局由此确立。另一方面，工业革命带来的新技术，尤其是汽船的发明，进一步加剧了世界经济的不对称性，使国际商品市场一体化提升到了前所未有的高度。汽船取代帆船，其革命性不亚于火车取代公共马车，因此一位研究19世纪英国航运发展史的学者将其研究成果命名为《我们的海洋铁

1　张立平：《外国著名外交家列传》，北京：世界知识出版社，1998年，第112-113页。

道》便不足为奇了。但是，汽船以煤炭为燃料，最初只能投用于内陆水运和短程海运，在这些航线上汽船可以随时添加燃料，如果进行环绕非洲的航行，则需要装载汽船所无法承受的煤，因此帆船仍然是远洋航运的首要选择。不过，汽船的发展势头强劲，19世纪40年代是汽船加速发展并逐渐超过帆船的时代。1840年，英国的汽船已占世界汽船总吨位的1/4，4年后又猛增到1/3以上。位于埃及的苏伊士地峡长约90英里，它使得地中海与红海水道无法连接。如果将苏伊士地峡打通，英国与印度的航程将缩短4000英里，汽船就能从伦敦一直航行到孟买。早在1798年，拿破仑就曾企图在苏伊士地峡开凿运河，直到1869年这一计划才终于实现。苏伊士运河的开通使汽船声威大振，可以在沿途的直布罗陀、马耳他、塞得港和亚丁等英国基地添加煤炭。汽船的需求迅速增长，英国的主要船厂提高了汽船的产量。1875年，英国拥有190万吨的汽船，而帆船的吨位则达到420万吨，10年以后汽船的吨位增加到400万吨，而帆船的吨位则下降到340万吨。[1] 18世纪70年代，汽船已经承担了英国与印度之间绝大多数商品的运输任务。1887年，通过苏伊士运河的船只都安装了电灯，即便在夜间也能照常航行，从而使旅程缩短了16个小时。

　　由于自由贸易政策的推行、炮舰政策的运用和运输领域的变革，英国的海外贸易不断迈上新的台阶。1850年前后，英国控制了世界贸易总量的20%以及世界工业品40%的份额，有近60%吨位的船舶在英国登记。1870年前后，英国对外贸易达到极盛，超过了法国、德国和意大利等欧洲强国的总和。由此可见，在19世纪中后期，英国成为当之无愧的世界贸易中心。英国无出其右的经济地位，使英镑成为通用的国际货币，这意味着英国也成了全世界的金融中心。而贸易的繁荣又为英国工业带来了强劲的动力。1851年，英国借举办第一次世界博览会向全世界炫耀帝国的财富，并为此建造了展览的主会场水晶宫，展示了英国工业革命的伟大成就以及超前的技术和巨大的创造力，英国从而赢得了"世界工厂"的称号。

1　［英］H. J. 哈巴库克、M. M. 波斯坦：《剑桥欧洲经济史（第六卷）工业革命及其以后的经济发展：收入、人口及技术变迁》，王春法等译，北京：经济科学出版社，2002年，第253页。

国际资本市场的形成

海外贸易伴随着海外投资。随着海外贸易的发展，19世纪英国的海外投资激增。海外投资并不是在19世纪才出现的现象，资本输出之所以在此时发展迅猛，从本质上看，是资本追逐最大利益的天性使然。一方面，随着英国资本主义的发展，国内出现了大量过剩资本；另一方面，将资本输往海外能够获得比国内更高的利润。在利益的驱使下，资本流向回报更高的地方。于是，英国资本漂洋过海，流向了世界各地。

国际资本市场的形成离不开庞大的金融体系的支撑。英国之所以能够主导国际资本市场，不仅在于其巨大的生产力，更在于拥有成熟的金融体系。英国金融业拥有悠久的历史，开发海洋是金融发展的重要催化剂。16世纪英国股份公司的涌现对金融的发展起到了促进的作用。这些股份公司，诸如莫斯科公司、黎凡特公司、东印度公司等，是英国早期海外贸易的急先锋。17、18世纪，英国的海外贸易快速发展，一批股份公司纷纷建立。到1695年，已经有100个新公司宣告成立，资本总额高达450万英镑。[1]股份公司作为一种融资手段，使英国国内的大量闲置资本被利用起来用于海外商贸的发展，从而促进了金融业的进步。

与此同时，英国的证券市场快速发展起来。1570年建成的皇家交易所是英国首家金融交易平台，以供买卖股票、汇票、本票、外汇。皇家交易所的建成是英国金融市场从稚嫩走向成熟的重要一步。皇家交易所的成立则是英国大商人托马斯·格雷欣一手促成的。

托马斯·格雷欣出生于1519年（一说是1518年）。他的父亲理查德·格雷欣是伦敦著名的冒险商人，曾在1531年担任伦敦市的市长。托马斯·格雷欣从小就浸润在浓厚的商业氛围中，同时接受了良好的教育，大约13岁时就进入剑桥大学学习。后来，他被父亲送到叔父约翰·格雷欣那

---

1 ［美］约翰·N.德勒巴克、约翰·V.C.奈：《新制度经济学前沿》，张宇燕等译，北京：经济科学出版社，2003年，第278–279页。

里当学徒，跟随叔父进入商界，并在叔父的栽培下成长为一名优秀的商人。1543年，他的学徒期满，成为布业公会的正式会员。托马斯·格雷欣不仅是一名纯粹的商人，由于他广博的学识和出类拔萃的才能，更是成了英国王室在欧洲的代理人，帮助王室在国外借债。由于能力出众，他受到了伊丽莎白女王的赏识，在英国国内和国际积累了极高的声誉。他还发现了一条法则，即劣币驱逐良币的规律，后人以他的名字将之命名为"格雷欣法则"。托马斯·格雷欣在政商两界的人脉为他着手建立皇家交易所奠定了基础。

在伊丽莎白统治时期，英国经济进入了繁荣期，制造业和商业快速发展，唯独金融业发展滞后，以至于当时的英国商人在海外赚取大量资本后，由于缺乏投资渠道，将大部分闲置资本用于购买地产，而不是促进工商业的扩大再生产。由于缺少一个合适的交易场所，商人们往往在伦敦的商业金融街区伦巴第街进行露天交易，常常要忍受恶劣天气的困扰及其他各种不便。托马斯·格雷欣的父亲理查德·格雷欣任伦敦市长时，就曾写信给当时的国务大臣托马斯·克伦威尔，提议在伦敦的伦巴第街建造交易所，为商人提供一个交易场所，促进金融业的发展。为此，理查德·格雷欣还曾专门前往金融业发达的安特卫普，参观了那里刚盖好的交易所，并绘制出一幅建筑图交给克伦威尔。但是由于种种原因，理查德·格雷欣的建议被搁置，未能得以实现。到了伊丽莎白即位以后，发展金融业的呼声越来越高，因此建立固定的交易所成为一件迫在眉睫之事。

就在这时，托马斯·格雷欣子承父志，凭借着在政界和商界的卓著声望，推动了交易所的建立。1561年，托马斯·格雷欣在安特卫普的助手理查德·克拉夫向其重提此事。当时，克拉夫还写了一份长达24页的关于英荷海关的对比报告，其中提到英国金融市场的落后，商人们没有合适的集会场所，必须要在雨雪泥泞的道路上交易。因此，他建议托马斯·格雷欣向宫廷提议建造一座安特卫普式的交易所。托马斯·格雷欣对此有所触动，但他考虑到新君即位不久，政权有待稳定，所以直到1565年才正式提议建造交易所，并表示愿意筹措相关经费。托马斯·格雷欣的倡议很快得到响应，一来商人们对此事挂心已久，二来由于安特卫普动荡不安，许多商人辗转来到英国，刺激了交易需求。1566年，托马斯·格雷欣确定了交易所的选址，在伦敦市内的康希尔区得到一块地皮，6月进行了奠基仪式。1570年交易所正式建成并开业，取名"伦敦交易所"。1571年年初女王到访，将其改名为"皇家交易所"。

皇家交易所建立以后，伦敦股市得以规范化，并发展成为庞大帝国的金融中枢，为英国各大产业发展输送着源源不断的资金。皇家交易所不断发展，吸引着国内以及来自欧洲大陆的投资者。17世纪，英国允许犹太人重返英国，大批犹太人从荷兰涌入伦敦，从事股票交易工作，并在皇家交易所内自成一派。1760年，皇家交易所以大肆喧哗的理由开除了150名经纪人，于是这些经纪人在伦敦的乔纳森咖啡馆成立了一个俱乐部，独立进行股票交易。1773年，俱乐部会员在"证券交易所"的名义下成立了一家新的股票交易市场。1802年，证券交易所正式获批，是为伦敦证券交易所。

除伦敦证券交易所外，另一个英国金融制度革新的更高层面产物——英格兰银行，也随着海权争夺应运而生了。

在战争的诸种要素中，金钱是最关键的一项。当1499年法王路易十二向特里武尔齐奥询问占领米兰需要什么时，他给出回答："三件东西，钱，钱，钱。"可见，战争对于参战国的财政是一项严酷的考验。然而，战争的胜利又能够给战胜国带来丰厚的回报，可以要求

▲ 1810年时伦敦证券交易所的内景

战败国支付高额的战争赔款。因此，高效的金融体系对于战争的胜利就起到了重要作用。

17世纪，英国频繁地参与到欧洲的战争中。对于英国这样一个岛国来说，海洋是它的主战场。然而，海军是一个极其烧钱的军种，英国王室的收入往往难以支付战争的开支，因此英王就不得不四处筹集资金。在17世纪早期，由于金融制度落后，英王查理一世就通过强行征收船税的方式，来筹集建设海军所需资金，结果引起社会各阶层的不满，引发了一连串连锁反应，最终导致了内战的爆发，查理一世也因此断送了性命。

在"光荣革命"后，英国继续卷入永无止境的战争中。1690年英法两国重开战端，英吉利海峡成了双方必争之地。为了争夺海洋，法国不断制造战舰，给英国造成了巨大的压力，因而引发了一场海军军备竞赛，国家财政变得日益紧张。"光荣革命"后，英王的权力受到限制，因此筹集军费变得更加困难。而且过去英王向民间贷款往往有借无还，信用度处于较低的水平，民众都不愿将钱借给英王。当英王威廉三世以8%的利息借120万英镑时，响应者竟然寥寥无几。这样，在旧的筹措资金办法失效而战争迫在眉睫之际，保守的英国王室开始接受通过新的金融方式来筹集资金。在这样的背景下，英格兰银行诞生了。

最早提议建立英格兰银行的是伦敦城内的苏格兰银行家威廉·帕特森。1691年，帕特森与几名合伙人向政府提出成立国家银行的计划。但是帕特森的提议一开始受到重重阻挠，不断遭到否定。1694年，他再次向政府递呈报告，建议成立一个"英格兰银行总裁公司"，他承诺能够为政府筹集到120万英镑，作为回报，政府应每年支付8%的利息，并同意公司发行总额与贷款额相等的钞票。终于，这项提案在当年被议会采纳。接着，120万英镑的国债在十余天中被1000余名商人认购一空，并由他们成立"英格兰银行总裁公司"。其后，政府为该公司颁发特许状，标志着英格兰银行最终成立。这笔资金大多被用于对法战争中，从而使英国走出了战费紧张的困境。

▲ 英格兰银行的早期建筑

　　英格兰银行的成立强化了英国的海权，以至于有学者这样写道："英格兰银行的成功被称为是一场金融革命，这场革命使人口只有法国的1/3的英格兰能够在整个18世纪的战争中一次又一次地打败法国。"[1] 相对而言，法国的军费筹集面临着重重困难，而英国方面轻而易举地就能获得大笔贷款。这样，英国海军的建设以及战争补给就有了保障，英国的战争胜算随之提升，海军逐渐形成了压倒性的优势，在欧洲争霸战争中屡屡获胜。随着军事上的胜利，英国的海外贸易获得了保障，并迅速扩大，投资英国带来的收益不断提升，吸引了国内外的投资者纷纷到英国进行投资，从而形成了一个良性的循环。"掌控海洋经济和掌管军事安全之间的联系是相对清晰的。霸主国总是牢牢地扎根于海洋经济之中，并且击退了以陆地作为雄厚实力之基础的大陆强权所发起的种种挑战，这正是因为它们能够募集世界经济中现有的、在欧洲之外的资源为军事行动筹措经费，以便打击那

---

　　1 ［美］查尔斯·金德尔伯格：《西欧金融史（第二版）》，徐子健等译，北京：中国金融出版社，2010年，第85页。

些本来就较穷的大陆强权。"[1]

随着伦敦金融业的兴起，伦敦在国际金融中的地位迅速提升。1706年，英国以8%的利率向神圣罗马帝国皇帝约瑟夫一世贷款50万英镑，这是英国首次向海外贷款。从此，伦敦开始与欧洲的头号金融城市阿姆斯特丹展开竞争。18世纪后半叶，伦敦迎头赶上，甚至荷兰的大量剩余资本都转移到了英国。"荷兰银行界对英

▲ 英格兰银行的徽标

国国债的兴趣在18世纪特别强烈。早在17世纪90年代，英国主导性的大公司的股票就出现在阿姆斯特丹交易所……据估计荷兰在国外的投资超过10亿盾，据说其中大约有1/3投向了英国，主要是英国的政府债券。阿姆斯特丹银行家投资于英国国债的兴趣，受到英国政府不断增长的清偿能力的鼓励。"[2] 18世纪末，由于荷兰出现危机，伦敦顺理成章地取代了阿姆斯特丹的金融地位，成了新的欧洲金融中心。一开始，伦敦金融市场从海外吸收资金支持英国工业革命和经济增长，进入19世纪以后，英国的政治霸权和经济霸权确立，伦敦金融市场开始向国外输送资金。到1850年，伦敦证券交易所已是世界上最为重要的交易所。

18世纪70年代，国际金本位制度的确立标志着英国金融霸权达到顶峰。金本位制度是以黄金为本位币的货币制度。在金本位制度下，每个单位的货币价值等同于若干重量的黄金。早在1717年，著名的物理学家牛顿就将黄金和英镑之间的价格比率固定，英国成为金本位制度国家。1816年，英国议会颁布《铸币法》，从法律上确定了这一制度。19世纪，英国

---

1 ［美］施瓦茨：《国家与市场：全球经济的兴起》，徐佳译，南京：江苏人民出版社，2008年，第97页。

2 ［英］E.E.里奇、C.H.威尔逊：《剑桥欧洲经济史（第五卷）近代早期的欧洲经济组织》，高德步等译，北京：经济科学出版社，2002年，第358–359页。

在世界舞台上的影响力持续上升，在国际政治和经济活动中取得了绝对的霸权。为了经济的稳定发展和更大范围的经济扩张，英国逐渐将金本位制度推行到欧洲乃至全世界。到18世纪70年代，由英国主导的国际金本位制度建立了起来，金本位制度也就相当于英镑本位制度。英镑成了一种广泛流通的货币，是当时最主要的国际储备货币。不仅德国、法国、美国等西方国家接受了金本位制度，东方的印度、菲律宾以及许多拉美国家也实行金汇兑本位制度。从而形成了一个以黄金为基础、以英镑为世界货币的国际金融体系。

这样大英帝国成了国际资本市场的主导者，并大规模地向世界各地输送资本。

非洲是英国资本输出的热土。当英国各大金融财团准备向埃及和非洲其他国家发放贷款，借此掌握各国经济命脉——包括矿产资源、基础设施、税收等——之时，首相格拉斯顿便以骄傲的口气鼓动他们："放开手脚行动吧，你们背后是战无不胜的大英帝国。"[1]

苏伊士运河是连接英国与东方殖民地的枢纽要道，然而，运河的设计和修建均在法国资本的主导下完成。在运河修建之前，英国政治家极力反对英国卷入修建运河的计划之中，他们认为运河不仅修建难度大，而且就算建成也只会有利于东方国家和地中海沿岸各国，但时间证明了这种论断的错误。苏伊士运河开通以后，英国几乎是最大的获利者。对此，有人这样评论：法国"将会发现自己花费几百万挖掘一条运河只是供英国使用而已"[2]。错失了一次机会以后，英国没有让第二次机会白白流失。

在运河通航的第一年，运河公司没有如期实现盈余，反而出现亏损。不久，英国首相本杰明·迪斯累利在罗斯柴尔德家族举办的一次宴会上得知，埃及统治者伊斯梅尔将近破产，打算将其手中掌握的苏伊士运河的股

1　向松祚：《汇率危局：全球流动性过剩的根源和后果》，北京：北京大学出版社，2007年，第6页。

2　［英］克拉潘：《现代英国经济史》（中卷），姚曾廙译，北京：商务印书馆，1986年，第278页。

票悉数卖给法国政府。法国政客对此犹豫不决，与埃及讨价还价。由于苏伊士运河对英国的重要性日益显著，迪斯累利下定决心要控制运河。1875年，他从巴黎的电报中获悉伊斯梅尔开价1亿法郎抛售手中的股票以后，他立即命人转达："我们接手。"然而，这对英国政府来说是一笔不小的款项，难以在短时间内筹集到。于是，迪斯累利想到了欧洲金融界的巨头罗斯柴尔德家族。他派人与莱昂内尔·罗斯柴尔德会面，告诉他英国政府的贷款愿望。罗斯柴尔德从容不迫地向使者允诺支持收购计划。1875年11月，迪斯累利从电报中获悉，伊斯梅尔在收到罗斯柴尔德的第一笔汇款后，已将运河股票以7大箱封装，送往英国大使馆。英国政府转眼成了运河公司的最大股东。1876年年初，运河股票大涨50%。到了1898年，其市值已经上升到迪斯累利收购时的6倍。英国不仅控制着这个咽喉要道，而且在资本市场上取得了巨大成功。

内森·罗斯柴尔德：罗斯柴尔德家族的英国产业开创者

在19世纪的英国资本主义经济史之中，"罗斯柴尔德"这一姓氏频繁见诸眼前。这一家族通过数代人的资本运作与投机，成了英国资本主义金字塔的顶层屹立者，同时，他们聚拢财富的过程也是一段鲜明体现出国家政治经济与资本家手腕相互缠绕发展之状况的过程。罗斯柴尔德家族与英国的联系，还得从其英国产业的初创者——内森·罗斯柴尔德说起。

内森·罗斯柴尔德于1777年出生于法兰克福，是银行家老罗斯柴尔德的第三个儿子、家族产业的第二代拥有者之一。早在1798年，21岁的内森就离开家乡来到英国。起初，他在曼彻斯特从事售卖丝绸布匹的行当，不过随后就很快操起家族本行，于1804年开始涉足证券行业，几年之后又开始玩转黄金。由此，初到英国仅10年的内森很快积累了可观的财富。

此时的欧洲正因拿破仑战争而打成一团，谨慎的英国并未大规模出兵参加欧陆会战，而仅是派出一支由阿瑟·韦斯利（即后来名噪天下的威灵顿公爵）率领的偏师在伊比利亚半岛与当地反抗力量一道抗击法国人。在这一背景下，看准机会的内森·罗斯柴尔德开始在英国内部上下游走打通关节，最终成功接管了英国军队在半岛战役中的军费支付业务，开始攫取债权。而随着拿破仑远征俄国的失败，欧陆反法同盟开始反攻，内森故伎重施，开始向英国的诸个盟友提供贷款。由此，一场拿破仑战争帮助内森如滚雪球一般获取了越来越多的财富。

这一借贷关系被维持到了拿破仑战争之后，因为复辟的欧洲王室或新兴的国家普遍需要钱。例如在1818年，内森就曾借给普鲁士王室500万英镑的巨款；又如在1830年，内森向新近独立的比利时贷出了300万法郎。由此，内森助罗斯柴尔德家族掌控了欧洲诸个资本主义国家的债权脉搏，他自己也身价连城，成了英国势力最大的银行寡头：当他于1836年去世时，其个人财富竟相当于英国国家收入的0.62%[1]。从内森·罗斯柴尔德发家致富的过程中可以瞥见，在19世纪资本主义国家的经济体系里，个体资本家所起到的作用不容忽视。

一则广为流传的故事提到，内森比几乎所有英国人都提前知晓了1815年滑铁卢战役胜利的消息，并利用这一不对等的信息在伦敦证券交易所倒卖债券，进而在一夜之间发家致富并掌控了英国经济。[2] 实际上，这一吸人眼球的阐述有着不少水分。不论是内森个人还是罗斯柴尔德家族，其产业扩张的过程都是渐进的，与他们在资本世界中的日积月累和国际政治经济局势的持续流转皆密切相关，并非一朝一夕可成之事。单就内森依靠滑铁卢战役发财的传说而言，有学者已提出其发迹"不是因为滑铁卢之战"，且实际上英国在这场战役的胜利甚

1　［英］尼尔·弗格森：《货币崛起》，高诚译，北京：中信出版社，2012年，第77页。

2　详见Frederic Morton, *The Rothschilds: A Family Portrait*, London: Secker & Warburg, 1962, pp. 53–54；宋鸿兵：《货币战争》，北京：中信出版社，2007年，第3–6页。

至有可能毁灭罗斯柴尔德家族。[1] 相似地，罗斯柴尔德家族档案网站的相关页面也提到，内森到底凭借滑铁卢战役发了多少财已不可考，但"考虑到当时的市场状况，我们可知的是不管他靠滑铁卢赚了多少钱，其数额也远不到100万英镑，更不必言很多说法里提到的'数百万'了"[2]。

　　掌握苏伊士运河后，英国金融资本迅速入侵非洲大陆的其他地区。首先，英国凭借强大的武力，以"抢先占领"为信条夺取了大片非洲土地。19世纪80年代，在英国殖民者罗德斯的倡议下，英国正式提出了著名的"2C计划"，要将非洲从开罗到开普敦的土地连成一片，形成一块纵贯非洲南北的殖民地。由于开罗和开普敦在英文中都以"C"为首字母，故得名"2C计划"。接着，英国以各种手段侵占了非洲的大量土地，英国资本随之大量涌入。这些资本家经营着采矿工业、运输业和种植园，英国人还在非洲当地开设工厂，利用当地的廉价劳动力和丰富的自然资源就地进行生产活动。

　　在亚洲，印度作为英帝

▲ 这幅漫画中，罗德斯手擎电报线，脚跨非洲南北

1　［英］尼尔·弗格森：《货币崛起》，高诚译，北京：中信出版社，2012年，第70-71页。

2　详见：http://www.rothschildarchive.org/contact/faqs/nathan_mayer_rothschild_and_waterloo.

国的中枢吸引了大量英国资本的涌入。19世纪50年代开始，英国资本大量进入印度。尤其是苏伊士运河开通后，英国与印度的航程缩短，运费骤降，英国与印度的联系更加密切，越来越多的英国商人到印度进行投资，资金输出急剧增长。交通运输业是英国资本家投资的热点领域，其中最大的投资项目就是修造铁路，其投资额占英国在印度投资总额的1/3。修造铁路的前景非常可观，铁路有利于英国商品打入印度的内地市场，促进生产要素的流通，提升投资环境，而且有利于加强对印度社会的控制。在19世纪50年代和60年代，英国资本家就在印度投资建成了第一批铁路。为了推动铁路建设，殖民当局为英国资本家投资铁路提供了种种优惠条件，如提供土地和免除各种税收。18世纪70年代开始，除允许私营公司建造铁路外，英国政府进一步开放政策，允许殖民当局建造铁路。1908年，殖民当局更是组建了一个委员会，鼓励在印度投资铁路。修建铁路所需的铁轨、桥梁用材、机车均从英国输入，因此刺激了英国工业的发展。1861年印度建成铁路1588英里，1881年达9891英里，到1900年已达到25 371英里，第一次世界大战前夕更是高达34 656英里。

此外，英国资本家也在印度投资建厂。黄麻纺织业是英国商人较早投资的领域。1855年，曾在锡兰经营咖啡种植园的英国人乔治·奥克兰在孟加拉的利斯拉设立了第一家黄麻纺织厂。1859年，加尔各答的一家英国公司在当地建立了另外一家黄麻工厂。没过多久，英国人又在印度建立了第三家黄麻工厂，黄麻产业随之快速发展起来。1873年时，印度已有五家黄麻纺织厂，12 500台纺织机；1883—1884年，工厂增至21家，纱锭和织机分别增加至88 000枚和5500台，雇用工人数量达到38 800人。此外，由于运输业和黄麻纺织业的兴盛拉动了煤炭消费，因此煤炭开采业也成了英国资本家的重点投资对象。孟加拉煤业公司是英国商人建立的首家煤炭公司。由于技术和资本优势，英国商人很快就将印度本土商人挤出煤炭开采业，独占了这一领域。1880年，印度煤炭产量超过100万吨，1900年达到900万吨，1912年达到了1200万吨。此外，英国资本也流向了诸如棉织业、造纸业、种植园等轻工业部门。英国通过资本输出，牢牢控制了印度的经济命脉。19世纪70年代以来，英国在印度的投资骤增。到1896年，总投资额约为2.94亿英镑，到第一次世界大战前夕达4亿英镑，其所获得利润已经超过贸易所得。

英国在拉丁美洲也进行了大规模投资，其投资对象以阿根廷最为典型。19世纪拉美国家独立以后，迫切需要发展，因此对欧洲国家，尤其是英国降低了投资门槛。19世纪60年代初，阿根廷的内政趋于稳定，从而形成了良好的投资环境。从那时起，英国对阿根廷的投资迅速增加。据一项统计显示，从1865年到1875年，英国为阿根廷提供的贷款从220万英镑增至1649万英镑。这些资金大部分被用于铁路和港口等基础设施建设。阿根廷的农牧业十分发达，吸引了大量英国资本。1875年，英国人就在阿根廷创建了超过1100家的养羊场，投资额达到250万英镑以上。19世纪50、60年代的克里米亚战争和美国南北战争使英国肉类进口量大幅度减少。嗅觉灵敏的英国商人抓住商机，大规模投资阿根廷的牛肉生产，从而满足英国本土的牛肉消费需求。另外，在金融业方面，英国在19世纪50年代末制定法律，允许英国人在国外建立股份银行，从而推动英国商人在阿根廷的金融业投资。1862年，位于布宜诺斯艾利斯的伦敦南美洲联合银行宣布成立，其初始资本中英国资本就占了50万英镑。

19世纪80年代，随着阿根廷进入相对和平时期，英国在阿根廷的投资全面展开。其中，英国对阿根廷的铁路投资在1880年为760万英镑，到1890年，这一数额迅速增长至6460万英镑。英国资本对阿根廷的青睐可见一斑。英国资本也进一步渗透到阿根廷的金融行业，进入信贷、抵押等领域。不过，总体上看，英国资本主要集中在非工业领域，因此造成了阿根廷经济的不平衡发展。由于英国资本的过度涌入，投机盛行，缺乏有效的监管，最终导致了1890年金融危机的爆发。尽管如此，英国资本在阿根廷仍旧一家独大。总而言之，英国以投资的手段控制了阿根廷的金融、交通运输、农牧业的关键部门。这些投资与英国的经济发展密切相关，阿根廷因此沦为了英国"无形帝国"的一分子，成了大英帝国的附庸，有人更是将阿根廷视为英国当时五大自治领之外的"第六自治领"。

英国在世界各地开设和投资的银行在资本输出中扮演着重要角色，通过它们编织了一张覆盖全世界的金融网络。1835年，根据特许状成立的澳洲银行是英国的首家海外银行，到1860年时已经有15家海外银行132家分行活跃海外。现在为我们所熟知的汇丰银行和渣打银行均为19世纪中叶成立的英国海外银行。英国的海外银行以纽约和欧洲大陆为立足点，辐射非洲和拉美地区，最后渗透到亚洲殖民地。到1910年，英国设在海外的银行和分行分别达到72家和5449家，从而形成了当时世界上最庞大的银行体系。

通信领域的技术变革在联结英国和海外资本市场与加速国际资本流动方面发挥了关键作用。1840年，英国开创了现代邮政服务。与此同时，电报技术被发明出来，并迅速得到利用。1870年，英国已经与美洲和印度建立了直接的电报通信联系，不同市场间的信息传递同步化，促进了世界资本市场的统一。因此，从19世纪70年代开始，英国出现了大量以海外投资为目的的资本输出。到1913年，电话的发明和使用以及无线电技术的开发，进一步增强了通信在资本流动中的作用。著名经济学家凯恩斯对这个时期英国人的生活方式和拥有的投资机会进行了富有启发性的描述："伦敦的居民可以一面在床上啜饮早茶，一面打电话向全世界订购符合自己所需数量、质量要求的各种产品，而且理所当然地预期货物可以早早送上门来；他可以在同时，以相同的方式，将他的财富投入自然资源以及世界上任何地方的新事业，而且不费吹灰之力、毫不费事地分享他们预期的成果与利益；或者他可以根据自己的想象和认识，将自己的财富安全，系于任一大陆的任一富裕城市市民的优良信誉上。"[1]

英国的资本输出总额快速提升。据有关数据显示，1850年，英国在国外的投资为2亿英镑，1870年达14亿英镑，1900年达到约20亿英镑。到第一次世界大战前夕，英国海外投资更增加到40亿英镑，占其国民财富的1/4，约占世界各国海外投资的50%。英国对外投资的收入不仅超过了对外贸易的收入，而且超过了本国工业的收入。英国成了名副其实的资本帝国。

1　［美］罗伯特·帕克斯顿：《西洋现代史》，陈美君、陈美如译，北京：世界图书出版公司北京公司，2013年，第6页。

总而言之，随着经济霸权的建立，英国成了世界上最主要的投资者。英国资本一方面加速了资本输出地的经济发展，但另一方面也造成了落后国家对于英国资本的依赖，因为"资本体现了一种社会剥削关系，金融资本使资本的所有权同资本的使用权相分离，少数拥有巨额资本的国家权力将资本输往国外，成为债权国，因而在国际范围内形成了大多数落后国家对少数帝国主义大国的依赖关系"[1]。作为英国的金融中心，伦敦自然而然地成为世界金融的中心，一个以伦敦为核心的国际资本市场就此成型，而这一切的安全保障又与强大的皇家海军息息相关。

这就是英国依靠海洋获取霸权的历程。从中鲜明折射而出的，是海洋与资本、与资本主义之间的互动。

1　计秋枫等：《英国文化与外交》，北京：世界知识出版社，2002年，第180页。

第五章
资本主义通过海洋的扩张：
殖民与战争

斯坦利·布德尔曾这样概括资本主义的本质："作为一种经济体系，（资本主义）通过成本、价格、需求等市场要素推动了产品的生产和交换，获得的利润又大量用于投资。"[1] 说到底，这些市场要素，只有在一种长期稳定的商业环境下不断重组结合，才可能孕育出资本主义。

自古以来，逐利的资本总是会自觉流向利润最高的地方。地理大发现前，海洋将欧洲人的视野局限在自己的小圈子里。每当诸如战争、灾害和政治动荡等"系统性"风险出现时，资本为了避险往往会从生产领域流入消费、信贷领域，导致构成资本主义所需要的资本、商品和劳动力的流动逐渐停滞，使商品生产和贸易受阻。这就是为什么资本自古有之，而资本主义的出现却滞后许久的原因。资本主义需要将资本、劳动力聚集于生产和交换领域以获取利润，然后积累的财富再流入生产领域创造更多利润，周而复始不断循环，才能成为一种支撑国家经济发展的模式。在这个不断循环的过程中，资本主义就是通过争夺和占领现存的市场、挖掘潜在的市场等方式进行扩张，引导大众的消费习惯与观念，努力将手中的商品卖给社会里的所有阶层，以换取更多利润并转化为资本投入再生产，以维持自

1　[美]斯坦利·布德尔：《变化中的资本主义：美国商业发展史》，郭军译，北京：中信出版社，2013年，第7页。

身的运转。当原有市场空间饱和后，资本主义的逐利性推动扩张自然而然转向新的地区。每逢扩张受阻，战争和殖民就成为扩张的主要途径。

与大陆国家相比，对于那些地处文明圈边缘的岛国而言，海洋是连接他们对外交流和参与到文明核心区的唯一途径。但海洋也是一种阻拦，海上运输的不确定性提高了贸易的成本，神出鬼没的海盗和海上的惊涛骇浪都会让船只葬身海底，令投资商血本无归。同时，漫长而曲折的海岸线都可能成为敌方选定的登陆地点，岛国得时刻提防来自海洋的入侵威胁。

地理大发现和新航路的开辟为资本从地区走向全球提供了新的契机。欧洲航海经验的积累、造船技术的进步，使得欧洲人向东可以绕过非洲大陆南端的好望角到达印度，那里盛产香料；向西可以穿过大西洋抵达新大陆，那里蕴含银矿。巨大的利润使得西欧各国都竞相投资航海事业，长途海上贸易开始变得炙手可热。此时，海洋不再成为阻碍商品贸易的障碍，而是一种可以被利用的资源。

道路打通了，市场变大了，但是这些并不能填满资本的胃口。在各国对新市场的争夺中，谁能获得对海上航线的控制，谁就能大大降低远洋贸易的成本和风险，也会使该国在海上竞争中处于优势地位从而获得商业成功。伊比利亚半岛上的西班牙和葡萄牙已经率先控制了东西两侧的海路，后来的国家如果想要从中分一杯羹或是争取更多市场份额，势必会引发矛盾。战争在所难免，战场这次聚焦到了海洋。

马汉在《海权对历史的影响》中详细阐述了海权在世界历史，尤其是在1500年地理大发现至19世纪初的历史阶段所起到的作用。他在书中提出了"致力于获得最大国家利益的沿海国家应当保持一只强大舰队"的理论。虽然《海权对历史的影响》主要讨论的是海军力量对特定历史时期造成的重大影响，但这也从侧面说明了以下两点：第一，海洋已经在世界联系中扮演了无可替代的角色；第二，谁控制了海洋，谁就控制了制定新世界游戏规则的话语权，就能借此获取最大的国家利益。对海洋的争夺延续了地理大发现后的两个多世纪，资本主义也经历了从重商主义向自由贸易过渡的发展阶段。

在重商主义阶段，欧洲"原生型"资本主义国家承担起对资本主义发展的保护人角色，更多关注本国在流通领域通过积极对外贸易获取财富的能力。为了避免资本流出，这些资本主义国家纷纷建立贸易壁垒，保护本国市场不受外国商品的冲击。因此为了开拓市场，他们对殖民地的抢占和争夺就变得越发激烈，对外冒险、征服原住民、争霸战争和建立殖民地成为理所当然的手段。以西班牙、葡萄牙、荷兰和英国为代表的国家利用海洋，要么进行长途贸易赚取巨额差价，要么对新大陆进行资源掠夺和控制，通过奴役新大陆的印第安人挖掘银矿，将白银和黄金这些硬通货流入本国。

英国在北美和印度的做法最为典型：从最初鼓励冒险家和民间团体对北美进行拓殖，到在詹姆斯敦建立第一块殖民地，再到东海岸十三块殖民地连成一块，英国人一直将北美作为为母国提供资源的基地。农作物、毛皮和渔业资源等在《航海条例》束缚下被英国人运往本土和世界各地，赚取着垄断利润；出自北美森林的木材优质且廉价，在殖民地造船厂被打造成英国皇家海军的风帆战舰，驰骋在大西洋和其他英国海上争霸的战场。1600年，被英王伊丽莎白一世授予特许状的英属东印度公司追随荷兰人的脚步，占据了印度次大陆东海岸南部狭长地带的一个贸易点，并在随后分别击败荷兰和法国，由此主导对印度的贸易。

18世纪中后期，生产领域开始取代流通领域成为新的经济增长点。在这样的背景下，以亚当·斯密为代表、主张降低关税和自由贸易的古典经济学应运而生，推动着英国从重商主义向以商品输出为主的自由主义转型。在自由贸易思想的指引下，各国都借助海洋寻找原材料供应地和商品倾销市场，海洋取代大陆成为大国争霸的舞台。为了打造"自由贸易帝国"，19世纪时英国转变殖民政策，印度从英属东印度公司榨取财富的摇钱树变为大英帝国商品倾销市场；澳大利亚从英国重刑犯的海外流放地发展为出口羊毛和消费英国商品的殖民地；新西兰被宣布为英国领地，依托母国，开始兴起以出口为导向的畜牧业和农业。此外，美国建国后经济从独立战争中恢复过来，走上工业化道路，并迫使日本签订开放市场的不平等条约；日本奋发图强明治维新，建立起资本主义政权，并在甲午海战中击败大清帝国，通过《马关条约》一跃成为帝国主义列强。

这一切的发生和转变都离不开海洋。

尽管海洋不是导致资本主义产生的直接因素，但与陆路贸易相比，它可以使各种生产要素——资本、劳动力和原材料——以更短的时间流向这个星球中最能为它创造财富的地方。谁拥有最强大的海军，谁就控制了海洋，谁就能控制世界。本章主要叙述的是欧洲资本主义确立优势后的扩张。

"五月花"远渡重洋：资本主义到北美

北美资本主义始于16世纪初陆续从西欧穿过大西洋而来的、以英国人为主的移民群体在北美东海岸建立起的殖民地。航海技术的进步使欧洲人进行远洋航行成为可能，他们的母国此时正在重商主义经济思想的指导下发展资本主义，进行原始资本积累。正是移民在北美的拓殖，带来了母国政治、经济、法律等多方面相对先进的资本主义经验，通过海洋贸易将自身与母国和其他西欧资本市场紧密联系起来。

新航路开辟后，西班牙在南美洲取得的成功大大刺激了偏居西北一隅的岛国英格兰。英国商人有着从中世纪的海洋贸易中培养出的开拓热情和清教徒的宗教情怀，追逐利润不再被视为道德上的污点，获得现世的成功才是他们关注的重点。在他们看来，这辈子最重要的事情就是赚钱，以此来证明自己是上帝的选民，而西班牙人在南美洲那样的"超额收益"令他们眼红。然而，此时的英国并不能像西班牙与葡萄牙那样，以国家之力支持航海事业的发展，都铎王朝时代的宗教问题、王权与议会的关系、英国与欧洲大陆的关系都限制了英国政府投向美洲的目光。英国此时对探索北美能提供的财政支持几乎是空白的，英国政府的意思也很明确：自己手头不宽裕，不可能像富得流油的西班牙那样掏腰包赞助探险活动。但信奉重商主义的英国却很乐意个人探险家或团体能前去北美碰碰运气，因此英国最初对北美的探索是从探险家和商业公司开始的。在这些商人集团的游说下，英国国王给予这些人特许状，以保证对北美探险合法性与成果拥有垄断权的承认——如果赚了，英国政府也能跟着捞点油水；如果亏了，政府也不用为收拾残局而买单。

英国最先前往北美探险拓殖的是沃尔特·雷利爵士，他在1585年至1590年多次组织船队和移民前往北美，并将自己探索的第一块北美土地命名为"弗吉尼亚"，用以取悦当时的伊丽莎白一世女王。但个人对风险承受能力是极为脆弱的，1590年，钱财耗尽的雷利在无奈之下把他的特许状转让给了商业公司，从此退出了北美拓殖活动。

最早接手北美拓殖的英国商业公司主要是两大商人团体：伦敦集团和普利茅斯集团。与个人冒险家相比，这些商业公司在筹集拓殖资金、争取舆论支持和殖民地管理等方面更有优势。依托英国活跃的金融交易市场，商业公司以股份分红为条件，吸引投资人购买公司股票，筹集到了殖民资金。他们在伦敦鼓吹北美是遍地黄金的无主之地，招募了渴望发财的新教徒作为最初的移民团体。因而最早的殖民地居民点——詹姆斯敦能在伦敦商人集团旗下的弗吉尼亚公司手中建立也就不足为奇了。

即便如此，实力雄厚的商人冒险公司在北美的最初殖民活动还是举步维艰，困难重重。弗吉尼亚的詹姆斯敦作为最早殖民点（1607年建立）的发展历史就带有悲情色彩。由于事先预计不足，伦敦商人集团控制的弗吉尼亚公司无法在短时间内寻找到金银矿以收回投资成本，为了避免公司破产，他们被迫转向投资回报周期更长的土地开发上，努力发展种植业。但北美蛮荒的自然环境、殖民点周围充满敌意的印第安人原住民部落，使得詹姆斯敦人口大量减少。而弗吉尼亚公司最初混乱的管理水平也搞得人心涣散，殖民地委员会中董事们的独裁和贪婪、军事化管理下高强度的劳动和严厉的法律让移民纷纷逃离定居点。从1607年110位移民算起，直至1616年，"新大陆"的英国人只有351人。此时的詹姆斯敦连自给自足的正常运转和稳定存在都无法保证，充其量只是一个需要不断接受外来补给的小型移民团体，随时可能崩溃，更不用说建立起一个资本主义社会了。摆在殖民地面前的现实是：新的移民不断枯竭，公司股东对投资结果不满，新的投资者望而却步。若想打开新的局面，能做的只有借助复制母国的经验进行改革，力图稳定住英国首个在北美的殖民点，挽回殖民信心。北美的现实决定了成功需要的是：有效的殖民地管理和稳定的农业生产。

为此，弗吉尼亚公司不得不对集军事、政治、经济于一体的"社团性拓殖方式"进行改革，特别是在土地问题和政治民主化上做出重大让步。他们改善现行管理制度，给予移民较为宽松的税收政策，增加土地私有化的程度，建立起北美首个地方性议会——弗吉尼亚议会；引入英国普通法，用法治代替严酷的军事化管理。这些成为北美殖民地引入英国本土社会管理体系的最早尝试。

1618年，弗吉尼亚公司通过有条件地向移民让渡部分从英王特许状中获得的北美土地，吸引了不少母国少地或无地者前往北美。具体的土地让渡方式因人而异，主要差别集中在土地的使用权和所有权分配上，有的是直接赠予，有的是转让所有权，有的是出租使用权，有的是按股份配送土地。北美地广人稀的现状，为弗吉尼亚公司实施土地私有化改革提供了可能。"土地私有化的推行，意味着社团性拓殖方式的失败"，从此"殖民地生存和发展的希望被寄托于私人性开发之上"。[1] 在土地私有制建立的过程中，政治民主化也应运而生。

◀ 美国弗吉尼亚州的州徽。反映的是一个手持矛状农具的自耕农踩在暴君尸体上的场景。图案下的拉丁语铭文写着"这就是暴君的下场"。图中的人物衣着和故事本身都来源于古罗马时代，隐喻了弗吉尼亚移民对强权的反抗和对民主的追求

1　李剑鸣：《美国的奠基时代（1585—1775）》，北京：中国人民大学出版社，2008年，第98页。

　　弗吉尼亚议会是弗吉尼亚公司和其母公司伦敦商人集团向移民群体政治妥协的产物。土地的私有化刺激了居民点人数的增加，越来越多诸如医疗、教育、宗教和法律等高度专业化的社会需求涌现，为了满足这些社会需求以维系殖民地的稳定和人口流入，殖民公司采用送股入股的纯商业手段，鼓励吸引神职人员、政府官员、法官、医生、绅士和骑士，以及具备熟练技能的劳工成为移民对象。与那些在本国走投无路的社会底层不同的是，这些在母国具备更高社会地位的群体更懂得自身的价值和维护自身权利。在与弗吉尼亚公司的权利博弈中，这些谙熟英国社会游戏规则的群体无疑占据了主动地位，他们的存在改变了殖民地的社会结构。1618年，英国政府批准了关于弗吉尼亚殖民地居民权力的章程，该章程框定了弗吉尼亚公司的权力范围，并引入英国普通法代替军事管制，允许殖民地居民选举自己的代表和公司总督与参事会一起组成议会。内部选举产生的地方议会脱离了殖民地对伦敦商人集团的依附地位，公司在伦敦总部制定的法令如果得不到弗吉尼亚议会的同意，则在殖民地不予生效。这实际上使殖民地获得一定自主权，限制了原先殖民地公司的决定和权力，保证了殖民地已有的发展成果。弗吉尼亚殖民地不再是单单某个公司的产业，只受到伦敦商人集团的单方面控制，而成了一个掺杂了各种势力的小型社会，这使得北美资本主义在日后走出了一条特立独行的道路。

　　在解决了制度问题后，殖民地开始寻找维持自身运转的支柱产业，否则它还是无法生存。为此，弗吉尼亚尝试过葡萄种植、捕鱼业，最终，烟草种植与贸易脱颖而出。历尽艰辛的弗吉尼亚殖民地终于慢慢走上正轨。詹姆斯敦的成功意义非凡：不仅代表英国在北美成功扎下根，更象征了从雷利爵士开始的，不畏艰险、勇于开拓的资本主义冒险精神传入北美，证明了无论面对如何恶劣的环境，直接高起点引入母国英国现有的社会成功经验，在一片蛮荒的新大陆也是可行的。这些都为后来陆续建立的殖民地提供了榜样，为资本主义在北美的成长培育了良好的环境。

　　正当弗吉尼亚的詹姆斯敦在南部苦苦支撑时，大西洋彼岸的英国商人团体正在把北美鼓吹为一块田园牧歌式的无主之地。那些在国内受到英国国教迫害的英格兰清教徒把眼光投向新大陆，企图寻求宗教理想的实现。

1620年，一群已经在荷兰莱顿停留了12年的英格兰清教徒乘坐一艘名为"五月花"号的船扬帆前往北美，他们是虔诚的清教中思想较为激进的分离派教徒，被后来的历史学家称为"朝圣者"或"始祖移民"。尽管"五月花"号不是最早到达北美的移民船只，普利茅斯也不是北美最早建立的殖民点，但这并不妨碍美国人对"五月花"号的推崇。翻开介绍美国殖民地的读物，里面几乎都绘声绘色地为读者描述出这样一幅画面："五月花"号途中遭遇困境，久久不见陆地，船上食物所剩不多，人心涣散，海面上是惊涛骇浪。危急关头，全船的成年男性移民聚集在船舱中一起进行表决。他们最后一致同意以上帝的名义签订一份契约，即"五月花号公约"。这份公约正文字数不多，内容也很简单，主要阐述了移民自发前往北美的目的是增进国家的荣耀和追寻上帝的信仰，以及宣誓遵守和服从为了全体福祉所制定颁布的种种规章制度和法律。通过这份契约他们决定上岸后组成一种"公民治理的公共政治团体"，选举出约翰·卡佛作为殖民点的总督进行管理。这是北美英国移民订立的首份"自愿结成社区的自治协议"[1]。

"五月花号公约"是英国将资本主义文明和清教主义传入北美的象征，它彰显着"始祖移民"不畏艰险横渡大西洋的开拓精神，和一种"在上帝的见证下"依靠民主选择和法律约束框定社会秩序的契约意识，由此被视为资本主义契约精神的典型例证而深入人心。公约的第一句话就是"阿门，以上帝的名义，我们……"，这为此份契约环绕上了"上帝见证"的神圣光环；此外，它的条款也凸显着英国法治传统，它赋予了殖民地人民在规则破坏者的面前，援引英格兰普通法和"古老法则"的权利。

斯图亚特王朝复辟后，英国政府试图对殖民地进行改组，除了使罗德岛和康涅狄格继续保持自治殖民地地位，马里兰、特拉华和宾夕法尼亚保留业主殖民地的地位以外，将其余改变为由国王任命总督管理的所谓王室

1　李剑鸣：《美国的奠基时代（1585—1775）》，北京：中国人民大学出版社，2008年，第106页。

殖民地。但在殖民地人民的不懈努力下，英国保留了由民选代表组成的殖民地议会。殖民地议会的保留影响深远：一方面，它被视为契约精神与法治传统在英属殖民地的体现，并与后来"无代表不纳税"原则联系起来；另一方面，培养出殖民地本地精英参与当地公共事务的热情。

除追逐利润的伦敦商人集团在北美东海岸南部建立的弗吉尼亚殖民地外，出于宗教信仰的拓殖团体也积极行动起来，最具代表性的是信仰新教的普利茅斯商人集团和宾夕法尼亚的威廉·佩恩家族。普利茅斯商人集团是虔诚却又不像普利茅斯殖民点那么激进的清教徒团体。马克斯·韦伯在其代表作《新教伦理与资本主义精神》一书中，从宗教教义的释义上阐述了在欧洲人眼里，以追求利润为目标的商业行为是如何获得道德上的认可，并使得资本主义从一种经济体系转变为一种社会观念的。在新教伦理的指引下，这些人把眼光转向了北美，他们成立了马萨诸塞海湾公司，想在远离弗吉尼亚的北方建立起充满浓郁宗教理想的社会，那里后来被称为"新英格兰"。

新英格兰是清教徒们在北美大陆东海岸建立的殖民聚居地，包括现美国东北部缅因州、佛蒙特州、新罕布什尔州、马萨诸塞州、罗德岛州和康涅狄格州所涵盖的区域。马萨诸塞海湾公司登岸后，移民们看到该地大部分都是海拔不低的高地，联系到圣经中的场景，便称这里为"山巅之城"。普利茅斯和马萨诸塞成为清教徒在新英格兰最早的定居点。同样受到宗教情怀影响而出现的，还有1681年得到英国王室特许状、由佩恩家族建立的宾夕法尼亚。作为建立时间较晚的业主殖民地，最初该地被清教中的贵格会教徒控制。他们信奉和平主义，主张一种待人平等的伦理观，因此宾州一度有"穷人乐园"的称号。在草创之初，他们就吸收弗吉尼亚这些老殖民地的经验，建立起议会。

尽管建立殖民地的过程艰辛，但最终不畏艰险的冒险精神、注重契约和法治传统的精神以及对宗教态度的宽容精神进入北美，为殖民地资本主义发展，特别是经济的进步创造了较为稳定的社会环境。同时，作为英国保护下的殖民地，母国成功而熟悉的社会管理模式也通过海洋引入北美殖民地，与母国的贸易使得殖民地被纳入英国大西洋贸易体系中。在站稳脚跟后，殖民地将借助母国英国的海洋霸权走向繁荣。

　　资本主义精神传入北美后，各殖民地确立起资本主义发展所需的各项制度要素，慢慢摸索出一条符合自身实际情况的发展模式，接下来经济的进步自然也是水到渠成。尽管从一开始，英属北美殖民地就拥有参与英国大西洋贸易的先天优势，但是巧妇难为无米之炊，各殖民地首先需要做的是努力寻找并生产适合自身地理环境的商品用于对英贸易，以支撑殖民地经济的运转。北美面积广阔，北方和南方在土壤条件与气候、自然资源和殖民地历史等方面的不同，造成了殖民地支柱产业的差别。但北美英属殖民地一直有两样东西是稀缺的：资本和劳动力。

　　资本主义的发展是资本、人力、商品在不同领域和地区组合与流动的过程。环顾当时的北美，不仅地广人稀、劳动力奇缺，而且资本流入受到母国严格限制，市面上可供流通的货币不足，提供融资服务的金融业更是尚未出现。从南方种植园到北方的手工工场，人力的不足不仅无法维持扩大商品和作物生产，也限制了各地经济规模和对外资本的获取。"钱荒"的出现反过来进一步限制生产领域，最终抑制着整个北美资本主义的发展。殖民地解决这个问题的唯一途径就是借助海洋。

　　海洋真正改变北美人力稀缺窘境的具体途径有两个。一是1630—1730年的大移民，宽容的宗教态度使英属北美成为信仰基督教不同教派的欧洲移民心中理想的目的地。在殖民公司的组织或自行筹资下，大量的欧洲人口被赋予不同身份，贴上白人契约奴或自由移民的"标签"持续流入殖民地，承担起对殖民地的建立、开发和管理的责任，成为殖民地运转中的"齿轮"。二是通过罪恶的黑奴"三角贸易"。最初，英国的奴隶贩子装载着廉价工艺品或枪支从本土港口城市利物浦出发，他们避开大西洋逆流到达非洲西海岸后，用这些手工艺品换取黑人奴隶，再起航前往英属西印度群岛的巴巴多斯，那里是大英帝国的蔗糖生产地。当17世纪中后期北美对人力的市场需求激增后，这些贩奴船直接开往弗吉尼亚，并建立起发达的黑奴交易市场。正是通过这样罪恶的方式，南方种植园繁荣起来，殖民地手工业也伴随着殖民地城市发展起来。

与人力稀缺几乎同时得到缓解的，还有资本短缺的问题。无法自给自足的北美人将目光投向海洋，海洋丰富的自然资源再次为北美提供了渠道。在土地分割较为分散且贫瘠的北方，海洋为诸如马萨诸塞这样的殖民地提供了丰富的渔业资源和对外贸易良港，使得"新英格兰很快以出口渔业产品闻名"[1]。在土地集中的南方则要考虑选择什么样的出口商品，既适合种植，又能够获得欧洲市场的认可。

1994年，美国电影业巨头华特·迪士尼影片公司制作的动画片《风中奇缘》，讲述了印第安公主宝嘉康蒂勇救英国探险家，进而化解了一场异族间的战争并产生爱情的故事。真实的故事是，弗吉尼亚殖民地领袖约翰·史密斯被原住民部落俘虏后即将被处死时，酋长女儿波卡洪塔斯救了他，并给处于困境中的殖民地送去食物，还与欧洲移民约翰·罗尔夫结婚，并将烟草种植技术传授给了殖民者。弗吉尼亚殖民地就是依靠着烟草种植取得了成功。波卡洪塔斯学会了英语并访问伦敦，得到英国王室接见，但最终她却与丈夫离婚，也未能阻止殖民者与原住民之间的战争。

1618年，弗吉尼亚的烟草出口量为5万磅，1626年翻了一番达到约10万磅。

烟草贸易的出现和稳定发展使弗吉尼亚殖民地有了较为稳定的产业，依靠母国单向补贴援助的时代终于结束了。殖民地通过海洋进行的出口贸易为其提供了资金，使殖民地可以维持下去并步入正轨。其他殖民地纷纷效仿，稻米种植成为南卡罗莱那的经济支柱，并向葡萄牙和西印度群岛出口；小麦成为宾夕法尼亚的主要出口货物；捕鲸业在纽约的长岛以"惊人的发展速度获得了繁荣"[2]。

在制约北美资本主义发展的资本和劳动力问题得到缓解后，殖民地发

1　李剑鸣：《美国的奠基时代（1585—1775）》，北京：中国人民大学出版社，2008年，第110页。

2　［美］斯坦利·L.恩格尔曼、罗伯特·E.高尔曼：《剑桥美国经济史：殖民地时期》（第一卷），巫云仙、邱竞译，北京：中国人民大学出版社，2008年，第178页。

达的造船业与航运业保障起北美商品出口的繁荣。1651年，英国颁布的《航海条例》[1]规定，凡是运往英国及英属殖民地的商品必须由英国船只或殖民地船只装运。这一规定成为北美造船业和航运业发展的巨大利好。英国本土缺少足够的森林，木材是个稀罕物，而北美殖民地东海岸则覆盖着茂密的森林。从1653年开始，"英国海军的船桅用木在一个多世纪里几乎完全依赖北美的供应"[2]。加上英国和西班牙、法国争夺大西洋海上霸权，英国议会一直没有限制北美造船业的发展。在独立战争时期，2342条商船由殖民地建造，占到了英国商船总数的30%。[3]

依靠造船业，北美运输业一直在英国控制下的大西洋"三角贸易"中扮演着重要角色。经济学家斯坦利·L.恩格尔曼指出："虽然航海条例是为了英国利益而设计，但殖民地却成功复制了宗主国的社会经济结构，积累了一些他们自己的贸易实力，获得了许多同样的好处。"[4]仅纽约一处，在17世纪最后10年中，船只注册数量就从35艘上升到124艘。穿梭不息的北美殖民地商船加快了资本、劳动力和商品的流动。

美国国会图书馆前馆长丹尼尔·布尔斯廷这样赞美马萨诸塞海上贸易商的精明：

> 海上贸易需要多方面的才能。它要求当机立断，对于无利可图的船货要能舍得抛入海中。它要求把布宜诺斯艾利斯奇缺的货物赶紧运去销售。要有随时随地做成意外买卖的本领。如遇战争或风暴危及航行安全时，要能把目的地广州改为加尔各答。如果继续航行无利可图，

1　英国历史上曾多次颁布旨在鼓励海外贸易和航海事业的《航海条例》，仅17世纪就颁布过三次，分别是1651年、1672年和1692年，1854年后完全废除。

2　李剑鸣：《世界现代化历程·北美卷》，南京：江苏人民出版社，2012年，第72页。

3　[美]吉尔伯特·C.菲特、吉姆·E.里斯：《美国经济史》，司徒淳、方秉铸译，沈阳：辽宁人民出版社，1981年，第104页；转引自沈汉：《资本主义史》（第2卷），北京：人民出版社，2015年，第320–321页。

4　[美]斯坦利·L.恩格尔曼、罗伯特·E.高尔曼：《剑桥美国经济史：殖民地时期》（第一卷），巫云仙、邱竞译，北京：中国人民大学出版社，2008年，第186页。

还必须迅速连船也卖掉……总之，怎样最有利就怎样干。[1]

北美船业商人向英国交船的首航中，都会运载商品前往母国港口。在这些精明的殖民地船运商人看来，空船行驶在大西洋上不免过于奢侈。同时，船只停留在港口的时间也在变短，一些美国经济史学家将原因归结于代理人制度的出现，这些人作为商业公司代表，作用在于对囤积于港口的货物进行管理和结算，并协助船长处理货物、寻找最佳市场和买主。存货时间的缩短降低了运输成本，加快了殖民地资本的流通速度，资金回笼周期在缩短。这些使得北美运输业以更低的成本参与到大西洋贸易的船运市场份额争夺中。

独立战争爆发前，除了无法染指英国对外出口，北美殖民地船只的身影借助《航海条例》而出现在驶往欧洲、南美的航线上。尽管英国《航海条例》也有副作用——它强制要求来自北美的一些商品（被称为"列举品"）必须先运往英国，然后由英国的船只运往世界各地，但是一直以来《航海条例》都被松散地执行着。直到1763年英法争霸结束前，英国对于北美的这些"小动作"一直睁一只眼闭一只眼，殖民地得以与母国暂时保持了利益与摩擦之间的平衡。

在殖民地时代后期，手工业也在有条不紊地发展着。费城成为殖民地时代北美的手工业中心，海洋为北美送来了德国和中欧的移民工匠，成为殖民地时期专业的手工业群体。宾州步枪（后称肯塔基步枪）就是其中的代表。它出自德裔移民工匠之手，他们对欧洲火枪进行了改进，通过延长枪管和缩小口径增加了射程与精准度，以满足殖民地民众对抗印第安部落和欧洲殖民势力的需要。这种步枪获得北美殖民地军火市场的认可并大卖，带动了周边产业的发展。到1774年，费城"工匠就占了全市应纳税人口的一半，其中包括713个制衣匠，532个建筑师和家具制造匠，361个交通

---

1 ［美］丹尼尔·J. 布尔斯廷：《美国人：建国的历程》，谢延光等译，上海：上海译文出版社，2012年，第6页。

工具制作者，246个食品制作者，103个金属匠"[1]。尽管这些由个体或家庭创办的手工工艺很一般，但可以勉强满足殖民地本地市场的需求，弥补了手工业在殖民地经济结构上的空缺，更为美国建国后快速吸收工业革命成果，走上工业化道路奠定了基础。

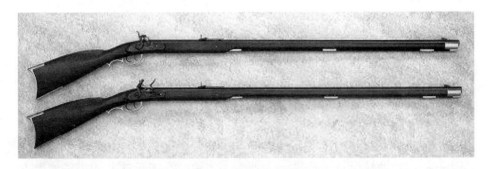

▲ 殖民地时代宾夕法尼亚手工业的代表：肯塔基步枪

经济上获得进步的一个注脚，就是这段时期弗吉尼亚、马萨诸塞和普利茅斯等殖民地人口开始出现稳定增长。以发展程度处于中等水平的马里兰为参照，它的居民人口1640年达到2000人，1660年达到8000～10 000人。到1760年，北美的英裔殖民地人口达到几百万之多。人口激增带动了对土地需求的日益增长，这与母国在重商主义思想指导下企图独占北美的战略不谋而合，从而使殖民地与母国的关系渐入佳境。

在17、18世纪，英国皇家海军巡航在大西洋和加勒比海域，打击海盗保护英国商船，这使得北美殖民地在与母国建立的贸易体系中获益匪浅，殖民地和英国的关系进入"蜜月期"。作为殖民地，纽约在奥格斯堡同盟战争期间成为英国皇家海军在加勒比海地区的主要后勤供应基地，"开创了与西属西印度群岛的军事供应贸易"，同时它还"通过与海盗和私掠船的交易获利甚丰"[2]，所有这些生意都做得非常成功。

在独立战争爆发前，殖民地的利益都与英国牢牢捆绑在一起。北美

1　转引自付成双：《试论美国工业化的起源》，载《世界历史》，2011年第1期。

2　［美］斯坦利·L. 恩格尔曼、罗伯特·E. 高尔曼：《剑桥美国经济史：殖民地时期》（第一卷），巫云仙、邱竞译，北京：中国人民大学出版社，2008年，第187页。

十三块殖民地的人力、资本和商品的流动大部分都是在英国搭建的大西洋贸易圈中进行，在母国皇家海军的保护下将自身嵌入英国在大西洋贸易的经济圈中，通过对外贸易，逐渐摆脱最初的困境，从实现自给自足到稳定运转，再到发展壮大。

作为母国，英国对殖民地政策的影响是巨大的，它直接关系到北美殖民地的命运。从最初弗吉尼亚的建立到1763年签订《巴黎和约》，英国对殖民地的政策是宽松的，它将北美纳入由英国皇家海军护航的大西洋贸易圈中，使其成为殖民地最大的出口目的地。北美殖民地资本主义发展受益于此，经济实力逐渐壮大，在整个大英帝国殖民体系中的比重也在逐步提升。然而，在宽松状态下发展的英属北美十三块殖民地也发生了一些明显变化——殖民地社会日益成熟，农业、手工业、交通运输业的完善使原本充当母国原料供应地的角色正在悄悄转变。英国人也许会惊愕地发现，殖民地也可以生产原本只有英国才可以提供的产品（虽然前者的质量要差一些）。在殖民地，本土精英群体和资产阶级正在形成，殖民地议会成为他们参与当地政治生活的中心，参与公共事务成为殖民地人民的生活方式。殖民地城市文化已然兴起，母国与殖民地通过海洋的媒介交流频繁。要知道，当时伦敦时尚界的最新款式最迟不超一个月就会在波士顿的商店中出现。当殖民地与母国蜜月期关系被相互竞争的关系替代后，经济利益的受损和对更多利益的追求引发了政治上对更大权利的诉求，北美的资产阶级希望在英国政治和议会中获得更多的话语权。"显然，殖民地在经济上已经成熟到使得独立进程可行的地步。"[1]

然而，这次海洋却无法化解殖民地与英国之间的矛盾。北美殖民地与母国的摩擦与分歧围绕着《航海条例》和英国对殖民地征税而扩大。受益于母国大西洋贸易圈和海洋霸权的"红利"，殖民地曾经以很微弱的财政代价换取了搭乘母国顺风车的好处——北美的船只以很低的成本行驶在加勒比海和大西洋上，将欧洲的原料（主要是南欧）和英国的制成品以及北

---

1 ［美］加里·M.沃尔顿、休·罗考夫：《美国经济史》（第十版），王珏等译，北京：中国人民大学出版社，2013年，第132页。

美的烟草、靛蓝、大麦、生铁在两大洲间运输。英国与法国和西班牙的殖民战争增加了北美殖民地制造业和手工业的订单，不过，这一切都随着"七年战争"的结束而成为过去。以往被海洋喂饱了的北美殖民地这次要失望了，因为这次跨海而来的不是满载货物的商船，而是神情傲慢的英国征税官。

在北美多年的争霸战争掏空了英国国库。"七年战争"结束后，英国开始越来越严格地控制十三块殖民地。曾经作为北美商船"守护天使"的英国皇家海军，也开始严格执行《航海条例》，将舰炮对准了北美走私船，这成为北美海运业的噩梦。此外，英国出于对本土商品的保护，强制要求北美殖民地按照英国政府给出的"列举品"清单向母国出口固定商品。从此，殖民地出口商品的种类和数量受到控制，而英国商品却在低额税收的保护下涌入北美。

殖民地人民越发觉得经济发展进程和速度受到母国的剥削与钳制，殖民地共同利益的受损引发了他们对英国政府新政策的不满。而当英国正式决定向殖民地征收从糖税、茶税到印花税的消息传到北美后，殖民地的怒火爆发了。最终，经济上对母国的不满上升到政治层面——因为它动摇了北美殖民地确立的社会秩序的基石，那就是被北美人津津乐道的"无代表，不纳税"的民主精神。

英国忽视了殖民地发生的变化，依旧将其看作自己的孩子，议会依旧认为孩子单方面做出牺牲、孝敬母亲的行为理所当然。实际上，英国人此时面对的是一个在经济、文化，特别是政治上获得长足发展的新兴资本主义国家。正如查尔斯·安德鲁斯在《对美国革命的一种解读》中所言，到1775年，殖民地已经到了"他们有资格与母国合作，友好关系类似于自由国家之间的兄弟情义"[1]的地步，然而"英国无法看到或承认这样的一个事实"。面对殖民地的愤怒和离心倾向，英国的不安情绪开始蔓延，此时只有政治上的妥协与同化才能弥合各自资本主义发展阶段因为利益产生的分歧。可是英国人最后选择了采取粗暴的方式以镇压殖民地的离心倾向。

---

1 转引自［美］加里·M.沃尔顿、休·罗考夫：《美国经济史》（第十版），王珏等译，北京：中国人民大学出版社，2013年，第132页。

正如前文提及，一开始英国对北美的控制程度是有限的，但就最终结果而言，英国政府殖民政策被证明是失败的。北美独立战争的爆发和美利坚合众国的成立使大英帝国殖民体系受到打击，这个重要的原料产地和英国商品销售市场不复存在。所谓"成也萧何，败也萧何"，英国较为宽容的殖民政策曾经为它在北美赢得了大片经营成功的殖民地，但后来英国在错误的时间段实施了错误的殖民政策，也使这一切最终化为乌有。美国的建立为北美资本主义发展掀开了新的一页。

在美国历史上，建国初期蕴含着一次危机。有人说美国至今经历过三次重大危机，第一次是建国，第二次是南北战争，第三次是1929年的大萧条。美国的独立影响很大：一方面独立战争军费开支巨大，战争打得各殖民地政府囊中羞涩；战后又受到英国的报复和压制，外来资本大量减少，给合众国的维持造成冲击，各州组建的邦联关系也备受质疑，这是危局。另一方面，十三块殖民地取得独立本身就是件伟大的事件，原本英国的税收和限制性法案被废止，受到英国干涉与控制的日子一去不复返。只要美国国内能理顺各州在国家运行中的权力界限，经济重获复苏，这个新生国家就能以更自主的姿态参与到国际社会中，实现本土资本主义的飞跃，这是机遇。

美国与曾经的母国反目成仇后，英国对美国商品征收重税，西班牙和法国在独立战争时期给予美国的贸易优惠也被收回。沿海各州的船运业和造船业受到严重打击，各州经济与战前相比均受到打击，"南部的衰退十分严重，只有纽约州和新英格兰地区（新罕布什尔除外）从贸易中断中完全恢复"[1]。新生邦联政府的债台高筑、各州之间极为松散的关系、退役老兵的遣散土地问题等都考验着这个新生国家。

面对困境，美国的国父们和各州代表用行动诠释了"政治是关于妥协的艺术"这句名言。1787年，在费城举行的制宪会议上，各州围绕联邦权力和奴隶制问题进行多次磋商，并最终促成带有妥协性质的美国宪法颁

---

1 ［美］加里·M.沃尔顿、休·罗考夫：《美国经济史》（第十版），王珏等译，北京：中国人民大学出版社，2013年，第147页。

布。这部宪法框定了各州与联邦政府的关系和职权范围，建立起统一的国内市场。原本邦联体制下各州的关税权、货币发行权收归联邦政府，改变了原先各殖民地之间存在关税的局面，为这个新生国家奠定了较为统一的社会环境。

1789年7月14日，巴士底狱被巴黎市民攻占，法国大革命爆发。在经历吉伦特派、雅各宾派政权更迭后，拿破仑·波拿巴通过"雾月政变"控制了法国。从法国大革命开始直至滑铁卢战役，英国、西班牙、德意志等欧洲国家先后卷入其中，法国和英国不仅征调货船入伍，更放松了他们严格的重商主义政策。美国在此期间采用了中立政策，西属加勒比地区和英属群岛再次出现美国商船活跃的身影，美国东海岸的造船业和航运业得以复苏，出现了"一个不寻常的繁荣和经济活跃的年代"，也是"一个以充分就业和城市化急剧上升为特征的时代"[1]。美国东海岸成了大西洋西部的贸易集散地。

建国后，美国政府通过《土地法令》出售公共土地，推动西进运动，美国人越过阿巴拉契亚山脉，穿过俄亥俄河一路西行越过密西西比河，大片西部土地被开发出来，也吸引了更多移民越洋来到美国。与东部十三块老殖民地局促的用地相比，西部的家庭农场规模巨大。面对西部农业的强势竞争，东部经济模式被迫转向制造业，"促进高新技术的发展和运用、增进工厂设置中的生产组织形式"[2]的农业生产逐渐向西部移动。而此时的美国工业却遇到了难题。他们"缺少经验，缺乏有经验的经理、技工和机械师，新机器的缺乏，效率低下"[3]。美国制造业急需摆脱家庭手工作坊的窠臼，用生产技术和生产方式的突破，带动生产力实现质变。实现突破的秘诀就隐藏在大洋彼岸。

此时，大西洋彼岸的英国正在进行第一次工业革命。当美国人还在忙着从独立战争的萧条中努力回过神的时候，英国工业城市曼彻斯特的手工

1　[美]加里·M.沃尔顿、休·罗考夫：《美国经济史》（第十版），王珏等译，北京：中国人民大学出版社，2013年，第149页。

2　同1，第181页。

3　李剑鸣：《世界现代化历程·北美卷》，南京：江苏人民出版社，2012年，第82页。

工场里的纺纱机正伴随着厂外运河的流水声发出"哒哒"的织布声，从附近村庄雇来的女工们和女童们正在监督下于机器间穿梭。美国人对这种新机器流露出浓厚的兴趣，可惜英国人将其视为绝密，禁止出口。由于无法自产，纵使拥有广阔的国内市场和几乎无人参与的市场环境，美国人也只能高价批量购买英国的成品棉布。

这种现状让美国制造商们夜不能寐，他们决定派出"普罗米修斯"为他们盗取"现代工业之火"。英国工业革命成果最终漂洋过海来到美国，并在棉纺织业得到最先运用。1789年，熟悉水力纺纱机的英国人塞穆尔·斯莱特按照记忆仿制出阿克莱特纺纱机，并与美国商人摩西·布朗和威廉·阿尔米合作，在1793年开办了布朗–阿尔米制造厂。美国第一家机器驱动的纺纱厂诞生了，塞穆尔·斯莱特成为"美国工业革命的奠基人"。

在19世纪初不到10年的时间里，美国新建的棉纺织厂从1804年的6家攀升至1809年的87家，生产能力从最初的8000枚纱锭增至1809年年底的31 000枚纱锭，到1811年估计已增加到800 000枚纱锭。[1]同时，工业技术和组织创新也接踵而至：1813年，弗朗西斯·劳维尔在沃尔瑟姆建立起机器制造工厂，成为美国最早实现专业化分工的机器制造公司。它的出现使得纺织机械制造从纺织品制造中分离出来，通过集中雇用年轻女工，将美国工业格局从"一个由许多小制造厂小打小闹的地方性行业演变为一个以大制造厂和数量不断增加却更加专业化的小企业为特征的工业部门"[2]，美国资本主义一改以往形象，进入到一个规模化和专业化的全新阶段。从19世纪20年代起，美国的工业化时代来临了，1830年匹兹堡年产100台蒸汽机，辛辛那提生产150台机器。在制造业的推动下，从农产品到工业品的美国货开始通过海洋走向世界。

海洋在美国发家史中起到了无可替代的作用。从最初北美东海岸的定

1　[英] H. J. 哈巴库克、M. M. 波斯坦：《剑桥欧洲经济史（第六卷）工业革命及其以后的经济发展：收入、人口及技术变迁》，王春法等译，北京：经济科学出版社，2002年，第637页。

2　同1，第642页。

居点开始，到初具规模的十三块殖民地，再到快速成长为具备资本主义发展环境的经济体，直至19世纪中叶成为工业国，美国有着独特而优越的自然环境与得天独厚的地缘环境。海洋不但带来了英国的资本主义制度、发展经验和注重契约的法治精神，更在殖民地时期塑造了北美人开放宽容、勇于开拓的资本主义精神，为美国资本主义在资本、技术、人力和商品之间的集合与流动提供了渠道。在美国历史多个重要发展阶段，海洋在其中都起到了不可替代的作用，成为美国开放态度和价值观的象征，也最终成就了美国取代英国在全球确立的海洋霸权和影响力。

日落西天：英国在印度的殖民与掠夺

从文化和历史角度看，印度所涵盖的范围遍布整个南亚次大陆[1]，包括了现在的印度共和国、巴基斯坦、孟加拉国、斯里兰卡和尼泊尔等国家。它的北方被高山和帕米尔高原环绕，深入中亚腹地，而南方则是欧亚大陆中向南伸出形成的一块巨大半岛，俗称印度半岛；它西临阿拉伯半岛，东靠孟加拉湾，很早就是海上丝绸之路的中转站和必经之处；中部是由恒河与印度河流域组成的平原，气候潮湿、雨水频繁。印度得天独厚的自然环境吸引了莫卧儿人的目光。16世纪初，当欧洲开辟新航路，掀开了地理大发现的宏伟篇章时，远在东方的莫卧儿人正在中亚崛起。莫卧儿人是蒙古人西侵后与突厥人的混血后代，在占据了阿富汗后，他们野心勃勃地开启了征服印度的征程。

1689年，经过几代人的努力，莫卧儿人终于获得半岛大部分地区的直接统治权和对地区部落的宗主权。尽管一个地跨整个南亚次大陆的帝国就此形成，但它的根基并不牢固。

从地缘上来看，印度北部连通中亚，是陆上丝绸之路的必经走廊，也是异族文明入主印度的主要通道。这片土地除了内部纷争外也时常遭受外

1　南亚次大陆亦称为印度次大陆、印巴次大陆。

部游牧民族入侵，呈现和平统一与战乱分裂相互交替的特点。而印度南部由于长久以来就在宗教和民族上存在明显差异，使得小王朝割据的趋势成为早就形成并继续一以贯之的特征。[1] 莫卧儿帝国统治后期，印度社会蕴藏着重重危机。皇室内部对王位的血腥争夺、帝国中央政府的内讧加速了政治上的失序；盘踞在西北部的锡克人、盘踞在德干高原的马拉塔人和西印度的拉其普特人要么有不同的宗教信仰，要么是独立的民族，长期的独立（帝国仅保持宗主权）始终撩拨着他们的离心冲动。

历经几代皇帝统治的莫卧儿帝国已经腐朽不堪，国内的动荡不息给了欧洲殖民者乘虚而入的机会，英国人就是其中之一。卡尔·马克思曾在其著作《不列颠在印度统治的未来结果》里说过一句非常经典的话：

> 大莫卧儿的无限权力被他的总督们打倒，总督们的权力被马拉特人打倒，马拉特人的权力被阿富汗人打倒，而在大家这样混战的时候，不列颠人闯了进来，把所有人都征服了……[2]

英国人的到来，使得印度被征服的命运变得显而易见。那么，不列颠人是从哪里进入印度的呢？与以往异族通过西北陆路入侵不同，英国人这次是渡海而来。

英国人从海路进入印度的过程可谓苦心经营、步步为营。他们不仅要将印度的莫卧儿帝国视为对手，同时还要面对葡萄牙、荷兰和法国这些欧洲殖民势力的强势竞争。15世纪末地理大发现后，葡萄牙人最先绕过非洲最南端的好望角，扬帆穿过印度洋，找到了从海上前往印度的航线。1497年7月8日，受葡萄牙国王派遣，探险家达·伽马的船队从里斯本出发，经加那利群岛，绕好望角过东非莫桑比克后，于1498年5月20日到达印度西南部港口卡利卡特，并在印度西海岸的果阿建立起贸易商站。达·伽马的成

1　林太：《印度通史》，上海：上海社会科学院出版社，2007年，第68页。

2　［德］马克思、恩格斯：《马克思恩格斯全集》（第九卷），中共中央马克思恩格斯列宁斯大林著作编译局编译，北京：人民出版社，2006年，第246页。

功使得此后几十年成为葡萄牙主宰东方贸易的黄金时代。葡萄牙人击败阿拉伯与印度的联合舰队，掌握了印度洋的制海权，在东非莫桑比克、中东波斯湾口、印度果阿、中国澳门一直到日本长崎设立商站，构建起从日本到印度再到欧洲的完整商业网络。当印度和东南亚香料群岛的香料被装载上葡萄牙人的三角大帆船运回里斯本和塞维利亚转卖后，身价暴涨带来的巨额利润不仅让葡萄牙人赚得盆满钵满，更让英国和荷兰分外眼红。在重商主义思想的鼓动下，荷兰和英国随后分别成立以各自国名命名的东印度公司[1]前往东方，并在贸易上结成联盟共同打击葡萄牙。在印度洋上进行的诸强殖民竞争中，葡萄牙最先衰落，荷兰趁机夺取了在东南亚的香料贸易垄断权，使英国企图染指的计划落空。此后，英国通过武力以三次英荷战争强迫荷兰接受《航海条例》，并在东南亚依靠强大的皇家海军击败荷兰军事力量，荷兰屈服并从此一蹶不振。

至此，在印度的玩家中只剩下英法两国。两国都借机扩张自身在印度的影响力，他们将在18世纪中叶展开对印度最后的争夺。卡尔纳迪克是南亚次大陆东海岸南部一块狭长的地带，它的东部是孟加拉湾、南部是印度洋以及锡兰岛（今斯里兰卡），上面密密麻麻建立了如马德拉斯、本地治里、圣戴维堡和加里加尔等英法殖民城市。作为连接欧亚海上贸易的战略要地，卡尔纳迪克成为英法两国最先争夺的地区。与荷兰和葡萄牙不同的是，整体实力与英国相当的法国深耕印度多年，与土邦王公保持较为密切的关系。对付这种同等体量的对手，英国并没有急于进行决战，他们在西海岸建立起孟买殖民点，在东海岸建立起圣戴维堡殖民点，逐渐扩大在印度的殖民区域。1748年奥地利王位继承战争结束，英法签订《亚琛条约》，英国不惜用在北美夺取的路易斯堡换取了法国在印度卡尔纳迪克的马德拉斯。随着英国势力在印度逐渐超越法国，在经过充分准备后，英属东印度公司联合英军开始挑战法国。经过三次"加尔纳迪战争"，法国战败，只被允许在印度保留两三个商业站点。英国人在印度次大陆的东海岸

1　即荷兰东印度公司和英属东印度公司。

建立起马德拉斯管区（1753年），在西海岸建立起孟买管区（1787年），在南部的孟加拉湾地区建立起加尔各答市（亦称威廉堡，1798年）。

解决完外部的竞争，英国人开始把目光转向莫卧儿帝国内部。尽管他们早在16世纪已开始尝试对印度进行征服，但由于当时莫卧儿帝国尚处于强盛期而未能得逞。1613年，英国人只被允许作为贸易商在西部港口苏拉特建立工场。到了18世纪中叶，莫卧儿帝国早已腐朽不堪，整个帝国瓦解为半岛中部强大的马拉特联盟、北部残存的以德里为中心的莫卧儿王朝和西北部锡克教国家这几个主要的政治集团。由于这些政治集团尚有一定实力，占据着南亚次大陆的腹地，不利于英国人行动，因此英国对印度的征服策略是先弱后强、缓步推进、逐步蚕食。英国政府没有直接走上台前，而是把经营印度的贸易和对印度的殖民征服交给英属东印度公司全权负责。

从西方近代商业史的发展脉络上看，英属东印度公司是一家标准体现着资本主义内涵的商业公司。作为重商主义的产物，它始于1601年。当年都铎王朝君主伊丽莎白一世授予伦敦商人集团东方贸易特许状，给予他们15年的垄断东方贸易特权，宣告了东印度公司的成立。

到18世纪初，经过多次重组合并，东印度公司最终获得了在印度殖民地的立法权、司法权、铸币权和招募军队的权力，俨然一个集经济、军事、政治于一身的小型政府。这也几乎直白地告诉我们：东印度公司的官方背景浓厚，借助英国18世纪争夺大西洋贸易霸权的契机，将自己发展壮大。为了加强对东印度公司的控制，1773年英国议会出台《管理法案》，规定公司最高行政长官由政府批准后任命的总督担任，负责管理孟买、孟加拉（加尔各答）和马德拉斯三大管区；同时，公司设立由4位董事组成的参事会辅助总督。公司每年要向英国财政部上交财务报表，在涉及印度殖民地军事动态时，需要向内阁提交报告。

在英国政府的支持下，东印度公司凭借商行的精明和高效，以贸易和榨取利润为基础，在维持自身利益最大化的前提下，一点点消耗印度的国力，瓦解印度的抵抗意志，用最小的代价逐步实现对印度次大陆的征服。

他们一边垄断对印度贸易的特权，一边沿着半岛漫长的海岸线寻找突破口，这样的好处在于英国强大的海军可以随时发挥优势，为殖民活动提供武力支持，并强化东印度公司对海港的控制。被征服的沿海地区由于背靠海洋，可以被迅速纳入大英帝国的全球贸易体系中。东印度公司的著名成员罗伯特·克莱武（Robert Clive）在其中扮演了重要角色。他利用印度半岛上各土邦封建割据状态，雇用大量印度土邦士兵在少数英国军队指挥下进攻其他土邦，同时重金收买权贵或者当地将领进行离间，以瓜分其他土邦领土为诱饵，与不同地区结盟。克莱武的"印度人打印度人"策略十分成功，使印度各地无法形成稳定的反英同盟。英国最先征服的是与不丹、缅甸和尼泊尔接壤的孟加拉与奥德地区。1756年，孟加拉统治者西拉吉企图收回对加尔各答的控制权，给了英国人进行武力干预的理由。东印度公司抓住机会迅速行动起来，他们在1757年普拉西战役中击败对手，克莱武取代当地王公成为孟加拉总督，控制了该地的财税。在兼并了孟加拉和奥德后，英国又控制了半岛东海岸，并开始向南印度腹地推进。在先后打败德干高原的马拉塔联盟、迈索尔和海德拉巴后，南印度也落入英国手中。1850年，英军前往印度西北，灭亡了锡克人建立的王国。至此，英国势力通过海洋进入印度，步步为营，终于完成了对整个印度的征服。

接下来，站稳脚跟的东印度公司开始有组织地掠夺印度。在殖民印度初期，由于行政管理能力、人力与财力有限，东印度公司一般采用间接统治方式。基本流程是通过缔结和约的方式拉拢当地土邦王公，先割让部分土地交给英国人直接控制，然后将剩余领土在索取所谓的"礼金"后分配给不同土邦王公，由他们继续担任领主。由于土邦领地越分越小，且王公之间相互掣肘，实际上削弱了土邦的力量，使得当地的王公贵族沦为英国的代理人。此外，东印度公司还迫使土邦王公提供"辅助金"充当驻扎当地英军的军费。为了便于管理和划分行政范围，东印度公司将被征服的地区按地理位置分别划分在三大管区（孟买、孟加拉、马德拉斯）进行统治。就这样，印度大大小小的土邦无一例外都被纳入"辅助金体系"中，一同承担着英国当地驻军的军费开支。从17世纪至19世纪初，"英属东印度公司在印度从一个特许垄断贸易的商业组织，发展为占有领土并建立政权的一个政治军事商业集团"[1]。

同时，英国人把魔爪伸向了转运贸易。虽然在重商主义时代，东印度公司独家垄断着英国与印度间的贸易，负责在印度采购大量棉布和诸如豆蔻、肉桂在内的香料运往欧洲，同时运载英国的工业品前往孟加拉的加尔各答和卡尔纳迪克的圣戴维堡、马德拉斯进行贸易。在18世纪中期之前的印度进出口市场中，印度本地商人的身影是常见的，他们不仅会与英商竞争收购印度本土的农产品，也会在英国商品入印的过程中充当中间商，赚取一定点数的中介费，同时，贸易发生地的土邦也会对进出口抽取关税。而随着印度越来越多的地方沦为英国的殖民地，东印度公司不但获得免税特权，垄断贸易特权，更可以随意修改商品税和进出口税。随着土邦沦为英国附庸，英国势力在坚船利炮的保护下可以更为自由地进入到印度腹地，直接收购欧洲市场需要的商品，绕开了印度中间商。这几乎摧毁了印度本地商人的势力。

最后，贪婪的英国人也没有放过印度乡村的土地税。英国人根据印度不同地区的土地税传统习俗和农业发展水平把土地税细分为三种税收体系。[2]这在日后成为东印度公司财富来源的大头。据统计，"1765/1766年度即英国东印度公司接管征税权头一年，孟加拉实收地税增加到14 704 875卢比，提高了80%以上，到1790/1791年度，增加到26 800 989卢比，提高227%"[3]，通过直接勒索土邦金银、征收土地税和利用贸易特权打击印度本地商人的勾当，使东印度公司在印度大肆掠夺。这些数以亿计的财富除了上缴英国国库，其余纷纷流入了公司高管的私人腰包。然而，竭泽而渔的掠夺模式是无法长久持续的。

19世纪初随着英国海上霸权的最终确立，英国完成资本积累，重商主

1 李弘：《图说金融史》，北京：中信出版社，2015年，第219页。

2 第一种称为"固定柴明达尔制"（zamindari），是以地主为征收对象，按土地收成情况进行估算后固定田赋，收取定额赋税，避免包税商的疯狂榨取；第二种为"莱特瓦尔制"（raiyatwari），直接对个体农民进行征税；第三种是"马哈尔瓦尔制"（mahalwari），以村庄为单位进行田赋征收。

3 林承节：《殖民统治时期的印度史》，北京：北京大学出版社，2004年，第47–48页。

义的历史使命结束。获取真金白银的重商主义思想让位于自由主义贸易思想。北美十三块殖民地的丧失，沉重打击了英国的殖民贸易体系，英国人急需寻找到新的原料供应地，过去一直沦为东印度公司直接榨取对象的印度进入英国人的视野。

英国开始重新审视对印度的统治政策，它要将印度转变成整个帝国经济体系中重要的原料供应地和英国商品倾销市场。从这时候开始，印度被赋予更重要的使命：它替代了美国南部种植园成为帝国棉花来源地；它在阿萨姆邦和锡兰（今斯里兰卡）大面积种植品种改良的茶树，在西孟加拉地区培育出享有"茶中香槟"美誉的红茶——大吉岭茶，这种茶冲泡后色泽金黄，带有特殊麝香，很快受到市场追捧，逐渐抵消了英国人对中国绿茶的依赖；它还在孟加拉管区内的加尔各答建立鸦片制造工场，将鸦片走私卖入中国，进行罪恶的鸦片贸易以扭转对华贸易的逆差。印度的农业格局要转变为以棉花、茶叶和罂粟为主；印度的钢铁业也要发展起来以弥补英国的不足；印度还要接受更契合英国的生活方式并服从大英帝国的意志，它要为帝国提供包括士兵在内的人力资源，为英国布局中亚和近东、对抗沙皇俄国与奥斯曼土耳其奉献力量。

英国曾经对印度直接掠夺的时代结束了。这一点清晰地反映在英国政府对印度殖民地的鸦片政策上。虽然在印度内部放开鸦片贸易可以直接为英国商业带来巨大利润，但这次英国却拒绝了。

大概在18世纪末，英属东印度公司开始在印度大面积种植罂粟。印度鸦片主要产区有两个：一是集中在包含孟加拉、奥德在内的"恒河流域东部的一个狭长地带"，鸦片种植园"沿恒河延伸，面积达50多万英亩"[1]；二是散布在印度中西部，以马尔瓦为中心的地区。尽管印度年产鸦片数量巨大，鸦片利润巨大，按理说，如果继续按照重商主义的观点，应该让印度变为鸦片消费市场，可英国人没有这样做，反而"谨慎地限制它的国内消费"。因为英国清楚，鸦片会敲骨吸髓地吸干一个国家，让它丧失消费英国工业

1　仲伟民：《19世纪中国茶叶与鸦片经济之比较》，载《中国人民大学学报》，2016年第1期。

品的基本能力。这其实反映出英国放弃了那种竭泽而渔的掠夺方式，"以使印度成为英国稳固的原料供应地和有能力消费工业品的广阔市场"[1]。

为了配合印度此时为英国服务的"岗位"转变需要，英国政府开始逐步限制和取消东印度公司在印度的垄断特权，给英国资本进入印度创造自由投资环境。英国资本开始投身于铁路交通、电报、水利、金融和采矿业等领域。从1770年英国资本投资建立印度第一家银行——印度斯坦银行开始，到19世纪中叶，印度英资银行扩展到十多家，他们"提供新式的票据计算工具，把当地的借贷市场和伦敦城连接为一体"[2]。铁路的修建连接起印度不同商品作物产区同半岛东西海岸各贸易城市，市场的边界扩大了，运输周期在缩短。电报网络的搭建加强了英国同印度的联系，内阁的印度事务大臣可以更详细地了解"女王皇冠上的宝石"（印度的别称）所发生的一切。金融业为英国资本在本土和印度之间的汇付提供渠道，同时向急需资金的印度本土商人提供贷款服务。

1813年以后，印度市场的大门向所有英国商人打开。在殖民政府的纵容下，英国的商品更加疯狂地涌入印度，把印度本土手工业冲击得七零八落。仅棉纺织品一项，印度从英国的进口量就从"100万码（1814年）增至5100万码（1830年），进而又增加到9.95亿码"[3]。

英国是从海路到达印度的。它借助自己强大的皇家海军击败了葡萄牙、荷兰和法国这些竞争对手后，授权英属东印度公司承担起对印度的管理，并借助海路垄断了印度转运贸易，在印度次大陆西海岸和东海岸建立了殖民点。18世纪后印度莫卧儿帝国衰弱，东印度公司从孟加拉下手，沿着英国贸易路线逐步蚕食印度，在19世纪中叶基本完成了对印度的征服。为顺应资本主义发展要求，英国殖民政策经历了从赤裸裸掠夺印度到将印度改造为维系日不落帝国在亚洲霸权的马前卒和原材料供应地的转变。英

1　仲伟民：《19世纪中国茶叶与鸦片经济之比较》，载《中国人民大学学报》，2016年第1期。

2　李弘：《图说金融史》，北京：中信出版社，2015年，第50页。

3　[英]保罗·肯尼迪：《大国的兴衰（上）：1500—2000年的经济变革与军事冲突》，王保存等译，北京：中信出版社，2013年，第154页。

国资本越洋而来投资印度，英国商品大量倾销印度，印度小农经济逐渐瓦解。我们应该看到，无论英国政策和殖民方式如何转变，其对印度进行掠夺的本质是不变的。

鸦片战争：资本主义入侵古老的东方帝国

18世纪时，英国在失去北美殖民地后，把殖民重点转向了东方。借助工业革命带来的巨大生产力，英国人建立起以印度为中心的全球殖民体系，并开始积极向另一个远东大国——中国——拓展殖民势力。英国与中国的接触由来已久，双方早在明代就建立起贸易关系，并在满清入关后延续了这种经贸往来。从1757年开始，英国的商船每年前往中国官方指定的对外贸易中心——广州十三行——进口中国的丝织品、茶叶等商品，同时向华输出英国手工制品和机织棉布。由于中国自然经济自给自足的特点，对英国商品的接受程度和消费能力极为有限，造成英国长期在对华贸易中处于入超地位。更关键的是，英国与华贸易一直以来遵守的是"互市以货易货，不准用银"原则，英商只得以真金白银补齐差额。

如果英国是依附于清朝朝贡体系中的藩国那倒无妨，但此时的英国已经是一个老牌资本主义国家，且刚刚完成第一次工业革命。在自由贸易主义取代重商主义成为英国主要经济思想后，大量资本投资于英国国内工厂，急需寻求海外市场以获取利润收回成本。而对华出口呈现出入超的尴尬现状不但没有带动英国工业品的销售，反而加快了英国资本的外流。这是英国人无法接受的。

为了扭转颓势，英国人在外交上和经济上双管齐下。1793年（清乾隆五十八年），英国政府派出著名的马戛尔尼使团赴华游说，企图增设入华通商口岸。1816年（清嘉庆二十一年），又派出阿美士德（William Pitt Amherst）使团来华。可均未能说动自信满满的中国皇帝满足英国人的要求。

▲ 英国风景画家威廉·丹尼尔（William Daniell）笔下的广州十三行外景（约绘于1805—1810年）

外交上的努力失败了。

但是这两次访华，使节团并不是空手而归。马戛尔尼"知道如何从海军战略战术和行政治理的角度去侦查中国"[1]，他的随行记录下了这次深入大清国土的所见所闻。他们在领航员的带领下从东南沿海溯海岸线北上，一路尽览沿途港口。当顺大运河而下从帝国心脏返回南方时，英国人无意中发现，作为大清帝国经济枢纽的大运河，承担着转运大清帝国漕粮银两的重任。其南北交汇口是位于长江下游、临近两江总督驻地江宁的城市——镇江，该段江域江面宽广，往下游行驶不出三日便可到达入海口，且镇江地处富庶的江浙地区，自明代以来就是中国重要的生丝与产粮区，控制此地必能牵一发动全身。如果把这两次出访看成是一次对华情报收集的话，无疑这项工作是很成功的。

考虑到清朝巨大的体量，英国并未打算直接诉诸武力。此时英国参与对华贸易的商人集团主要思考的是，如何尽快扭转入超的不利局面，最终他们想到了一种极易吸食上瘾的药品——鸦片。鸦片虽然很早就进入中

1　宋宜昌：《决战海洋：帝国是怎样炼成的》，北京：人民邮电出版社，2015年，第95页。

国，但一直作为药品而受到控制，现在在利益的驱动下，英国人打算将鸦片变为一种大宗商品输入中国。1757年，英国人把孟加拉变为印度东部地区主要的罂粟种植地，在加尔各答设立工厂，负责加工提纯罂粟，制造鸦片。东印度公司再以高于生产成本数倍的价格将鸦片卖给英国烟贩运往中国销售，这些烟贩通过贿赂官员，不断扩大走私数额并开设烟馆。据统计，从19世纪30年代开始，在英国输华的货品中，单鸦片一项就占据一半以上，每年从中国掠走白银达数百万元。[1] 从"1821至1840年间，中国白银外流至少在一亿元以上，相当于当时银货流通总额的五分之一"[2]。由于清政府规定完粮纳税需用白银，白银资本大量外流，造成白银与铜钱汇价快速上升，而民间贸易一般以铜钱为主，这实际上就增加了纳税者的负担，进而引发各地税收困难。拖欠赋税的增多使得清政府的财政收入减少，这种"鸦片流毒于中国，纹银暗耗于外洋"的局面引发了一些中国官员的担忧。1838年10月，林则徐在上奏道光皇帝的《钱票无甚关碍宜重禁吃烟以杜弊源片》中痛陈鸦片乃流毒之害。他在这份折子中写道，"若犹泄泄视之，是使数十年之后，中原几无可以御敌之兵，且无可以充饷之银"[3]。1838年12月31日，清道光十八年十一月十五日，深感问题严重的道光皇帝颁布上谕给时任湖广总督兼兵部尚书的林则徐，令"颁给钦差大臣关防，驰驿前往广东，查办海口事件，所有该省水师，兼归节制"[4]。1839年6月3日至25日，林则徐在虎门对收缴来的鸦片进行公开销毁，史称"虎门销烟"。这是中国禁烟运动史上一个伟大的胜利，但也成为英国挑起鸦片战争的导火索。

然而对英国方面而言，虎门销烟极具负面象征意义。因为在英国人看来，它的发生实际上表明了中国政府明确反对英国鸦片贸易的强硬态度。

---

1 ［美］马士：《中华帝国对外关系史（第一卷）一八三四——八六○年冲突时期》，张汇文等译，上海：上海书店出版社，2000年，第101–103页。

2 李侃等：《中国近代史》（第四版），北京：中华书局，1994年，第11页。

3 中山大学历史系中国近代现代史教研组、中山大学历史系中国近代现代史研究室：《林则徐集·奏稿》，北京：中华书局，1965年，第598页。

4 《筹办夷务始末（道光朝）》卷五，齐思和等整理，北京：中华书局，1964年，第132页。

虎门销烟前，英国商人一直利用鸦片走私填补中英贸易逆差造成的亏损，不仅创造了高额的利润，甚至还扭亏为盈，实现对华贸易顺差。更重要的是，鸦片在这种连接起英国本土、英属印度和中国的三角贸易中，扮演了无法替代的作用。英国本土向印度输出资本，印度种植罂粟并加工成鸦片运往中国，换取中国的白银、丝绸和茶叶运回英国或其殖民地。这种跨印度洋和中国南海的贸易堪称大西洋"三角贸易"的翻版，如果鸦片贸易被禁，那么这种三角贸易模式也将一同消失。林则徐在广州没收查抄鸦片和关闭烟馆给英国烟商造成很大损失，引发英国商人集团的不满。当虎门销烟的消息传到英国后，惊动了整个社会。对华贸易的不满和对当前中国现状的不安在英国人心头弥漫。1839年10月，与对华贸易有关的商人集团纷纷叫嚣对华宣战，曼彻斯特地区的厂商联合致函给英国外交大臣巴麦尊，要求"政府利用这个机会，将对华贸易置于安全的、稳固的、永久的基础之上"。英国社会舆论认为，既然中国政府层面已经出手干预，那么此时英国政府就不应继续躲在幕后，必须走上前台发动战争，以武力逼迫清政府妥协退让。在英国主战派的游说鼓动下，英国议会通过战争提案，进行财政拨款，英国发动对华战争已经铁板钉钉。而中国方面，此时却对销烟在英国社会舆情的持续发酵毫不知情，仅派遣林则徐在粤节制广东水师。当"日不落帝国"的皇家海军起锚前往中国时，清朝的太阳依旧照常升起。

尽管存在反对的声音，但英国最终敢于发动这场战争是有原因的。从根本上说，这是英国资本主义发展到商品输出阶段的必然结果。此时的英国，在各个方面都为发动鸦片战争做好了准备。

在经历了第一次工业革命后，发展到商品输出阶段的英国资本主义，从包括工厂主和贸易商在内的资产阶级到政府，都谋求以对华战争撬开中国市场的大门。中国国土广阔，人口众多，几个世纪以来欧洲的旅行家和冒险家对中国的描述，让很多欧洲人将中国幻想为一个无比富裕的国度。对于英国资产阶级而言，中国是一个消费潜力巨大、有待开发的市场，而顽固不化的中国官府则是他们开发这块蛋糕的最大障碍。直到《南京条约》签订后，英国资本家都一度狂热地相信，只要每个中国人每年需用一顶睡帽，不必更多，那英格兰现有的工厂就已经供给不上了。

与工业革命完成相伴随的是英国社会中"自由主义"经济思想的兴起。由于英国机器生产带来的巨大制造能力，英国成为"世界工厂"，只要有足够的市场和大量订单，在英国皇家海军的保护下，英国的商品就能源源不断地通过海洋前往世界的任何地方，此时重商主义的保护性政策成为英国商品出口和开拓市场的最大障碍。正因如此，以巴麦尊为代表的"自由帝国主义"支持者认为，英国重商主义时代已经过去，自由贸易才是英国最大的利益所在，与其保护帝国，不如保护海上通道。英国统治阶级观念的转变使得臭名昭著的炮舰政策应运而生，它的核心就是利用海军的力量控制海洋，打破重商主义的贸易壁垒，让全世界为英国商品打开大门。对于信奉自由主义的英国政府来说，支持这场战争，一是希望中国降低进出口关税，以便英国将其变为原料来源地，掠夺中国的财富；二来也是为了讨好1832年议会改革后新兴的工业资产阶级。

英国海洋传统历史悠久，自都铎王朝开始海军获得飞速发展。从17世纪40年代后期开始，"舰队经历了一场更新，规模扩大了一倍多，从39艘战舰（1649年）增加到80艘（1651年）"[1]。到了19世纪，英国海军主力舰更是从1739年的124艘猛增到1815年的214艘。同一时期，法国海军主力舰是80艘，西班牙海军主力舰为25艘。从17世纪开始，英国海军的身影几乎出现在了所有大国博弈的战场，在与其他欧洲国家多年的大洋争霸中锻造出一支具备强大战斗力的舰队。拥有绝对数量优势的战舰、过硬的军事素养和丰富的海战经验，使英国在19世纪成为无人匹敌的海上霸主。这些呼应了尼尔·弗格森在其著名的《帝国》中对英国的评价，他写道："帝国的自大膨胀到了极点，凭借着强大的炮火和金融力量，世界上似乎就没有英国人不能占领的地方。"[2]资本主义的殖民战争已经成为资本运作下的国家意志。

1　[英] 保罗·肯尼迪：《大国的兴衰（上）：1500—2000年的经济变革与军事冲突》，王保存等译，北京：中信出版社，2013年，第61页。

2　[英] 尼尔·弗格森：《帝国》，雨珂译，北京：中信出版社，2012年，第195页。

1840年4月，英国议会在女王维多利亚演讲后，以微弱多数通过了议案。同年6月，英国舰队陆续集结于广东海面，22日英国海军发布通告，封锁广州江面和海口，第一次鸦片战争一触即发。

与英国的积极准备不同，这场战争的另一方是缺乏海防思想和海权意识的大清帝国。沉迷在歌舞升平景象中的"天朝上国"对海外世界的激烈变动几乎茫然无知，它满足于康乾盛世余晖下的朝贡体系，帝国的军事力量尽管维持着表面上的庞大规模，对周边藩属小国进行震慑，却难掩备战状态上的松弛。虎门销烟后的清政府根本没有意识到自己即将遭遇一个怎样的对手。直到战争爆发前，整个大清帝国从身在前线的钦差大臣到深居紫禁城的皇帝，都未能对局势走向做出预判，更别说进行积极备战了。尽管林则徐料想英国或有反应，在广东沿海进行了布防，但他最初一直固执地认为可能遭遇的威胁无非只是英商的报复或示威。在一段时间里，林则徐甚至以为英国人会最终向大清服软，因为他认为喜食肉类的英国人必须要有中国茶叶才能生存，否则就会被油腻给胀死。道光皇帝对局势的认知程度还停留在将英国人视作一群因为贸易摩擦而开启边衅的夷人。在道光帝心中，处理办法无非就是剿灭或安抚这帮夷人，以显示皇恩浩荡。这位守成且惜财的大清皇帝，一开始并不愿意花费太多国库银两在军费开支上。

19世纪后，"英国在地中海、加勒比海和印度洋得到新的立足点，其中多数具有重要战略意义，扼守着世界的海上通道"[1]。在殖民地遍布全球的背景下，英国皇家海军可以在不同殖民点获得补给，提高了舰队远洋航行的可靠性，使分散各地的皇家海军可以在短时间内集结起来前往战场，利用自身海军优势摧毁敌方军事力量取得制海权，然后阻断贸易、封锁对方沿海，进行经济封锁，逼迫对手就范。在英国以往争霸战争史上，"切断该国经济生命线的商业封锁往往是一种有力的武器"[2]。这一战略思想再

1　钱乘旦：《英国通史》，上海：上海社会科学院出版社，2012年，第291页。

2　［英］安德鲁·兰伯特：《风帆时代的海上战争》，郑振清、向静译，上海：上海人民出版社，2005年，第17页。

次在鸦片战争中得到体现。

英国的战略很明确，那就是在掌握制海权的前提下，封锁中国主要对外贸易地区——东南沿海的海面，特别是一些重要的港口城市，达到掐断经济命脉逼迫中国就范的战略意图。但是，随着英军对中国实际情况的深入了解，他们在具体操作上还是进行了一些细微调整。一开始，英军按在欧洲和北美的作战经验，以为只要封锁了广东海面或者中国东南沿海就等于掐断了中国所有通过海路对外经贸往来的渠道。清政府既收不到税，也无法将自己的茶叶和生丝运出港口，这样就可以卡住大清帝国咽喉。这招曾经被英国人用在荷兰、法国和北美殖民地身上并奏效。1840年2月20日，巴麦尊给对华远征军司令麦伯的训令中所制定的作战方案是"在珠江口建立封锁、占领舟山，封锁该岛屿对面的海口，扬子江口和黄河口"[1]。所以我们看到，英国舰队从开战以来就一路攻击中国东南沿岸各地炮台，占据一些战略地位重要的岛屿后封锁中国沿海海域（如浙江的舟山群岛和镇海），试图逼迫清政府屈服就范。

然而，这些军事行动并没有取得预期成效。在自给自足的农本社会中，中国的大部分经济活动局限于国内市场，并不依靠外国市场。中国政府的对外政策也是异常保守，尽量避免与外国发生联系，英国封锁中国沿海反而是中国梦寐以求同时也是无法理解的事情。在中国的统治者看来，开放广州十三行原本就是皇恩浩荡、格外开恩的体现，现在英国人主动封锁海面，真是求之不得。停止与所有外商在内的贸易往来固然会损失部分税收，但与"勿起边衅，恢复原状"这个大局相比，"懂得顾全"的帝国对于这点贸易上的损失也是可以接受的。况且，中国政府的主要税收来源——田赋并未受到太大影响，仍得以通过漕运经内陆大运河抵达帝国的京城。此时，英国人还在想尽办法将英国政府的照会交给清政府，但都没有成功。于是，英国远征舰队根据1840年2月20日巴麦尊在给英国海军部

1　转引自茅海建：《天朝的崩溃：鸦片战争再研究》，北京：生活·读书·新知三联书店，2014年，第146页。

公函中要求"有效的打击应当打到接近首都的地方去"的指令[1]，除留下少数船只继续进行海上封锁外，其余北上前往京城的门户——天津，向清政府递交照会。清政府震动了，它派出琦善代表中国与英军接洽并进行"抚慰"。在琦善的忽悠下，英国人一度以为自己的海上封锁奏效，和谈成功在望，于是舰队南下开始把主要精力花在谈判交涉上。直到他们发现，除了多轮反复磋商外，几乎什么也没有谈成后，这种错觉破灭了，于是战火重燃。已经南下回到广州的英国舰队再度北上，他们封锁的不仅是海岸，还要封锁中国经济的命脉枢纽——长江，这次他们戳中了帝国的痛处。

1841年1月，谈判中的英国人炮击大角、沙角炮台，并单方面公布涉及割地、赔款和开放口岸的《穿鼻条约》，清政府大怒对英宣战。战火在广东重燃，并一路沿海岸线从福建、浙江烧往京杭大运河的枢纽地——江苏，这里是南方征集的漕粮运往京城的中转站。

在强大资金的支持下，英军充分利用了他们在全球殖民体系中占据的优势地位，将印度殖民地作为鸦片战争中英军主要的物资集散地，同时依靠工业革命带来的技术进步，以蒸汽为动力突破了天气和风向对航行的限制，大大提升兵力投送能力与后勤补给效率。从1839年到1842年鸦片战争结束，英国海军在对华作战中投入的战舰和兵力有增无减，从最初抵达广东的4000多人上升至近2万人。中英两国在战争中都更换过指挥官和全权公使，但中国每次人员更迭，路途上都有少则一月多则五十多天的消耗，几乎与英国人远道而来所消耗的时间持平，抵消了英国在更换指挥官期间对自身造成的负面影响。在高效动员机制的保障下，英国皇家海军和东印度公司的武装力量炫耀武力的时刻到了。

英国对华远征军是一支由风帆战列舰和蒸汽船组成的舰队，其中英国皇家海军战舰有16艘，东印度公司的武装轮船4艘，运输船27艘载有4000多名陆军。从已有的资料显示，这些皇家海军的战舰几乎都是外表木壳的风帆战

1　转引自茅海建：《天朝的崩溃：鸦片战争再研究》，北京：生活·读书·新知三联书店，2014年，第146页。

舰。按照英国皇家海军的划定标准[1]，我们大致可以推断这16艘战舰里，有3艘属于第三级别的风帆战列舰，载炮数量均为74门，剩余的有1艘第五级别的巡航舰，4艘第六级别的战舰和8艘不入级的战舰。英国海军军舰的等级和结构都是为了海战需要而设计划分的，19世纪开始直到鸦片战争爆发，英国海军从特拉法尔加海战和与土耳其、埃及的冲突中均取得了决定性胜利，它在欧洲各国和欧洲以外的地方产生的最直接后果是，"再也没有任何国家或联合起来的几个国家，能够严重地对英国的海上控制进行挑战了"[2]。

　　在鸦片战争中与英军对抗的主要是广东水师和福建水师，它们的战舰情况如何呢？中国已经闭关锁国太久，距离最近一次海战——施琅收复台湾（1683年）已经过去一个半世纪。长久以来，清政府所面对的边疆危机均来自陆地，塞防才是帝国国防问题上的重点，海洋意识早已淡薄。尽管中国仍保留了水师的建制，但它的主要职责类似于海岸警卫队，维持内河治安、近海防御和打击海盗。战船均为旧式木质帆船，分为桨船和大型师船，其中能参与海战的仅有师船（即兵船，英文：Junk）。以驻守厦门的福建水师为例，"共大小船只67艘，其中48艘为战船，另有19艘为海岸巡哨的桨船；而在战船中，又有13艘有固定的海上汛地，35艘才可机动出洋作战"[3]。清道光十九年十二月二十八日(1840年2月1日)，两广总督林则徐从美商购买英商船"甘米力治"号改装成兵船，排水量900吨，加装火炮34门，已算是中国水师中威力最大的战船。而穿鼻之战中清军的师船平均每艘只载炮10门，如果按英国海军的等级标准都属于第六级。这样的水师在

　　1　风帆战舰根据排水量和载炮数可以分为六级：最高级别称为一级风帆战列舰，拥有三层火炮甲板，火炮数量在100门以上，排水量超2500吨，火力强大且造价高昂，因此这个级别的多为欧洲各国海军舰队旗舰；二级风帆战列舰火炮数量80～90门，排水量在2000吨左右；三级的火炮数量为64～80门，是英国海军中的主力类型；四级的火炮数量在50～54门；再往下的第五和第六级别由于载炮量和吨位不够无法称为战列舰，前者载炮量在32～44门被称为巡航舰，后者只有1层甲板，火炮在20～28门，除此以外的军舰都被划为未定级。

　　2　［英］保罗·肯尼迪：《大国的兴衰（上）：1500—2000年的经济变革与军事冲突》，王保存等译，北京：中信出版社，2013年，第159页。

　　3　茅海建：《天朝的崩溃：鸦片战争再研究》，北京：生活·读书·新知三联书店，2014年，第53页。

海战经验和战舰的配置规模上是无法与控制着海洋霸权的英国皇家海军舰队相提并论的。

其实，同为木质帆船，中英战船的差别还不是很大，但在火炮和弹药方面的差距就不同了。由于青铜价格昂贵，中英两国火炮大多是以铁质为主的前装滑膛炮。由于铁炮容易炸膛，所以如果想达到较好射击效果，就必须有较高的冶铁技术和铸造工艺。18世纪中叶开始的工业革命，为英国制造业迎来了运用机器和车床加工代替手工生产的新时代。受益于工业革命的成果，英国在冶铁和铸炮技术上实现了一系列技术进步。标准化和量产的概念给英国人带来生产观念上的革新，产品质量突飞猛进。

英国冶炼技术推动了制造业的精进，突破了管壁薄口径大的火炮在工艺制造上的瓶颈。1759年，苏格兰斯特灵郡创立了使用高炉法进行冶铁的卡伦铁厂。经过半个多世纪的发展，到了1814年，它成为欧洲规模最大的铁厂。作为英军兵工厂，其生产的一种大口径短管的火炮在19世纪海战中扮演了重要角色，这就是在鸦片战争中频频亮相的卡隆炮（英文：Carronade，或译为"卡伦炮"）。该火炮炮管短，炮弹出膛后的初速低，从而降低了对于炮弹强度的要求，与长炮管的加农炮相比，更适合发射19世纪初质量不高的爆破弹。而其口径大、管壁薄的特点，则可以使用直径更大的实心炮弹，在近距离海战中可以轻松击碎敌方舰船的护板，杀伤对方船员。清军在鸦片战争中深受其苦，称之为"短重炮"，可见其威力之强。由于卡隆炮兼顾了威力和重量，可以大量装配在风帆战列舰船舷两侧，因此得到英国皇家海军的喜爱。此外，英军还装备了质量很轻，口径较大，弹道呈抛物线的臼炮。这种炮可以装填爆破弹，非常适合攻击建筑工事。

除了火炮本身的差异，双方在炮弹的制造工艺、口径和类型上也有差别。清军使用的是实心弹，主要通过贯穿打击敌舰。而英军除了实心弹外，还使用了内部装填火药的爆破弹和装有钢珠的霰弹。在制造工艺上，炮弹的强度越高，就越能承受大口径和高膛压造成的极端环境，更适合配备在口径更大、磅数更重的火炮上进行发射。英国兵工厂已经使用机器进行开模并对炮弹进行加工，不仅外表牢固且炮弹规格实现了标准化，严格按照英军风帆战列舰上火炮的规格进行生产供应，实现了量产。

而中国在制炮工艺上，仍采用工匠手工制作的泥模法或铁模法。铁模在铸炮过程中由于降温速度太快，冶炼出的全是又硬又脆的白口铁，质地硬且脆，开炮时容易炸裂炮管伤及炮手。而且每个模具每次只能生产一门大炮，砸毁泥模才能出炮，重复手工开模难免使得新做模具和之前相比大小不一，火炮质量参差不齐。泥模法最大的问题在于，泥模极易受潮产生水气，滚烫的铁液遇潮气后会出现蜂窝状孔洞，造成内膛不够光滑。内膛的不平整是致命的，它不仅容易炸膛，而且就算发射成功，炮弹出膛后也会扭曲运动轨迹，降低准确性。在鸦片战争中，清军火炮由于管壁薄容易炸裂，不得不通过牺牲炮弹的火药填充量或加大管壁厚度进行弥补，清军火炮动辄上千斤，然而口径却有限，威力受到限制。

在鸦片战争中，英军武器装备上的优势在娴熟的战术配合下发挥到了极致，在"战略上实施大空间海上机动，战术上利用优势火力"[1]。在战略上他们以动制静，利用皇家海军的机动性和制海权，扫清中国东南沿海守军炮台，承担正面打击清军的重任，配合迂回清军后方攻击的英国步兵。说得通俗点就是，在战略上英军不与清军进行决战，而是先夺取中国沿海的制海权，利用中国交通发展缓慢、运兵耗时过长的弱点，皇家海军兵分两路，少数在广东、福建、浙江之间游弋，分散清军兵力，主力则集中进攻某处，在局部战场中形成优势兵力。在战术上，形成优势兵力的英军依靠强大的海军，先击败清军水师，获得制海权后再抵近海岸从正面用卡隆炮炮击清军炮台，掩护英军陆军从后方迂回包抄。英军作为进攻一方，重视炮兵的重要性，不仅安装有多达74门卡隆炮的军舰机动作战，登陆的陆军也携带有可拆卸安装的野战炮，用于炮击清军的防御阵地，将火力优势与机动作战思想结合起来。作为从中世纪以来就依靠海洋生存的国家，英国人知道海军如果无法利用流动的海洋灵活作战，就会退化为海上的固定

1　宋宜昌：《决战海洋：帝国是怎样炼成的》，北京：人民邮电出版社，2015年，第95页。

炮台，任由对方宰割。

面对英军的攻势，道光皇帝更推崇"水陆交严，以静制动之法"[1]，采取增加岸基炮台进行正面防御的措施，试图将英军阻止在大炮的射程外。但这里存在一个问题，那就是清军必须有足够防御力量分布在中国漫长的海岸线上，并且每处防御力量都能承受住英军的攻势并进行反击。然而，这些要求大大超出了当时清政府财政和生产能力所能承受的范围，清军的实力和多年来对海防建设的轻视决定了其不可能实现道光帝的战略构想，所以，中国当时选择的作战思想实际上脱离了现实考量。清军的炮台建筑样式多为"高台型"，以垛墙防护四周，中间露天，火炮炮口大多设置于正前方，火炮射程和威力有限，无法正面击退来犯之敌。尽管加强了海防，但在丧失制海权的前提下，水师不仅无力保证岸基炮台侧后的安全，更无法歼灭英军的登陆部队，英军的迂回使清军炮台变成了摆设。在战略意图落空后，清军在战术上也没能以机动方式进行层层防御，以消耗远道而来的英军。战争是流血的政治，背后彰显的是参战双方的实力对比。在中英实力相距悬殊的情况下，大清帝国的失败是注定的了，它要被迫吞下海权意识淡薄和海防思想落后这两枚苦果。

被寄予厚望派往广东指挥作战的奕山突袭英军失败后，英军兵临广州城下，逼迫其签订《广州条约》。不久，英国政府改派作风强硬的璞鼎查替代义律为全权公使，负责侵华事务。为了逼迫清政府彻底妥协，1841年8月英军将江浙地区作为主攻对象。定海、镇海、宁波、慈溪、乍浦先后陷落。1842年7月，英军溯江而上，攻占了京杭大运河的交汇口镇江，兵锋直指当时中国南方最重要的城市南京。8月，英国军舰抵达南京城外江面，扬言架炮轰城。清政府被迫接受英国特使提出的所有要求。

英军取得鸦片战争的胜利不是偶然的，这是一场资本主义主导下的海洋文明对封建制农业文明的胜利，海军在其中功不可没。从英国方面来说，从战前准备到战略选择和战术执行都围绕海军进行，皇家海军贯彻了

1　转引自茅海建：《天朝的崩溃：鸦片战争再研究》，北京：生活·读书·新知三联书店，2014年，第432页。

英军灵活机动的战术，从正面以强大火力牵制清军炮台，为陆军从侧翼迂回包抄敌军创造了空间。如果没有海军的支持，英军的地面部队势必孤掌难鸣，是无法取得如此战果的。鸦片战争最后一场战役镇江之战就反映了这一点。英军陆军入镇江城后与清军短兵相接，损失巨大，仅此一役的阵亡人数就超过自鸦片战争以来各战役英军死亡人数的总和。茅海建认为，除了驻守当地的八旗兵英勇抵抗，英国海军过于自信没有使用火炮对镇江城区进行打击也是重要因素，因此"城内清军因未受重炮轰击，仅与敌手持火器或小型火炮交战，故能坚持长时间的抵抗"。[1]马克思也曾说过，如果英军一路都是（像在镇江一样）这么损失的话，它可能就到不了南京。

　　古语曾有云，"天下虽安，忘战必危"[2]。作为战败的一方，大清已经在和平环境中度过了太久。作为天朝上国，它的自负与无知给了英国人乘虚而入的机会。让我们仔细检视清政府派去广东、福建再到浙江和江苏负责围剿英军的官员：关天培是广东水师提督，杨芳曾平定过白莲教、天理教和准噶尔叛乱，奕山作为伊犁将军也参与过西北平叛，颜伯焘和裕谦在厦门和定海防务上也算积极，牛鉴曾以镇定自若获得道光青睐。这些守将大部分履历中都有过指挥作战经验，但却难逃在英军海陆夹击下或死或逃或降的命运。它也反映出以英国坚船利炮为代表的全新战争模式对因循守旧的中国人造成的巨大心理冲击。中国有漫长的海岸线，但是当时的中国对海洋和对海军的重视程度远远落后于英国。海洋没能成为中国接触和学习其他文明的渠道，却造成了中国人对外部世界的无知，当英国人渡海而来时，缺乏海权意识的清朝终于尝到了挨打的滋味。

　　1842年8月29日，清政府代表与英国政府签订了不平等的《南京条约》，影响深远。英国对领事裁判权的攫取与英国法律体系的引入，成为中国丧失独立司法权的开端；香港岛的割让破坏了中国的领土完整，使其成为英国布局东亚殖民体系中的重要一环；中英协定关税，实际上使中国

　　1　茅海建：《天朝的崩溃：鸦片战争再研究》，北京：生活·读书·新知三联书店，2014年，第442页。

　　2　《司马法》曰：国虽大，好战必亡；天下虽安，忘战必危。

失去了关税自主权，再也无法阻止英国商品倾销中国。英国人通过降低中国关税，砸毁了横亘在英国商人和中国市场间的贸易壁垒，将中国纳入资本主义全球贸易体系中。从此，英国势力开始了对华资本扩张与经济掠夺，中国开始沦为半殖民地半封建社会。

▲ 中英双方代表在英国战舰"康华丽"号签订《南京条约》的情景

　　英国用舰炮政策一脚踢开了中国的大门，但此时它还尚不具备鲸吞中国的能力。为了商业利益，英国主要做的是对华进行资本扩张和经济掠夺，最终完成对中国经济命脉的控制，将它纳入自己主导下的全球殖民贸易体系中，成为英国商品的倾销地和廉价的原料供应市场。

　　19世纪40年代，英国对华资本扩张主要集中在商品输出上。当鸦片战争胜利的消息传回本土后，英国的商人们一片欢呼，他们认为中国市场的大门已经向大不列颠的商品打开。英国全权特使璞鼎查回国后告诉英国的资本家们："已为他们的生意打开了一个新的世界，这个世界是这样的广阔，'倾兰开夏全部工厂的出产也不够供她一省的衣料的'。"[1]

　　为了抢占市场份额，英国人从大宗商品到奢侈品都争先恐后地输入中国，但是他们采取了不同的策略。针对大宗商品，尤其是针对其中那些中国可以自行生产满足需要的种类，如棉布等，英国的策略是倾销加垄断。

---

[1] 严中平：《英国资产阶级纺织利益集团与两次鸦片战争史料》，见列岛：《鸦片战争史论文专集》，北京：生活·读书·新知三联书店，1958年，第71页。

英国人利用低廉的关税和机器大生产的工业化优势，不惜将本土廉价工业品和殖民地商品以低价向中国通商口岸地区大量倾销。时人记载"洋布大行，价才当梭布三分之一""其质既美，其价复廉"，物美价廉的英国商品很快以极低的关税流入中国，从最早的通商口岸开始，一点点冲垮了中国自给自足的小农经济。越来越多的农民破产，被迫卷入英国对华资本主义体系中，开始走上"依附外国资本的道路"[1]。

　　在大量对华倾销商品的同时，英国开始加强对中国本土大宗商品的控制。《南京条约》中圈定开设的五大通商口岸都集中在商品经济发达、物产丰富的中国南方，毗邻南方大米、茶叶等经济作物主要产区。由于此时中国仍旧处于自然经济的环境中，没有统一、发达的国内市场，那些靠近通商口岸地区的中国茶民、丝工们考虑到生产运输成本，往往会选择就近贸易。为了谋求垄断买方市场，英国资本凭借资金优势，大量收购市场所需要的原材料，与中国本土商行展开激烈竞争，使这些地区成为自然经济最早解体和实现农产品商品化的地带。浙江的湖州府、嘉兴府是当时主要生丝产地，其中湖州南浔镇七里村因生丝精美且地理位置靠近被开辟的通商口岸，颇受英商青睐，七里村及周边出产的生丝从此畅销海外。1848年，英语中就出现了"Tsatlee"这个词，是根据七里村的汉语发音拼成，专门用于指代质量上乘的生丝。这是一个近代以来中国本土大宗商品与英国资本频繁互动的缩影。

　　英国资本在华一边倾销大宗商品，一边控制中国本土商品市场的同时，西方奢侈品也在中国找到了市场。开埠后，西方生活方式很快就跟着洋人通过通商口岸进入中国，向中国人打开了一个新奇却又陌生的世界，潜移默化地影响着中国社会。洋酒、洋火和洋枪这些在当时的中国人看来古怪的舶来品被冠以"洋"字后在大江南北叫开。资本主义的进入在瓦解中国自然经济的同时，也催生了买办、产业工人和因通商口岸而兴起的现代城市。上海的发展历史就代表着中国近现代史发展的历史轨迹，从滨江

　　1　李侃等：《中国近代史》（第四版），北京：中华书局，1994年，第35–36页。

▲ 第二次鸦片战争后设立上海公共租界，这是它的纹章

小镇、通商口岸到万国租界，再到有"东方巴黎"之称的远东贸易金融中心，它的历史地位也伴随着资本主义在华发展而水涨船高。可以说上海是中国近现代史上最"洋气"的城市。随着通商口岸的开辟，越来越多舶来品的传入让更多人的生活方式发生着变化。以往不曾见到的西方时尚流行起来，钢琴、西洋钟、西餐、音乐会这些带着西方高雅生活情调的洋货走进了中国当时的奢侈品消费市场。巴黎时装款式也许几个月内就能在上海外滩的洋行橱窗和洋装裁缝店里出现；西方人下午茶的咖啡和蛋糕也和馒头包子一样进入中国人的食谱；有钱的买办和自己的洋人雇主坐着同一辆汽车穿过上海租界的街道；路边的小摊小贩操着洋泾浜英语与洋人讨价还价。资本主义借助海洋漂洋过海带来的不仅是一套经济政治体系，更是一种生活方式。同时，作为当时中国租界最多的上海，也成为各类资本和各国商人云集的地方，堪称"中国资本主义气息最浓厚的地界儿"。19世纪80年代上海经历了地产业的繁荣，一时间中国人、洋人都纷纷加入"炒房"行列，但好景不长，中法战争的爆发造成了上海房价一度暴跌，一时间不少人不计成本地抛出房产，从而引发踩踏效应。上海作为五大通商口岸之一，是最早享受到资本主义带来的纸醉金迷的地方，但也是最早感受到资本主义经济危机中资产暴跌对市场造成巨大破坏力的地方。

　　鸦片战争是英国推行"炮舰政策"的产物，更是英国资本主义发展到自由贸易主义阶段的产物。贸易逆差、关税造成的贸易壁垒和中国巨大的市场都是刺激英国进行对华侵略战争的理由。在战争中，缺乏现代海军的清政府水师根本无法承担保卫海疆的重任，而英国依靠强大的海军和灵活的战术使没有海权意识的清朝尝到了战败的滋味。《南京条约》的签订，丧权辱国。随后，西方列强纷至沓来，强迫清政府签订了类似不平等条约，外资大举进入中国。在对中国经济进行掠夺和控制的过程中，列强逐步将中国变为自己的殖民地、商品消费市场以及廉价的原材料产地。中国坠入半殖民地半封建社会的深渊，被迫卷入资本主义殖民体系，开始沦落为资本主义经济的附庸。

甲午海战：新资本主义的扩张

日本是一个海洋文明国家。从历史上来看，日本在对外交流中尝到不少甜头，善于向外学习成为日本人的一种文化基因。作为一个地处边缘的岛国，由于国土和国内市场狭小，日本对于海外贸易的依赖程度远超中国。同时，地理位置上的局限也阻碍了日本通过陆路获取外来先进技术。因此，这些先天的不足使得它很早就开始通过海路进行对外交流，并从中积极吸收了其他文明中的精华。中国隋唐两朝，遣隋使和遣唐使为日本带去了律令制，规范了日本社会秩序和政治体制，日本在此之前仅有语言没有文字，吉备真备受到汉字启发，将汉字部首和草书体改造为日本文字中的假名，从此日文出现。直至两宋，中日在经贸文化上的交流都保持了较高水平。除了文字和政体，中国还在建筑风格、文学创作方面影响了日本本土文化发展轨迹。16世纪地理大发现后，葡萄牙一路向东，率先开拓出前往日本的海上贸易航路，成为日本最早接触到的欧洲文明。他们与随后跟进的荷兰商人一起将从西洋工艺品到基督教在内的舶来品带往正值战国时代的日本。在这些舶来品中，火枪和兰学（研究荷兰的学问）对这个偏于一隅的东方岛国产生的影响最大。对于处在战国时代的日本而言，火绳枪的传入改变了日本国内战争模式和未来政治格局；而兰学，则让日本在随后德川幕府的锁国时代继续保留着开眼看世界的渠道。

1603年，来自三河的大名德川家康结束了国内战乱状态，在江户（今天的东京）建立起日本历史上最后一任幕府，史称"德川幕府"。为了维护自身统治，德川幕府初期开始施行"禁教锁国"的政策，不仅驱除葡萄牙传教士，以杜绝天主教传播，更下达锁国令，禁止日本人私自出海，仅允许中国和荷兰两国在长崎与日本进行通商。但作为岛国，地处东亚文明圈一角的日本没有中国那样"天朝上国"的光环，相反，它甚至怀有一种谦卑的心态，在与中国明朝的官方交往转冷后，一种脱离文明的被剥夺感和不安笼罩着日本诸岛。始终对外来文化充满好奇的天性，使得日本不得不希冀于寻找其他途径消除内心对未知世界的焦虑不安。而在现实中，日本也确实保留着通过海洋接受外来文明的渠道：在贸易上，长崎被官方指定为唯一对外贸易口岸，供中国与荷兰的通商；在文化上，日本的兰学研究在德川幕府统治期间不曾断绝，兰学大学问家辈出。作为少数与日本贸易的国家之一，被誉为"海上马车夫"的荷兰海运业异常发达，在17世纪它的资本主义得到了飞速发展。每年的季风期，阿姆斯特丹的宽底大帆船都会满载货物驶往日本，在鹿儿岛和长崎卸下美洲的白银和欧洲的大宗商品，换取日本的漆器、刀具和黄金，再将它们运往中国和欧洲。在贸易过程中，一些日本人通过与荷兰人接触，学到欧洲的医学知识和科学技术，他们把荷兰语的学习以及对相关书籍的引入、翻译和传播综合起来，在民间形成了讲求实用的兰学。

　　兰学对日本社会产生的影响是深远的，它使得有那么一群日本人在幕府锁国时代仍然获取着西方科学技术和社会动态，没有让日本民间因为长期自我封闭而产生一种完全目空一切、唯传统为上的自负感。并且随着时间的推移，日本不断加深对兰学的认知，"至18世纪末，（日本人）对西洋的关心已不仅仅是表面的对异国情趣的追求，以及珍重松平定信等人戏称的西洋玩意儿，而是努力认真地追求并转化他们认为比以往从中国的文献中学得的知识优秀的西洋科学知识"[1]。

　　更为重要的是，18世纪初，作为日本官方的德川幕府，对整个西学的

1　转引自冯玮：《日本通史》，上海：上海社会科学研究院出版社，2012年，第388页。

态度也有所转变。1720年，德川幕府决定除宗教书籍外，解禁其他西洋书籍。1811年，幕府政府设立了官方翻译、研究兰学的机构"番书和解御用挂""蕃书调所"和"洋书调所"，使得兰学从曾经只在民间流传的私学终于获得官方认可而成为一门显学。同为外文翻译机构，日本比中国1861年设立的京师同文馆早了整整50年！在众多介绍海外信息的小册子中，幕府主导下撰写的《和兰风说书》和《唐船风说书》成为官方了解外部世界的渠道。从此，以兰学为代表的西洋之学与日本其他本土学说并行不悖，如涓涓细流般贯穿着整个幕府时代。德川幕府后期，民间私下发行的印刷品兴盛起来，讽刺画和读物加快了信息的流通，魏源介绍西方各国风土人情的著作——《海国图志》被译为日文传入日本后反应强烈，而在国内却遇冷、无人问津的事实，或许就是日本心存海洋意识的注脚。从这个角度而言，日本的海洋精神没有熄灭。

此外，日本本土鼓吹追逐利润的徂徕学也兴盛起来。这门学说批驳了中国宋明理学中对商业的种种偏见，论证了追求现实利益的合理性，鼓吹人应顺应现实中各种"欲望"。就这样，徂徕学为追逐利润的行为在道德上获得认可提供了理论支撑。德川幕府时代的日本商品经济已经获得初步发展，整个社会就是"在米本位经济和货币经济双重经济框架的基础上运营的"[1]。依靠收取实物地租大米过活的武士阶层经济状况受到粮价波动的影响，而商人虽社会地位不高但却利用投机和经营越来越富裕，甚至可以与大名结交或购买武士头衔。推崇商业的徂徕学建立后，更是使得社会风气为之一振，经商不再被看作是丢人低贱的事，对物质与财富的追求刺激了日本商业的发展。然而，日本想要发展所需要的原始资本又来自哪里呢？当日本人环顾四周，除了国内发展局促的农业外，只剩下借道海洋进行对外贸易这条路了。而幕府出于政权考虑，牢牢限制了对外贸易渠道，实际上已经限制了日本资本主义萌芽的继续发展。

19世纪40年代后，德川幕府进入风雨飘摇的统治末期，史称"幕

1　［日］大石学：《图解正史幕末·维新》，滕玉英译，西安：陕西师范大学出版总社有限公司，2012年，第58页。

末"。1853年，一支由美国海军准将马修·佩里（Perry）率领的舰队闯入江户湾，从此日本国门洞开，被迫签订不平等的《神奈川条约》。这一事件在日本政坛的持续发酵和中国在鸦片战争中的惨败，加深了日本社会的危机感和进一步接触外界强势文明的渴望，这类想法在各藩武士阶层的藩士们身上得到了最具体的体现。作为各藩实际的领导集团，他们对于外来消息的获取和反应要快于一般市坊。1862年旅居中国，后来成为日本长州藩改革派领导人的高杉晋作在目睹鸦片战争经过后写下了"绝非隔岸观火，孰能保证我国不遭此事态"的话。面对危机，这些藩士在救亡图存问题上分成了攘夷派和主张学习西方的开国派。起初，主张排斥和驱逐外国势力的攘夷论在各地藩士中盛行，他们不但仇视外来势力进入日本，也反感提倡向西方学习的思想。1862年，萨摩藩士兵在行军路上与英国商人发生冲突，杀死一人，酿成"生麦事件"。英国要求萨摩藩道歉赔偿遭拒绝，引发"萨英战争"。萨摩藩战败，英军纵火鹿儿岛。1863年，长州藩的攘夷派在下关炮轰英国军舰，随即遭到英国报复。结果，长州藩军舰被击沉，炮台被毁，被迫议和。攘夷派的片面主张被西方大炮无情摧毁，许多开明的藩士们意识到开国才能救国，日本国内的舆论出现了"攘夷"和"开国"的融合。虽然攘夷的大旗仍在，但接受了开国论的思想，攘夷派最盛的长州藩提出了"攘夷之后，应该开国"的方针，与萨摩藩一起向英国派遣留学生学习西方科学技术，从此把矛头转向了幕府。原本互掐的开国派和攘夷派统一起来成了倒幕派。日本的海洋意识在慢慢复苏！

1868年，德川幕府覆灭，改元明治。但此时日本仍处在内忧外患中：外部列强不平等条约如枷锁般禁锢着日本，攘夷尚未成功；内部新成立的明治政府还很虚弱，国内很多社会关系没有厘清，亟须改革。鉴于紧迫的形势，资本主义的发展没有政府主导是难以进行的。在"开国"的背景下，日本会怎么做呢？

1868年3月，登基的明治天皇公布了涵盖新政府基本施政方针的《五条御誓文》，里面除了阐明国家基本体制，还大力倡导向西方学习。誓文最后一条明确说，"求知识于世界，大振皇国之基业"。显然，日本人将目光投向了海洋，英美军舰在日本的横行让日本人意识到，若想重振日本，唯有学习西方，引入资本主义。具体办法是先通过海洋走出去看，然后引进来学。

1871年，明治政府派出政府使节团对欧美多国进行考察。以伊藤博文为首的高官们用"始惊、次醉、终狂"来描述考察期间欧美资本主义社会各个方面的高度发展对他们心理上造成的冲击。这些出访的明治政府高官们惊讶于工业革命和资本主义制度给欧美带来的变化，不由得沉醉于研究他国成功的模式，最后对比日本落后的现状。他们痛下决心，掀起向西方学习先进文明的狂热，开始了轰轰烈烈的"殖产兴业"运动。

通过殖产兴业和文明开化，日本工业体系开始步入正轨。但好景不长，明治政府很快就遭遇了困境。作为一个后进的资本主义国家，日本国内一直缺少足够资本用于提升产品质量，加上外国资本对日本市场虎视眈眈，在制造业、运输业与日本展开激烈竞争，使得日本货与"世界工厂"英国的商品相比毫无竞争力，销路并不好。同时，日本正在与英国、美国等列强就修改曾经签订的不平等条约进行谈判，收回治外法权和废除协定关税过程并不顺利。日本国内阶级矛盾一直存在，自明治维新以来，财政耗费巨大，实质性成果却很有限，质疑改革的声音不断。为了维持资本主义发展，对外掠夺成为日本选择的必由之路。

因此，日本明治政府开始将"富国强兵"作为基本国策予以推行。从幕府末年维新志士精神领袖吉田松阴的一席话中，我们可以一窥日后日本积极对外扩张的内在逻辑。1855年，吉田松阴在一封信件中认为，日本自"黑船来航"后遭遇的屈辱和损失，应在土地上以朝鲜和满洲来作为补偿。[1] 作为深受西方资本主义思想影响的一代日本人，西方列强弱肉强食的发家史成为明治政府信奉武力崛起的信条。1890年，山县有朋内阁提出保卫"两条线"——主权线和利益线的国家战略，日本作为岛国，不仅要积极扩大市场，更要依靠国外通过海洋运送资源入日。为了把保护海上贸易

---

1 转引自沈予：《日本大陆政策史（1868—1945）》，北京：社会科学文献出版社，2005年，第36页。

线同日本的存亡联系起来，日本在国民教育上鼓吹"脱亚入欧"，丑化邻国抬高自己，将日本刻画为一个有理想抱负却壮志难酬的正义者形象，将对外扩张粉饰为爱国行为，掀起国内战争狂热。陆奥宗光在自己的回忆录《蹇蹇录：甲午战争秘录》里就这样说道：

> （中国）嘲笑我们是一个轻佻冒进的只是胡乱模仿一些欧洲文明皮毛的蕞尔小国，两国感情如同冰炭互不相容……其内因必定是源于西欧的新文明与东亚旧文明之间的冲突……已经到了由我国政府来独力担当改革朝鲜内政大任的时候了……[1]

日本此时急需走出去，妄图以对外扩张进行掠夺，以转移社会矛盾，为日本资本主义发展提供资本、海外市场和原料产地。放眼望去，琉球王国、大清台湾府也好，李氏朝鲜还是大清帝国也罢，这些在日本扩张地图上哪个不是在大洋的那一头呢！为了顺利进行对外扩张，岛国日本要走出去就必须得有强大的海军。

日本建立现代海军和海防的思想最早可以追溯到1786年日本学者林子平16卷本的《海国兵谈》一书。他在书中论述了海防在国防中的首要地位，并提议创立海军和修筑海岸炮台，以应对沙皇俄国南下对北海道的威胁。然而，当时的德川幕府并未采纳。19世纪50年代，"黑船事件"的冲击使得德川幕府"深刻地意识到建立能与外国抗衡的海军的必要性"[2]，正式对海防做出了反应，向日本所有大名征求关于开国和海防的建议。

最终，幕府采纳了胜海舟提出的购买外国先进军舰、发展海军和培养海军人才的建议。1855年，长崎海军讲习所建立，以荷兰海军为样板，各地藩士和幕臣170多人成为首批学员，幕府海军迈出第一步。胜海舟全权负

---

1 ［日］陆奥宗光：《蹇蹇录：甲午战争秘录》，徐静波译，上海：上海人民出版社，2015年，第28页。

2 ［日］大石学：《图解正史幕末·维新》，滕玉英译，西安：陕西师范大学出版总社有限公司，2012年，第80页。

责幕府海军的建设事务，他堪称日本海军的开山鼻祖。1857年，幕府向荷兰购买了第一艘现代军舰"咸临丸"号。随后，幕府于1863年设立神户海军操练所。尽管幕府和大名们在选择什么样的国家制度上存在分歧，但在建立现代海军的态度上却是惊人的一致，日本资本主义扩张也需要一支强大的海军作为依靠。

明治维新后，新政府对海军的建设与德川幕府时期一脉相承，继承了幕府时代建立的舰队、造船厂、铁厂和海军讲习所，并且为海军人才培养提供了更完善的体系。此时日本建设海军的初衷已经发生改变，由幕府时代的"攘夷"变为对外扩张，明治天皇在御笔信中直接赤裸裸地申明，要"经营四方，安抚亿兆，冀终开拓万里之波涛，布国威于四方"[1]。日本很清楚，如果没有强大的海军，那么自己国内编练的7个师团的新式陆军根本别想踏上朝鲜和大清的土地。尽管1868年明治政府成立不久就确立了重点发展海军的战略，并提出宏大的造舰计划，但都先后因财政困难搁浅。直到1878年，手头宽裕的日本才向英国订购了3艘旧式铁甲舰（"比叡"号、"金刚"号和"扶桑"号）。

清朝的北洋海军建立后，成为日本扩张道路上的障碍。北洋海军"定远"与"镇远"两舰的大炮更是震撼了日本朝野，明治政府压力倍增，"清国威胁论"一时间在日本甚嚣尘上。1882年，山县有朋上奏天皇，建议"扩充陆海军乃当今之急务"[2]。岩仓具视以海防受到北洋海军威胁为名，直接提议扩大海军。伊藤博文也在随后向日本政府提议说，"此时只宜与之和好，我国速节冗费，多建铁路，赶添海军"。天皇采纳了他们的建议，从此日本决心以北洋舰队为对手，开启军备竞赛。海军建设的目标就是确保击败北洋舰队，在与大清的战争中获取制海权。

既然李鸿章投入巨资买舰打造北洋舰队，那么想要击败大清，日本就必须节衣缩食投入更多资金用于海军建设。为了超越北洋舰队，天皇甚至

1　转引自沈予：《日本大陆政策史（1868—1945）》，北京：社会科学文献出版社，2005年，第24页。

2　同1，第79页。

从内库中捐款30万日元，带动了从贵族到平民捐款造舰的热情。1885年，日本政府提出了一个10年为期的扩军计划，从1890年开始，每年拿出60%国家财政收入用于发展近现代海陆军。从1891年开始，5年建造5艘军舰。1891年，为对抗"定远"和"镇远"，日本建造了号称"三景舰"的"严岛""松岛"和"桥立"号巡洋舰（1894年建成）；1893年，更是购入装有速射炮的"吉野"号巡洋舰。值得注意的是，依托本国逐渐成形的工业体系，日本在从英法订购大型军舰的同时，也开始自主模仿建造同类型舰船（铁甲舰除外）。到19世纪90年代，日本已经能在巡洋舰建造上实现国产化，在轻武器方面实现量产。而中国方面，北洋海军却停步不前。1894年李鸿章在检阅北洋舰队后，承认：

> （英、法、俄）各舰详加查看，规制均极精坚，而英尤胜。日本蕞尔小邦，犹能节省经费，岁添巨舰。北洋海军开办以后，迄今未添一船，仅能就现有大小二十余艘勤加训练，窃虑后难为继。[1]

在海军建设和人才培养方面，1872年，日本开始实施义务兵役制。同年2月，军部设立海军省作为"大日本帝国海军"最高军政机关，由天皇任命的海军大臣负责，首任大臣是西乡从道。1888年组建海军大学校，负责海军指挥人才的培养，建立了日本近代常备军的军事体系。1886年，日本政府颁布《海军条例》，确立了海军军工产业由海军指挥机构"镇守府"和军舰生产机构海军工厂"二位一体"进行运营[2]，建立以佐世保为军舰训练驻扎母港、横须贺为造舰中心以及吴港为后方基地的海军分工格局，各司其职。日本海军以防护巡洋舰为主，大型战舰中约2/3海外购买，1/3在本土建造，分为精锐的常备舰队和由老旧舰船组成、负责近海治安的西海舰队。海军的佐世保军港配备有船坞，可以在战时提供修理服务。到1894

1　顾廷龙、叶亚廉：《李鸿章全集》，上海：上海人民出版社，1985年，第335页。

2　冯玮：《论日本"殖产兴业"主导者的政策理念》，载《江西师范大学学报》，2009年，第42卷第3期，第114页。

年，日本已拥有军舰31艘，鱼雷艇24艘，实力基本超越北洋舰队。日本对大清的挑战即将开始。

当日本为了夺取制海权不惜进行海军军备竞赛时，中国清政府对海军建设仍停留在一种自我满足的状态。

虽然受到鸦片战争的冲击，但中国没有像日本一样引入资本主义制度，而是以维持现状的保守心态，试图采用"中学为体，西学为用"的办法苟延残喘。对于中国而言，它的经济发展模式还不需要强大海军为自己保驾护航。当时的中国虽然也有人意识到海防与塞防同样重要，但却对于海军在近代战争中的重要性认识不足，没有意识到掌握制海权的意义。费正清在《剑桥中国晚清史》中将近代以来日本和中国遭遇西方冲击后的反应进行对比后，写道："当西学在日本迅速成为全民族注意的中心之际，它在中国却于数十年中被限制在通商口岸范围之内和数量有限的办理所谓洋务的官员之中"[1]，所以，"当主张向西方学习的前线官员由于战败被追究责任等原因，相继从海防前线重要职位退出时，中国引进西方船炮技术活动便自然陷入停滞状态"[2]。

尽管中国应对西学和海防问题是消极迟缓的，但在列强日益进逼，特别是邻国日本强势崛起的压力下，清政府一共进行过六次海防策略大讨论。讨论的结果是决定筹备海防，建立海军衙门总揽海军事务，下设南洋大臣和北洋大臣分工负责，成立北洋水师、南洋水师、福建水师三支舰队对中国沿海进行分区防护，目的还是以近海防御为主旨，无一例外体现出消极海防的特点。海军建立后仅仅维持原有规模，多年不添补新式战舰，以至于大多老旧；各水师水平参差不齐，且受制于不同府衙管辖，一旦遇到战事，无法在短时间内聚集起来统一行动，丧失了现代海权思想中所重视的机动作战能力。中法马尾海战中，"南北洋援闽之师久而不出，畏葸不前"，使得福建水师全军覆没。

1　［美］费正清：《剑桥中国晚清史：1800—1911年》（上卷），中国社会科学院历史研究编译室译，北京：中国社会科学出版社，1985年，第315页。

2　王宏斌：《晚清海防：思想与制度研究》，北京：商务印书馆，2005年，第37页。

　　与日本倾全国之力将海军建设上升为国家意志不同的是，清朝从中央
到地方在对待海防和海军建设的态度上参差不齐。1875年，清政府曾谕令
每年从海关等处筹集400万两白银用于海军建设，但各地督抚却每每以各
种理由截留银两。在沈葆桢和李鸿章多番奏请下，即便清政府多次下诏催
缴，"实际到位的资金仍然每年不过五六十万两"[1]。由于经费不足和分配
不均，只有承担着护卫京畿和满洲重任的北洋舰队得到了更多经费支持。
到1885年，几支筹建的舰队中实际只有北洋舰队配备了大型铁甲舰和鱼雷
艇，建造了完备的海军基地和港口防御，具备了现代海军的必备要求。而
其他舰队舰船数量很少，实力较弱，可供参战的仅为自产巡洋舰和炮舰，
仅能依托海岸炮台进行近海防卫，无法承担起高强度海战和远洋航行。由
此，"以北洋海军为主、其他为辅的地位已经确立"[2]。对于以近海防御为
海防指导思想的中国而言，维持一支现代海军的费用不菲，在缺乏战争需
要的前提下（不能以对外战争获取的资源作为海军军费），这会给清政府
带来财政负担。但面对列强，特别是日本强势崛起，清政府也不敢贸然缩
减海军规模、精简人员，只得先把海军架子搭起来，然后缩减训练经费。
清政府寄希望于北洋舰队的"定远"和"镇远"铁甲舰，加上花费巨资修
建的海防炮，以拱卫京城。

　　清政府缺乏成熟的国家海洋意识，除了对海洋和海军在近代战争中的
重要性认识不足，在海军人才培养和任免上，也沿袭了官场中拉帮结派的
气息。原本守卫海疆的公器沦为派系林立、争权夺利的角斗场。就连北
洋水师提督丁汝昌也遭到以福建人为主的北洋军官排挤。据史料记载，
"提督丁汝昌本陆将，且淮人，孤寄群闽人之上，遂为闽党所制，威令不
行"[3]。主帅不能制约将领，外聘教官亦被排挤请辞，北洋管理上日渐松
懈。来远舰管带（相当于舰长）张哲溶也痛陈道："我军无事之秋，多尚虚
文，未尝讲求战事，在防操练，不过故事虚行。故一旦军兴，同无把握。

1　王宏斌：《晚清海防：思想与制度研究》，北京：商务印书馆，2005年，第182页。
2　左立平：《中国海军史（晚清民国卷）》，武汉：华中科技大学出版社，2015年，第45页。
3　姚锡光：《东方兵事纪略》，李吉奎整理，北京：中华书局，2010年，第88页。

虽职事所司，未谙款窍，临敌贻误自多"[1]。其大意就是批评北洋海军缺乏实战训练，注重形式，忙于敷衍。清政府在海防筹备上的议而不决、决而不行，将北洋海军置于险境。

1894年，朝鲜东学党起义爆发。清政府应朝鲜要求入朝镇压，依据之前与日本在1885年签订的《日中天津会议专条》知会日本，日本抓住机会以护侨为名，派遣1万名士兵入朝占据各战略要地，包围了驻守朝鲜牙山的清军。此后，日本通过外交手段成功使列强保持了中立，使清政府寄希望于国际社会调停的愿望落空。

7月中旬，调停不成的清政府由海路向朝鲜增兵，日本提前获得情报抢先下手。日本联合舰队在朝鲜沿海的丰岛海域袭击并击沉英籍中国运兵船"高升"号，同时驻扎朝鲜的日本陆军也向牙山清军发起进攻，清军很快败退至平壤。8月1日，中日两国相互宣战。此时，日本最关心的是如何歼灭北洋舰队，为日军登陆中国创造契机。9月17日，在辽宁外海的大东沟，护航归途中的中国北洋舰队遭遇追寻而来的日本联合舰队。

中国方面，北洋舰队配备从德国和英国购买的战舰，指挥官是陆军出身的北洋水师提督丁汝昌。在编军舰25艘，铁甲舰有"定远"和"镇远"；巡洋舰有"来远""致远"等7艘；炮船、鱼雷艇若干，旅顺成为维修基地，威海卫则是北洋舰队的停驻基地，实力与规模堪称亚洲第一。守着这只超级巨兽，清政府海疆安然度过了十余载。然而，北洋水师建军的目的是"自守"，随着时间的推移，北洋舰队购置的铁甲舰渐老，19世纪90年代后也未添置新舰。

北洋舰队是德国巨炮主义的产物，"定远"和"镇远"的305毫米口径的舰炮在当时绝对是所有敌方战舰的噩梦，其口径大，射程远。但也有弱点，就是在当时缺乏火控系统的条件下，大口径巨炮的命中率不高，且由于是架退炮，在发射后需要时间让炮架复位，所以射速较慢，一般是船艏与船艉安设大口径火炮，两侧安装防卫性质、火力较小的机关炮。北洋舰

1　邢超：《致命的倔强：从洋务运动到甲午战争》，北京：中国青年出版社，2013年，第241页。

队虽有"定远""镇远"两艘排水量高达7000吨的巨舰，但其巡洋舰与日本相比吨位偏小，包括从英国购买的"致远"号在内，吨位均小于3000吨，而自产的"广"字头巡洋舰吨位更是小于2000吨（"广甲""广乙""广丙"号，战前由广东水师调入北洋水师序列。"广乙"号已于7月25日的丰岛海战中重创自毁），且巡洋舰型号新旧掺杂，存在跨代现象。"超勇"号是19世纪60年代的撞击巡洋舰，"广甲"号的船体还是19世纪50年代的铁肋木壳类型。

此次临战的水洋舰队阵容为2艘铁甲舰、10艘巡洋舰、2艘炮艘、4艘鱼雷艇。考虑到己方舰队的实际，北洋舰队采用了"定远"和"镇远"两舰突出以吸引日军火力、其他舰列后的横队雁形战列，企图冲散日本舰队后，以2艘军舰为一作战单位轰击日舰。

另一方是混编组成的日本联合舰队，指挥官是伊东祐亨。作为联合舰队司令官，伊东祐亨早年就对航海有着浓厚兴趣，并在神户海军操练所学习海事，参与过"萨英海战"。明治维新后，他以海军大尉身份加入海军，历任"浪速"号舰长、常备舰队司令和海军大学校校长，可谓深谙海事。日本从英国购买巡洋舰的时间晚于北洋舰队，基于后发技术上的优势，新式战舰设计思路发生了变化，采用侧舷装载大量中等口径速射管退炮[1]的方案。与北洋舰队的架退炮相比，管退炮由于炮架固定无须复位，后坐力小，节省了重新装弹时间，提高了射速。日本海军虽然没有大型铁甲舰，但参战的9艘主力舰全是排水量超过3000吨的装甲巡洋舰和防护巡洋舰（另有"扶桑"号、"赤城"号等辅助战舰助战）。整体而言，形势对日本有利。

1894年9月17日中午12时50分，当两军相距6000米时，"定远"舰主炮发出一声怒吼，甲午海战开始了。

1　19世纪80年代火炮已经发展到后膛炮阶段。由于火炮发射时后坐力巨大，为避免损伤炮身，需要后座来吸收能量。最早的火炮是整体后座，然后由炮手人工推回炮位，颇为费时。为了快速复位，后来在设计上出现了安装炮架的架退技术，即炮位不变，炮架以上部分后坐后再复位才能继续射击。到甲午海战前夕，在此前基础上衍生出了管退技术，发射后仅仅是身管向后移动，由于复位快，可以实现更高的射速。

▲ 1894年9月17日，中日鏖战黄海。该图为日本战地画家绘制，描绘了日军速射炮向北洋舰队开火的场景

　　最终，日军以重伤5艘战舰为代价先行撤离战场；北洋舰队被击沉5艘战舰，退回威海。日军并没有达到聚歼北洋海军于黄海之上的作战设想，但其战略目的却得以实现，那就是获得了黄海制海权。不久，日本利用海军舰队投送陆军的第二军在胶州湾登陆，与越过鸭绿江的陆军第一军互为犄角。清军一路溃败，李鸿章令北洋舰队避免出海作战，放弃驰援与威海互为犄角的旅顺。旅顺清军独守不支，该地失陷。李鸿章自己也对此感到痛心，他在清光绪二十年十一月初一（1894年11月27日）给丁汝昌发电报说：

　　　　汝等但守大小炮台，效死勿去……半载以来，淮将守台、守营者，毫无布置，遇敌即败，败即逃走，实天下后世大耻辱事。汝稍有天良，须争一口气，舍一条命，于死中求生，荣莫大焉！[1]

　　然而，中堂大人的电报并没能扭转战局。在占领旅顺后不久，日军很快向威海进发，停留在威海卫军港内的北洋舰队机动性丧失，被日本联合舰队封锁在军港内。北洋舰队虽进行了抵抗，但遭到日军海陆军夹击，最终覆灭。

　　1　李鸿章：《李鸿章全集·电稿（1894—1901年）·卷十九》第八册，海口：海南出版社，1997年，第3972页。

▲ 北洋舰队的缔造者，晚清重臣
李鸿章

▲ 横须贺镇守府长官、海军中将、日本
联合舰队司令长官伊东祐亨

日本在甲午海战中的胜利，与其说是联合舰队的胜利，不如说是资本主义工业国对封建农业国的胜利。保罗·肯尼迪在《大国的兴衰》里将19世纪下半叶一些国家在战争中失败的原因归结为："未能实现军事系统的现代化，没有基础稳固的基本工业设施来支持其庞大的军队并制造正在改变战争性质的造价昂贵、结构复杂的武器装备。"[1]中日甲午战争就诠释了这种观点，黄海海战刚结束，北洋舰队与日本联合舰队分别返回各自军港抢修受损军舰。在佐世保和吴港的船坞进行抢修后，日本联合舰队重整旗鼓。9月23日，"浪速"号抵近威海进行侦察；24日，大连湾和旅顺港也出现日舰身影。而北洋舰队却迟迟无法展开修理工作，战斗中消耗的大口径炮弹需要重新向德国订购，各处抽调的工匠"直到9月底才陆续到达旅顺，且不数日即纷纷辞去"[2]。

甲午战争以中国的失败告终。日军攻占威海后，南北并进而对京城形

---

1 ［英］保罗·肯尼迪：《大国的兴衰（上）：1500—2000年的经济变革与军事冲突》，王保存等译，北京：中信出版社，2013年，第14页。

2 苏小东：《丁汝昌与甲午海战》，载《安徽史学》，2005年第3期。

成进逼之势。清政府多次遣使意欲和谈，双方最终商定中方派出李鸿章等人为全权代表，前往日本马关春帆楼进行磋商。

1895年4月17日，在清政府的授意下，李鸿章与日本签订了《马关条约》。条约主要内容为：第一，割让辽东半岛，台湾及其附属岛屿和澎湖列岛给日本；第二，承认日本对朝鲜的控制；第三，赔偿军费两亿两白银（后来日本又讹诈清政府3000万两白银的"赎辽费"）；第四，增开沙市、重庆府、苏州府和杭州府四个通商口岸；第五，允许日本在华投资建厂，产品运销内地只按照进口货缴纳税款。

《马关条约》签订后，日本成为名副其实的"战争暴发户"。在甲午战争中，日本几乎倾尽全力拿国运相赌，在谈判上用尽了一切坑蒙讹诈手段，从中国清政府手中获取了巨额好处，仅赔偿军费和"赎辽费"一项就不啻为一场掠夺。井上馨在听闻条约签订后，洋洋得意地说："一想到现在有三亿五千万日元滚滚而来，无论政府或私人都顿觉无比地富裕。"[1]日本政府当时每年财政收入仅为0.8亿日元。

甲午战争的赔款如同一场及时雨，拯救了财政上陷入困境的明治政府，日本得以最终完成资本原始积累。除了一小部分用于科教事业，赔款的大部分用于日本的军费支出，其中"直接用于军事扩张的比例竟达84.7%"[2]。通过援引最惠国待遇，日本利益均沾获得了之前英国、法国和美国在华获得的所有特权，新开设四个通商口岸让日本工商业界庆幸不已。以清政府赔付的白银为依靠，日本央行开始施行金本位制，日元地位提升，获得了进入伦敦国际金融市场的通行证，日本金融市场繁荣起来，原先资本不足的时代一去不复返。从1892年至1896年，日本工厂数量从2767家增至7604家，703家银行扩张到1752家。侵占台湾后，强行圈占土地并增加赋税，将台湾变为重要的糖产品出口地。至此，日本资本主义不仅获得了发展急需的资本，更获得了通过海洋走出去的机会。台湾和朝鲜沦

1　转引自潘家德：《试论中日〈马关条约〉赔款的影响》，载《四川师范学院学报（哲学社会科学版）》，1992年第5期。

2　随清远：《甲午战争赔款与日本》，载《南开学报（哲学社会科学版）》，2014年第6期。

为日本的殖民地，为其提供了大量生产原料，且两地的战略价值极大，沦为日本进一步侵略中国的桥头堡。

◀ 圣德纪念绘画馆壁画《下关议和谈判》，永地秀太绘。再现了1895年4月17日中日全权代表在日本山口县下关春帆楼就《马关条约》进行谈判的场景
（图片来源："明治神宫崇敬会"网站）

强大的工业是一个国家进行现代战争的基础。步入19世纪后，战争的模式随着工业革命发生巨大转变，钢铁与火药的碰撞增加了战争的残酷性，更考验着交战国家在军队人员构成、组织性严密程度、作战思想、武器装备与配套设施和国家动员能力等诸多方面的能力。纵观整场甲午海战，中国从最初鼓噪力战到最后选择求和，前后巨大的反差是对战争进程失去信心的体现，也是一个农业国面对瞬息万变的现代战争时所体现出的无力与彷徨。中国的综合国力强于日本。中日两国都曾因"闭关锁国"遭受西方资本主义的入侵，但"船小好调头"的日本及时意识到海洋在国家安全领域的重要地位以及建立一支现代化海军的紧迫，全民上下能以开放的心态面对海洋、利用海洋，引入先进的资本主义制度，积极吸收西方最先进的科学技术和作战思想，最终以现代化的军队击败了中国的北洋舰队也就不是偶然了。

日俄战争：新兴海洋强国的最后拼图

日本在甲午战争中获得大胜后，一跃而崛起为太平洋西岸引人瞩目的海洋新势力。因此，不可避免地，它与在远东地区拥有诸多利益的老牌西方帝国俄国产生了诸多龃龉，双方在朝鲜半岛、中国东北和辽东半岛等地区都有着诸多针尖对麦芒的利益冲突。其中一处冲突尤为尖锐，即双方关于旅顺口的明争暗夺。对于俄国来说，它迫切地需要保有东亚沿岸的港口以供舰队停泊，而在这些港口中，仅有旅顺港是条件优良的不冻港，因此它对俄帝国的海上利益有着极为重要的意义。但是旅顺港原被日本所占领，它在1895年"三国干涉还辽"事件后才由俄国接管，这一层矛盾令日本无法释怀。最终于1904年2月，在日俄两国关于朝鲜半岛势力范围划分的谈判破裂后，日本舰队突袭旅顺港中的俄国舰队，日俄战争爆发了。

在当时世人的眼中，这场由新兴亚洲小国挑战老牌欧陆大国的战争似乎悬念不大。毕竟在此之前，西方文明在战场上对垒亚洲文明时有着明显优势，它们的坚船利炮多次令亚洲人臣服。这一点日本也曾深有体会，1853年时数艘黑船就已足够令整个日本卑躬屈膝。但现时情况已今非昔比。老迈的俄帝国曾在拿破仑战争后位列欧陆第一强国，但其国内根深蒂固的旧体制已经令帝国日益举步维艰，其国内经济的农业特性也难以立即得到改良。反观日本，它在经过数十年的励精图治后已经成为远东地区蓬勃发展的资本主义强国。特别是此时的日本海军已然羽翼丰满，它在战胜了昔日威震远东的北洋舰队后风头正劲，士气高涨。因此，在战争开始后，世人惊异地看到，日军陆上的凌厉攻势令疲于招架的俄军节节败退。而在海上，日军的进击则更为坚决。至1904年8月时，它已通过数次海战将俄国第一太平洋舰队完全摧毁，握紧了制海权。

在第一太平洋舰队遭到摧毁后，大感震惊的俄国立刻组建起第二太平洋舰队，并命其于1904年10月起航驰援远东。这支舰队有多艘新近服役的战列舰，阵容庞大，由海军上将罗日斯特文斯基率领。但令俄国没想到的是，这支被寄予厚望的舰队最后竟促成了日本海军史上最为辉煌的胜利。

从起航伊始，第二太平洋舰队的命运就令人感到不安——这支"太平洋舰队"的母港远在欧亚大陆另一端波罗的海沿岸的利耶帕亚，且由于英国政府拒绝其通过苏伊士运河，因此它不得不跨越整个大西洋和印度洋以抵达日本海域。这一段漫长的航行令水兵们苦不堪言，战舰也在途中遭受了颇为严重的损耗。而坐镇主场的日本舰队则以逸待劳，静候猎物上门。当双方于1905年5月底在朝鲜半岛旁侧的对马海峡摆开阵势时，劳师远征的俄国舰队已经精疲力竭，未战先怯，而且俄国水兵们惊恐地发现，他们还处在战舰数量的劣势之中。日本舰队则战意高昂，海军大将东乡平八郎坐镇旗舰升起Z字旗，率领舰队一路掩杀过去，俄国舰队毫无悬念地全军覆没。对马海战的溃败为俄国的战败下了判决书，它已无力回天。

日本在日俄战争中的胜利令世人震惊。它以一场史诗般的海战为结尾，标志着日本经过数十年的迅猛发展后，已经成为一支崛起于海洋的新兴资本主义强权力量。历史学家对此有着恰如其分的概括，即日俄战争是"远东历史乃至世界历史上的一个重要转折点"，它"确立了日本的强国地位"，且比这更有意义的是，历史上"第一次有一个亚洲国家战胜了一个欧洲国家，而且是一个大帝国"[1]。不仅如此，它还体现出新兴的资本主义国家已经能毫不费力地摧毁旧制度国家。这场在海上决胜的战争，成为日本跻身海洋强国行列的关键助推。新兴的海上强国版图迎来了最后一块拼图。

1　［美］斯塔夫里阿诺斯：《全球通史：从史前史到21世纪（上）》（第7版），董书慧等译，北京：北京大学出版社，2005年，第589页。

殖民大洋洲：资本的新天地

随着欧洲资本主义经济的蓬勃发展，资本的触角开始延伸到大洋洲，这是距离欧洲最为遥远的一块大陆，也是地球上为数不多的有人居住而未被欧洲资本家开发的土地。

大洋洲，顾名思义，乃大洋中的陆地。从16世纪开始，欧洲人乘舟而来，开始了对大洋洲的探索。18、19世纪欧洲移民大量涌入，带来了资本主义的生活方式，使大洋洲发生了翻天覆地的变化。其中，以英国人对澳大利亚和新西兰的殖民最为典型。

开拓"南方大陆"

1788年，一支由11艘舰船组成的船队从英国普利茅斯港远道而来，在澳大利亚东南部的悉尼湾登陆，揭开了英国人殖民澳大利亚的序幕。然而，从欧洲人探索澳大利亚到英国人正式殖民此地，其间花费了不下200年的时光。

澳大利亚四面环海，介于南太平洋和印度洋之间，总面积约768万平方千米，由澳洲大陆和周围大大小小的岛屿组成。地理学家认为，澳大利亚曾与南极大陆相连，是冈瓦纳古陆的一部分。大约在5000万年前，澳大利亚与南极洲分离，并向北漂移，最后在印度支那延伸到帝汶的链状岛屿前停下。由于地壳运动和缓，澳大利亚的地质十分稳定。它的东部多山脉，中部为低地平原，西部属于高原地形，因此地势东、西高，中部低，平均海拔仅为210米。由于地理上的隔绝状态，澳大利亚形成了独特的生态系统。

在远古时代，澳大利亚就已有人类存在的痕迹。根据考古发现，早在公元前4万年，人类就已经在这片土地上繁衍生息。这些原住民被统称为"土著人"。澳大利亚原住民通身黝黑，过着原始的生活。他们将狩猎和采集作为生存手段，农业未能发展起来，社会形态始终没有出现大的改变。当欧洲人从海岸到来时，他们仍旧过着原始的生活，因此在先进文明的压迫下显得不堪一击。

澳大利亚的英文名称为"Australia"，这源自拉丁文"Terra Australis"，意为"南方的大陆"。在澳大利亚未被探知之前，欧洲盛行着这样一种观念：南半球有一个与北半球相当的大陆，以使南北半球保持平衡。这一具有想象力的观念最早出现于古希腊。公元2世纪，古希腊著名地理学家托勒密将这块想象中的大陆绘入地图，标注为"Terra Australis Incognita"，意即"未知的南方大陆"。此后，欧洲人对这块神秘的土地魂牵梦萦，认为这是一个充满珍禽异兽和各类宝藏的地方。大航海时代到来后，乘风破浪的欧洲人积极地开拓南半球，以证明这块土地的存在。

作为地理大发现的先行者，葡萄牙人和西班牙人较早对南太平洋进行了探索。从1519年开始，葡萄牙人曾多次组织船队前往南太平洋探险，但未有所获。尽管葡萄牙史学家声称探险队发现了澳大利亚，不过没有史料能够证明这一点。与此同时，西班牙人也着手对南太平洋进行探索。西班牙的探险先驱是秘鲁总督门达纳。1567年和1595年，为了寻找黄金，门达纳两度发起对南太平洋的探索。第一次探险旨在"发现一些岛屿和大陆"，进而确定"南方大陆的位置"[1]。在这次探险中，门达纳发现了所罗门群岛，但未能找到黄金。他并未因此失去信心，于是发起了第二次探险，但是再次以失败告终。船队被迫停留在太平洋上的马克萨斯群岛，门达纳不幸在此去世。西班牙的探险活动仍在继续，1606年，曾任门达纳副手的基罗斯发现了新赫布里底群岛，他误以为这就是"南方大陆"，便匆忙回国邀功；而基罗斯的副手托雷斯继续航行，穿越了一个海峡，这个海峡后来以他的名字命名为"托雷斯海峡"，然而他未能继续深入。西班牙人最终与"南方大陆"失之交臂。

17世纪初，荷兰人创立了东印度公司，在东印度群岛建立起一个庞大的贸易帝国。出于对南方大陆的好奇和对财富的渴望，荷兰人继葡萄牙人

1　王宇博等：《世界现代化历程·大洋洲卷》，南京：江苏人民出版社，2012年，第10页。

和西班牙人之后，也向南太平洋派出探险船队。1605年11月，荷兰船长威廉·扬茨乘坐"杜夫根"号从班达起航，向新几内亚进发。到达新几内亚后，"杜夫根"号沿着新几内亚南部海岸继续向东航行。没过多久，探险船抵达了澳大利亚东北部海岸。扬茨因此成了第一个到达澳大利亚的欧洲人。在扬茨之后，荷兰人陆续对"南方大陆"进行探索，探明了这片大陆的西部海岸和北部的部分海岸。不久，荷兰人就将这片新发现的土地命名为"新荷兰"。不过，荷兰人对这块大陆的了解仍旧十分有限。为了进一步探明这片土地，荷兰东印度公司于1642年决定对其进行深入勘察。时任东印度总督安东尼·范·迪门执行了这项决议。在范·迪门的主导下，亚伯·塔斯曼受命进行此次探险。1642年8月，塔斯曼从巴达维亚出发。起初，船队向西航行抵达毛里求斯，随后向南航行至南纬40°海域，又掉头向东行驶。穿过印度洋之后，塔斯曼沿着澳大利亚南部海域航行，于11月24日发现了一块新的陆地，随后将其命名为"范迪门斯地"（即今日的塔斯马尼亚岛），以此向范·迪门总督致敬。他继续向西航行，发现了新西兰。塔斯曼的航行具有重大意义，不仅发现了"范迪门斯地"和新西兰，而且证明了澳大利亚并非南极洲的一部分。

　　虽然荷兰对"南方大陆"的探索取得了重大突破，在决定是否对澳大利亚进行开发时，荷兰人却止步不前了。在深入探索了澳大利亚之后，荷兰人对澳大利亚的种种美好幻想接连破灭。早在西班牙探险者到达所罗门群岛时就抱怨："根本没有香料植物，也没有黄金白银，而所有人都是全身裸体的野蛮人。"[1]塔斯曼对"范迪门斯地"进行考察以后，在报告中称该岛"并无可牟利之处，只有贫穷的裸体人在海滩上行走；没有稻谷，水果很少，这些人很穷，脾气也坏"[2]。而且，荷兰人发现这片土地极度荒凉，认为不会有黄金存在。因此，澳大利亚的价值遭到了否定，荷兰人便不再重视这块大陆，转而专注开发东印度群岛。

　　1　［澳］斯图亚特·麦金泰尔：《澳大利亚史》，潘兴明译，上海：东方出版中心，2015年，第21页。

　　2　同1，第21–22页。

在葡萄牙、西班牙、荷兰之后，英国也加入了探索澳大利亚的行列中，并最终成为澳大利亚这片广袤土地的主人。在探索澳大利亚的征程中，最杰出的探险家非詹姆斯·库克莫属。但是在库克之前，威廉·丹皮尔曾在17世纪率先勘察澳大利亚。丹皮尔是一名拥有"大海之王"称号的传奇海盗。他原本在加勒比海从事劫掠活动，由于遭受西班牙的驱赶，遂绕过南美洲进入太平洋，并向西航行抵达亚洲海岸。1688年，丹皮尔乘坐一艘抢劫得来的商船随着洋流在海上漂泊，于1月8日闯入了澳大利亚西北海岸的勒韦克海角，成为第一名登上澳大利亚的英国人。1691年，他回到了英国，向海军部汇报了他在航行中的所见所闻。1699年，丹皮尔开始了对澳大利亚的第二次探险，但这次他是以皇家海军舰长的身份展开探险的。丹皮尔还将他的经历编写成书，出版了《新荷兰航行记》《航海纪实》等多部著作。这些著作一度热销，他的传奇经历一时间成为人们的谈资。然而，澳大利亚的荒凉给丹皮尔留下了深刻印象。因此，他对澳大利亚的描述并未提升欧洲人对这片大陆的好感，以至于在他之后的七十余年中，几乎不再有欧洲人踏足这块土地。

18世纪后半叶是英国与法国在全球争夺霸权的关键时期。随着法国在"七年战争"中落败，法国人失去了对印度的控制，在亚洲的影响力急剧跌落。为了在远东寻找新的落脚点，法国人将目光投向了未被开发的大洋洲。1767年，法国向太平洋地区派出一支探险队。法国的举动引起了英国的警惕。为了杜绝法国东山再起，英国政府也决定派遣探险船进入太平洋。时任海军上尉的詹姆斯·库克被任命为此次探险的指挥官。

库克于1728年出生在英格兰北部的约克郡。他的父亲是一名农场工人，父母育有8名子女，家境并不宽裕。幸运的是，在农场主托马斯·史考托的资助下，他得以在一所学校接受了5年教育，这5年的启蒙教育为他今后的成就奠定了最初的基础。18岁时，他来到沿海市镇惠特比，在沃克兄弟的运煤船上当起了学徒，从此与海洋亲密接触。1755年，在积累了丰富的航海经验后，库克离开了惠特比并加入皇家海军，成为一名海军水手。由于优异的表现，库克服役不到一个月，就升任大副。英法"七年战争"

时，他展现了突出的制图才能，为英军夺取魁北克立下功劳。此外，库克为人公正，体恤下属，受到官兵的一致拥戴。正是由于丰富的经验、良好的学识以及出色的个人素质，他得以成为此次航行的担纲者。

1768年8月，库克驾驶"努力"号从普利茅斯出发。他先前往太平洋上的塔西提观察"金星凌日"现象，然后按照海军部的指令，"努力"号向南纬40°海域进发，以探索"南方大陆"。由于没有发现陆地，库克就决定向西航行，抵达了新西兰，后继续向澳大利亚方向行驶。1770年4月，"努力"号到达澳洲东南角巴斯海峡的入口，然后调转船头向北航行。4月28日，他们抵达了一个满是奇花异草的港湾，同行的班克斯和索兰德博士在此发现了许多新的植物品种，库克一行遂将之命名为"植物学湾"。接着，"努力"号继续向北航行。当他们抵达大堡礁一带海域时，不慎撞上暗礁，后在库克的冷静指挥下才得以脱险。经过休整之后，"努力"号重新北上。最后，库克在约克角附近海域的一个小岛，以英王的名义宣布占领其所经过的地区，后将东澳大利亚命名为"新南威尔士"。1771年7月，库克完成了此次航行返回英国，并将航行报告递交给海军部。这次航行使得澳大利亚东海岸被探明，进一步揭开了"南方大陆"的神秘面纱。此后，库克又进行了两次环球航行，探察了南极和太平洋上的未知区域，为人类的航海事业做出了突出贡献。不幸的是，1779年2月，库克因介入夏威夷群岛的岛民纷争而被原住民杀死，结束了其传奇的一生。

在英国宣布对新南威尔士的占领后，并没有直接作出殖民的决定。一方面，澳大利亚与英国本土之间相距甚远，由于交通和通信不便，不易进行管理；另一方面，根据库克等人的报告，英国方面仍没有发现澳大利亚可供大规模开发之处。因此，这一事项就被搁置下来。直到美洲独立战争爆发之后，英国丧失了北美十三州殖民地，开发澳大利亚才被正式提上议程。促成这个转变的一大原因，是英国当时急需一个罪犯流放地。在北美独立之前，英国一直将其作为罪犯的流放地点。政府将罪犯贩卖给航运承包人，由他们将之运往北美转卖给农场主作为奴隶役使。如今北美取得独立，英国人只得另觅流放地点。与此同时，随着资本主义经济发展，英国社会加剧分化，社会矛盾越来越突出，罪犯人数逐年增加，给英国政府造成了巨大压力。为了尽快解决流放问题，英国政府派人前往非洲探察，但没有找到合适的地点，因此澳大利亚这块地广人稀的大陆便重新进入了人们的视线。此外，北美造船业发达，在独立之前曾是英国船只和船舶建材的供应地。北美独立后，皇家海军急需寻找一处新的造船原料产地，而澳大利亚盛产木材和亚麻，因此成为不二之选。

经过充分的论证后，在1786年8月主管殖民事务的内政大臣悉尼爵士宣布将新南威尔士作为英国罪犯的流放地。次年，英国政府任命海军退役军官阿瑟·菲利普上校为殖民地的第一任总督，并赋予他极大的权力，全权负责殖民地的各项事务。菲利普曾在英国海军和葡萄牙海军服役。退役后，他成为一名农场主，积累了丰富的垦殖经验。这两方面的经历使他得以在总督人选中脱颖而出。1787年5月，菲利普率领一支舰队从英国出发，向新南威尔士驶去。这支舰队被称为"第一舰队"（First Fleet）。船上有上千名乘客，包括海军军官、文职官员以及流放犯，此外还装载着种子、牲畜、农具以及两年的口粮。经过8个月的海上颠簸，"第一舰队"于1788年1月18日抵达植物学湾。然而，植物学湾一带的土质松散，不宜居留，于是船队继续寻找定居点。很快，菲利普就选定了一个灌溉条件优越的港湾作为居留地。1月26日，"第一舰队"在此抛锚，菲利普随之正式宣布新南威尔士为英国殖民地。为了向内政大臣悉尼致敬，他将此地命名为"悉尼湾"。而这一天，也被后人作为澳大利亚的国庆日来纪念。

◀ "第一舰队"驶抵新南威尔士。"第一舰队"由11艘舰船组成，包括2艘军舰、6艘运输船和3艘运粮船

然而，此时的殖民地仍是一片荒凉的处女地。殖民者起初都住在用旧帆布搭建而成的帐篷之中。他们首先需要开拓一个居住点。菲利普将犯人们编队，分为筑路队、建筑队、搬运队等，指挥他们进行相应的建设活动。与此同时，生存问题也摆在了殖民者面前。最初，殖民地的消费品主要由母国通过海运提供。海洋是联系母国和殖民地的唯一纽带，但由于其环境十分复杂，一旦运输船在途中发生事故，无法及时到达，就可能在殖民地引发饥荒。因此，殖民地亟须形成自给自足的农业体系。在此背景下，殖民地掀起了垦殖土地的热潮，流放犯们被安排种植谷物和根茎作物，由公家发放种子和耕作工具。然而，犯人们生性懒散，缺乏耕种的经验，生产效率低下。于是，在殖民地的请求下，英国政府派出50多名富有生产经验的农民来指挥垦殖。渐渐地，犯人们学会了耕种的方法。悉尼湾内陆的帕拉马塔河流域土地肥沃，灌溉条件优越，殖民者们对这个区域进行了大规模的开发，开辟出的农田面积达2000英亩，一定程度上解决了殖民地的温饱问题。另一方面，殖民者充分利用当地丰富的生物资源，通过狩猎和捕鱼来缓解补给不足造成的困难。悉尼勋爵所说的"千帆竞发，尽享安康"[1]，正是强调了渔猎活动在殖民地早期经济中的重要性。

在殖民地草创之初，实行的是单一的公有制经济。农场土地归殖民政府所有，由流放犯进行耕作，收获的粮食由政府统一分配。公有制在殖民之初有利于殖民地的建设。但是，公有制的弊病也是显而易见的，它不利于调动劳动者的积极性，也不利于吸引自由移民进入殖民地。在菲利普看来，纯粹地依靠流放犯来开发殖民地并非长远之计，长此以往，殖民地的生产只能止步不前。为了提升经济活力，菲利普进行了大胆的改革，改革的要点包括：吸引自由民到新南威尔士来，把罪犯指派给他们当工人；把土地授予官员们，由罪犯来耕种；把土地赐给那些劳动勤奋、品行端正、

1　［澳］斯图亚特·麦金泰尔：《澳大利亚史》，潘兴明译，上海：东方出版中心，2015年，第33页。

值得接受这种恩惠的前犯人[1]。概括来说，就是在殖民地实行土地授予制和劳动指派制。这项改革打破了殖民政府垄断经营的局面，使私有制经济在殖民地生根发芽。尽管改革具有一定的局限性，但在实施之后取得了良好的效果，开始有自由移民从海外移居新南威尔士，随这些人一同到来的还有发展生产所需的资金和先进技术，从而使得殖民地的经济生产蓬勃发展起来。1792年，菲利普因病返回英国，同时也意味着卸下了总督的重担。担任总督期间，菲利普带领殖民者建立殖民地，使之在物资匮乏的环境中得以延续，并通过改革为殖民地未来的发展指明了方向。总而言之，菲利普在任期内交出了一张令人满意的答卷。

随着农业经济的发展，其他经济部门也在殖民地建立了起来，例如纽卡斯尔的煤矿以及各地的陶瓷厂、石灰厂、面粉厂、木材厂、制砖厂、采石场等。与此同时，商品贸易逐渐兴盛。从事贸易的主要是殖民地军官、年轻商人以及被释放的犯人。早在1792年，就有一艘从开普敦出发的商船抵达新南威尔士进行商贸活动，同年，另一艘美国商船也在殖民地靠岸。澳大利亚四面环海，沿海海域有大量的鲸和海豹。从鲸体内提炼的鲸油和从海豹身上剥下的海豹皮十分值钱。因此，猎捕鲸和海豹的活动迅速兴起。军官们积极地参与到这项捕捞和贸易活动中，那些运送犯人的运输船在将犯人押送至目的地后，就转变为捕鲸船，从事海洋捕猎活动。随后，他们将海豹皮和鲸油运到中国出售，以赚取高额利润。当英国和美国捕鲸人听闻澳大利亚捕鲸业的消息，也纷纷加入殖民地贸易中来。他们从本土装载货物，运输到殖民地进行销售，然后便加入海洋捕猎者的行列。此外，商人们也从澳大利亚周边地区进口商品，如从塔西提购买猪肉，从新西兰收购土豆，从孟加拉运来朗姆酒。商人们还从事转口贸易，将斐济的檀香木、梅拉尼西亚的珍珠贝和海参转卖到别处，以赚取差价。这便构成殖民地与外界的早期商贸联系。

1　[澳]曼宁·克拉克：《澳大利亚简史》（上册），中山大学《澳大利亚简史》翻译组译，广州：广东人民出版社，1973年，第31页。

　　但是，新南威尔士的对外贸易面临着激烈的竞争，逐渐被排挤出高额利润的商贸领域。这也使得殖民地经济重新定位。随之，一个新的领域异军突起，那就是牧羊业。

　　新南威尔士的自然条件非常适合畜牧业的发展。它的地理范围处于南纬25°—35°之间，气候温和，雨量适中，适合牧草生长。1770年，库克船长在沿澳大利亚东岸航行时，就曾惊叹那里有他"从未见过的优良草场"[1]。早在"第一舰队"抵达悉尼湾时，就带来了绵羊等牲畜。而牧羊业在殖民地得到重视则要归功于约翰·麦克阿瑟，在他的努力下，新南威尔士的牧羊业迅速发展并走向世界市场。

　　麦克阿瑟是英国平民的后代，1767年9月3日出生于英格兰西南部的德文郡。15岁时，他参军入伍，成为一名军人。1789年，他被派往新南威尔士保安团任职。次年，他便携家人漂洋过海来到了殖民地。麦克阿瑟拥有敏锐的商业头脑，在1792年他便意识到必须有一种"用最少的人就能生产出来，而需求量却很大，并且还要能够经得起长距离海运"[2]的物品，用以作为进口产品的支付物。在这一思想引导下，他对商品价值较高的羊毛产生了浓厚的兴趣，羊毛不仅质量轻而且易于保存，适合长距离的海运。1793年，麦克阿瑟从殖民地政府处领取了100英亩土地。由于经营有方，殖民地又授予了他更多的土地。接着，他决定涉足牧羊业。然而，澳大利亚本地绵羊出产的羊毛质量不高，销量十分有限。为了提高羊毛的竞争力，麦克阿瑟开始思考出路。他回想起中学课本中曾描述过的美利奴绵羊。这种绵羊长出的羊毛既厚实又纤细，广受消费者的喜爱。于是，麦克阿瑟在1797年从海外引进了6只西班牙种的美利奴绵羊，并亲自选种培育，防止美利奴绵羊与本地绵羊杂交，以保证美利奴绵羊品种的纯正。他的这一做法大获成功，出售的羊毛在市场上广受好评。到1801年时，麦克阿瑟已经拥有1000英亩以上的土地和1000只以上的绵羊。

　　1　［澳］斯图亚特·麦金泰尔：《澳大利亚史》，潘兴明译，上海：东方出版中心，2015年，第24页。

　　2　王宇博等：《世界现代化历程·大洋洲卷》，南京：江苏人民出版社，2012年，第49页。

此后，麦克阿瑟更加坚定地推进牧羊业。麦克阿瑟生性刚烈，一次他与别人进行决斗，结果被遣送回英国受审。即便是面临官司，他也不忘对外推销羊毛，并借机扩大殖民地的养殖规模。在他的说服下，内政大臣卡姆登于1802年给新南威尔士总督写了一封信，希望殖民政府授予麦克阿瑟5000英亩土地。紧接着，麦克阿瑟被判无罪，并带着卡姆登的信回到了新南威尔士。为了感谢卡姆登，他便将新农场命名为"卡姆登农场"。1805年他又从英国进口了优质绵羊，并亲自进行饲养，培育出了优良的品种。在拿破仑战争后期，拿破仑为了孤立英国，使英国在经济上"窒息"，便下令实行大陆封锁令，禁止欧洲大陆国家与英国进行贸易。这样，德国和西班牙的优质羊毛难以运往英国，这给澳大利亚羊毛打入英国市场提供了不可多得的良机。麦克阿瑟利用这一时机在英国市场大显身手，到1822年从卡姆登农场运往英国的羊毛高达68吨。麦克阿瑟因其对牧羊业的突出贡献而被后人称为"澳大利亚牧羊之父"。

新南威尔士羊毛产业的兴盛与英国工业对羊毛的需求是密不可分的。可以说，澳大利亚牧羊业就是英国纺织业的附属产业。18世纪后半期，英国纺织业领域的技术突破引发了第一次工业革命。资本家在毛纺织业引入了自动纺纱机和自动织布机，并将蒸汽机作为动力来源。这样，毛纺织业的生产效率成倍提升，对于羊毛的需求量也急剧增长，英国本土出产的羊毛已不能满足生产需求，因此必须从国外进口。另一方面，随着羊毛制品的多样化和市场的细分，对高品质羊毛的需求量也大大提高。在这一背景下，德国和西班牙的优质羊毛率先打入英国市场。而在麦克阿瑟对澳大利亚绵羊品种进行改良后，澳大利亚出产的羊毛逐渐受到英国资本家的重视。随着英国毛纺织工业的扩大，德国和西班牙出产的羊毛已经远不能满足需求，因此澳大利亚羊毛源源不断地通过海洋运送到英国，在英国市场中的份额不断攀升，从1830年的10%，增加到1840年的25%，到1850年更是占到了50%。这样，澳大利亚牧羊业就被纳入英国构筑的资本主义生产体系中，为英国纺织工业提供原料。

▲ 1867年巴黎世博会上展出的澳大利亚羊毛

　　牧羊业的兴盛给澳大利亚社会经济带来了显著的变化。随着羊毛产业的发展，澳大利亚经济找到了一个持续稳定的增长点，而且澳大利亚对于海外世界的吸引力越来越强。以前，新南威尔士作为英国罪犯的流放地，在英国本土声名不佳，但在新南威尔士羊毛产业兴起后，英国人对澳大利亚的看法开始改变。他们发现，这块土地没有想象中那么贫瘠，也不只是罪犯的聚集地，这里还能够创造巨大的财富。随着英国经济的发展，积累了资本的英国人开始在全世界寻找资本投资的场所，于是这块蓬勃发展的南太平洋殖民地吸引了他们的目光。这样，越来越多的自由民移居澳大利亚，并带来可观的资本。他们在这里投资农场，生产羊毛。羊毛产业越来越兴盛，在澳大利亚掀起了一股"牧羊业大潮"。羊毛逐渐成为澳大利亚的主要出口商品，在19世纪的前20年，以加工精油和海豹皮为特色的渔业在出口中占据了首要地位，而在20年代以后，羊毛的出口额超过了渔业，成为第一大出口商品。

　　随着农牧业的发展和新移民的到来，现有的殖民地已难以满足日益增长的土地需求，为了缓和土地压力以及进一步扩张殖民地，掀起了一股勘探和占领新土地的热潮。

早在18世纪末，在新南威尔士的殖民建设取得初步进展后，殖民者便进行了勘探活动。这一时期的勘探范围集中在殖民地周边地区，目的是弄清这些地区的地理状况。在殖民地总督的支持下，巴斯和弗林德斯两位探险家便对澳大利亚东南地区进行了勘探。此时的探险活动主要在海上进行。经过数次勘探，殖民地附近海岸的地理状况被基本弄清。原本，殖民者以为"范迪门斯地"是一块与澳洲大陆相连的海角。但通过1798年的一次勘探，巴斯和弗林德斯发现，两地并非一块相连的陆地，在它们之间还横亘着一条海峡。后来，这条新发现的海峡就以探险家巴斯的名义命名为"巴斯海峡"。巴斯海峡被发现后，可以确定"范迪门斯地"实际上是一个岛屿。不过，一开始殖民地总督并没有急于对其进行占领和殖民。只是在法国探险船频频光顾澳大利亚之后，引起了英国殖民者的防范，对"范迪门斯地"的殖民才被提上日程。1803年，英国殖民者在"范迪门斯地"建立了第一个殖民据点。1804年，霍巴特城被选定为"范迪门斯地"殖民地首府，由大卫·柯林斯中校任该殖民地的副总督。和新南威尔士一样，"范迪门斯地"也成了英国罪犯的流放地。

另一方面，弗林德斯继续在澳大利亚沿海海域进行探险活动。这同样是受到了法国探险家的刺激。为了阻止法国染指澳大利亚，弗林德斯主动请缨，要求对澳大利亚其他海岸进行勘察。这一请求得到了英国海军部的认可，海军部为他提供了"调查者"号探险船。1801年7月，他从伦敦出发，直奔澳大利亚。这次勘探的地理范围集中于澳大利亚南部海岸，通过这次探险，英国基本弄清了澳大利亚南部海岸的状况，而且抢在法国人之前完成了勘探任务，维护了英国的殖民利益。这次勘探的成功使弗林德斯倍受鼓舞，他马不停蹄地投入到下一场探险活动中，计划环航澳大利亚。1802年7月，"调查者"号从悉尼出发了。由于途中船体腐烂和疫病蔓延，弗林德斯未能如愿完成环澳航行。但是，他的航行依旧收获颇丰，证明了澳大利亚是一整块大陆，他还对所到海岸进行了勘测，留下了丰富的资料。总而言之，这次航行为后续的探险奠定了坚实的基础。值得一提的是，正是在弗林德斯的倡议下，"澳大利亚"这一名称才获得采纳，并沿用至今。

与此同时，对澳大利亚内陆的勘探活动也在进行。最初，澳大利亚殖民地分为西部的新荷兰与东部的新南威尔士。英国对东经135°以西地区进行了占领。新荷兰只是荷兰名义上的占有地，荷兰殖民者从未移居于此。英国殖民者在新南威尔士站稳脚跟后，便开始谋求大陆西部的土地。在东海岸以西400～500千米处，横亘着一条南北走向的蓝山山脉。要进入内陆就必须穿越这条山脉。但这条山脉极其险峻，一度被认为是不可逾越的。1813年，三名探险者试图穿越蓝山山脉，他们是布拉克斯兰、温特沃斯和劳森。在艰难的攀登后，三人终于登上了一座山峰，向西望去可以看见一望无际的大平原。次年，殖民政府派流放犯们修筑了一条横越蓝山的公路。随后，掀起了一股西部探险的热潮。1815年，在总督麦夸里的指示下，在蓝山脚下的巴瑟斯特建立了一个新城镇，此地水草丰盛，气候温和，很快成了一个大牧场。而此后的探险活动，也多以此地为出发点。随着探险活动的推进，英国便着手对西部实行占领。1828年，海军上校弗里曼特尔以英王的名义，宣布对东经135°以西的地区实行占领，从而吞并了整个澳洲大陆。随后，新的殖民地建立起来，如1836年成立了西澳大利亚，1851年建立了维多利亚，1859年昆士兰从新南威尔士分离出来。

英属殖民地向西推进的过程中也不乏腥风血雨。殖民者与澳洲原住民之间的矛盾加深，双方发生了激烈的冲突，大大小小的冲突汇集起来形成了一定的规模，以至于殖民者将之称作"黑人战争"。探险家托马斯·米切尔记录了一场发生于1836年的暴力事件：原住民"往河里去，我的手下追击他们，尽可能多地射杀他们……这样，不久之后，原有的平静又回到了墨累河两岸，我们又毫无阻碍地继续赶路"[1]。武器装备落后的原住民在白人探险家面前显得不堪一击，这种事件频繁发生，给原住民带来了巨大

1　［澳］斯图亚特·麦金泰尔：《澳大利亚史》，潘兴明译，上海：东方出版中心，2015年，第52页。

的灾难。尤其是在西部被开发以后，越来越多的新牧场建立起来，伴随而来的是越来越多的原住民失去了他们的家园。从这里，可以明显看出资本主义扩张的残酷一面。被卷入其中的原住民几乎毫无招架之力，只能任由殖民者摆布。有的土著人被杀害或病死，有的远走他乡，另有一些原住民则被纳入殖民社会。在19世纪30—40年代，白人农场主以极低的薪酬雇用了大批原住民，使之成为羊倌、剪毛工、守棚人、家仆。于是，原住民便成了资本主义大生产过程中的一个"部件"。

随着西部开发的进行，新的矛盾开始涌现。矛盾的焦点集中在了以土地授予制为基础的土地制度上。西部开发吸引了越来越多的移民进入澳大利亚，但是土地授予制却对新近到来的移民形成了限制。殖民政府授予的土地主要流入了牧地借用人的手中，这些人是占有大片土地的农场主，他们在经济上控制了经济命脉，并且在政治上掌握实权，是澳大利亚的既得利益阶层。相比之下，新来的移民则只能分到小块土地。另外，由于新移民很容易获得一块新土地，这就导致了殖民地的劳动力处于相对匮乏的状态。

土地授予制的弊端引起了关注，开始有人提出改革的要求。其中，最引人关注的是威克菲尔德提出的系统殖民理论。威克菲尔德1796年出生于伦敦的一个上流家庭，自小受到良好的教育，年轻时在国外从事外交活动。1826年，他因与一名女继承人私奔而被判入狱。在监狱中，威克菲尔德阅读了大量有关澳大利亚的书籍，探索出了一套改革殖民地的理论。他的研究成果随后结集出版，取名为《悉尼来信》。系统殖民理论的核心是以土地出售制来取代土地授予制。土地出售制度可以防止大地主随意占用土地的行为，而且由于土地定价出售，新来的移民一时无法得到土地，就需要在殖民地上出售劳动力，因而就能够形成一个稳定的劳动力市场，出售土地所得则可用于资助新移民和鼓励投资。这样，就能形成一个良性的市场生态，促进资本主义生产关系的建立。

威克菲尔德的理论引发了关注，并被英国政府采纳。1831年，英国殖民大臣戈德里奇根据系统殖民理论制定并颁布了《1831年土地条例》，对澳大利亚土地制度进行了改革。其主要内容包括两项：其一是宣布以土地出售制取代土地授予制；其二是规定了土地售价，规定为每英亩价格为5先令，后在1838年改为12先令。土地改革使殖民地焕然一新，但同时也存在着缺点和漏洞，因此在后来又进行了种种调整。总的来说，土地改革废除了封建的土地授予制，使资本主义的生产关系得到了发展，澳大利亚社会后来的一系列进步与此不无关系。同时，为了促使国民移居澳大利亚，政府采取了鼓励措施，即从19世纪30年代开始实行移澳津贴制。凡是政府批准的移民都可以领取一定的路费或其他补助。在他们到达澳大利亚以后，殖民当局还为他们提供各种各样的便利。这样，澳大利亚移民人数迅速增长。1830年，殖民地自由民人数为7万，1840年增加到19万，到1850年已达到40.5万。大量移民的进入使澳大利亚的农牧业快速发展，为澳大利亚的繁荣奠定了基础。

除了土地制度，饱受非议的还有殖民地的流放制度。早在麦夸里任总督期间，在流放制问题上形成了两个对立派别，即"解放论派"和"排斥论派"。前者提倡宽容，给予刑释犯以公民权，后者则反对这一论点。1819年，约翰·比格受英国政府委派，就流放犯问题对新南威尔士和"范迪门斯地"进行调查。随后他将调查结果写成报告，递呈给英国政府。报告主要反映了"排斥论派"的观点，要求殖民政府对罪犯和刑释犯严加管理，并获得采纳。于是，流放犯的处境每况愈下，受到极其残忍的对待。他们在农场中工作终日，很少能够有自由支配的时间，只要违反制度就要受到鞭刑或其他残忍的惩罚，甚至是被二次流放到远离文明区的特别惩罚地。这些不人道的做法饱受指责。而且，劳动指派制建立在强制的基础之上，不利于资本主义发展，因此受到舆论的反对，要求废除这一制度。19世纪30年代，"排斥论派"逐渐落于下风，废除流放制的相关事项被提上日程。1837—1838年，下议院成立了一个调查委员会，对流放制进行了调查，结果显示"流放制对阻止犯罪没有什么效果"，建议停止把罪犯流放到新南威尔士以及"范迪门斯地"地区的移民区。[1] 经过激烈的辩论，英

---

1 沈永兴等：《澳大利亚》（第三版），北京：社会科学文献出版社，2014年，第68页。

国政府最终在1839年废除了新南威尔士和"范迪门斯地"的劳动指派制。1840年，英国停止向新南威尔士流放罪犯。尽管流放制到1866年才被彻底废除，但此次改革令流放制成为强弩之末，为殖民地资本主义的发展扫除了障碍。

19世纪50年代，澳大利亚经济发展迎来了新的高潮，这次高潮是一场"淘金热"所推动的。这场"淘金热"由一个叫作哈格里夫斯的淘金者引发。哈格里夫斯原是英国人，后移民澳大利亚，曾在巴瑟斯特经营牧场。他在澳大利亚过得并不如意，当他听闻加利福尼亚发现金矿，便在1848年漂洋过海，加入淘金的大军中。在美国淘金期间，哈格里夫斯不仅从事淘金活动，而且对金矿所在地的地质构造产生了浓厚的兴趣，并进行了深入的研究。1850年末，他从美国回到澳大利亚。一上岸，他便着手在澳大利亚寻找金矿。功夫不负有心人，1851年2月，哈格里夫斯在巴瑟斯特的一口水塘中掏出了金灿灿的黄金，从而确定了一个金矿位置。当时，他不无自豪地对同伴说："这是新南威尔士历史上具有纪念意义的一天。我会成为男爵，你会成为爵士。我的老马会制成标本，放入玻璃柜中，运往大英博物馆。"[1]当晚，哈格里夫斯就写信向殖民地政府报告他的发现。政府秘书官迪斯·汤姆逊接到报告后，将此消息披露给了《悉尼先驱晨报》。1851年5月15日，《悉尼先驱晨报》报道了哈格里夫斯发现金矿的消息。

澳大利亚发现金矿的消息在当地引起了轰动，随之而来的是继加利福尼亚"淘金热"之后的第二次世界性"淘金热"。在殖民地，工人们纷纷丢下手头的工作，涌入金矿，市镇上每天都流传着发现金块的传闻，商店里摆满了淘金所需的工具——镐、罐、盆和加利福尼亚式淘金槽。苏格兰移民凯瑟琳·斯宾塞这样形容淘金热："狂潮冲乱了一切"，"宗教被扔到一边，教育没人理睬，图书馆几乎空空如也……每个人都痴迷于一件事——一夜暴富。"[2]到1851年年底，澳大利亚发现金矿的消息已经传遍

1　［澳］斯图亚特·麦金泰尔：《澳大利亚史》，潘兴明译，上海：东方出版中心，2015年，第78页。

2　同1，第79页。

了世界。在英伦三岛人们争相购买前往澳大利亚的船票，加利福尼亚的矿工也离开破败的金矿穿越太平洋涌入澳大利亚，此外，也不乏满载劳工的船只从中国驶来。维多利亚成为金矿的聚集地，其首府墨尔本更是被人称作"新金山"，以区别于加利福尼亚的"旧金山"。总之，世界各国的淘金者带着发财致富的梦想渡海而来，为"淘金热"推波助澜。1851年澳大利亚人口为43万，到1861年猛增到了116万。从澳大利亚发掘出的黄金令人瞠目咋舌，维多利亚在19世纪50年代的产金量就超过了世界黄金总产量的1/3。而澳大利亚的黄金神话还在不断上演，19世纪60年代在昆士兰发现了大金矿，后来在西澳大利亚也发现了金矿，著名的金矿区有吉姆伯雷、皮尔巴腊等。

▲ 澳大利亚的淘金者

　　"淘金热"带来的影响是显而易见的。大量涌入的移民稀释了罪犯的比例，为澳大利亚的社会重构创造了条件。金矿出口带来了巨额的财富，澳大利亚的银行储蓄在1850年为240万英镑，到1860年猛增至1420万英镑。黄金出口连同农牧业发展为澳大利亚创造了巨大的物质繁荣，澳大利亚民众的收入节节攀升，生活水平可以说与英、美等国不相上下。出口的黄金通过海运输入英国，为英国提供了大量黄金储备，从而为英国维持金本位制度创造了必要条件。此外，工业是澳大利亚经济体系中相对薄弱的一环。随着"淘金热"的到来，澳大利亚工业迎来了一段高速发展的时期。其中，以冶金业的发展最为迅速。新南威尔士和维多利亚相继成立了大型的冶金工厂。冶金业的发展为钢铁工业的发展奠定了基础。由于大规模的移民涌入和大量矿厂和工厂的建立，拉动了日用品和工业产品的消费，这些消费品主要由澳大利亚国内提供，因此在制造业方面迎来了一个繁荣期。制造业的发展起点不高，但发展势头尤为迅猛。另外，由于澳大利亚社会迅速膨胀，社会生活复杂化，原有的国家机器已经难以适应需求。这样，澳大利亚的政府机构、法院和治安机关不断扩容，国家机器得以强化。

在淘金活动的推动下，澳大利亚在交通和通信方面也取得巨大进步。铁路建设在19世纪50年代开始起步。19世纪50年代，悉尼和巴拉腊特之间铺设了澳大利亚的第一条铁路，全长仅14千米。19世纪60年代以后，又相继修建了墨尔本到巴拉腊特金矿和本迪戈金矿的铁路。19世纪70年代至90年代，由于社会经济发展的需求，澳大利亚铁路建设迎来高潮，到19世纪末20世纪初基本建成了全澳铁路网。另外，海运的发展也很迅速。1856年10月，"伊斯坦布尔"号机帆船下海，这艘船结合了风帆和蒸汽机的优点，使伦敦到墨尔本的航程缩短为65天，大大提升了商品的运输效率。在通信方面，澳大利亚在1854年铺设了第一条电报线。1858年10月，悉尼、墨尔本和阿德莱德之间的电报线架设完毕。到19世纪90年代，形成了以悉尼和墨尔本为中心的全澳通信网。

随着澳大利亚资本主义经济的发展，澳大利亚人民争取自治的运动如火如荼地展开。新南威尔士殖民地建立以后，实行的是一种军事独裁体制。殖民地总督享有立法权和行政权，由英国政府任命，其权力在殖民地几乎不受限制。这一体制与早期对殖民地的规划相适应，目的是约束流放犯。随着自由移民的进入，他们要求在政治上获得相应的权利，而且军事独裁制也不利于社会经济的发展。在19世纪40年代之前，改革的进程缓缓开启。19世纪40年代改革进入关键期。一方面，由于土地授予制的废除和流放制度的削弱，社会经济结构出现重大改变，政治体制的调整成为当务之急；另一方面，英国国内经历了议会改革和宪章运动，加拿大也爆发了大规模的自治运动，这些运动鼓舞了澳大利亚人民争取自治权利的士气，改革政治体制的呼声越来越高涨，各殖民地要求建立独立的立法机关和行政机关。原本相互对立的"解放论派"和"排斥论派"在争取民主自治的问题上化干戈为玉帛，共同向英国政府施压。殖民地人民的努力终于得到回报。1842年，英国议会通过了法案，允许新南威尔士以选举的方式建立新政府。随之，新南威尔士第一届代议制政府诞生，总督权力受到削弱。到1850年，改革又扩大到了其他各个殖民地。自治运动取得了初步的成果。

"淘金热"兴起之后，自治运动发展也迎来了新的高潮。这一阶段自治运动的目标是建立责任制政府。在上一阶段的改革中，尽管殖民地建立了代议制政府和立法议会，但是总督仍然拥有很大的职权，英国政府也还掌握着殖民地的诸多权力。因此，新一轮的自治运动就是要在政治上摆脱英国的束缚，实现独立发展。这一运动反映了社会各阶层的共同愿望，更反映了历史的潮流，澳大利亚的发展首先要实现政治上的变革。英国殖民大臣就在1852年表示："比以往越来越紧迫和必要的是，将完全的自治权交到人民的手中，以促进繁荣昌盛。"[1]随后，英国方面允许殖民地立法会议起草制定殖民地宪法，并同意殖民地组建责任制政府。1855年和1856年，英国议会先后颁布了新南威尔士、塔斯马尼亚、南澳大利亚以及维多利亚宪法。这样，各州相继取得了自主权，并成立了责任制政府，对议会负政治和法律上的责任。尽管英国政府仍然严格控制澳大利亚的外交权力，但是殖民地在内政事务上摆脱英国的控制，已使其在独立自主的道路上向前迈进了一大步。自治政府的成立符合资本主义发展的要求，澳大利亚的农场主、资产阶级在政治生活中正发挥着越来越重要的作用。

1　［澳］斯图亚特·麦金泰尔：《澳大利亚史》，潘兴明译，上海：东方出版中心，2015年，第83页。

　　总而言之，在农牧业和采矿业的基础上，澳大利亚的民族经济得以成型。随着澳大利亚社会、经济、政治等各个方面的进步，澳大利亚的资本主义在19世纪下半叶迎来了发展的黄金期。农牧业继续发展，工矿业持续壮大，城市发展迅速。澳大利亚走出了一条独特的发展道路，这条道路的形成与环抱澳大利亚的海洋有莫大的关联。欧洲殖民者最初通过海洋发现澳大利亚，英国人通过海洋运来了最初的殖民者，与此同时也将资本主义传入了澳大利亚，使之走出蛮荒状态。在殖民初期，海洋丰富的物产更是哺育了无依无靠的殖民者，帮助殖民者安然度过了风雨飘摇的草创期。随着殖民地经济的发展，海洋又为殖民地向外输出羊毛和矿产等初级原料提供了通道。因此，澳大利亚的发展离不开海洋，正是海洋哺育了这块新生的殖民地。

殖民新西兰

　　在澳大利亚的殖民运动如火如荼开展之时，英国对新西兰的殖民也开始步入正轨。1840年，渡海而来的英国殖民者与新西兰的原住民缔结《怀唐伊条约》，标志着新西兰历史正式步入殖民时代。随之而来的，是资本主义生产方式在新西兰落地生根，彻底改变了新西兰的面貌，使之成为资本主义世界的一员。

　　新西兰坐落于太平洋西南海域，位于澳大利亚以东洋面上。其陆地面积约27万平方千米，与英伦诸岛相当，在大洋洲仅次于澳大利亚。新西兰由众多岛屿组成，其中主要的岛屿是南岛和北岛，在两岛之间隔着一条库克海峡。在板块变迁时代，新西兰也曾是冈瓦纳古陆的一部分，西部边界紧贴着澳大利亚和南极大陆。随着板块分离，新西兰从冈瓦纳古陆独立出来，并向东漂移，最终固定于如今所在的位置上。由于处在大陆板块挤压处，新西兰形成了峻峭的地形，境内有89%的土地为山地和丘陵，平原面积相对有限。

　　新西兰的原住民被称为毛利人，属波利尼西亚人的一支。波利尼西亚人是个航海民族，原本居住在南太平洋上的社会群岛，后来逐渐向太平洋上其他的岛屿迁徙。毛利人发现和进入新西兰就是波利尼西亚人航海活动的结果。根据传说，最早发现新西兰的波利尼西亚人名叫库佩。大约在10世纪，他因捕杀一条大章鱼进入新西兰海域。在库佩发现新西兰后约200年，另一名波利尼西亚人托伊为寻找他的孙子而在奥克兰半岛登陆。到14世纪中叶，大批移民进入新西兰，他们便是后来的毛利人的祖先。

毛利人最初定居新西兰时，主要靠渔猎维生，并发展出了农业，能够种植甘薯等作物。毛利人的社会组织发展缓慢，在16世纪欧洲人到来时仍处于氏族部落阶段。毛利社会具有明显的公有制特征，但是已经发生分化，有了贵族和平民的区分。居于统领地位的是部落酋长，而社会底层则是奴隶，他们主要由战俘转变而来。新西兰的毛利人没有形成统一的国家，部落之间经常发生战争。因此毛利人相当好战，战争被视为生活中必不可少的一部分。失败者的境遇十分悲惨，不是沦为奴隶，就是被胜利者生吞活剥。

欧洲人发现新西兰，这与他们对"南方大陆"的探索密切相关。最早抵达新西兰的是荷兰探险家塔斯曼。1642年11月，塔斯曼离开"范迪门斯地"之后，继续向东航行。12月，塔斯曼到达新西兰海域，并将船只停靠在黄金湾。但是，随后发生的事件给塔斯曼留下了痛苦的记忆。因语言不通，船队成员与毛利人发生误会，结果遭到攻击，4名荷兰水手被杀死。塔斯曼随即起锚离开港湾，再也没有回来。因此，他将黄金湾称为"凶手湾"。后来，荷兰官方将这片新发现的土地命名为"新西兰"。

在塔斯曼之后的很长一段时间内，再没有欧洲探险家到过新西兰，直到英国探险家詹姆斯·库克到访，新西兰才重新进入欧洲人的视野。1769年，库克在塔西提观测"金星凌日"之后，向南行驶到南纬40°地区探寻"南方大陆"。由于没有发现陆地，他便向西航行，进入了新西兰海域，发现了尼古拉·扬海角。后来，库克到达夏洛特皇后海峡的小船湾，并在那里登岸。他爬上一座小山，瞩目望去，才发现新西兰是两个分开的海岛。两岛之间的海峡便以他的名字命名为"库克海峡"。在这次航行中，他以英王名义宣布占有新西兰。此后，库克多次到访新西兰，并将猪和马铃薯等新物种和作物引入新西兰，帮助毛利人改善生活。此外，法国人德维尔苏尔和杜弗雷纳也分别于1769年和1772年到达过新西兰，前者只短暂停留过，后者则不幸被毛利人杀死。此后，新西兰便再也没有离开过欧洲人的视野。

尽管库克的航海报告称新西兰是一块值得开发的土地，但英国宣布占有新西兰之后，却没有立刻进行殖民，这主要是因为英国政府不愿承担殖民产生的庞大费用。不过，由于新西兰拥有丰富的自然资源，对追求财富的欧洲人产生了强烈的吸引力，新西兰与海外的联系因此变得越来越密切。新西兰盛产高大林木和亚麻。1794年，为了获取木材资源，一艘名为"幻想"号的商船抵达新西兰。这是第一艘专为经商而来的航船。次年，"幻想"号满载建造船只用的木材和亚麻回到悉尼。此后，海外的商船接踵而至。新西兰附近海域蕴含着丰富的生物资源，吸引了大批海洋捕猎者。在"幻想"号到来之前，捕杀海豹和鲸的渔船就已频繁地往来于新西兰沿海各地，这些捕猎者在新西兰沿海地区建立了定居点，甚至与当地的毛利妇女通婚。另一方面，西方世界的商品也传入了毛利社会。毛利人通过交易获得铁制工具，如钢斧和铁锹。然而，西方的滑膛枪也随着贸易流入了新西兰。毛利人很快就学会用火枪进行交战，结果大大增加了战争的残酷性。

尽管英国民间与新西兰的交往越来越频繁，但是在殖民问题上，英国政府却迟迟未能做出决断，甚至曾在1817年通过一项立法，强调新西兰"不属于国王陛下的统治之下"[1]。然而在工业革命的背景下，向外殖民变得越来越迫切。随着工业革命发展，英国社会贫富分化加剧，失业人口居高不下，成为英国社会的一大隐患，容易滋生罪恶。缓解贫困最为直接的办法，就是向外殖民，将贫困输出本土。另外，殖民地蕴含的财富也增加了其对英国民众的吸引力。英国的民间团体开始尝试向新西兰移民，其中以新西兰公司最为积极。新西兰公司原为1837年成立的"新西兰协会"，

1　蔡佳禾：《新西兰：追随中的创新》，成都：四川人民出版社，2003年，第5页。

其领袖便是系统殖民理论的创始者威克菲尔德。他强调，向外殖民能够缓解失业和贫困给英国带来的压力，主张通过售卖土地的方式对殖民地进行开发。为了推动对新西兰的殖民，威克菲尔德进行了大量游说。1838年，他将新西兰协会改组为股份公司，取名"新西兰公司"，初始股金为10万英镑。为了进一步筹措资金，公司甚至在未获取任何新西兰土地的情况下，预先向英国人兜售土地，由此筹集了近10万英镑资金。1839年，第一艘移民船"托利"号在威克菲尔德之弟威廉·威克菲尔德的率领下，从英国出发驶向新西兰。

▲ 新西兰公司纹章

进入19世纪20年代，在内外因的刺激下，英国政府逐渐转变态度。一方面，法国人在新西兰的活动变得越来越频繁。1827年，一艘法国军舰在新西兰部分海岸进行了测绘。法国人还在新西兰购买土地、建立教堂。这些举动引起了英国政府的担忧；另一方面，新西兰的社会秩序处于混乱状态，英国和澳大利亚商人与毛利人经常发生摩擦。为了调解矛盾，1820年新南威尔士总督麦夸里曾派传教士肯德尔赴新西兰任治安法官。19世纪30年代，新西兰的秩序仍旧令人担忧，一名传教士甚至声称"魔鬼不受干扰地统治着这儿"[1]。于是，英国在1832年任命巴斯比为新西兰驻扎官。然而，驻扎官的权力有限，未能彻底扭转新西兰的混乱状态，因而亟须扩大英国在新西兰的权力。另外，新西兰公司的移民举动进一步促使英国政府

1　蔡佳禾：《新西兰：追随中的创新》，成都：四川人民出版社，2003年，第6页。

在新西兰建立主权。新西兰公司企图在英国政府之前占领新西兰，以低廉的价格购买土地，这令英国政府不能容忍。

1839年8月，英国海军军官威廉·霍布森被英国政府任命为新西兰领事，"处理新西兰的原住民事务并让他们认可陛下在全部或部分岛群的权利"[1]。1840年1月19日，霍布森从悉尼出发前往新西兰，并于1月29日在北岛的群岛湾登陆。到达新西兰后，他随即向客居当地的英国人宣布英国将在此地建立权力机构。1840年2月5日，他在怀唐伊召开一个会议，并邀请毛利人的酋长在此开会。他在会上对毛利人宣读了一份已经起草好的条约，即《怀唐伊条约》，并要求酋长们在条约上签字。这份条约主要内容为："毛利族酋长们把他们各自的领土主权让给英国女王维多利亚，保证新西兰各部落和酋长们所拥有的土地、森林、渔场及其它（他）财产不受侵犯，并附有一个条件，即如果他们愿意出售土地的话，只能售给英国女王——即英国政府；许诺毛利人可以得到英国女王的保护，并可以享有'英国国民所享有的一切权利和特权'。"[2]这一条约在毛利人中间引发了极大的争议，反对声和赞同声此起彼伏。但是为了和平与秩序，毛利人最终妥协，接受了英国人的条款，到1840年5月，已有400多名酋长在条约上签字。这样，英国就在新西兰建立了殖民统治，霍布森被任命为第一任总督。

《怀唐伊条约》具有很大的欺骗性。此后，殖民政府以低价大量购入毛利人的土地，并以高价售出。后来更是修改了条约内容，不承认毛利人对新西兰全部土地的所有权，只允许他们保留实际经营的土地和已明确得到承认的土地。英国殖民者的骄横激起了毛利人的抵抗。1844年，一位名叫霍内·黑克的毛利族酋长在北岛举行起义，揭开了毛利人反抗英国殖民者的序幕，但是毛利人的反抗只是延缓了土地丧失的进程而已。

与此同时，以资本主义方式改造新西兰的进程拉开了大幕。其中，海

1　王宇博等：《世界现代化历程·大洋洲卷》，南京：江苏人民出版社，2012年，第67页。

2　［美］J. B. 康德利夫，[新] W. T. G. 艾雷：《新西兰简史》，广东化工学院《新西兰简史》翻译组译，广州：广东人民出版社，1978年，第86页。

洋发挥了无可替代的作用。殖民地建立前，西方人对新西兰的商业开发就具有明显的外向性，商人和捕猎者通过海洋抵达新西兰，又经过海洋将商品运输到海外市场。殖民化之后，新西兰与海外市场的联系有增无减。通过海洋，新西兰获得了移民、资本、技术等资本主义发展的要素。尽管起步较晚，但是新西兰拥有大量可供借鉴的经验和案例。英国本土成熟的经济制度被引入新西兰，而澳大利亚的开发经验使之避免了许多弯路。1840年，新西兰公司的第一批移民抵达新西兰，他们随后建立市镇，如1840年的惠灵顿、1841年的普利茅斯、1842年的纳尔逊。此后，新西兰公司陆续从英国本土运来移民，他们不仅带来了资金，而且也带来了技术，定居下来的移民展开了对新西兰的拓殖。

19世纪50年代，随着澳大利亚"淘金热"的兴起，大量移民涌入澳大利亚，对粮食的需求激增，新西兰的种植农业因此经历了一段兴旺期。这对新西兰农业的市场化起到了重要的推进作用。机敏的农场主随之扩大了小麦的种植面积，对农业的投资节节攀升，大片土地被开拓出来，他们雇用毛利人作为廉价劳动力，从而降低生产成本。尽管种植业发展快速，但是它的规模仍然较小，耕地面积到1858年也只是达到了12.57万英亩。而随着澳大利亚"淘金热"降温，消费市场萎缩，新西兰种植业很快就不复辉煌了。

在农业萎靡时，新西兰的畜牧业呈现出良好的发展势头。新西兰气候温和湿润，旱灾较少，牧草生长旺盛，适合发展畜牧业。1844年，比德韦尔从澳大利亚引入美利奴绵羊。随后，查尔斯·克利福德、弗雷德里克·维尔德等人也纷纷效法，在怀腊腊帕地区放牧，并获得成功，赚取了高额利润。牧羊业随之在新西兰普及开来，发展成为新西兰的支柱产业。绵羊数量从1851年的23.5万只增加到1861年的280万只。牧羊业的发展与英国本土的需求密不可分，羊毛通过海路被销售到英国市场。在绵羊品种和饲料得到改进后，每只绵羊可供出口的羊毛从1858年的2.5磅增加到1871年的3.9磅。出口旺盛的羊毛产业因此成为新西兰的经济支柱。

此外，新西兰也迎来了一股"淘金热"。1861年，曾在加利福尼亚和澳大利亚两地淘金的老矿工加百利在新西兰南岛奥塔戈省的一个峡谷中发现了一处金矿，不久，新西兰便掀起了一股淘金热潮。随后，在南岛西岸坎特伯雷省的韦斯特兰地区也发现了金矿。金矿吸引了大量海外移民，在奥塔戈省发现金矿的第一年，该省的人口数量就增加了一倍多，从而弥补了劳动力的不足。大量移民产生了巨大的消费需求，这刺激了新西兰本土产业的快速发展。金矿的发掘也带动了交通的发展，内地丘陵地带陆续修建了公路。随着金矿开采的深入，浅层金矿很快被发掘完毕。由于挖掘深度的增加，以工业化为特征的机械采金取代了自由采金，从而出现了机械制造厂等工业企业。金矿的出口为奥塔戈和坎特伯雷两省创造了可观的税收，其经济发展水平也遥遥领先于其他省份。尽管在19世纪70年代，随着金矿枯竭，淘金热逐渐退潮，但直到19世纪末，采金业仍在新西兰经济版图中占有重要的席位。

在19世纪70年代，新西兰逐渐发展出其经济特色。在这一时期主政的朱利叶斯·沃格尔力主积极的财政政策。沃格尔是一名英国籍犹太人，50年代曾前往澳大利亚淘金。1861年，他又到了新西兰。起初，他在奥塔戈创办报纸，后来步入政界，1869年时成为财政部长，1873—1876年担任了新西兰总理。在他看来，新西兰拥有丰富的自然资源，但是缺乏资金和劳动力。在1870年，他提出应在10年内向英国借款1000万英镑，用于修建铁路和公路，以及资助移民。在担任总理期间，他的计划得到了贯彻，至1880年，新西兰的外债已经增加到2000万英镑。这期间，新西兰公共工程建设取得明显进步，形成了完整的通信和交通体系。铁路里程从1870年的46英里，增加到1880年的1200英里。原本由各省修建的短程铁路被纳入全国铁路干线体系中。航运业也得以发展，1870年开通了新西兰与旧金山之间的轮船运输业务，1873年建立了"新西兰航运公司"。两年后，"联合轮船公司"在达丁尼成立，促进了新西兰沿海以及与澳大利亚之间的贸易。1876年，新西兰和澳大利亚之间又架设了一条海底电缆，从而使新西兰与欧洲及美洲取得通信联系。另一方面，新西兰的繁荣和政府的鼓励政策吸引了大量移民。1881年，新西兰的欧洲移民高达49万人，相比1871年上升了91%，从而使新西兰土地得到进一步开发。此外，新西兰的金融业也得到了发展，1875年成立了"新西兰国家银行"，增加了新西兰的经济自主性，到19世纪末已经形成全国性的银行网络。

　　总而言之，经过长期摸索，新西兰形成了国家干预的经济发展模式，这与欧洲盛行的自由放任主义形成了鲜明对比。不过，这一经济模式的形成离不开与海外市场的互动，无论是引进移民、资本，还是输出农矿产品，都离不开海洋。海洋为新西兰与海外世界的沟通架起了一座桥梁，正是在与海外市场互动过程中，起步较晚的新西兰在短短几十年间就实现了现代化，并发展出了颇具特色的经济发展道路。从新西兰的案例中也可以看出，海洋在资本主义向全世界扩散的过程中，发挥了无可比拟的媒介作用。

第六章
美国的资本主义与
海洋主导权

帝国斜阳：第一次世界大战与英国衰落

  1916年5月31日18点，日德兰半岛西北海域，斯卡格拉克海峡口，24艘巨大的战列舰排成6列巡航阵形，齐整而庄严地由西北向东南航行，簇拥着这些钢铁巨兽的，则是数量更多的巡洋舰和驱逐舰。自人类进入蒸汽时代以来，大海上还从未航行过如此庞大而骇人的舰队。这是英国的本土大舰队，1914年爆发的第一次世界大战已经打了两年，本土舰队从大战一开始就牢牢掌控着大西洋的制海权，正如整个英国海军在过去一个世纪中所做的那样。而今，本土舰队却放弃了一直以来所持的海上控制态势，合兵为一处并倾巢出动，英国人这么做，必定有其理由。

  这是因为，英国本土舰队守候已久的猎物在潜伏两年后，如今终于出洞了。就在同一时间，在英国本土舰队南方十几千米外的海面，航行着另一支舰队。这是德国的公海舰队，它有着不逊于英国本土舰队的强大阵容，22艘战列舰排成随时可以开火的战列线阵形，由南向北航行。这支舰队是德国人在过去十多年里将国家战争机器全力开动的宝贵成果。但是，自大战爆发以来，它却慑于英国本土舰队强大的海上威慑力，而仅在军港中无所事事地停泊，沦为名副其实的"存在舰队"。不过，事情在1916年有了转机，德国陆上攻势的迟滞迫使它将目光转向海上，强大的公海舰队如今要出海冲破英国那令人窒息的封锁，与英国舰队一决雌雄。

◀ 日德兰海战的主角们，分别为英国海军将领杰利科（左上）和贝蒂（右上），德国海军将领舍尔（左下）和希佩尔（右下）

　　在英国本土舰队中部纵队的旗舰舰桥上，海军上将约翰·杰利科的心中掠过一丝焦虑，他不知道德国舰队的具体方位，因此也无法决定英国强大的战列舰分队应该通过转向左舷还是右舷来展开战列线。这一非左即右的转向选择直接事关英国舰队是得以占据优势战位痛击敌舰，还是只能在毫无优势的捉对厮杀里将自身力量徒劳消耗，而这完全取决于眼下德国舰队所处的方位。杰利科有着缜密的思维和谨慎的决策，他的作战风格就如同其坐镇的旗舰"铁公爵"号的舰名所体现的那样；他如在1815年击败拿破仑的"铁公爵"威灵顿那般坚信，战斗的胜利来源于谨慎精密的决断和对己方力量的最大程度保全。杰利科手上的本土舰队是英国海军赖以称雄大海的全部精华，他在接下来所要做出的转向选择，将直接决定舰队的存亡。不动声色的杰利科掩盖着心中的焦虑，命令信号兵再次向前方的战列巡洋舰分队发去信息，要其确认敌舰方位。

　　英国战列巡洋舰分队的指挥官是海军中将大卫·贝蒂，他的旗舰名"狮"号恰好也反映了他的为人风格。贝蒂如同纳尔逊一样，在大海上悍勇无畏，如雄狮一般勇往直前，不过至少在这一天里，这一特质令他走了背运。早在两个小时前，贝蒂的舰队已经与老对手弗兰茨·冯·希佩尔率领的德国先遣舰队过招，结果麾下2艘战列巡洋舰相继在震天动地的爆炸中灰飞烟灭。正是贝蒂心急火燎的突进，割裂了战列巡洋舰队与支援舰队的互相照应而酿成了这一苦果。不过，贝蒂在遭到德国公海舰队的打击后没有忘记自己的战术使命，他率领残存的分舰队掉转航向驶向北方，按照战前计划成功地将德国人引入了杰利科的包围圈。

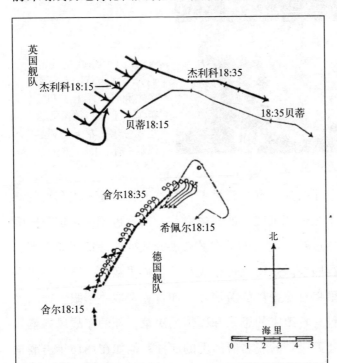

◀ 上将的决断：18时15分至35分的战场形势图，杰利科关键的左转命令使处在巡航阵形中的英国舰队在左转后向东南方展开战列线，由此得以在以单列阵形迎面驶来的德国舰队前方布下天罗地网

此刻，整个战局的走向将依赖于贝蒂所能提供的情报。贝蒂在经过数次模糊不清的回应后，终于在18时14分向杰利科的旗舰发出信号：敌舰在西南方。杰利科心里的石头落地，他下达了命令：全体战列舰以左侧队列为基准左转，向东南方展开战列线。杰利科的关键命令将成功地让英国舰队在德国人的东北侧占据决定性的"T"字头，这不仅保证英国战列舰的重炮能够毫无保留地向敌舰倾泻，同时也恰好让舰队处在东方暮色的掩护之

下。18时15分，庞大的战列舰队开始了笨重而坚定的转向，这些战列舰是英国皇家海军的荣光所在，它们有着光辉的舰名："铁公爵"号、"乔治五世"号、"马尔博罗"号、"阿金库尔"号、"圣文森特"号、"柯林武德"号……这些名号无不是大英帝国威望的象征。杰利科对英国海军操舰能力的雕琢收到了效果，这次规模庞大的战术机动，实施得既精确又完美。列阵完毕的英国战列舰一字排开，它们向着西下的夕阳转动重炮，那是德国舰队即将出现的方向。这将是英国皇家海军最为光辉的时刻，日德兰即将成为第二个特拉法尔加。

　　"皇帝"号、"皇后"号、"国王"号、"腓特烈大帝"号、"大选帝侯"号、"边境侯爵"号……公海舰队的战列舰有着同样光荣的名号，它们有力地彰显着德国人对神圣罗马帝国的溯源渴望。公海舰队司令官莱因哈特·舍尔此时正率领德国舰队以单列战列线的阵形航向东北，寻找逃窜的贝蒂舰队。他明白自己肩上的重担，这支世界第二的舰队是德国数十年来励精图治的结晶，若是遭到损失，德国将再也不能染指大海。可是，舍尔很快感到了绝望，因为他发现海平线上出现了一字排开的舰影，以及英国本土舰队黑洞洞的炮口。公海舰队正处在战列线中，它不仅无法及时转向迎战，更糟糕的是，德国舰队的轮廓在夕阳的照耀下分外显眼，而处在东方的英国舰队则藏进了渐渐落下的夜幕里。杰利科的关键转向命令使得英国舰队在绝佳的时间点占据了统治战局的位置，德国人要完蛋了。

　　在过去的两年中，不论是在大海上将德国舰队死死封锁的英国水兵，还是囿于英国的封锁而只能在军港里消磨时日的德国水兵，他们都期盼着这一场对决，好为过去两年令人窒息的无趣生活画上句号。可是，双方为这一场决战而付出的等待与蛰伏，远远不止两年，这是英德两国持续十多年的军备角力的最终结果。而今，下至水兵们日复一日的操练演习，上至两个国度对蔚蓝大海的明争暗斗，太多的努力与太多的积怨，都将在接下来的舰炮轰鸣中得到检验与裁决。

　　20世纪初的英国，依旧在全球范围内占有着大片地区，是名副其实的

"日不落帝国"。它的全球帝国以受到切实管辖的殖民地为肌体,并依靠海洋连成一片整体。大英帝国的规模是空前的,它是英国人在陆上与海上持续进击作战和扩张的最终成果。从1689年的奥格斯堡同盟战争至1815年的滑铁卢战役,英国与法国的霸权对决几乎可被视为第二次英法百年战争。而这一次的胜者是英国,它对海洋的掌控权随着1805年法西联合舰队在特拉法尔加的溃败而得到了板上钉钉的确立。这场战役为英国开启了处在威望巅峰的19世纪,同时也几乎对整个19世纪里海洋的归属做出了裁断。虽然在18世纪末期的战争里,英国在北美失去了大片殖民地,但它通过持续的征讨而在印度等南亚地区和加勒比海诸岛都建起了牢固的殖民统治。结束于20世纪初的布尔战争表明,大英帝国的统治力依然没有消弭,它的权势从西半球的加拿大、英属圭亚那、西印度群岛若干岛屿,到新西兰、澳大利亚、巴布亚,到英属婆罗洲、马来亚、新加坡、缅甸、印度和锡兰、亚丁,再到肯尼亚、乌干达、苏丹、南北罗得西亚、南非,一直到西非的加纳、尼日利亚和欧洲西部的马耳他、直布罗陀,以及到诸多受到帝国实际控制的亚非拉国家等。[1] 不仅如此,英国还几乎扼守着地球上所有海洋的咽喉要道。海军大臣约翰·费舍尔曾沾沾自喜地称,"五个战略钥匙锁住了全球",而多佛尔、直布罗陀、好望角、亚历山大港和新加坡这五个"钥匙"尽皆掌控在英国手里[2]。这是英国的极盛期,它凭借工业、贸易、金融和军事的力量掌控了广袤无垠的陆地与海洋。

英国对自己的殖民帝国所采取的经济控制手段,是对它进行大量的资本输出。虽然以本国的强大产业为支柱的"世界工厂"生产模式在19世纪末期时因为竞争者的加入而显得岌岌可危,但英国对殖民地所进行的资本输出因此在世纪之交达到了前所未有的高度。在1880—1900年,英国的年海外投资额都在2000万至4000万英镑之间徘徊,最高时也未曾超出8000万英镑。但是到了1900年后,英国的年海外投资额坚定地持续走高,最终在

1　罗志如、厉以宁:《二十世纪的英国经济》,北京:商务印书馆,2013年,第24页。

2　[英]保罗·肯尼迪:《英国海上主导权的兴衰》,沈志雄译,北京:人民出版社,2014年,第222页。

大战爆发前超过了2亿英镑。[1] 巨额资本输出所换来的是对殖民地经济的掌控，进而收获的则是英国通过各种债权和不对等交易而攫取的具有垄断性的利润。在20世纪初，虽然英国的产业部门已经在经济危机和竞争者加入中显露疲态，而且在英国所进行的对外投资中，对原料和采矿业等部门的投资仅占总数的一成，但对世界大洋的控制和从殖民地贸易中获取的巨额利润令英国几乎可以仅依靠对外贸易而有力地存活下去。其中的主要原因在于：英国牢牢掌控着制海权，它凭借这一统治力而抓紧了帝国的生命线，这一持续了整个19世纪的海洋控制局面，如今似乎还要继续下去。

对大洋的控制与利用离不开发达的船舶制造工业，造船业是英国赖以维系帝国生命线的支柱产业。早在19世纪时，英国就是全球最大的船舶制造商，这一地位在19世纪末时得到了毋庸置疑的确立。在1892—1894年，英国造出的商船吨位占世界商船总吨位的81.6%[2]，这还未包括数额同样惊人的造舰产业。这些从英国船坞驶出的舰船不仅成为帝国维系海上贸易的倚仗，而且还成为直接的利润来源，因为其中很大一部分的造船份额来自国外的订单。1888年，英国登记在册的船只吨位高达500万吨，同时在接下来的两年里，英国还为外国买家供应了30多万吨的新船。[3] 英国繁荣的造船工业在20世纪初因为金融危机和竞争者加入而经历了短暂的走低，但在1905—1907年迎来了前所未有的高潮：英国的造船机器在这3年里全速开动，每年都有100万吨的商船下水，这一数字在1916年甚至高达114.9万吨。这一史无前例的繁荣并不是英国造船业独自达成的成果，它背后还有诸如钢铁、煤炭、运输等诸多行业的协助与拱卫。而受到这一繁荣景象刺激的，毫无疑问是英国那些跨越大洋的出口贸易。例如，1907年的棉货出口总值就远超1901—1903年均值的50%。[4] 造船业是英国海上帝国的缩影，至少在1914年的大战之前，这一持续数十年兴盛的产业似乎未被干扰。但

1　［英］克拉潘：《现代英国经济史》（下卷），姚曾廙译，北京：商务印书馆，1977年，第39页。

2　同1，第158页。

3　同1，第18页。

4　同1，第69页。

▲ 1911年英国哈兰德–沃尔夫船厂工人。背景船坞里的在建船只为著名的"泰坦尼克"号邮轮

是，从整体上来看，进入20世纪后的英国将要面临异常复杂的海洋局势，维多利亚时代的无上海权造就的"英国治下的和平"即将在竞争者的入局中成为过去式。

1890年，美国海军上校阿尔弗雷德·塞耶·马汉的著作《海权对历史的影响》出版，这部划时代的著作向世界昭示了海洋对国家的重要意义。在这部著作里，马汉通过对19世纪前的海上军事史研究，阐明了一个依赖海洋而走向强大的国家所应具备的必要条件。而在这其中，马汉毫无疑问地将海上霸主英国作为了所有理论论述中的正面例证。此外，马汉作为纳尔逊的虔诚信徒，有着十分激进的海军战略思想。在马汉看来，海权的确立依靠的是强大的舰队，而在舰队战略方面，马汉强烈反对舰队兵力的分割。他在多部著作中用海战实例佐证了这一观点。例如，1652年的英荷邓杰内斯海战里，罗伯特·布莱克的英国舰队正是因为分兵地中海而在大西洋上被马顿·特龙普击败；而在法国与奥地利的战争中，法国宰相黎塞留也是因为无法通过集中兵力造就绝对优势而在整个战争期间屡屡受挫。[1] 基于此，马汉坚信，海上优势来源于兵力的集中，而兵力集中的最终结果，就是寻求机会与海上死敌进行一锤定音的舰队决战。

马汉的海权理论在西方引起了轩然大波，不仅是因为他的理论令人们对海洋的重大意义心生警醒，还因为他那充满激情的舰队决战思想具有极大的诱惑力。在为这一决战理论神魂颠倒的崇拜者中，就有德国皇帝威廉二世。德国在1871年通过三次对外战争完成统一后，立刻成为欧洲乃至世界上最为狂飙突进的霸权扩张力量，效率极高的工业体系为德国的全面崛起构建了坚实的基础。1888年即位的德皇威廉二世本身就是海军狂热者，且在诸多原因的造就下——例如降生时因事故导致的右臂萎缩——而有着自卑与自负的狂妄性格，好高且骛远。这些因素使得威廉二世在接受了马汉的理论后立刻在心中烧起了狂热的欲望，他在给一位朋友的信中写道："我不仅仅是阅读马汉上校的著作，我是在咀嚼它们，并试图用心洞悉其真谛。我的每艘战舰上都有一本，海军将士也时常引述其词句。"[2] 在马汉理论的影响下，威廉二世摒弃了俾斯麦时代步步为营的外交平衡，誓要为德国造就一支强大舰队来助力自己的世界扩张政策，为德意志帝国"争取阳光下的地盘"。

无独有偶，德国海军元帅阿尔弗雷德·提尔皮茨也是一位马汉理论的信奉者。这位普鲁士遗老深知缺乏海上力量的普鲁士面对扩张野心时的无奈，同时也乐于将助普鲁士称雄欧陆的陆军集中战略运用到海上。他与威廉二世一拍即合，德国由此走上了工业机器全速开动的海军军备竞赛之

1　［美］艾·塞·马汉：《海军战略》，蔡鸿幹、田常吉译，北京：商务印书馆，2012年，第43页。

2　Robert K. Massie, Dreadnought: Britain, Germany, and the Coming of the Great War, New York: Random House, 1991, p. xxiv.

路，而这一竞赛的假想对手，毫无疑问是英国。在提尔皮茨的一手策划下，德国在1898—1906年先后通过三个海军造舰法案。法案给德国规划了极为庞大的造舰计划，即至1920年时拥有一支包括38艘战列舰、52艘大小型巡洋舰和96艘鱼雷艇的巨大舰队。这一计划当然是不切实际的，但德国人确实在切实地为之践行和努力着，以至于到1904年时，1898年造舰法案的大部分计划都已完成，一支包括战列舰与装甲巡洋舰的数量极为可观的德国舰队得已建立。提尔皮茨为德国海军提供的还不止这些，他还提出了"风险舰队"理论。这一马汉式的理论认为：德国确实无法在舰队规模上撼动英国海军的统治地位，但只要经过发展的德国舰队足够强大，那么当它不得不与英国海军来一场充满风险的舰队决战时，也能迫使英国遭受杀敌一千自损八百的打击，而这一打击的后果，必定是英国制海权的丧失。而与此同时，另一层风险在于，英国人很有可能将走向强大的德国海军视为眼中钉而不得不趁其弱小时痛下杀手，这一风险迫使德国海军加快了建设的脚步。在提尔皮茨的热情实施和威廉二世的全力支持下，德国迅速成了海军强国。

这些都被英国看在眼里。不论是在理论上还是在实践上，英国人都是马汉战略的信徒，且马汉在著作里对英国海上霸权的极度推崇也加剧了英国人对马汉理论的认同感。在1902年的一份会议文件中，英国对舰队决胜战略的推崇就得到了鲜明体现：

> 海权的确立依靠的是海上决战，诸如萨拉米、亚克兴、勒班陀、无敌舰队之战，以及17世纪的英荷海战等，这些双方皆倾力而出的战例都佐证了该结论……必须对海上决战的意义加以重视……这需要国家在和平时期就为此未雨绸缪。[1]

---

[1] Colonial Conference, "APPENDIX IV. Memorandum on Sea-Power and the Principles involved in it", Papers Relating to a Conference Between the Secretary of State for the Colonies and the Prime Ministers of Self-governing Colonies; June to August, 1902, London: Eyre and Spottiswoode, 1902, p.54.

　　基础雄厚的英国赢在了起跑线上，因为维多利亚时代为英国留下了丰厚的海军遗产。在1897年6月维多利亚女王的"钻石庆典"上，包括21艘战列舰和54艘巡洋舰在内的165艘英国舰船集结于斯匹特海德的海面上举行盛大的女王观舰式，皇家海军的骇人雄姿得到了全方位的彰显。这一雄厚的基础令英国人得以安然面对竞争者。在20世纪初，英国海军建设的假想敌是法国和俄国，它一直遵循的"两强标准"令其得以将舰队总实力维持为两大竞争者的实力总和。彼时英德关系尚且良好，但1904年通过的德国海军造舰法案令英国深切感受到了德国咄咄逼人的意图，这迫使英国祭出了秘密武器。1904年，海军大臣约翰·费舍尔走马上任，他立刻开始为英国海军规划新一代战列舰。费舍尔是一位巨舰大炮主义者，他所心仪的战舰将是火力、防护和航速的完美结合。他为此还专门组建了一个专家委员会，为新战舰的设计与建造出谋划策。

　　英国人的效率极高，新战舰于1905年开工，仅用了1年零1天就完成了，这得益于此段时间里英国造船产业前所未有的兴旺。1906年，这艘被命名为"无畏"号的战列舰服役，它的出现如同惊雷一般令整个海洋为之

▲ 费舍尔与他的"无畏"号战列舰

一震，建造过程的对外保密也大大增强了这一震惊效果。"无畏"号拥有5座双联装统一口径的12英寸[1]重炮，以及厚度达到11英寸的主装甲带；同时，"无畏"号还是首艘采用蒸汽轮机驱动的主力舰，这赋予了它高达21节的航速。它就是约翰·费舍尔和英国人心中的完美战舰，是名副其实的海上堡垒。"无畏"号是划时代的，它的服役不仅对德国海军而言是迎头一击，而且还令大海上其他所有的战舰都在一夜之间成了过时货。日后所有以它为模板建造的战列舰将被统称为"无畏舰"，而在它之前建成的"前无畏舰"至此只能用来为战列线充数了。

约翰·费舍尔的海军改革令英国海军在霎时间处于竞争的主动方。不过，德国对新的竞争标准亦有着很快的适应，双方的海军军备竞赛进入了你来我往的白热化新阶段。1909—1911年，德国依照"无畏舰"标准建造的"拿骚"级和"赫尔戈兰"级战列舰相继服役。目睹德国海军发展成果的英国人再次拉高了竞争标准：1912年，拥有全中轴炮塔布局的"猎户座"级战列舰建成，以其为标准建造的主力舰被统称为"超无畏舰"。德国海军紧追不放，它凭借1912—1914年相继服役的"皇帝"级与"国王"级无畏舰维持了它的竞争力。1914年第一次世界大战的爆发在事实上将双方你追我赶的造舰竞赛带入尾声，也迫使双方祭出了最后的终极武器：英国海军于1914年相继建成服役的"伊丽莎白女王"级与德国海军1915年建成的"拜仁"级分别代表了双方在海军竞赛中的最高水准。在这场历时近20年的军备赛跑中，英国依靠雄厚的海军基础和进入繁荣期的造船业引领了竞争。而德国凭借狂热野心下全速运转的工业咬紧了差距，从20世纪初年直至大战爆发的1914年，德国在这14年间的工业生产指数增幅是1871年建国至1900年之间近30年的总和[2]。双方的舰队内部都有不少马汉的信徒，他们枕戈待旦，等待着来一场马汉式的舰队决战。

1　英寸，英制长度单位，1英寸等于2.54厘米。

2　［英］彼得·马赛厄斯、M. M. 波斯坦：《剑桥欧洲经济史（第七卷）工业经济：资本劳动力和企业（上册）英国、法国、德国和斯堪的纳维亚》，徐强等译，北京：经济科学出版社，2004年，第528页。

▲ 海军竞赛的硕果：停泊于基尔港的德国公海舰队

但是，现实情况却与马汉的理论背道而驰，同时还为另一位海军战略家的理论提供了佐证。朱利安·S. 科贝特是与马汉同时期的英国海军战略学者，他在1911年出版了集自己思想大成的著作《海上战略的若干原则》。在科贝特看来，马汉眼中的海权带有陆战式的征服性质，而这并不是海权的实质；海上作战的目标并非像陆战那样征服领土，而应在于控制以商业或军事为用途的海上交通线。对于海军舰队的战略问题，科贝特对马汉的舰队决战理论表示反对，因为"如果你处于绝对优势并怀着决战之志寻找敌人，那么你极有可能发现敌人位于根本遥不可及的位置。如果你的进攻被阻止，那么你又很可能发现自己处在众所周知的最不利位置"[1]。因此，科贝特指出舰队决战在双方的战时博弈之下会是一个无法达成的目标，因为弱势一方会在大海上或港口里躲藏。不仅如此，决战还将是一个足以给优势方带来负面效果的策略，因为越是集中兵力去寻求决战，就越是会将海上贸易线路暴露在敌方的袭扰之下。基于此，科贝特推崇的海军战略是通过优势兵力对对手的海军和海上商业进行封锁，同时不排斥分兵战略，因为即使舰队被拆分后兵力会削弱，但它依旧是一支足以牵制敌方

1　［英］朱利安·S. 科贝特：《海上战略的若干原则》，仇昊译，上海：上海人民出版社，2012年，第120页。

海军的"存在舰队"。

现实情况证实了科贝特的猜想。1914年大战爆发后，虽然不论在双方的海军指挥机构里还是在两国的民众舆论中，与对方舰队来一场充满英雄主义的马汉式浪漫决战都成了迫切的愿望，但现实情况却是英德海军陷入了科贝特所言的封锁和被封锁关系中。对于德国公海舰队而言，它无法承受向英国本土舰队发起挑战的代价，因此它采取了暗中袭扰的策略：一方面，在北海海域部署水雷和潜艇；另一方面，利用快速舰队对英国的运输线与沿海实施骚扰。而在军备竞赛里建成的威武雄壮的战列舰则只能停泊在港口中，充当名副其实的"存在舰队"。德国人实在舍不得去实践提尔皮茨的"风险舰队"构想。对于英国海军而言，它在英吉利海峡与北海所拥有的海上优势得以将德国舰队主力封锁在港口中，但从另一方面来看，强大的战列舰队无法应付神出鬼没的德国潜艇，因此封锁任务更多的是依靠巡洋舰和驱逐舰来完成。

在大战的前两年中，双方并不是没有爆发直接冲突。1914年12月，德国战列巡洋舰分舰队在弗兰茨·冯·希佩尔的率领下溜出港口，并对英国沿海的斯卡伯勒、哈尔特浦以及惠特比实施炮击，随后逃脱了大卫·贝蒂舰队的围捕安然返回德国。这一事件在英国国内掀起了如潮的反对声，贵为世界最强的英国舰队却无法保护英国本土，这令英国民众感到羞耻。虽然在1915年1月，贝蒂的战列巡洋舰在多格尔沙洲将希佩尔逮个正着并对其实施了无情的打击，为先前的本土偷袭报了仇，但英国国内一直存在强烈的呼声，认为英国舰队应该在决战中将德国舰队永久消灭。于1914年升任本土舰队司令的杰利科对此嗤之以鼻。杰利科坚信，即使决战到来，决定性胜利也几乎不可能出现，因此，他坚决反对将英国舰队投入到不必要的冒险中。他这一科贝特式的考量完全根植于自己对整体局势的洞察和对肩上职责的负责，因为他坚信英国舰队是"帝国赖以维系的最重要支柱"，不论是英国还是其盟国都无法承担海上决战失败的后果。[1]换言之，杰利

1 Nigel Steel, Peter Hart, Jutland 1916: Death in Grey Wastes, London: Cassell, 2012, p. 41.

科不反对决战，但他仅会在万无一失的情况下才会将英国舰队投入到决战中。英德双方就在这一拉锯式的蛰伏中度过了大战的前两年。

在1916年时，局势有了变化。一方面，德国战前制订的西线速攻计划沦为了漫无绝期的堑壕战，同时，英国的海上封锁也大大扼制了德国海上交通线。对于英国海军来说，除了舰队决战，其他既定任务都已完成，是时候腾出手来对付德国舰队了。另一方面，1916年1月，风格激进的莱因哈特·舍尔升任德国公海舰队司令，他决心率领舰队冲破英国的封锁，他写道：

> 英国意欲通过经济封锁扼杀德国的同时，将自己舰队雪藏以避开德国战舰的巨炮，我们一定要挫败这一企图。且对于我们来说，针对贸易航路的潜艇战效果有限，无法对英国大动脉施以直接打击，这也令我军迫切需要实施进攻。因此我们必须采取行动，用一切可能的手段来证明德国公海舰队敢于且能够在海上挑战英国。[1]

舍尔制订的计划是：通过惯有的快速袭扰手段来迫使贝蒂的分舰队出动，然后利用公海舰队和潜艇的配合来形成局部优势兵力对其施以打击，随后趁乱进攻杰利科的本土舰队。谨慎的杰利科原想将旧有的封锁态势保持下去，但英国国内的求战压力在日益增大，这一压力在德国舰队于4月底炮轰英国本土的洛斯托夫特和雅茅斯后演变成群情激愤。对于英国海军而言，也该到了出拳的时候。心照不宣的双方等待着行动的时刻。1916年5月30日，舍尔的公海舰队悄然出港了，但英国人很快截获并破译了德国的情报，知悉了德军意图的杰利科应声而动。双方在两年的僵持拉锯和战前持续多年互不相让的竞争后，而今终于倾巢而出，航向日德兰半岛北部的海峡。马汉精神指引下的对决，如今已箭在弦上……

时钟接近18时30分，杰利科的旗舰"铁公爵"号开火了，麾下的英国

1　Nigel Steel, Peter Hart, Jutland 1916: Death in Grey Wastes, London: Cassell, 2012, p. 41.

战列舰重炮齐鸣，东方夜幕下的海面霎时间被迅疾的火炮闪光所点缀。闯入死亡陷阱的德国公海舰队冒着弹雨前行，舍尔顶住压力，率领德国战列线右转接敌，在英国人开火后不久，德国舰队的反击开始了。这真是一场前所未有的震天动地的对决，双方水兵们日思夜寐的光辉时刻，如今终于到来。在这些水兵里，有的人因海上僵持终将结束而兴奋异常：英舰"海神"号上的一名候补少尉"永不会忘记这炮战伊始之时的戏剧性气氛，'装弹'的命令使人听着恍惚不已，一切都来得太快太棒，令人难以置信"[1]。有的人则将成为在激战中摘取荣耀奖赏的幸运儿：德舰"德弗林格"号的枪炮官冯·哈泽看到"前方的浓雾突然消散，如剧院帷幕一般倏然拉开。海面上出现一艘巨舰的身影……它将巨炮转向我们轰出齐射并跨射了我舰"[2]，这艘开火的英国巨舰将很快在冯·哈泽及其战友的精准还击下魂归深海。而对于战场上的多数人来说，光是置身其中就足以令人铭记终生：英舰"前卫"号上的面包师沃特·格林威趁面粉还在发酵的间隙"目睹了这幕毕生难忘的壮丽景象：那目力所及不到4英里长的海天线正在夕阳和炮火的光华中熊熊燃烧"[3]。所有参战者都在满足地品味着僵持过后的激烈碰撞，这幕历经了长久筹备的海上戏剧迎来了高潮。

可是这高潮是短暂的，双方炮火所合奏的交响乐只持续了数个小节。对舍尔来说，保全公海舰队的欲望压倒了一切，他先是在18时35分下令舰队撤退，庞大的公海舰队突然回转180°，向西南方驶去，与此同时，德国驱逐舰开始在双方舰队之间施放烟幕和鱼雷。舍尔眼看太阳尚未完全落下，曾于19时再次回转与英国人交战，但最终转向西南撤退。杰利科率领英国大舰队转向南方，以期维持在德国舰队的东侧对其保持压力，但夜幕的降临和鱼雷的威胁令杰利科担忧不已，在他心里，保护本土舰队的希

1　Harold William Fawcett, Geoffrey William Winsmore Hooper, The Fighting at Jutland: The Personal Experiences of Forty-five Officers and Men of the British Fleet, London: Macmillan & CO., Ltd, 1921, p.99.

2　Georg Von Hase, Kiel and Jutland, London: Skeffington & Son. Ltd, 1921, p.183.

3　Malcolm Brown, Imperial War Museum, The Imperial War Museum Book of the First World War: A Great Conflict Recalled in Previously Unpublished Letters, Diaries, Documents and Memoirs, London: Sidgwick & Jackson, 1991, p.107.

望也占了上风。双方在20时至24时发生多次零星的接触，但实际上渐行渐远。次日凌晨，舍尔率领公海舰队穿越合恩角返回德国。放弃追击的杰利科也率领舰队驶回皇家海军锚地斯卡帕湾。这场自工业时代以来人类世界规模最大的海上决战，竟在高潮刚至时，就令人错愕地戛然完结了。

这是一场战略和战术意义迥异的海战，双方都声称自己获得了胜利。德国公海舰队返港后受到威廉二世的接见，皇帝完全有理由庆祝胜利。他心爱的舰队击沉了英国3艘战列巡洋舰和3艘装甲巡洋舰，自身的人员和舰船损失仅为英国的一半。德国海军在这次战役中展现出了傲人的炮击技术和舰船质量，希佩尔的战列巡洋舰用精准的炮火痛揍了老对手贝蒂的舰队，同时己方的战舰也被证明比英国的更为坚固。多年军备竞赛的付出，如今果然物有所值。可是，在英国人看来，虽然德国舰队给自己造成了很大损失，但封锁的态势未曾改变。杰利科在追击中的保守令他在事后饱受苛责，可正是他对本土舰队的保全才使得英国海军依旧保持着针对德国的海上封锁。德国人取得的战术胜利并没有扭转任何局势，一家美国报纸精确地概括了这一矛盾态势："德国舰队攻击了监狱看守，但它还在监狱里关着"[1]。这次倾巢而出的决战是马汉式的，但双方指挥者手握的力量对各自国家而言都太过于举足轻重，以至于令他们投鼠忌器，最终又同归到科贝特式的僵持之中。

对于德国公海舰队来说，它的历史使命几乎结束了，它再也没能冲破英国人的封锁。1918年11月，舰队成为水兵起义的发酵源头，这令德国皇室陷入绝境。1919年6月，因战败而遭到英国人扣押的德国舰队在斯卡帕湾壮烈地自沉，军备竞赛的硕果在汹涌而入的海水中化为乌有。对英国舰队而言，它忌惮潜艇的威胁而无力再组织一次决战。就连冲动好战的贝蒂在1918年也不得不承认"大舰队现在正确的战略已经不再是不惜一切代价努力迫使敌人采取行动，而是把它困在基地，直至形势变得对我们有利"[2]。

1　［英］保罗·肯尼迪：《英国海上主导权的兴衰》，沈志雄译，北京：人民出版社，2014年，第265页。

2　同1，第269页。

对于拥有着庞大海外帝国的英国来说，4年大战带来的负面影响也是沉重的。虽然在整个大战期间，英国国民收入有所增长，但整体的经济支出在战争刺激下增长得更快，国家的负债也在飙升。商船是赖以维系大英帝国生命线的海上搬运工，但在整个大战期间，英国损失了7.75亿吨商船[1]，这些损失多数要归功于德国的潜艇和海上私掠舰。而由于本土船厂优先执行海军部的战舰建造计划，损失的商船仅能得到有限的弥补。英国殖民帝国早在战前就已存在诸多问题，但这些问题在繁荣产业的作用下被掩盖了，而今终于彻底暴露出来。例如，英国注重对海外殖民地生产体系的分工，这使得它任凭殖民地的农业和工业原料等产业在地位上取代国内的相同产业，其必然结果就是早在19世纪末期，英国的海外贸易就陷入了逆差之中，大量资本输出换来的成品进口加剧了这一逆差。这一困境在大战之后彻底显现，并且难以弥补，因为英国的海上运输业陷入萧条，同时也因为竞争对手相继地出现。

英国海军也陷入了窘况。尽管杰利科等科贝特主义者有天大的理由令英国本土舰队安全地躲在军港里，但在英国国民眼中，舰队在大战里的表现远未达到他们的期望，主力舰在鱼雷和水雷面前的脆弱令人们对它们的存在价值产生了怀疑。而在对英国来说利益可观的地中海和远东地区，它甚至要依赖法国和日本的海上力量来维持其自身的海上利益。最重要的是，不论是对曾称雄世界的英国海军，还是对英国那庞大的海外殖民帝国来说，大战给英国带来的经济创伤使得英国难以再对它们施加有力的维持手段。舰队需要庞大的军费，而殖民地的行政管理费用也同样巨大，这都令战后的英国难以承受。在1920年后，本土舰队的巨舰们相继被拖上了拆解台，曾经的"两强标准"在凋敝经济和裁军条约的双重打击下已经无法再维持下去。而由于国际收支的失衡，英国的殖民帝国根基也开始了松动。

日德兰海战没有对双方的最终胜负做出明确的裁决，但它对诸多20世纪初期发展起来的海洋争夺工具进行了检验，并显露出了指引变革的方

---

1 ［英］保罗·肯尼迪：《英国海上主导权的兴衰》，沈志雄译，北京：人民出版社，2014年，第279页。

向。首先，驱逐舰和潜艇等辅助舰只被证明可以给作为主力的战列舰造成巨大威胁。英国舰队正是因为忌惮德国驱逐舰和可能潜伏在战场的潜艇所发射的鱼雷而放弃了对德国舰队的追击，令舍尔死里逃生。在此之后，德国人抱定了全力发展潜艇部队的决心，重新开启无限制潜艇战，将战场转移至水下，未来数十年内的大洋战场将由此掀起令人胆寒的腥风血雨。其次，英德双方在这次决战中都饱受侦察不力之苦，舍尔不知道自己被杰利科引入包围圈，而杰利科在随后的夜幕追逐里也不知道舍尔的方位。但这一窘况却可被避免，因为双方本可拥有空中侦察支援。德国人计划中用于空中观测的齐柏林飞艇因风向突变而未能成行，而英国人的情况则更为可惜：在贝蒂的分舰队里有一艘水上飞机母舰"恩加丹"号，可它的空中侦察因水上飞机故障而功亏一篑；而在杰利科的主力舰队里原本也有一艘水上飞机母舰"坎帕尼亚"号，可它竟鬼使神差地错过了出航时间。这些水上飞机母舰的拙劣表现没有给英国舰队提供丝毫帮助，但它们却代表着新时代的来临，因为飞行器开始被运用于对海洋的争夺之中。在1910年和1911年的两次试验里，飞机首次成功地在战舰上起降。这一海空结合的新兴作战手段虽然受限于对战舰和飞机条件的诸多苛刻要求而在当时显得既原始又笨拙，但变革的脚步已经坚定地迈出。争夺海洋的模式因为飞机的加入，很快就要变得不一样了。

这两次试验的实施者是大洋彼岸的美国。1910年，美国飞行员尤金·伊利首次成功驾驶飞机从战舰上起飞，在第二年他又首次成功驾机降落于战舰上。而更为重要的是，美国不仅是技术的先驱，而且早在19世纪它就已经构建了强大的国内工业，这一成果很快就要厚积薄发。马汉的海权理论固然令欧洲感到醍醐灌顶，但是别忘了，马汉是美国人，他最终所唤醒的是美国对大洋的渴求与进击之心。日德兰巨舰碰撞的硝烟尚未散尽，大战的天平就即将迎来决定性的砝码，美国在经过多年对孤立主义的奉行后准备投身到大战里，大海掌控权发生变动与交接的历程，即将坚决地开始了。

富强之路：19世纪美国的资本主义与海军

在叙述美国参战的后果之前，我们应该对它在战前近一个世纪里走过的富强之路有所了解。

早在18世纪末期的独立战争以前，当美国所处的北美东海岸地区尚处于欧洲国家的殖民控制下时，这一片区域就已经是北大西洋海上贸易网络的重要组成部分。其中的原因是：这些作为殖民地的土地处于欧洲国家商业扩张的前沿，它们得到建设的初衷就是为了充当欧洲母国的原料供应基地和产品销售市场。因此，在殖民地时期，北美的经济已经是一种高度商业化的外向型经济。海洋充当了此类经济运转的重要媒介，此类商业不仅包括跨越大海的远途贸易，例如早在荷兰殖民时代就已经存在的连接新尼德兰和布里斯托尔、普利茅斯、勒阿弗尔、拉罗切尔等欧洲港口的跨大西洋鳕鱼贸易[1]，以及英国殖民时代用来供应皇家海军建造风帆战舰的木材贸易等；也包括东海岸港口之间的内部商业往来，诸如通过水路运送的谷物贸易。这些海上商业活动推动了殖民地社会的多样化，也促进了纽约和费城等东海岸地区港口的财富积累。不过，在殖民地时期，这些贸易活动所涉及的投资行为往往很有限，而且殖民地本身的制造业亦十分有限，因此其带来的繁荣是单方面的，它们也尚未在这些地方构建起有利于日后工业化发展的资本主义式产业与社会结构。

从美国独立到拿破仑战争期间，美国船只在大西洋上有着频繁的航行活动。例如在1784年时，美国与欧洲进行贸易的船只多达1220艘，总吨位也达20万吨。[2] 而且，得益于美国在法国革命诸战乱中所持的中立地位，美国船只在战争期间接管了法国与荷兰加勒比海诸贸易港的商品运输行当，这些港口为了在战乱里求得生存，除了求助中立国船只来维持贸易别无选择。但这类外向型经济在19世纪初还是开始了转变，推动转变的力量在于美国领土的迅

1　［美］斯坦利·L.恩格尔曼、罗伯特·E.高尔曼：《剑桥美国经济史：殖民地时期》（第一卷），巫云仙、邱竞译，北京：中国人民大学出版社，2008年，第175页。

2　［美］保罗·布特尔：《大西洋史》，刘明周译，上海：东方出版中心，2011年，第251页。

速扩大。19世纪初，美国人向西部大规模拓殖的西进运动开始得到有组织的展开，不仅如此，美国于19世纪初从法国手中购得了路易斯安那等地区的大片土地，随后的美墨战争也进一步为美国扩展了领土。因此，在拓殖、外交和战争的力量推动下，美国的国土面积被大大地拓展了。

　　这一过程造成了两个经济后果。首先，北美大陆有着极为丰富的自然资源和广阔的可耕地，而今美国占有了其中的大部分，随之而来的就是大规模的土地拓荒和农业种植，以及矿产开采。这使得该阶段的美国经济体现出了鲜明的农业特性。其次，国土扩张和开荒垦殖的过程，是美国国内市场规模迅速扩大的过程，潜力巨大的国内市场吸引了美国的诸多经济资源。这一趋势的结果就是，19世纪早期的美国成了一个极度依赖国内市场的经济体，跨越海洋的对外贸易份额相对下降。这一趋势在商品出口方面体现得最为明显，美国在1810年左右的出口占整个国民生产总值的比例不到5%，进口所占的份额同样低微。这体现出至少在19世纪上半叶，美国在国内市场极速扩展的情况下，已经几乎不再如之前殖民地时期那样依赖于欧洲经济了。美国整体经济对出口市场有着最强依赖性的时期，在19世纪之前就已经结束。[1]

▲ 从特拉华河肯辛顿眺望费城港口（来自1800年的画册《比尔奇费城风貌》）

―――――――――
　　1 ［美］斯坦利·L. 恩格尔曼、罗伯特·E. 高尔曼：《剑桥美国经济史：漫长的19世纪》（第二卷），王珏、李淑清译，北京：中国人民大学出版社，2008年，第486页。

不过，不能被这一表象所迷惑。美国的海洋出口贸易并不是完全枯竭了，而只是在和巨大国内经济规模的对比下遭到了比重上的削弱。美国的海上进出口绝对值，在这一段时期内亦是十分可观的，尽管其中占多数的尚是农业产品和原料。例如，对其贡献良多的是来自南方种植园中的棉花货物的出口，其1840年时的出口量达到了7.44亿磅，相应的出口额则是6400万美元。[1] 又如，国内农业种植需要大量肥料，这促使美国在19世纪中叶开始通过海路进口鸟粪。在1853—1854年，美国从秘鲁进口了价值875万美元的近17.6万吨鸟粪，政府甚至不惜派遣军舰为运输鸟粪的商船护航。[2]

此外，美国国土扩大带来的内向型市场亦有着基础性的重要意义。首先，大规模垦殖带来的是农业的大发展，而农产品的商品化也随之而来，这为美国构建了具有活力的农业产业结构，且跨地区的农业产品交易也促使国内交通设施得到了进一步完善。19世纪早中期，伊利运河、宾夕法尼亚运河和诸多西部地区的运河得到相继开通，这些水路运输网便利的不仅是农业，还有即将迎来发展期的工业。对蒸汽船的运用也提高了内河航运的效率。其次，国土面积扩大引发了大规模的私人土地投机，投机者和土地定居者们的活动进一步彰显了在整个19世纪中推动美国经济社会发展的两股力量：民主和资本主义。民主为定居者的管理和制度建设提供了相应条件，并在土地从联邦政府转到人民手中的过程中扮演了重要角色，而资本主义则吸引人们购买土地和进行投机交易，并促进了货币经济的发展[3]。最后——也是国土扩展带来的最为直观的后果——美国国土向西部的拓展令它触摸到了太平洋的海岸。太平洋和大西洋是人类最难以逾越的两大海洋天险，它们对身处其间的美国而言，既代表着安宁的保护，又蕴藏着无尽的机遇。

美国国土拓展的大方向是由东向西，在其国内市场随着土地开拓而不断扩大的过程中，美国的中西部地区也开始踏上了充满生机的发展之路。

1　李剑鸣：《世界现代化历程·北美卷》，南京：江苏人民出版社，2010年，第360页。

2　同1，第170页。

3　［美］斯坦利·L. 恩格尔曼、罗伯特·E. 高尔曼：《剑桥美国经济史：漫长的19世纪》（第二卷），王珏、李淑清译，北京：中国人民大学出版社，2008年，第210页。

▲ 内河航运的发展：罗伯特·富尔顿发明的首艘蒸汽船"克莱蒙特"号

不过，与此同时，新一轮国内产业革命也发轫于东部，它即将同样向西扩展。美国东北部地区是19世纪制造业兴起的摇篮，它的兴起得益于海洋。在法国大革命和拿破仑战争期间，美国东北部地区依靠国家的中立地位，而成为北大西洋西海岸的一大贸易和运输基地，运输业、出口和转口贸易的收入增长引发了东北地区城市化和资本市场的发展、交通运输的改良和公共设施的完善。[1] 东北部以此为基础，辅以丰富的水力资源，在19世纪上半叶发展起了规模可观的纺织行业。附着在航运贸易上的储蓄和金属中介等机构，如今也成了东北部纺织业的融资提供者。这一地区的港口不仅是商品进出口的中介，还是吸纳移民的中心，诸如爱尔兰人等数量众多的欧洲移民横跨大西洋来到美国，成为东北部地区工业发展历程中必不可少的劳动力。得益于这些优势，纽约和费城等成了这一地区最为繁荣的制造业港口城市，而最出众的金融业城市则是波士顿和巴尔的摩。到了1860年，东北部地区先行发展的制造业已经令美国的社会产业具有了鲜明的工业化特征，为美国在19世纪下半叶的工业腾飞铸造了有力的基础。

1　［英］H. J. 哈巴库克、M. M. 波斯坦：《剑桥欧洲经济史（第六卷）工业革命及其以后的经济发展：收入、人口及技术变迁》，王春法等译，北京：经济科学出版社，2002年，第645页。

▲ 1857年匹兹堡孟农加希拉河畔的蓬勃工业

　　19世纪60年代的内战是美国经济的一个分水岭，由于北方军队的获胜，在具有奴隶制色彩的南方种植园农业受到打击的同时，北方的资本主义式制造业开始向南扩展，这一过程历时半个世纪，它在1865年至1914年的半个世纪里大大加速了美国的工业化进程。这一扩展后果的具体体现有两个方面：首先，产业结构得到了很大程度的优化，原有的消费品制造部门相对地衰落了，而相对增加的则是资本品制造部门，如钢铁铸造业、机械设备和运输设备的制造业等，这些产业部门的勃兴离不开第二次工业革命带来的新技术的运用。与此同时，美国在这段时间内的人口增长不仅为产业提供了劳动力，也为新兴行业产出的耐用消费品提供了顾客群体。其次，工业生产从东海岸地区向中西部扩展。在内战之前，中西部地区最大的产业是以农产品为原料的消费品制造业，而内战后，这些地区都开始投入到钢铁与机械等资本品的制造之中。[1] 与东北部地区相比，中西部地区缺乏足以驱动旧式机器的水力资源，这导致它们更迫切地需要将产业革命的新型机器运用到工业生产之中，这大大促进了这些地区先进生产模式的形成。在这段时期内，发展最为迅速的行业部门是钢铁工业，在1870—1910年，美国钢铁产出的增值幅度是所有

1　[美]斯坦利·L.恩格尔曼、罗伯特·E.高尔曼：《剑桥美国经济史：漫长的19世纪》（第二卷），王珏、李淑清译，北京：中国人民大学出版社，2008年，第280页。

工业部门中最大的，其增量高达8.13亿美元[1]。钢铁行业所能惠及的产业部门是极多的，它的繁荣令钢制零件行业、造船业、汽车制造业等迎来了黄金的发展期。在如此蓬勃的产业力量推进下，到了第一次世界大战爆发的1914年，美国已经是一个工业化程度处在世界领先水平的工业国家了。

海洋对于美国的对外贸易来说，在半个世纪里，它的重要性在国内产业的映衬下被暂时地掩盖了。不过，而今在19世纪下半叶，随着美国国家工业的迅猛发展和工业资本的大量注入，美国的内向型本土经济得到了自内而外的生发，它的海外贸易以更积极的新姿态回归。纵观整个19世纪，美国的农产品出口贸易在绝对值上依旧是在整个出口贸易结构中占据主要地位的贸易门类，直到19世纪末依然如此。其中，特别是棉花贸易，虽然它在美国内战的影响下于19世纪70年代后遭到了较大幅度的削弱，但是，得益于其本身的雄厚基础，到了20世纪时，棉花的海运出口额依旧占总出口的1/4。在20世纪初叶与棉花占据着相同出口份额的就是美国的制造业，虽然这一份额看上去并不可观，但应该注意到的是，美国的制造业在19世纪经历了从无到有、从小到大的过程，它的海运出口增值幅度是从零开始的。因此从这一角度来看，美国工业机器开动下的制造业毫无疑问是19世纪整个美国对外贸易结构里份额增长最为迅速的产业。在19世纪前10年里，它占总出口额的比例不到5%，而到了第一次世界大战之前，它已占据近30%的份额[2]。

与此同时，美国的铁路运输业得到了完善。在19世纪30年代，美国国内开始出现铁路，不过至少在内战爆发前，铁路尚不像它在其他地方所起到的作用那样成为美国工业的重要命脉。这是因为与内河航运相比，铁路运输的成本仍然高昂，而且线路的覆盖率也是一个问题。不过，在内战结束后，随着铁路网络建设的完备，诸多铁路运营公司在美国出现了，随之一起出现的还有高效的集约管理模式和标准化的铁路规格。19世纪80年代时，基于铁路

1　［英］H. J. 哈巴库克、M. M. 波斯坦：《剑桥欧洲经济史（第六卷）工业革命及其以后的经济发展：收入、人口及技术变迁》，王春法等译，北京：经济科学出版社，2002年，第652页。

2　［美］斯坦利·L. 恩格尔曼、罗伯特·E. 高尔曼：《剑桥美国经济史：漫长的19世纪》（第二卷），王珏、李淑清译，北京：中国人民大学出版社，2008年，第494页。

的新全国性运输体系得以建成[1]，工业国家的内部动脉已经臻于完备。

美国铁路的发展带来了两个值得在此陈述的重要后果。首先，铁路运输行业为能源产业巨头的兴起提供了契机。农场主之子约翰·洛克菲勒在1870—1877年，依靠自己建立的美孚石油公司控制了几乎整个美国炼油业，它凭借本身的庞大财产和与铁路的紧密联系，主宰了这一产业[2]。1879年，美孚公司在西班牙的加利西亚省建立首个海外炼油厂，在随后几年内它就控制了古巴、墨西哥、加拿大、法国和德国的炼油业[3]，美国通过能源产业，开始掌控外国工业的血管。其次，铁路运输行业成为美国国内有力的外来资本吸纳者。在19世纪上半叶，就已经有为数不少的外国资金流入美国，不过此时的主要投入方向尚且是美国的银行金融部门。到了内战结束后至1880年间，外国资本对美国铁路运输行业的投资额突然飞速增长。到了第一次世界大战爆发的1914年时，美国铁路所拥有的长期外来投资高达39.34亿美元，占所有受投资产业总额的58%[4]。进行这类投资的欧洲金主

▲ 1889年的底特律鸟瞰图。可见城区的蓬勃工业与繁忙的航运，林立的烟柱有的来自工厂，有的来自火车与船舶

1 ［英］彼得·马赛厄斯、M. M. 波斯坦：《剑桥欧洲经济史（第七卷）工业经济：资本、劳动力和企业（下册）美国、日本和俄国》，王文捷等译，北京：经济科学出版社，2004年，第88页。

2 ［美］查尔斯·A. 比尔德、玛丽·R. 比尔德：《美国文明的兴起》（下卷），于干译，北京：商务印书馆，2011年，第1041页。

3 ［美］斯坦利·L. 恩格尔曼、罗伯特·E. 高尔曼：《剑桥美国经济史：漫长的19世纪》（第二卷），王珏、李淑清译，北京：中国人民大学出版社，2008年，第556页。

4 同3，第525页。

有荷兰和德国等，但尽管德国被鼓吹为"最大的买主"，它们仍旧无法与英国相比。英国人在美国拥有的资产是德国人的7倍。在1899年，英国投资额在美国外资总额中所占比重高达80%。这一比重虽然随着其他国家的加入而逐年遭到削减，例如到了1914年时仅为60%了，但投资额的绝对值却是持续增加的：从25亿美元增长到了40.4亿美元[1]。这些巨额投资之中的大部分，毫无疑问都流入美国的铁路运输行业了。

通过铁路吸收外国投资而聚拢了大量资金的美国，在19世纪末期开始了它自己的对外投资。在1897—1914年，美国在海外的直接投资额增长了4倍，从6.3亿美元增长至近27亿美元[2]。而在投资的主要方向上，除了欧洲和加拿大，主要的资金流向了加勒比海地区和拉丁美洲。随着对外投资的扩大，美国也有了属于自己的切实海外利益。不过，海外利益并不仅仅在对外投资中体现出来，更体现在切实的贸易据点开拓甚至殖民扩张上。而与这类海外扩张活动齐头并进向前发展的，就是美国的海上军备力量，两者互相交织的发展历程共同书写了第一次世界大战之前的美国海外扩张史。

美国海军的历史并不久远。美国国父乔治·华盛顿早在1781年就写道："没有一支起决定作用的海军，就不能取得关键性的战果"[3]，但在提出建设常备海军规划的1794年海军法案之前，美国的海上力量仅限于沿海各州所自行管辖的一些轻型舰队而已。它们在独立战争中承担海上劫掠的任务，而在和平时代则负责沿岸的海上巡逻。不过，海军法案的成果是显著的，到了19世纪初年，美国已经拥有一支由中小型巡航舰组成的舰队了，它接下来立刻证明了自己的价值。在1812年战争期间，美国舰队成功地对英国舰队实施了有力的打击，挫败了后者在海上的进攻计划。其中的美国"宪法"号护卫舰在战争期间大放异彩，在数次与英舰的遭遇战中大获全胜。这对美国人是极大的鼓舞，而生命力顽强的"宪法"号也由此被尊为美

1　［美］斯坦利·L.恩格尔曼、罗伯特·E.高尔曼：《剑桥美国经济史：漫长的19世纪》（第二卷），王珏、李淑清译，北京：中国人民大学出版社，2008年，第527页。

2　同1，第551页。

3　［美］乔治·华盛顿：《华盛顿选集》，聂崇信、吕德本、熊希龄译，北京：商务印书馆，1989年，第190页。

国海军的精神象征，它直至今日依旧名列美国海军的现役战舰名单。在随后的美墨战争里，美国海军成功封锁了墨西哥的港口，同时也通过海上运兵来助力陆上攻势。但是，与当时的英国等海洋大国相比，这支海军终究是相对弱小的，它无法独当一面地承担真正的海上对抗任务，而只能在与更弱小对手的对话中取得优势——例如海军准将马修·佩里在1853年成功率领"黑船"逼迫日本打开了国门。在内战期间的1862年，南北双方在汉普顿锚地爆发了一场单舰对决，北军的"莫尼特"号和南军的"弗吉尼亚"号在鏖战多时后不分胜负。这是史上第一场装甲战舰的对垒，战舰在装甲防护下的生存能力得到了完全的彰显，且"莫尼特"号还革命性地采用了可全角度旋转的炮塔。但美国没有及时地借助这些技术大力开展舰队建设，在接下来的近20年间，美国海军竟反倒陷入了沉寂之中。

▲ 1812年，美舰"宪法"号在大西洋上对决英舰"勇士"号并胜出

这一段沉寂期引发了不良的后果，因为它令美国介入南美事务的尝试遭到失败并差点引火烧身。在1879—1883年，玻利维亚联合秘鲁与智利爆发战争，战争的结果是智利完胜，它凭借在英国帮扶下建起的海军舰队成为统治东南太平洋的强大力量。美国尝试介入这场战争，但受困于平庸的海军，不仅没能使自己对战争施加任何影响，反而恶化了与智利的关系。

美国在1891年时对智利内战的介入加剧了这一矛盾，它所支持的智利政府军在战争中节节败退，而智利叛军背后的靠山是英国，这进一步加剧了局势的复杂性。1891年10月，在智利港口停泊的美国海军"巴尔的摩"号巡洋舰上两名水手被当地人杀死，这引发了极为剑拔弩张的外交危机，美国和智利在刹那间处于开战边缘。这一危机虽然最终通过外交渠道得以解决，但在智利事务中的拙劣表现令美国惊醒，因为智利的海军优势令美国相形见绌，这直接激发了美国人建设海军的热情。

美国海军发展的另一催化剂则来自马汉，他的著述极大地点燃了美国向海洋进军的热情。不论是从政治、军事还是经济扩张角度来看，马汉的海权理论都是十分激进而诱人的，这令处在海军低谷期的美国醍醐灌顶，并立刻在其指引下迅疾地行动起来。在马汉1890年的划时代著作《海权对历史的影响》中，他直接指出了美国眼下的症结：美国已经拥有完备的国内生产体系，即海权要素中的"产品"，但它缺乏另外两个要素，即海运与殖民地，这阻碍了美国世界地位的提升。此外，马汉鲜明地指出，海洋控制权的缺失也将令美国面对遭受封锁的风险。虽然在眼下的和平时期，一些美国人自恃拥有漫长的海岸线，认为对美国进行封锁的尝试是无稽之谈，但是马汉提醒他们，如果有敌国对纽约、波士顿、特拉华湾、切萨皮克湾和密西西比河口这样的进出口口岸进行海上封锁，那么也就等同于封锁了整个美国。基于此，马汉呼吁"现在该是提出美国的严重危机究竟到了何等程度，和为了重建它的海上力量需要政府方面采取什么行动的时候了"[1]，"政府在这个问题上所起的作用，是要为国家建立一支海军，这支海军，即或不能到远处去，至少也应能使自己的国家的一些主要航道保持畅通……（因为）尽可能地保护商业和贸易不受外来战争的影响，对整个国家的财力来说是至关重要的。为了做到这一点，不仅要使敌人离开我们的港口，而且要使敌人远离我们的海岸"[2]。

1　［美］A. T. 马汉：《海权对历史的影响》，安常容、成忠勤译，北京：解放军出版社，2014年，第107页。

2　同1，第111–112页。

马汉的海权学说有诸多主要论点，这在他于未来十多年内相继出版的诸本著作和他在海军学院的演讲中得到体现，而这些学说要素将被世上对海洋抱有野心的诸个国度各取所需地加以利用。不过至少在眼下，对于海军羸弱的美国而言，马汉的海权论只有一个现实意义：即美国应大力发展海军，这首先是出于为本土提供防卫的迫切需要，其次才是走上大国之路的前提。美国的国内工业经过几十年的积累，此时已经具有极高的发展水平，它凭借着厚积薄发的生产力，几乎将上述两个任务同时完成了。早在1880年之后，美国海军就已经开始复苏，这其中一部分是由于美国对调解智利与秘鲁冲突的过程中所遭受的智利海上威胁的痛定思痛，同时还因为海军部门中的新派人士相继开始发挥影响力。在1883—1886年，美国国会相继通过了数艘装甲巡洋舰的建造计划案；而在1886年，战列舰"得克萨斯"号和"缅因"号的建造计划也得以通过，这是美国有史以来建的前两艘战列舰。1890年后，马汉的呼吁大大加速了美国海军的建设进度，他的理论深刻影响了这一时期的海军部人士，例如本杰明·崔西和西奥多·罗斯福等。在19世纪的最后10年里，在马汉掀起的海权浪潮的推进下，美国海军迅速成为一支拥有可观主力舰阵容的海上力量。

此时的美国已经拥有了极为蓬勃的工业体系，在战争胜利的催化下，美国突然开始了极为迅猛的海外扩张，并立刻在19世纪末至20世纪初的有限几年内取得了极为可观的成果。为新近组建的美国舰队寻找充当试金石的对象并不困难。早在1823年，美国总统詹姆斯·门罗就已经在国情咨文中提出诸多事关美国外交政策和拉美利益的条款，即《门罗宣言》。其中一条重要的准则，就是美国反对欧洲列强对拉美地区继续进行殖民扩张，可至少对在美国家门口占据古巴的西班牙而言，它没打算遵守美国提出的这一条款。如今羽翼渐丰的美国开始将矛头对准西班牙。1898年2月15日，停泊在哈瓦那的美国战列舰"缅因"号突然爆炸沉没，舰上200多名美国官兵身亡。这一爆炸的原因直到今日依旧笼罩在重重的疑云里，但至少在当时，美国人一口咬定是西班牙人所为，双方的战争爆发了。当年的海上帝国早已是悠久的过去式，如今西班牙在大洋上仅存的数个殖民地是当年帝国的有限遗产，而这些都不足以令它有能力对抗朝气蓬勃的美国。在两片海洋主战场上，美国的胜利是快速而坚决的。5月，美国舰队在乔治·杜威的统率下，在兵力几乎相等的情况下，以微不足道的损失于菲律宾的马尼拉湾大败西班牙舰队。在随后的6月里，美国舰队载着海军陆战队突袭海防空虚的古巴关塔那摩湾，这为美军接下来突袭波多黎各奠定了基础，同时也迅速将战争带向终结。在极短时间里组建与整合的美国海军在美西战争中大放光芒，以统治性的战斗力横扫了西班牙海军。对美国来说，这场战争吹响了它作为世界强国进军世界舞台的号角。[1]

▲ 1898年美西战争马尼拉湾海战

1　［美］D. H. 菲格雷多、弗兰克·阿尔戈特–弗雷雷：《加勒比海地区史》，王卫东译，北京：中国大百科全书出版社，2011年，第136页。

美西战争中的胜利标志着昔日那个西班牙海外帝国的最后坍塌，美国凭借1898年的《巴黎条约》从西班牙手中夺取了菲律宾、关岛、古巴和波多黎各。与美西战争无关的海外扩张也同样迅速。在随后的两年里，美国又相继占领了太平洋上的夏威夷群岛和威克岛，以及萨摩亚。这些岛屿如同散布在大洋上的楔子，它们的战略意义远大于经济意义，大大扩展了美国对海洋施加影响的范围。美国对这些岛屿的建设是迅速的，例如它对夏威夷群岛的实际占领引来了诸多美国和亚洲移民，火奴鲁鲁城在这些人的建设下，以其铺设的路面、电灯和其他城市设施而成了太平洋上的花园城市。[1] 此外，1903年，美国成功利用《海约翰–布诺–瓦里亚条约》在事实上控制了巴拿马运河区域，这条运河是连接太平洋和大西洋的重要锁匙，它的归属权与开凿权背后是美国、英国、法国与哥伦比亚之间历时近半个世纪的明争暗斗和外交扯皮，而今美国是胜利者。

在这些海外扩张活动里，日益壮大的海军是美国不可或缺的倚靠力量。在1901—1909年担任总统的西奥多·罗斯福曾经于美西战争前任职于海军部，随后又直接率领军队参与到美西战争中。他是一个坚定的马汉主义者，美国海军在他的热切关照下在20世纪最初的几年里持续着强劲的发展势头，同时，他也依靠美国海军在拉美地区推行他的"大棒政策"。在西奥多·罗斯福总统任期内，共有6级总计19艘战列舰进入美国海军服役，这是一支拥有可观阵容的主力舰队，此时的美国海军已经可以胜任大规模海上军事任务了。1905年，日本海军在对马海战中击败沙俄舰队令世界震惊，也标志着另一个海军强国的崛起。美国在远东地区拥有着重大的海外利益，这不仅令它开始将日本视为潜在的假想敌，同时也开始策划能在眼下对日本与其他列强有所震慑的手段。

罗斯福最终采取的手段就是让美国海军来一场声势浩大的环球巡演。1907年12月，由美国海军战列舰主力组成的舰队将舰体漆成明快的白色，驶出东海岸的汉普顿锚地，开始了它的环球航行。舰队取道巴西海岸穿过

---

1 ［美］查尔斯·A. 比尔德、玛丽·R. 比尔德：《美国文明的兴起》（下卷），于干译，北京：商务印书馆，2011年，第1233页。

麦哲伦海峡，随后途经智利、秘鲁和墨西哥抵达美国西海岸的旧金山。在此经过休整后，舰队先后途经夏威夷、新西兰、澳大利亚、菲律宾、日本、锡兰，随后从亚丁湾进入红海，穿越苏伊士运河后抵达西西里，最后从直布罗陀海峡驶向大西洋，于1909年2月回到美国东海岸。这是一次极为成功的环球航行，这支因舰体颜色而得名的"大白舰队"的巡游达成了一举多得的效果。这次航行不论是从规模上还是从技术水平上，都是一次对美国海军建设成果的有力彰显。同时，它还起到了相当正面的外交作用，舰队在各个沿途海港无不受到友善的接待，它在抵达日本横滨时还受到上千名挥舞美国国旗的日本学生的欢迎，日本通过这种方式向美国表达了外交亲善。舰队还在途中援助了遭到地震灾害的西西里，为美国的国际形象加了分。最主要的是，美国海军通过这次环球演出向它的各个潜在对手发出了强有力的信号：美国已经拥有了强大的舰队，同时还有能力将它部署到全球任何一片海洋之上。半个世纪前的那个仅有小规模舰队的国度经过励精图治，如今已经彻底崛起为全球前列的海军力量。

在英国与德国如火如荼地展开"无畏舰"竞赛的同时，美国没有掉队，它积极地提高了自己的造舰标准：在1908—1916年，美国按照"无畏舰"的标准建造了10艘战列舰。在海军之外的国内工业方面，美国工业一直维持着它的强大生命力：到1890年时，美国的生铁产量已经超过英国100多万吨；1894—1895年，煤产量也赶超了英国。在1880—1899年，美国钢产量增加了八倍以上，远超英国的产量。[1] 而若是考察在1890年至"一战"爆发前的工业生产率指数增幅，美国增长了30%，远超英国所达到的10%增长幅度。[2] 美国的工业生产增长从数据上看也许不及这一阶段的德国，但是对于英国人来说，这至少有感官上的区别。英国人已经将被报纸拿来喋喋不休地进行渲染的德国视为既成的竞争对手，而且英国也确实在对此施以应对，但是，美国作为一个大规模制造品出口国突然出现在世界舞台上，

1　［英］克拉潘：《现代英国经济史》（下卷），姚曾廙译，北京：商务印书馆，1977年，第51页。

2　罗志如、厉以宁：《二十世纪的英国经济》，北京：商务印书馆，2013年，第83页。

是出乎大多数英国人意料的。英国人对美国在世纪之交的快速发展议论纷纷，但却没人对其真正在意，而当美国在短短数年间击败西班牙、掌控巴拿马地峡并派出"大白舰队"以咄咄逼人的强势环球航行时，人们才不无震惊地意识到，一个强国在瞬时间崛起了。

美国在建国后的一个多世纪中逐步走向富强的过程是一个厚积薄发的过程，在1880年以前，它凭借海洋的力量在国内积攒了巨大能量，这些能量在1890年后集中迸发了出来，促成了它的迅速腾飞。当欧洲在1914年陷入前所未有的战火中时，美国所拥有的能量已经足以支撑它参与到战争中了。在接下来数十年间风云变幻的两次世界大战里，美国与其他参战国一道在海洋上陷入前所未有的血火搏杀之中，而最终浴血而出的，是资本主义美国在20世纪的海洋主导权。

浴血而生：美国与世界大战

对于两次世界大战间的美国来说，从参战、交战到最终的战胜，其所走过的历程都深刻受到海洋的左右。

海洋曾深刻地影响了美国的对外战略。由于受到太平洋与大西洋这两大天险的环抱，美国一向严守孤立主义，对欧陆纷争敬而远之。国父华盛顿就曾在卸任演说中指出，美国的外交政策应该是"避开与外界任何部分的永久联盟"[1]。第三任总统托马斯·杰斐逊在1801年的就职演说中也直白地指出"自然环境和大洋把我们同地球上1/4地区的毁灭性浩劫隔开"，因此美国应"与所有国家保持和平、通商和真挚的友谊，但不与任何国家结盟"[2]。这一孤立倾向在詹姆斯·门罗总统于1823年提出的《门罗宣言》中得到了完全的确立，这一宣言除了提出美国对干涉拉美地区的欧洲列强的

1　［美］乔治·华盛顿：《华盛顿选集》，聂崇信、吕德本、熊希龄译，北京：商务印书馆，1989年，第324–325页。

2　［美］托马斯·杰斐逊：《杰斐逊选集》，朱曾汶译，北京：商务印书馆，1999年，第306–307页。

态度，还提出了"我们没有干涉过任何欧洲列强的现存殖民地和保护国，将来也不会干涉"，相应地，欧洲国家若是干涉美洲事务，则美国"只能认为是对合众国不友好的态度的表现"[1]。虽然在20世纪初期，美国通过美西战争和加入八国联军入侵中国等行动，已经在事实上成为一股插手国际事务的强权力量，但其根深蒂固的孤立主义传统依旧迫使其努力与欧陆战争隔绝。

可是战火并非如美国人所愿地与他们绝缘，因为挑衅者自海上破浪而来。从1914年开始，德国潜艇部队在大西洋上对英国及其盟国的各类船只发起了无所顾忌的攻击。这一水下战火很快以令美国人感到切肤之痛的方式烧到了美国头上。1915年5月1日，德国驻华盛顿使馆在美国报刊上发出公告，警告美国人防范在作战区域的风险，而就在同一天，英国班轮"卢西塔尼亚"号载着军火和大量乘客从哈德逊河驶向大西洋。6天之后，它在未收到警告的情况下被德国潜艇发射的鱼雷击中并沉没，1201名乘客葬身鱼腹，其中包括128名美国人。[2] 这一事件虽在美国国内引起轩然大波，但它却没有立刻扭转美国国内的孤立态度，且其随后也凭借外交斡旋而暂时平息，德国暂时同意停止无限制潜艇战。但点燃的引线已无法熄灭，1916年的日德兰海战将英国本土舰队对德国公海舰队的封锁态势确定下来，看不到海上突围希望的德国海军宣布重新开启无限制潜艇战，国际水域上的商船都将在不经警告的情况下遭受德国的任意攻击。德国海军计划通过潜艇达成每月击沉60万吨协约国船只的目标，这样就能在5个月内将英国逼至饥饿的边缘，同时掐断法国和意大利的煤炭海运。[3] 1917年3月，德国潜艇开始直接攻击美国商船，有3艘商船被击沉，美国国民由此陷入极为狂热的愤怒之中，严守孤立的信条已绝无可能维持下去。1917年4月，美国国会决议对德宣战。在冷眼旁观欧洲列强搏杀一个世纪后，美国参战了。

1　［英］E. H. 卡尔：《两次世界大战之间的国际关系：1919—1939》，徐蓝译，北京：商务印书馆，2009年，第223–224页。

2　［英］约翰·基根：《一战史》，张质文译，北京：北京大学出版社，2014年，第230页。

3　同2，第304页。

▲ 德国潜艇击沉"卢西塔尼亚"号班轮

　　跨海而来的美国大军决定性地扭转了"一战"战场的局势。早在1917年1月，德国海军大臣卡佩勒还在向德国国会预算委员会保证道："他们不会来的，因为我们的潜艇会使他们沉入大海。因此从军事观点考虑再三，美国无足轻重。"[1]但美国人确实来了。1917年7月，美国远征军先遣部队抵达法国，这支部队将在未来一年里依靠横跨大西洋的运兵船迅速壮大至130万人。在1917—1918年，共有2400万美国人登记应征，其中由281万佼佼者组成的部队将先后被投放到战场上。[2]早已被1914—1917年间的艰苦拉锯而折磨得疲惫不堪的英法军队呼吁道："给我们派美国兵来！让美国的国旗在法兰西土地上招展，让美国军队的脚步声重新振奋起3年来首当其冲的人们已经低落的精神。"[3]而活泼热情的美国大兵的到来确实重燃了盟友的希

1　[英]约翰·基根：《一战史》，张质文译，北京：北京大学出版社，2014年，第324页。

2　同1，第325页。

3　[美]查尔斯·A.比尔德、玛丽·R.比尔德：《美国文明的兴起》（下卷），于干译，北京：商务印书馆，2011年，第1493页。

望：英国兵在1916年还此地无银地哼唱着"我们灰心了吗？还没！"[1]，而到了1918年年初，流行的唱段就变成了"我们要去会会德皇，我们要给他点苦头尝尝"[2]。这一感情基调得到扭转，正是源于美国人的参战。1917年12月，美军成功在凡尔登以南发动首次攻势并取得完胜，但是美军对"一战"局势的作用远不仅仅是战术上的。对于德国人来说，他们在过去4年内先后痛击了沙俄、意大利和罗马尼亚的军队，同时狠狠折磨了英法军队，但是，现在他们却面临着一支源源不断的生力军。这支生力军的阵容以北大西洋为媒介，以每天1万人的增幅在扩大，如难以计数的雨后春笋一般。在美国人到来之前，德国人对胜利的期望尚可基于对力量对比的计算，但美国的干预使这种计算失去了意义，因为德国在自己的剩余资源里找不到足够的力量来反击数以百万计的渡海而来的美国兵。德国人因此感到战争没有任何前景，这种失落感腐蚀了普通德国士兵履行职责的决心。[3]

▲ 1917年准备跨越大洋前往战场的美国远征军

1　"Are we downhearted? No!"——来自西线军歌《Are We Downhearted？》。

2　"We're all going calling on the Kaiser, for we've got to teach the Kaiser to be wiser."——来自第一次世界大战晚期军歌《We're All Going Calling On The Kaiser》。

3　［英］约翰·基根：《一战史》，张质文译，北京：北京大学出版社，2014年，第356页。

在海军作战方面，美国的主力舰编队阵容与德国舰队本就不相上下，而今美国向斯卡帕湾派出一队战列舰，与英国本土舰队合为一处，令身处封锁中的德国舰队再无翻盘的机会。不过，第一次世界大战的海上军事行动在多数时候都不是马汉式的，对英国和德国如此，对美国亦然。美国的战列舰在参战期间一弹未发，它们承担着与马汉决战精神背道而驰的任务——护航。在参战期间，由美国战舰护卫的运输队跨越大西洋运输了600万吨货物、150万吨煤炭和70万吨燃油与汽油。[1] 这一护航机制有效遏制了德国潜艇的威胁，德国在1917年尚且能每月击沉50万吨协约国船只，而在1918年，得益于护航舰只、飞机和反潜水雷等的协助，这一数字减少了，172万多名士兵在美国战舰的护航下跨越大西洋抵达欧洲，无一人死于敌人的攻击或海难中。[2]

美国恰逢其时的参战令它成为左右大战天平的决定性砝码，历时4年的大战于1918年11月11日随着德国的投降而迎来终结，威廉二世随后退位，他的王朝连同他的海军狂想都坍塌了。而在战后，美国人发现自己从大战之中收获到了诸多利益，这些利益有直接得到鲜明体现的，也有在对比之中显露出来的，它们都充当了助美国走向资本主义领头强国地位的基石。

从战前的工业生产指数可发现，德国和美国的指数增幅要比英国更大，而今德国在大战之中遭到了完全的摧毁，美国干掉了一个对手。在国际债务体系中，美国在大战几年内成了手握欠条的大债主，其中英国向美国借债13.65亿英镑[3]。对于资本储备巨大的英国来说，这本不是问题，但令英国人无能为力的是，整个世界经济的主导权已经随着大战的推行而渐渐走向更迭。早在大战爆发前，美国就已经坐拥价值19.24亿美元的国际储备，仅次于它的是拥有18.27亿美元的法国。但法国作为"一战"的西线主战场，在战争中大受创伤，到了大战结束时，它的储备额被削减了2/3，而

1　［美］乔治·贝尔：《美国海权百年：1890—1990年的美国海军》，吴征宇译，北京：人民出版社，2014年，第86页。

2　同1，第88页。

3　［英］保罗·肯尼迪：《英国海上主导权的兴衰》，沈志雄译，北京：人民出版社，2014年，第280页。

美国的中央黄金储备则稳步上升，达到26.58亿美元[1]。在战前，伦敦尚是世界金融的中心，而到了战后，世界金融中心地位则开始向纽约转移。美国依靠"一战"而获得了经济上的丰收。

纵观美国的"一战"历程，可看出海洋在其中所起的作用。两洋天险的存在塑造了美国的孤立主义，令其在战争初期犹豫于参战；而迫使其最终决定参战的导火索亦来自德国海上攻击的催动；在参战后，美国军队跨越大洋驰援欧洲战场，美国舰队则为此进行护航，同时加入封锁德国舰队的行列，令整场战争的海上局势得到完全控制，并最终助美国将由大战而得的经济利益收入囊中。上述模式在20多年后的第二次世界大战间得以重现，这一重现过程的特征更为鲜明，最终影响也更为深远。

在第二次世界大战的早期阶段，美国国内舆论依旧被孤立主义所占据。早在战云密布的1935—1938年，美国政府就曾数次通过中立法案，规定了国家对欧洲事务的中立，这一法案在1939年得到重申，并且成为助富兰克林·罗斯福赢取第三次总统连任的重要筹码。对于美国人来说，从"一战"中获得的利益并不能令他们忘却战场的骇人与惨痛，此外，两次世界大战之间的裁军条约也令美国斗志萎靡。其中，海军受到1922年华盛顿会议所构建裁军体系的影响，损失尤为巨大。旧的战舰被强制拆毁，新舰的建造工作则被百般拖延。同时，美国对一些海外重要军事据点如菲律宾等的控制也已名存实亡。在"一战"结束后，总统和国会所关心的是在国际条约体系下的商业往来和全球门户开放，而对于军方力陈的海上商业与海洋战争的联系，政府则一直态度模糊。例如，1923年走马上任的美国总统柯立芝坚信自由放任市场的意义，他认为维持自由的资本主义经济秩序和海上通行所要依靠的是美元与条约，而不是战列舰，这直接导致了1926年国会对海军的拨款达到了"一战"以来的最低水平。[2]更令美国人对

1　［英］彼得·马赛厄斯、悉尼·波拉德：《剑桥欧洲经济史（第八卷）工业经济：经济政策和社会政策的发展》，王宏伟等译，北京：经济科学出版社，2004年，第233页。

2　［美］乔治·贝尔：《美国海权百年：1890—1990年的美国海军》，吴征宇译，北京：人民出版社，2014年，第120页。

战争避之不及的是，20世纪30年代初期的资本主义经济大萧条对国内经济社会生活造成了重大创伤。这些因素都令美国国内反战之风盛行，美国人又一次寄希望于那两片拱卫国土的大洋为他们遮挡战火。

在1940—1941年，总统罗斯福采取了数个对战事整体局势而言意义微妙的措施。例如，与作为交战国的英国签署"军舰换基地"的协定、与英国签署了在实质上默许英美联合的《大西洋宪章》、决议通过了向交战国运送军备物资的《租借法案》、在北大西洋划定针对德国潜艇的军事防御区等。但这些参战倾向明显的举动未能改变美国的反战舆论形势。罗斯福曾向国会提出修改中立法案并允许商船装载武器，这一提案在1941年11月以开战以来美国外交政策决议里最为微弱的优势通过——参议院50∶37，众议院212∶194。[1] 从支持者和反对者的力量对比可以看出，参战问题在1941年年底已经令美国陷入党派和信念上的分裂。

▲ "军舰换基地"：美国用于交换英国基地的老式驱逐舰

1　［美］乔治·贝尔：《美国海权百年：1890—1990年的美国海军》，吴征宇译，北京：人民出版社，2014年，第186页。

华盛顿体系中的赢家与输家

1921年11月，由美国牵头的海军裁军会议在华盛顿召开。这次会议所签署的《五国海军条约》，连同数年后签署的《伦敦条约》等附属文本一道，构建起囊括诸个资本主义海洋大国的战后海军体系，并深刻左右了接下来近20年的全球海洋局势。

这一体系为缔约诸国规定了作为主力舰的战列舰与战列巡洋舰的吨位限制和武备限制。按照条约的条款，缔约国在主力舰吨位方面将受限制：美国与英国将各自保有总计52.5万吨的主力舰，日本则得以拥有31.5万吨，一同参与缔约的法国与意大利所获吨位额度则更少，五国的主力舰吨位比大致为10∶10∶6∶3.5∶3.5。此外，条约还规定缔约诸国应将超出条约逐项限额的超龄及未建成的主力舰拆毁。由此，在华盛顿海军条约自1922年生效之后的近15年间，世界海洋一片祥和，大海上没有发生大规模的冲突，也没有野心毕露的军备竞赛。诸个资本主义海军强国集体走进了一段"海军假日"。

表面上来看，美国通过条约体系打压了英国与日本，似乎获得了前所未有的胜利。在英国方面，它被迫在主力舰方面接受与美国等同的吨位限制，而大量旧舰与在建的战舰都被废弃。这削弱了英国的海军力量与造船业。日本亦对条约感到愤懑，因为它本希望能与美国保持主力舰吨位10∶7的比例，但最终裁定的10∶6令日本人大失所望。由此，美国似乎依靠着对自己有利的条款确立了自己的海洋地位，不过这果真就是事实的全部吗？

答案是否定的，美国并非如表面看上去那样是海军条约体系的胜利者。首先，对英国来说，华盛顿体系并非完全的失败。因为海军条约并未森严地限制巡洋舰。而对于拥有广袤全球帝国的英国来说，巡洋舰是比战列舰更为理想的防务工具。而这恰恰是美国的弱项：即使到了1932

年，在英国拥有52艘巡洋舰时，美国也仅有区区19艘。[1] 因此，英国海上帝国并未因条约带来的主力舰削减而立刻弱化。对于日本来说，它也并非颗粒无收，因为10∶6的劣势比例为日本带来了一个积极的副产品。为了平息日本的怒火，美国站在外交角度提出了一个令日本人十分受用的补偿方案：即美国承诺在夏威夷以西不设立海军基地。此外，很多日本海军人士也对条约限制不置可否，未来的日本海军大将山本五十六彼时还是一名舰长，他就表示"比例对我们来说没有问题；条约是为了限制其他各方的"[2]。此外，条约缺乏实际的监管机制，这令日本拥有了无视条约而暗中壮大海军力量的空间。

这样看来，美国从海军条约之中所获得的，更多的只是名义上的地位提升。即使是在主力舰吨位上得以与英国平起平坐，但这在美国海军人士看来也仅是毫无意义的表面文章而已，被裁撤和拆毁的军舰实实在在地令海军感到心痛，且美国政府对太平洋海上局势的消极、温和态度也令海军方面感到不可理喻。参加华盛顿会议的美国海军部长约瑟夫·丹尼尔斯在会议结束时拒绝鼓掌，他表示"我不会在自己的葬礼上鼓掌。我千辛万苦才弄到钱造这些船，现在它们要被毁了。我拒绝为海军遭受最沉重的打击鼓掌"[3]。更何况，由于之后金融危机的冲击与国内军费的削减，美国海军对条约限额的实际利用率也仅有65%而已。

因此，在华盛顿体系中，名义上的赢家其实是实质上的输家，反之亦然。这一相对状况深刻影响了"二战"爆发时的世界海权格局。日本之所以能在"二战"前建立起太平洋上最强大的海军，正是得益于它从条约体系中获得的隐含利好，而条约在令美国获得不输于英日两国的名义地位的同时，也令它作茧自缚，最终在太平洋战争早期陷入被动。

1　［美］乔治·贝尔：《美国海权百年：1890—1990年的美国海军》，吴征宇译，北京：人民出版社，2014年，第128页。

2　同1，第111页。

3　同1，第111页。

不过与"一战"时类似，迫使美国参战的导火索在令美国毫无防备的情况下于大海上点燃。1941年11月底，蓄谋已久的日本海军在太平洋上展开了行动。以6艘庞大的航空母舰为核心组成的舰队在无线电静默和雨云的掩护下取道北太平洋航路，沉默而坚决地逼近美国夏威夷。12月7日凌晨，庞大的机群从母舰甲板上腾空而起，向着尚处于周日早晨慵懒之中而毫无防备的美国海军基地珍珠港呼啸而去。在持续两个多小时的空中打击下，几无防备的珍珠港遭受了灭顶之灾，美国太平洋舰队主力几近覆灭。一个月前在美国国内甚嚣尘上的反战思潮如今在霎时间消失得无影无踪，在遭受袭击的第二天，美国向日本宣战，并在数天后对德意两国宣战，所有宣战决议都在参议院获得了上下一心的全票通过。美国再一次投身到大战中，并又一次充当左右大战走势的决定性力量。

▲ 日本偷袭珍珠港，港内的美国战舰锚地沦为废墟

美国的全局战略很明显。它那横贯大陆的国土受到两洋天险的拱卫，这赋予它鲜明的海洋国家特征，因此对于欧陆战场，它所要遵循的战略也就是海洋国家对抗大陆敌国的战略：向陆上交战的盟国提供资本援助，同

时在自己选定的时间和地点对大陆战争实施干涉，而这两点都需要依靠海上运输。因此，对海运线路的安全保障成为美国在涉足欧洲战事时的一大任务，但这一任务无比艰巨，因为大西洋上密布着无情的德国"水下幽灵"。随着美德两国的全面开战，"狼王"邓尼茨的U型潜艇（U艇）狼群向美国东海岸蜂拥而至。在1942年上半年，纳粹"狼群"在美国东海岸与加勒比海迎来了尽情狩猎的欢乐时光，总计308万多吨的585艘同盟国商船与它们的物资和水手一道在德国潜艇的绞杀之下魂归大西洋，而U艇损失仅21艘。[1] 美国海军受困于分兵之苦，无法为运输船队提供足够的反潜支援，这使得美国被迫忍受这一场"历史上最惨烈的海上屠杀"。[2] 而下半年的局势只会更糟。从7月起，邓尼茨终于拥有了300艘U艇[3]，而11月对于盟军海运来说是前所未有的灾难——邓尼茨的"狼群"在这个月达成了整个大战期间最高的单月击沉战果：击沉总吨位近73万吨的119艘盟国商船。而整个1942年，命丧于轴心国潜艇的同盟国商船总吨位高达令人愕然的626.6万吨。[4]

在这一负面局势下，美英盟国咬紧牙关，最终将大西洋从德国潜艇手中夺了回来。首先，盟国日益完善的护航制度和反潜技术皆居功至伟。自1943年起，在美英海军的护航驱逐舰上出现了新型的雷达、声呐和深水炸弹，这些都是U艇的噩梦，且护航队里小型航空母舰上的反潜机也为抵御潜艇贡献了关键的力量。在这些防御手段的作用下，德国潜艇开始陷入损失大于补充的恶性循环中。在1943年的前5个月，德国一共损失了近100艘潜艇。其中，在当年的"黑色五月"里，邓尼茨的"狼群"虽然依旧击沉了26.5万吨盟国商船，但这一战果的代价是，他在一个月间失去了41艘U艇，还有30多艘受到不同程度损伤，平均每艘被击沉的盟国商船背后就有一艘

1　［德］卡尔·邓尼茨：《邓尼茨元帅战争回忆录》，王星昌等译，北京：解放军出版社，2005年，第192页。

2　［美］乔治·贝尔：《美国海权百年：1890—1990年的美国海军》，吴征宇译，北京：人民出版社，2014年，第222页。

3　［英］约翰·基根：《二战史》，李雯译，北京：北京大学出版社，2015年，第92页。

4　同1，第261–262页。

德国潜艇长眠于大西洋。5月24日，邓尼茨承认"在大西洋战役中我们战败了"[1]，他将所有潜艇撤出航运最为繁忙的北大西洋，让它们去其他海域寻找机会。但是，美英海军并未停止对这些四散躲藏的潜艇的穷追猛打。从1943年下半年开始，德国潜艇每月击沉的船只吨位数量慢慢从之前的六位数降为五位数，同时还要付出平均每月损失20艘潜艇的代价。至此，德国的潜艇战失败了。

其次，美国国内全速开动的强盛造船工业也有效弥补了德国潜艇造成的损失。德国潜艇战的一大使命在于使盟国商船的损失速度大于补充速度，但当美国在1942年将国内造船工业全速开动后，竟慢慢在弥补损失吨位的赛跑中撵上了邓尼茨的"海狼"们。1942年10月，美国海事委员会宣布它实现了每天让3艘新船下水的目标，同时更为先进的"自由轮"商船开始大规模量产服役，1942年12月的单月造船产量超过1941年全年[2]。造船业是美国战时工业的重要组成部分，而美国战时工业在战争期间蓬勃发展，这有力地补充了大萧条时期所缺失的就业岗位：与战时产业相关的国内就业人数由1940年的5610万人增长至1944年的6630万人[3]。战争并未如一些人事前担心的那样令大萧条余波中的美国雪上加霜，它为战时工业资本催动出无穷的力量，反助力美国将大萧条的伤口愈合。

在美国于海上战胜德国潜艇后，大西洋的航路变得安全，美国得以依靠海洋来支援欧洲的战事。一方面是战争物资的运输，美国依靠大西洋将符合《租借法案》的物资运往英国，其中很大一部分甚至从英国取道格陵兰和斯匹茨卑尔根海域航向北极，最终运往苏联的摩尔曼斯克和阿尔汉格尔斯克。这一生命线即使在德国潜艇威胁最为严峻的时期也未被掐断，此外，从1942年年底至1945年间，在往返于美国与直布罗陀之间的11 119艘

1　［德］卡尔·邓尼茨：《邓尼茨元帅战争回忆录》，王星昌等译，北京：解放军出版社，2005年，第303页。

2　［美］乔治·贝尔：《美国海权百年：1890—1990年的美国海军》，吴征宇译，北京：人民出版社，2014年，第228页。

3　Tom Kemp, The Climax of Capitalism: The US Economy in the Twentieth Century, New York: Routledge, 2013, p.94.

货船中，由美国海军负责护航的船只仅有9艘损失。[1]另一方面是兵员的运输，从1942年年底至1945年，在美国海军的护航下，24支运兵船队将536 134名士兵运往地中海，没有一艘运兵船遭受损失。海洋运兵渠道的通达令美国支援欧洲战场有了现实的可能。

美国在大西洋上面对的是德国潜艇，而在太平洋上它需要直接对垒日本帝国海军的舰队。在1941—1942年，美国海军在规模和质量上整体不及日本海军，但一系列成功的海上战役令其在日本的海上进逼面前缓过劲来。美国能够在太平洋上进入反攻，这同样得益于国内极为蓬勃的战时船舶工业。这一工业的成就不仅体现在商船的建造上，还体现在战舰的建造上。

日本联合舰队的强大阵容多是来自战前持续的发展积累，但即使是在日本造船机器于战前数年全面开动的情况下，它也仅在1941年在造舰吨位上对美国有所反超：在这一年里，日本造出了总计18万吨的战舰，美国则以略逊的13万吨居后。[2]但是，一旦美国的战时工业得到完全激活，那么日本则毫无翻盘的机会。仅仅在1942—1945年，美国就以极为迅猛的速度建造起了世界上最强大的海军——在这3年时间中，日本造出55万吨战舰的同时，美国造舰总吨位高达320万吨[3]，其中有30艘总计70.4万吨的大型舰队航母服役，次一级的护航航母则多达82艘，总吨位亦高达67万吨。反观日本，它在此期间建成的航空母舰总吨位不及美国的1/5，而在数量上也远远达不到这一比率，因为日本遵循"以质量弥补数量"[4]的海军造舰准则，这使得日本没有美国那样的护航航母。巡洋舰和驱逐舰等的建造吨位亦呈现出如此的悬殊差距。[5]

1　［美］乔治·贝尔：《美国海权百年：1890—1990年的美国海军》，吴征宇译，北京：人民出版社，2014年，第262页。

2　David C. Evans, Mark R. Peattie, KAIGUN: Strategy, Tactics, and Technology in the Imperial Japanese Navy, 1887–1941, p.355.

3　同2，第367页。

4　同2，第357页。

5　同2，第326页。

▲ 阵容庞大的美国航空母舰队（摄于1944年的乌利西环礁）

　　强盛的船舶工业赋予了美国海军令人惊惧的数量优势，这一数量优势不仅令美国舰队自1943年起就在太平洋上高奏凯歌，而且还赋予了美国前所未有的强大跨海部署能力。1944年6月上旬，美国派遣重兵在大西洋上与其他盟国一道发起了气势恢宏的诺曼底登陆，而没过几天，7万美军挺进西太平洋，朝塞班岛发起了同样声势浩大的进攻。登陆诺曼底为盟军开辟了欧洲第二战场，登陆塞班岛则令日本本土处在了美国重型轰炸机的攻击半径以内。但更重要的是，这两场几乎同时发生的登陆战彰显出美国已经具备了在地球的两端同时从海上发动突破两个主要敌人内部防御的战争的能力。[1]

　　不仅如此，美国还掐断了日本的海上生命线。日本作为一个资源稀缺的狭小岛国，极大地依仗海洋运输，而针对这一点，美国亦有着令日本人胆寒的致命武器。在美国于大西洋上对抗德国潜艇的同时，它自己

　　1　[美]乔治·贝尔：《美国海权百年：1890—1990年的美国海军》，吴征宇译，北京：人民出版社，2014年，第287-288页。

的潜艇则在太平洋上耀武扬威。在1941年珍珠港遇袭后，美国潜艇是最先进入对日作战区的海军部队，它们的战斗技艺也许不如德国的U艇"狼群"那般精锐，但用来对付潜艇部队孱弱的日本则绰绰有余。1944年后，随着大量新锐的潜艇派军官走马上任，以及潜艇本身制造工艺的完善和新式鱼雷的运用，如虎添翼的美国潜艇在太平洋上更加所向披靡，它们在太平洋的深海里向日本舰船尽情地散布死亡信号。在1945年战争结束时，美国潜艇击沉了总运输能力高达477.9万吨的1113艘日本货船与油轮，同时给日本造成了6.9万人的直接战斗减员，这导致日本在战争结束时剩下的在役商船数量仅为战争爆发时的12%[1]，整个国家由此陷入饥饿与崩溃的边缘。同时，由于美国潜艇对日本海洋航路的打击与扼制，使得日本从南线作战里夺取的资源和预期相比大大地减少了。例如，生橡胶在1941年的进口总量尚为6.8万吨，1942年就下降为3.1万吨，1943年稍微升至4.2万吨，但1944年则又降回3.1万吨。[2] 同样受到削减的还有日本能从东印度获得的石油，日本油船在美国潜艇的攻击下损失巨大，以至于到了1944年年底时，日本所拥有的石油储量已不能维持大规模的舰队作战了。至此，海上战场大局已定。

第二次世界大战在1945年间随着德国与日本的相继投降而走向了终结，两支令世界大洋陷入战火拼杀的海军，至此亦灰飞烟灭。德日两国在不符实际的狂热战争野心之下，以不同的手段向大海掌控权发起了挑战，最终都遭受到了完全的失败。这一失败背后所体现的本质问题在于，不论是对于德国还是日本而言，它们国内的资本主义发展模式都远没有美英等海洋大国来得完备。这一劣势迫使它们只能采取最极端的手段来向海洋主导权发起挑战：德国希望通过潜艇来掐断海洋大国的动脉，日本则寄希望于海上的速决战。而在更具韧性的美英同盟面前，这些挑战尝试最终都沦为一着不慎满盘皆输的赌博。它们所打的是一场注

1　［美］乔治·贝尔：《美国海权百年：1890—1990年的美国海军》，吴征宇译，北京：人民出版社，2014年，第270页。

2　［英］约翰·基根：《二战史》，李雯译，北京：北京大学出版社，2015年，第173页。

定失败的战争。

同时，"二战"为英国的昔日海上霸权树立了墓碑。英国在大战期间损失了总计1145.59万吨的商船，昔日繁盛的造船业如今已经无法再和美国相比拟，即使英国拼尽全力地通过商船建造来弥补这些损失，它在战争结束时所拥有的商船规模也仅有1939年的70%而已。英国的出口贸易也崩溃了，其贸易总额从1938年的4.71亿英镑减少至1945年的2.58亿英镑，同时，它的进口额从8.58亿英镑增加至12.99亿英镑，增加了5倍的海外负债高达33.55亿英镑，且有12.99亿英镑的资本资产遭到清算，这使得其海外收入减半且收支失衡，同时成了全球最大的债务国。[1]英国的国内生产能力也在削减，这迫使它大量地向美国进行军火采购，到了1944年时，英国28.7%的军火都来自美国。这些军火对英国而言意义重大，但对美国而言则仅是日常买卖而已，以至于英国学者认为，这些决定性地增强英国民族战争力量的援助竟只能算是美国战争中的一个次要组成部分。[2]

此外，到了"二战"结束时，英国苦心经营的全球帝国终于开始坍塌，因为战乱令这些旧时帝国领土陷入动荡，大大摧毁了大英帝国昔日的那种团结观念。战争初期，英国在亚洲殖民地上的灾难性溃败严重侵蚀了英国在当地的威望，这种具有向心力的威望再也没能恢复。在大战结束后没几年，印度与缅甸的独立就已经被提上日程，加拿大与澳大利亚也在事实上对美国更为亲近，这些都表明英国在全球范围内陷入溃退。大战在多方面摧残了英国的国力，它再也无法像昔日一样对旧时领地施加有力的管理了，只能任由它们分崩离析。早在"一战"结束时，海洋霸权归属的变动与交接就已经开始，这一过程是缓慢而坚决的，"二战"最终促使其完成。"二战"对于英国来说是必须打赢的战争，它挫败了纳粹德国的入侵企图，但是这场胜利仅是昔日海洋霸主的回光返照，在它获胜的同时，霸权也失去了。

1　[英]保罗·肯尼迪：《英国海上主导权的兴衰》，沈志雄译，北京：人民出版社，2014年，第340—341页。

2　同1，第337页。

▲ 停泊于皮吉特锚地的美国舰队，图中可见6艘航空母舰（1948年）

在大战结束时，美国拥有着地球上有史以来最为强大的舰队，它毫无疑问地登上了海洋霸主的王座。战争对美国的一大直接经济影响是美国在"二战"期间争取到了极大的国际金融与通货优势。在1939—1941年，大量黄金已经在美国支付剩余的条件下从欧洲流向美国，这帮助美国在《租借法案》实施之前就累积了价值60亿美元的黄金，同时令英国在1940年时就耗尽了它的黄金与美元储备。由于《租借法案》几乎不涉及现金交易，因此它没有直接令美国拥有的财富有所增加，但它为美国扩大了大约380亿美元的对外信贷，这令它在战争结束时成为全球最大的债主。此外，美国还依靠1944年构建的布雷顿森林体系攫取了世界经济贸易的主导权。但是，美国从战争中获取的最大成果，是其国内生产能力所受到的极大激发。战时工业取得的巨大成绩已经从美国在大战结束时拥有的海上军备力量中得到了鲜明的体现：1940年7月1日时，美国海军拥有1099艘舰艇，到了1945年8月31日这一数字变成了68 936艘，其中有1166艘是主力的在役战舰。[1] 国内工业的刺激因素还来自战后，作为陆上主战场的欧洲在战争期间

---

1 ［美］乔治·贝尔：《美国海权百年：1890—1990年的美国海军》，吴征宇译，北京：人民出版社，2014年，第208页。

受到了巨大摧残，它急需来自美国产业中心地区的资本装备和来自中西部的食品，各国政府也尽可能地从私人市场中募集美元以购买进口商品。这使得美国在战后阶段占据了大约全球工业产出的50%，它的对外资产也在1945—1950年间上升了150亿美元。[1] 从两次大战的血火海洋中浴血而生的美国，在战后完全成了全球经济的主导者。

重寻定位：战后美国与全球化海洋

美国以全面胜利者的姿态走入了战后岁月。

20世纪50、60年代是美国无可比拟的繁荣时期，其国内的资本主义进入了爆炸式的扩张新阶段。这一扩张是美国在"二战"期间强盛战时工业与巨额政府花销的产物，前者为美国进一步打下了国内工业的坚实基础，后者则为国内产业注入了大量的政府投资。这些投资大大刺激了国内资本的流动与充盈，令大企业得以进一步扩张。此外，科学技术的大发展也成为美国工业的强心剂，企业依靠它们获得投资，运用新科技来升级自己的生产手段，这催生了日新月异的生产成果。在这些新科技产物中，有的曾因战争因素而中断发展，但在战后重新出现，例如电视机等。更有不少则是根源于受战争刺激而获得大发展的军用科技，它们在战后开始进入民用领域并决定性地改变了社会图景，例如喷气式飞机、雷达与核能等。新的生产原料诸如塑料与纤维材料等也得以出现，这些原料与新科技带来的生产手段一道，大大增加了美国工业生产的产量，而放眼彼时的世界，美国在这些领域的技术优势是统治性的。美国在这些技术密集型产品方面的比较优势正是于20世纪50年代达到了顶峰。

在战后的20年，世界上的一些重要产业领域中，美国资本占据了毋庸置疑的主导地位。例如在石油产业中，石油的提取、纯化与运输等皆在美国资本掌控下完成；又如在飞机制造领域，美国资本掌控下的生产者接管

1　［美］斯坦利·L. 恩格尔曼、罗伯特·E. 高尔曼：《剑桥美国经济史：20世纪》（第三卷），蔡挺、张林、李雅菁译，北京：中国人民大学出版社，2008年，第358—359页。

了全球绝大多数的飞机制造份额。在这些带动世界运转的领域之外，美国资本更是随着诸多与世人生活息息相关的事物而渗透到世界各地，例如好莱坞电影、香烟、口香糖、快餐食品等。高水平的资本集聚程度与投资力度促成了各产业对劳动力的高需求，促成了社会的高就业率，而就业水平的提高又进一步推动了社会消费水平的高涨。在资本力量升腾的催动下，20世纪50、60年代的美国社会呈现出梦幻般的繁华。

在国境之外，作为战后时期资本主义世界经济大国的美国，亦承担起为欧洲提供财政援助的责任。受困于"二战"战火的荼毒，欧洲此时已是一片废墟，美国迫切需要对其施以扶持，以防止欧洲在日益针锋相对的意识形态对立中永久坍塌。基于此，时任美国总统杜鲁门与国务卿马歇尔都提出了对欧洲实施经济援助的计划，随后在1947—1955年，美国向欧洲提供了总价值1699亿美元的财资赠予和652.1亿美元的长期贷款，且在这一援助期的前三年，美国向欧洲输出的援助就占了总数的7成。在1950年后，随着美苏冷战气氛的日益肃杀，美国进一步提高了对欧洲的军事援助力度，在1951—1955年，美国对欧洲军事援助价值总额高达1060亿美元。[1] 上述这些跨越北大西洋而流入欧洲的巨额资本，极大地助益了资本主义欧洲的战后重建，并赋予了其与社会主义阵营进行冷战对抗的能力。但在这背后的一个隐藏后果，是欧洲对美国资本援助的依赖进一步提高了美国在国际金融事务中的谈判优势，这令其在资本主义世界中的经济优势一时无可撼动。

与此同时，通过"二战"而壮大为世界最强海上力量的美国海军亦成为美国政治与经济扩张的忠实护卫，成为美国在冷战中举足轻重的海上筹码。早在美苏还有商谈余地的1946年，曾见证日本签署投降书的"密苏里"号战列舰和当时世界上最强大的航空母舰"罗斯福"号就相继被派往土耳其海岸，其任务是向苏联释放信号，以表示美国对东地中海事务有所关切。这样的航行本身已经表明，海军能在不牵扯任何地区争端的前提下前往特定目标地区。而海军依托海洋所获得的这一强大的行动自由，随着

1　[美]斯坦利·L. 恩格尔曼、罗伯特·E. 高尔曼：《剑桥美国经济史：20世纪》（第三卷），蔡挺、张林、李雅菁译，北京：中国人民大学出版社，2008年，第359页。

核动力舰艇的相继服役而得到了增强：1955年，第一艘核动力潜艇"鹦鹉螺"号服役；1962年，划时代的核动力航空母舰"企业"号也开始服役。这些核动力舰艇将传统的常规动力战舰所能提供的持久航行作战能力大大提升。在20世纪60年代末期的越南战争期间，毫无悬念地掌控了制海权的美国海军建立起了历史上最长的海上补给线，驻越美军95%的补给都由船只从7000千米以外的本土运来，而对于那些维持远征舰队本身的补给，多数也是依靠船舶运输到位。

◀ "海环行动"：1964年，美军"企业"号核动力航空母舰、"长滩"号与"班布里奇"号核动力巡洋舰一道于65天内完成了不接受燃料补给的环球航行，彰显了核能的无尽力量

　　战后美国面临的最大敌人是苏联，它针对苏联所采取的是军事包围封锁与经济政治孤立颠覆相结合的遏制政策，而美国的海军战略也是以此为依托。遏制政策得以有效实施的一个重要原因在于，以美国为首的北大西洋公约组织（简称"北约"）拥有从海上封锁苏联的能力，美国海军成为实施包围的有效工具。在1970年以前，苏联没有能对美国构成威胁的水面舰艇部队，但它有着数量多得令人恐怖的潜艇，在1960年时多达437艘。[1]这些"水下幽灵"多数拥有从水下发射载有核弹头的弹道导弹的能力，欧洲时刻处在这一威胁之下。但是，水面部队的缺乏令苏联无法在海上采取

---

1 ［美］乔治·贝尔：《美国海权百年：1890—1990年的美国海军》，吴征宇译，北京：人民出版社，2014年，第394页。

攻势，也令它在面对美国海上封锁时无可奈何。这一被动状况在1962年的古巴导弹危机中得到了鲜明体现。在危机期间，美国海军牢牢掌控着北大西洋的海洋运输路线，对进入古巴的船只实施严苛的检查。这一封锁是有选择性的：食品、石油和其他货物可以正常运输，但援助古巴的军备物资则在美国布下的海上罗网中无所遁形，被尽皆拦截。美国海军施加的严密封锁将苏联逼进死胡同，它除了冒着道义谴责动用核武器外别无选择，但它无法这么做，因为就连核力量优势也属于美国一方。古巴导弹危机的解除是美国制海权的胜利。

但是，上述这些积极图景在20世纪70年代时开始发生转变。不论是在经济上还是在军事上，美国都开始面临着挑战。在经济方面，美国在过去20年间蓬勃发展的本土产业开始显露出下行趋势，这一趋势的出现有着两大主要原因。

首先，美国国内资本的掌控者出于对美元稳定性的担忧而开始不满足于仅对美国国内产业进行投资，于是他们将自己手中的资本通过长期投资和短期借贷的形式转移到国外，因为那里的利率更高。[1] 在这一过程中，为美国本土产业提供养分的资本财富流出国境，而资本吸纳者则主要是日益复苏的欧洲。这样一来，曾经被欧洲经济依赖的美国反而日益成为欧洲的依赖者，其大量资本外流的结果是1971年出现的30年来首次贸易收支赤字——300亿美元，这一数额高达整个20世纪60年代间贸易逆差的累计总和。[2]

其次，在美国逐渐失去对国内资本的掌控的同时，强有力的外来竞争者出现了。在战争的废墟上重建并走出阴霾的联邦德国与日本在战后岁月里构建起强有力的产业，向美国的世界经济主导权发起了迅猛的挑战。就拿日本来说，这一资源贫瘠的岛国竟然在诸如钢铁等资源密集型产业的制

1　Tom Kemp, The Climax of Capitalism: The US Economy in the Twentieth Century, New York: Routledge, 2013, p.142.

2　［美］斯坦利·L.恩格尔曼、罗伯特·E.高尔曼：《剑桥美国经济史：20世纪》（第三卷），蔡挺、张林、李雅菁译，北京：中国人民大学出版社，2008年，第364页。

造规模上跑赢了美国。在1956年时，日本的钢铁企业在铁矿石原料获取上需要比美国多支付73%的价钱，在煤炭上则多125%。但到了1976年时，日本就已经能以比美国低43%的价钱获取铁矿石了，因为在这一时期，澳大利亚和巴西成了新的铁矿石供应者，其矿石通过海洋船运抵达日本的费用要低于它们运抵美国中西部钢铁制造中心的费用。[1] 在这一基础上，日本的顶尖钢铁企业还与澳大利亚的供应商签订了长期合同，其成本被进一步降低。最终，在1976年时，日本的钢铁生产力对美国同产业有着13%~17%的优势。类似的情况也发生在汽车制造业上，在1979年，日本的汽车制造业生产力已经赶超美国，并在下一年里以17%的优势完成了决定性的生产力超越。[2] 来自欧洲的竞争者也有着类似的优势。在这一状况下，美国制造业的整体生产状况陷入泥淖，在1967—1977年，美国制造业的生产率只增长了27%，而联邦德国是70%，法国是72%，日本是107%。[3] 崛起的竞争者需要开拓市场来获取利润并避免可能出现的危机，而社会消费水平颇高的美国顺理成章地成了它们的市场，美国的低关税也大大方便了它们。由此，美国制造业进口产品占总进口产品的比例最终从1950年的33%上升到1986年的57%，美国由一个依靠国内制造业的国家演变成了一个依赖进口的国家。

在这些压力的作用下，自20世纪70年代起，美国的资本主义模式开始走向转变。之前那些凭借战时工业遗产而兴盛的产业大鳄们对外来竞争非常敏感，而今它们在外来者的冲击下走向坍塌。从70年代晚期开始，美国国内掀起了对这些举步维艰的企业的资本进行拆分重组和收购的风潮，这一风潮在80年代达到顶峰。

对于美国的资本主义而言，这一过程引发了两方面后果。其一，旧时那种仅涉足单一产业领域的企业很快被更具备综合性的跨行业商业组织所取代。这些新巨头们所获取的旗下产业来自对旧生产部门的收购与组合，

1　［美］斯坦利·L.恩格尔曼、罗伯特·E.高尔曼：《剑桥美国经济史：20世纪》（第三卷），蔡挺、张林、李雅菁译，北京：中国人民大学出版社，2008年，第313页。

2　同1，第321页。

3　［英］保罗·约翰逊：《摩登时代：从1920年代到1990年代的世界》（下），秦传安译，北京：社会科学文献出版社，2016年，第946页。

它们的出现改变了美国的工业生产方式。此前的商品由单家企业所拥有的
整条生产线来进行从头到尾的生产，而今随着新企业旗下生产部门的增
多，商品的生产变为不同部门领域的分工与整合过程。这一过程所发生的
范围逐渐由美国国内扩展到世界各地，因为不同地区间原料与劳动力成本
的差额为资产持有者赚取更高利润提供了可能。其二，这一收购风潮大大
刺激了美国股市，在各种收购操作中，投资者、中介人与投机商都赚得盆
钵满溢，于是他们将富余的流动资金投入到股市，以期将手中资本所带来
的利润最大化。参与到其中的不仅有美国的资本家，国外的投机者受到美国
股市增值的诱惑，也前来分一杯羹。由此，曾因产业凋敝而流失资本的美国
重新吸纳了一部分外国资本。不过，从长远来看，上述两方面所引发的最终
后果是美国在战后20年间所保持的一家独大的世界经济地位已经成为过去
式，它如今重新成了世界经济的一个组成部分，它需要在许多方面依赖其
他国家。这并未对美国的社会生活造成大冲击，例如在1984年时，88%的美
国家庭有彩电，87%的家庭有汽车，51%的家庭所拥有的汽车还不止一辆，
在洛杉矶，汽车比人还要多。[1] 但这些工业产品多数是跨洋而来，"美国制
造"在其中的比例已很小。由此，美国对海运进口的依赖已成事实。

  而随着历史进入20世纪70年代，在海洋军事方面，美国也面临着严峻
竞争。美苏两国之间的海上力量对比因苏联海军的大力发展而改变。苏联
海军总司令戈尔什科夫上将在古巴导弹危机中看到了缺乏海上军力保障的
核外交的脆弱，在他的策划下，苏联开始大力发展海军舰队。这一发展历
程一直持续到他卸任的1985年，而这一发展的成果则是强大的苏联海军舰
队：在1986年，苏联海军舰艇总排水量高达342.8万吨，与美国海军仅差6万
吨，这仅是一艘中型航空母舰的差距而已。到了1990年，苏联海军拥有305
艘潜艇、126艘大型水面战舰、4.7万水兵。[2] 从这些时间点中不难发现，在

---

1 Tom Kemp, The Climax of Capitalism: The US Economy in the Twentieth Century, New York:
Routledge, 2013, p.155.

2 ［德］乔尔根·舒尔茨、维尔弗雷德·A. 赫尔曼、汉斯–弗兰克·塞勒：《亚洲海洋战略》，
鞠海龙、吴艳译，北京：人民出版社，2014年，第122页。

苏联达到海上力量的巅峰后不久，它就解体了，对军工产业的过度刺激与其他诸多因素一道将它送进了坟墓。但是，在苏联大规模舰队组建初期，这一战备计划给美国带来的危机感是无与伦比的。因为在1957—1960年，美国海军放弃了33艘战舰，使其舰艇总数下降到376艘[1]，且在1970年时，美国半数以上的水面舰艇都已经有20年舰龄，海军正处在"二战"后最为集中的一次新老交替期，而苏联战舰则多为新建造的，有着鲜明的质量优势。此外，在水面舰艇部队的支撑下，苏联本就强大的潜艇与导弹力量足以抵消美国航空母舰战斗群的威力。

但除了眼下成为紧迫威胁的苏联，美国海军还面临着其他挑战，而这一挑战是理念层面上的，它从世界大战的战火烧起的那一刻起，就阴魂不散地萦绕在美国海军的周围。19世纪末期，马汉的海权理论曾为美国吹响了进击海洋的号角，其充满侵略性的集中式制海观念与饱含着浪漫情怀的舰队决战理论曾令几乎所有对海洋有所野心的国家神迷。马汉在"一战"爆发几个月后便去世，也几乎从同一时间起，他的"海权论"开始逐渐遭受来自理论与实践层面上的步步逼问。在"一战"期间，海权学说阵营内部已经出现马汉理论的反对者，"一战"海上战场的实际走向已经于事实上令马汉在科贝特面前败下阵来。紧随其后的挑战者是陆权理论阵营，因为在"二战"期间，越来越常态化的两栖登陆作战令马汉学说中作为战争决定性手段与目的的制海权弱化为陆权争夺的协助者。对于这一问题，美国海军的欧内斯特·金上将在1945年就承认"'二战'中我们舰队的交战对象并不只是敌军的舰队，在很多情况下舰队相当大的一部分行动是针对陆上目标""我们是在同岛屿作战，而不是敌人的舰队"。另一位"二战"功勋尼米兹上将也认为，舰队存在的目的"不只是与别国舰队作战"，海军支援陆上行动是千百年来的古老法则，如果这一原则听起来有些生疏，那是因为马汉令人们习惯于将海军战略看作独立战略、将海上战

1　[美]乔治·贝尔：《美国海权百年：1890—1990年的美国海军》，吴征宇译，北京：人民出版社，2014年，第430页。

争看作有自我决定性的孤立事件而已。[1] 就连海军也如此这般地坦然接受了自己对马汉信条的背离。

在针对马汉"海权论"的挑战者中，攻势最为凌厉的当属空权理论。飞机的出现决定性地变革了人类战争的模式，与其相关的思想者也迅速登场。在1921—1930年，曾在"一战"期间效力于航空兵部队的意大利将军朱里奥·杜黑先后出版了四部著作，并在最后将它们集结为《制空权》一书加以出版。杜黑被尊为空权思想的先驱，他在著作中提出，天空比海洋具有更大的重要性，因此"空军合乎逻辑地应被赋予和陆、海军同等的重要性"[2]，与陆地和海洋相比，天空是同等重要的战场，不仅如此，在未来的战争中"空中战场是决定性战场"[3]。无独有偶，在美国国内亦有另一位军事理论家提出了与杜黑相似的呼号。1925年，同为"一战"空军老兵的美国战略家威廉·米切尔出版了《空中国防论》，他在书中直接针对海军提出了比杜黑更为激进的展望。米切尔认为，随着空军的出现与壮大，海军舰艇在战争中的威力将会遭到极大削弱，它将有可能沦为陆军和空军的辅助力量，将再次变为单纯的军队运输工具。他甚至充满激情地论断："在以前，勇敢精神的标志是要'乘船下海'，而现在则是要'驾机上天'。"[4] 空权主义者们对海权信徒的诘问，可谓咄咄逼人。

他们完全有理由耀武扬威，因为飞机在随后的"二战"海洋战场上大放光芒。在几乎所有"二战"海洋战场上的重要战役中，飞机都发挥了举足轻重的作用，它不仅可以有效达成多数作战目的，且战争期间数次成功的空降作战还证明，飞机如今也可承担大规模兵力运输的任务。由此，在大海上，作为空权思想与海权理论结合产物的航空母舰毫无悬念地成为美

---

1 ［美］乔治·贝尔：《美国海权百年：1890—1990年的美国海军》，吴征宇译，北京：人民出版社，2014年，第330-331页。

2 ［意］朱里奥·杜黑：《制空权》，曹毅风、华人杰译，北京：解放军出版社，2014年，第5页。

3 同1，第264页。

4 ［美］威廉·米切尔：《空中国防论》，李纯、华人杰译，北京：解放军出版社，1989年，第15页。

国海军的主要武器。它既是制海的工具，也可以利用其舰载机在大海上达到制空的目的，经过整合的航母特混编队成为威力强大的移动作战堡垒，美国海军最终依靠它们控制了太平洋战局。

马汉的集中式制海战略以承担火炮决战任务的战列舰为核心，但从"二战"爆发第一天起，战列舰就已经被证明无法抵御飞机的进攻。这一单方面克制关系随着"二战"进程的推进而日显鲜明，多次血淋淋的战例表明，战列舰在飞机面前只能充当任其鱼肉的活靶子。由此，马汉理论的一大支柱遭到了空中力量的彻底否定。从罗伯特·布莱克在17世纪构造起战列线战术以来，战列舰一直充当着左右海上战争走向的裁决者与国家海上战力的象征。从泰瑟尔岛到基伯龙湾，再到特拉法尔加角与对马海峡，战列舰曾在爆发于这些地方的决战中裁定国家的海上命运，这些光辉的战例也最终成了马汉构建理论的有力佐证，而今它们的时代完结了。

就空权对海权的冲击问题而言，以战列舰为核心的海上决战模式走向衰亡仅是表象。在其背后，是空中力量对海军的存在意义所发起的颠覆。在空权主义者们看来，海军能完成的所有作战使命，空军如今也能完成，海军如今在空军面前一文不名。早在20世纪20年代时，威廉·米切尔就已经断定"飞机能够摧毁水面上的所有类型的舰船"[1]，俄裔美籍空权理论家亚历山大·塞维尔斯基也在"二战"期间声称："海权不再具有实际意义的时刻就要到来了。所有的军事问题都将通过空中的相对实力来解决。"[2]而到了战后，手握核武器的美国空军风头一时无两，以至于美国国防部长路易斯·约翰逊表示"海军眼下可做到的空军都可以做到，因此海军可以被取消了"[3]。由此，当"二战"一结束，拥有人类史上最强大舰队的美国海军竟立刻陷入四面楚歌的境地。它亟须在理论与实际上给出强硬的自我

1　［美］威廉·米切尔：《空中国防论》，李纯、华人杰译，北京：解放军出版社，1989年，第66页。

2　［美］乔治·贝尔：《美国海权百年：1890—1990年的美国海军》，吴征宇译，北京：人民出版社，2014年，第318页。

3　同2，第364页。

辩护，为自己的存在价值正名。

美国海军做到了，在整个战后时期，它都在致力于扩展自己的职责领域。它的职责特性由之前制海思想指导下的专一性，转变为了多元性与综合性，它比其他军种更快地否定了海、陆、空这些自然空间要素对不同军种战略的森严界定，不论是支援陆上打击，还是实施空中进攻，海军都来者不拒。在对古巴导弹危机与越南战争的应对中，美国海军都展示了自己在传统攻势制海功能外所拥有的能力；当它面临着来自苏联的巨大竞争压力时，美国海军再次靠拢马汉，重新拾起昔日的制海职责。1981年上任的总统罗纳德·里根提出了前所未有的新计划，即在20世纪80年代建成一支总数达到600艘舰船的新海军。和之前任何一次抑制期之后的发展尝试一样，这一愿景在其实践过程的初期十分艰难。新的"尼米兹"级航空母舰从1975年开始服役，但受困于造船业的巨大通胀，每艘新航母的造价被大大提高了，加上航母舰载机与它们挂载的新锐武器的价格，这更是个天文数字。美国海军咬着牙顶住这一财政压力，到80年代末时造出了5艘"尼米兹"级航空母舰，它们成为地球上最为强大的海上作战集群的中坚力量。1982年，"二战"末期建成的4艘"依阿华"级战列舰结束了越南战争后的多年封存，相继在施加改装后服役。这些旧时代回光返照的遗珠如今仅算是名义上的"战列舰"而已：它们被加装了"战斧"巡航导弹，舰部的平台能起降直升机，先进的火控系统能令火炮更为精确，由此它们有足够能力来暂时充任海上战斗群的核心。新型的"俄亥俄"级弹道导弹核潜艇自1981年相继服役，装备了"宙斯盾"作战系统的"提康德罗加"级巡洋舰也在1983年开始投入使用。以这支新式海军为依托，在整个80年代，美国海军与陆战队共对47次危机做出了战备反应，其使用比率远高于陆军和空军。

这支海军的快速反应能力与深入打击能力在海湾战争中得到了淋漓尽致的彰显。1990年8月7日，在伊拉克入侵科威特之后仅5天，以"艾森豪威尔"号和"独立"号为核心的两大美国航母战斗群就已经兵临战区，与此同时，两艘"依阿华"级战列舰也相继抵达并备战完毕。一周过后，从印度洋部署而来的第一批海军陆战队进入战场，而美国海军在8月12日就已建立起针对伊拉克的海上封锁，这一封锁线随着时间的推移迅速完善。1991
年1月，从"密苏里"号战列舰上发射的"战斧"巡航导弹打响了"沙漠
风暴"行动的第一枪，它在整场战役里共发射了27枚"战斧"，同时它的
三联装16英寸巨炮也轰出了112枚炮弹，给伊拉克军队造成了巨大的损失。
美国从战争第一天起就掌控了战场制空权，其中位于红海与波斯湾上的6艘
航空母舰派出的飞机批次占据空中总批次的1/5。此外，海湾战争面临的后
勤压力是空前的，例如在"沙漠风暴"行动期间，发起进攻前的英国第一
装甲师需要1200吨弹药、450吨燃料、350吨水和每天3万份补给，这相当于
1944年诺曼底登陆时整个军团的用量。[1] 海军有效地完成了这一任务，经海
路向战区运输的补给高达总运输量的95%，其中燃油与装备高达900万吨。
整场海湾战争所体现出的是，海军可以在不需要海外基地的前提下掌控制
海权，它拥有陆空两军所没有的远距离机动能力与持续作战能力，它依旧
是美国政策的单边主义代理人，依旧是美国资本主义在全球范围内的急先
锋，它不必听从他国意见。

　　这就已经对关于海军存在价值的疑问给出了有力的回答，这一疑问从
空权思想出现时起就一直缠绕在美国海军周围，而今海军彻底证明了自己
的价值。这支海军兼具制海、运输、两栖、空袭和强权外交职能，它是美
国在全球范围内推行地区干涉的最有力武器。美国海军的最初腾飞来自马
汉学说的催动，但在整个20世纪，海军都没有多少机会去践行马汉的海洋
战略信条："一战"中的海军在实施护航，"二战"中的海军在协助空陆
作战，战后的海军则扩展了自己的职能范围，成为一支实用主义的全方位
力量。马汉的海权思想在器物层面上似乎已经过时，他的集中化制海战略
在20世纪遭到了几乎所有实战例证的否定。而随着苏联的解体，美国在80
年代设想的"600艘战舰"计划也失去了存在的必要，它也再次将新近重拾
的制海战略思想暂时束之高阁，转向有限地区内的海上干涉与兵种联合作
战。由此，昔日所寻求的彻底"制海"慢慢演变成更具实用性和阶段性的

---

[1] ［英］杰弗里·蒂尔：《21世纪海权指南》（第二版），师小芹译，上海：上海人民出版
社，2013年，第312页。

"海上控制"，后者力求在有限时间里对有限的海洋区域施加基于特定目标的控制，这一概念比寻求完全统治海洋的前者更为现实。

但是，马汉思想的内核精神时至今日依旧振聋发聩：不论是在过去还是现在，利用海洋与控制海洋一直是濒海国家走向强盛的重要路径，而研究海洋战略"对于一个自由国家的全体公民来说，是一件有意义、有价值的事情"。[1]

▲ 美国海军"罗纳德·里根"号航空母舰战斗群（2010年）

天空向海洋发起的挑战，并不仅限于军事方面。

从哥伦布时代开始，北大西洋航线就一直是人们往返于欧、美两大洲的重要海路通道，它的繁盛一直延续到了20世纪。不过从20世纪中叶起，穿梭于上的客轮所占有的运输份额就面临着飞机航班的威胁。在1957年的北大西洋，海路客运和空中客运的比重尚且对等：共有104.1万人乘坐飞机，103.7万人乘坐轮船。但当时间进入60年代，飞机就迅速地蚕食客轮的运输份额，海运乘客仅剩下50.4万人，占运送总量的7.5%，而空中航线的乘客多达617.7万人。这一优势到了70年代依旧没有消减的趋势，在1973年的北大西洋，飞机运输的乘客超过了1400万，海运乘客则不足10万人。[2] 相似

1 ［美］A. T. 马汉：《海权对历史的影响》，安常容、成忠勤译，北京：解放军出版社，2014年，第29–30页。
2 ［美］保罗·布特尔：《大西洋史》，刘明周译，上海：东方出版中心，2011年，第332–334页。

的事情也发生在其他大洋之上。至少，在人们日常的跨洋交通方面，飞机引发了前所未有的革命，它取得了对船舶的完胜。

　　但是，与海军在国家战略中因面临其他军种的威胁而不得不绞尽脑汁为自己的存在价值辩护相比，海洋运输在事关世界日常运转的经济层面上，不需要付出多少努力就能证明自己丝毫没有过时。因为充当海上运输者的海船能做到太多飞机无法做到的事情，比如输送供养世界工业的"黑色血液"——石油。爆发于1967年的第三次中东战争令油船无法通过苏伊士运河将石油运往欧美，运油船转而南下绕过好望角后取道大西洋，通过这一航路，有1.76亿吨石油抵达欧洲，7600万吨抵达美国。[1] 以低廉的价格运输此类大宗商品是海洋船舶的专属职责，它掌控着全球经济的血脉，任何空中运输手段都无力对其染指，且科技的突飞猛进也令海洋所拥有的这一优势得到了巩固。例如，造船技术的发展令大海上出现了20万吨级甚至更高吨位的油轮，载重量的增加带来的是低廉的单位运费成本。又如，20世纪中叶，标准化的海运集装箱开始大规模投入使用，集装箱化的海洋运输既简便有序又价格低廉，它"像其他过去100年间更为辉煌和复杂的发明（包括互联网）一样，从根本上改变了世界和我们的日常生活"[2]。在这种海运技术手段发展带来的价格降低作用下，20世纪末时的每吨货物运价比100年前下降了3/4[3]，海洋依靠无比强大的运输能力，成为全球化时代中世界经贸流通的最有力承载者。21世纪后，95%的世界贸易都是通过海路进行的，在1970—2005年，贸易量从26亿吨增长至71.2亿吨，商船载重吨位高达9.6亿吨，且多数商船由跨国公司所统辖。这些都显示出，作为20世纪资本主义重要表现形式之一的全球化概念，实为一个鲜明的海洋概念。[4]

1　［美］保罗·布特尔：《大西洋史》，刘明周译，上海：东方出版中心，2011年，第336页。

2　［英］杰弗里·蒂尔：《21世纪海权指南》（第二版），师小芹译，上海：上海人民出版社，2013年，第33页。

3　［美］杰弗里·弗里登：《20世纪全球资本主义的兴衰》，杨宇光等译，上海：上海人民出版社，2009年，第363页。

4　同2。

▲ 世界上最大集装箱货轮之一"奥斯卡"号，排水量近20万吨，可装载1.9万个标准箱，隶属于地中海航运公司

　　如今的美国是全球第一大贸易进口国，依靠海洋运输而来的商品与资源有力地撑起整个国家的运转。从20世纪90年代开始，美国所消耗的石油就已占据全球石油产量的1/4，也正是从那时开始，它所需油品的一半以上不得不依靠国外进口[1]，由于国内油田的日渐枯竭，这一比率在持续增长。此外，日本制造的汽车从20世纪70年代起就开始冲击美国本土的汽车制造业，悠久的工业城由此相继走向没落，本土的汽车需求也日益通过进口来满足。中国制造的琳琅商品也跨海而来，填满了美国商场的货架。温暖的墨西哥湾沿岸是美国重大贸易港的集聚区域，路易斯安那南部港区每年流转的货物总量高达2亿多吨；新奥尔良的海港里，每年有6000艘船只穿梭往来。飞机早在20世纪60年代就从邮轮手中夺走了乘客资源，船舶作为主流跨海通勤工具的年代已成历史，但海上航行所蕴含的欢愉不会过时。昔日的乘客变成了今日的游客，在阳光灿烂的"世界游轮首都"迈阿密，2014年全年共有494万游客乘坐游轮前来旅行，这为它创造了6000万美元的营收。[2]

　　1　［美］丹尼尔·R.布劳尔：《20世纪世界史》，洪庆明译，上海：东方出版中心，2015年，第545页。

　　2　Miami-Dade Seaport Department, Comprehensive Annual Financial Reports: For the fiscal Years Ended September 30, 2014 and 2013, Florida: Miami-Dade Seaport Department, 2014, p.67.

▲ "世界游轮首都"迈阿密

　　英国在旧时代里的海上地位早已不再复返，但岛国永远无法将海洋的影响加以剥离。伦敦依旧是世上最令人羡慕的城市之一，新近落成的伦敦门户港足以接纳最为庞大的集装箱巨轮。昔日在海上拱卫金雀花王冠的五港同盟，如今仅有多佛尔还在散发着光热，它那古老的白垩悬崖扼守着英吉利海峡的最窄处，是跨越海峡的交通枢纽，每年都有1300万乘客和2000多艘船舶在此周转出入。[1] 在南端波特西岛上的朴次茅斯港，货物与人员的流转令它在2013年收获了1600万英镑[2]，与5年前的业绩相比，它的繁华似乎有所衰落，但是这里是"胜利"号风帆战舰的驻泊地，这艘仍在服役的传奇战舰是朴次茅斯的荣光，它的风华在200年后的今天依旧未曾褪色。那曾于1805年10月21日里飘扬过纳尔逊光辉旗语的桅杆令人们时刻追忆起大英帝国无垠海洋上的不落烈日。曾是罪恶贩奴基地的默西河畔利物浦，如今既是繁华的货港（每年有3000万吨的货物由此进出）也是熙攘的游客之港（雍容华贵的"玛丽女王二号"豪华游轮曾多次造访）。海风徐徐的港口上空，披头士的旋律自由如鸟般飘扬："在我出生的小镇里，有个远航的老水手……"

　　昔日那些依靠海洋来引领资本主义文明前行的弄潮者们，而今都成为

　　1　Dover Harbour Board, Annual Report & Accounts: Ports of Dover 2014, Dover: Dover Harbour Board, 2014, p.61.

　　2　Portsmouth International Port, Annual Report 2013/14, Portsmouth: Portsmouth International Port, 2014, p.26.

全球经济的有力构成者。在来航黑船的威逼之下于1853年被迫开放的日本横滨，如今已是太平洋沿岸的一大集装箱枢纽。它从1993年开始处理总量为200万标准箱的集装箱货物起步，这一港口现在的吞吐量已是该数目的几倍：每年处理总量近1.4亿吨的货物，接待4.2万艘船只。[1] 时隔3个世纪后，荷兰依旧占据着欧洲海运的最顶端，阿姆斯特丹的昔日王冠被鹿特丹摘取，后者在2015年的货物吞吐量高达惊人的4.66亿吨，它是当之无愧的全欧最大港口。挣扎于战后岁月的西班牙和葡萄牙如今终于重新融入欧洲，曾资助哥伦布实施伟业的巴伦西亚与曾目送达·伽马远航而去的里斯本共同用繁华的海运装点了伊比利亚半岛两侧的海岸。在古老的地中海上，矗立在热那亚港之畔的古老灯塔曾经在风浪里用光芒指引飘着圣乔治旗的海船归乡，而今这一保存完好的灯塔依旧庇佑着热那亚。昔日易攻难守的利古里亚海如今成为得天独厚的便利资源，它极大地方便了船舶的往来，助热那亚成为意大利最大的货运港。航向地中海的不仅仅是货轮，还有载着满怀思古幽情游客的客轮，美丽的威尼斯城在2015年接待了160万游轮游客[2]，这位曾经的"亚得里亚海女王"如今是地中海上最大的游轮港口之一。在地中海客运最繁忙的比雷埃夫斯，有1767万船舶乘客在2013年间经此中转，其中来自国外的游客多达230万人。这些在比雷埃夫斯下船的旅客既可直接探访古老的雅典，也可乘坐渡轮前往萨拉米，那里的浪花与海风仿佛依旧回荡着希腊桨帆船向波斯艨艟发起冲锋时的凌厉战吼。不同历史时光里的海洋主导者们，如今相继在经济全球化的世界里找到了各自的位置。

　　当然，今日的人们都已感到，世界的"逆全球化"暗流正猛烈涌动，资本主义文明发展至今所显露出的弊端——贫富分化的持续存在、地区间发展的不平衡、频发的金融危机等——让人们正忧心忡忡地凝视着它的未来。牛津大学学者保罗·科利尔在著作中就直言："资本主义的威信已经受损：一些人依然在从资本主义中获益，但其他人没有。在资本主义的象

1　［美］唐纳德·B. 弗里曼：《太平洋史》，王成至译，上海：东方出版中心，2011年，第287页。

2　Venice Port Authority, Port of Venice-Throughput Statistics, Venice: Port of Venice, 2015, p.2.

征性核心美国，1980年代出生的人中，有一半在绝对意义上比他们的父辈在同年龄时过得差。资本主义并没有帮助到他们。"

而作为资本主义在当今时代的显著表现形式的全球化，除了为世界带来财富和通达外，也在另一方面，随时准备着令萌发于世界某一角落里的问题不可阻挡地升格成为全球问题：700年前，被鼠疫寄生的黑海运粮船将黑死病播撒到欧洲，而当今天的世界被前所未有地联结为一体时，在蔓延的各种病毒面前，它也显得前所未有的脆弱。

想必这些阴暗面，不由得令人们对经济全球化和承载它运转的大海的价值，心生怀疑。

但是，只要地球的大部分还被大海覆盖着，那么海洋的历史意义在可见的未来，依旧会上升。它作为全球公共空间所拥有的交通功能，将依旧是资本主义贸易体系中举足轻重的基本要素，围绕着它所引发的对国家战略的思考，也依旧是国家管理者们所面临的重要课题。海洋所拥有的这些意义，是历史所赋予它的，它在历史上一直充当着商品与资本的流通扩张媒介，那些本作为物质生活组成要素的物品，凭借海洋而蜕变为四处流通的商品，并最终累积为带来滚滚财富的资本，世界也由此迎来一次次改变。正是海浪的涌动与冲刷，赋予它们力量，将它们变为那最终的模样。

在莎士比亚的《暴风雨》中，精灵艾丽尔曾为海洋吟唱颂歌，吟咏那海洋对死去国王身体的安放与升华，歌颂了海洋将朽物变为宝藏的神奇力量。而这亦可用来为海洋对资本主义发展史、对世界的演变史所起的巨大作用作最终的注脚：

> 他的骨殖变了珊瑚；
> 他的双眼成了珍珠；
> 他的身躯未曾朽腐，
> 而是在海浪荡涤下，
> 化为富丽瑰奇之物。[1]

1　William Shakespeare, The Tempest, The Cambridge Dover Wilson Shakespeare, Volume 33, New York: Cambridge University Press, 1971, p.21.

后 记

　　这是我和我的研究生合作的成果。我列出了写作提纲，陈剑撰写了第四章，陈全撰写了第五章，其他章节由兰子奇撰写。我对第五章进行了较大的修改，对第四章进行了一些修改。兰子奇同学为该书的修改与沟通付出了巨大的精力。

陈日华